JN218506

統計力学の基礎 I

Principles of Statistical Mechanics, Vol.I

Akira Shimizu
清水明［著］

東京大学出版会

Principles of Statistical Mechanics, Vol.I

Akira SHIMIZU

University of Tokyo Press, 2024
ISBN978-4-13-062631-6

はじめに

物理学の基本原理がどのような体系になっているかは，あまり明確に語られることがない．その理由の一つは，それぞれの研究者（筆者を含む）にとっては，そのときそのときの自分の研究に必要な最低限の内容の原理さえあれば足りるからであろう．もう一つの理由は，物理学の基本原理は，常に少しずつ進歩しているからでもあろう．しかも，部分的な更新により，理論体系のどこかに不整合が生じないかどうかをチェックするのは，骨が折れるわりに成果（論文）になる可能性が低い作業なので，敬遠されがちになる．

しかし，現時点でどんな基本原理が，もっとも普遍的な基本原理として整合的な理論体系を成すのかは，物理学者の一人として興味があるし，まだ専門が定まっていない学生諸君に講義をする際にも明確化しておく必要がある．その最新の体系化の作業を誰もしてくれないのなら自分でやるしかない，ということで書き始めたのが「…の基礎」と題する拙著のシリーズである．本書はそのシリーズの中の「統計力学の基礎」の第I巻である．

実に多くの研究者や学生諸君から出版を催促されていたにもかかわらず，出版までに長い年月を要したのは，もちろん，研究や運営（先進科学研究機構とアドバンスト理科の構想・立ち上げ・運営など）に時間をとられたこともあるが，統計力学特有の事情もある．

統計力学は，単にミクロ物理学（とくに量子論）とマクロ物理学（とくに熱力学）を繋ぐだけではなく，これらが全体として整合的な理論体系を成すように体系化される必要がある．ところが，量子論の体系は，たとえば量子スピン系ならその枠組みは単純明快だが，一般の量子多体系となると，拙著 [10] の 7.4 節でも述べたように多様である．さらに，熱力学の体系となると，もっと多様であるばかりでなく，明確に基本原理が語られること自体がとても少なく，曖昧である．これらのミクロ物理学とマクロ物理学の多様さと曖昧さがかけ算で効いてくるので，統計力学の体系は，いっそう多様で曖昧になりがちなのだ．とくに，基本中の基本である「平衡状態」の定義すら，文献によって異なっているのが実状である．たとえば数学的な論文は，明快である代わりに，平衡状態の特定の（実際の平衡状態の少なからぬ部分が含まれなくなる）定義を採用し，さらに量子スピン系に限定することが多い．また，物理の文献では，「マクロ物理量」という言葉を定義もしないまま使っている例も少なくない．このような状況下で，明確で普遍的な統計力学の理論体系を書き下すのは，実に骨が折れる作業であった．

そういった苦労の末にようやく第I巻を書き上げた本書は，研究者にも何らかのお役に立つのではないかと思うが，初学者でも読めるように丁寧な説明を心がけた．その一環として，古典力学，量子論，熱力学を復習する章も設けた．もちろん，統計力学の理解に必要最小限の事項だけを抜き出した復習であるが，その一方で，これらの理論単独の教科書では通常は解説されることが少ないものの統計力学の理解には極めて重要だ，という事項は解説した．したがって当該の章は，古典力学，量子論，熱力学の解説としては，わりと珍しい内容になっている．また，統計力学は，ミクロな理論とマクロな理論を往復するので，「状態」の概念が混乱しがちだ．そこで，あまり説明されることがない，特定の理論に依らない一般的な「状態」の定義をわかりやすく説明し，それを用いて個々の理論における「状態」を俯瞰的に理解できるようにした．

拙著の「…の基礎」と題するシリーズは，個々の理論を閉じさせるために基本原理の数を増やすようなことは避け，物理学全体としての（現時点での）必要最小限の基本原理の体系化に寄与することを目標にしているので，本書もその方針に従った．すなわち，熱力学の基本原理に最小限の原理を加えて，熱力学＋統計力学の基本原理を成すように体系化した．また，物理的な正確さを重視した．というのも，理論では理想極限のモデルをよく採用するが，理想化がもたらした適用限界のために，見かけの矛盾に遭遇することも少なくないからだ．そのようなときには物理的状況をきちんと考えれば問題が解消する，ということを，いくつかの例について説明した．

なお，出版後に訂正や改良箇所が見つかった場合には，「統計力学の基礎 清水」で検索すればサポートページが見つかるようにしておくつもりである．

本書の執筆の際には，多くの方々に助けていただき，感謝に堪えない．とくに，千葉侑哉氏と米田靖史氏には，筆者の研究室に在学していたときから統計力学や熱力学に関する有意義な議論を交わしてきた上に，本書の内容についても重要な議論をさせていただいた．また，田崎晴明氏と大野克嗣氏は，深い議論を交わすことができる研究者仲間であると同時に，よい教科書がないことを嘆く同士のような立場にあり，有意義な議論とアドバイスを頂戴した．若手研究者の濱崎立資氏と森貴司氏は，お忙しい中で原稿に目を通し，貴重なコメントをくださった．弓削達郎氏は「平衡状態の様子が一目瞭然でわかる分子動力学シミュレーションの結果が欲しい」という筆者の我が儘を聞き届けて，わざわざ計算して図を作成してくださった．作道直幸氏には，高分子ゲルについて様々なことを教えていただいた．御手洗菜美子氏は，アンサンブル平均の限界を示すバクテリアの例を本書に掲載することを快諾してくださった．

筆者の未完成原稿を輪講して，貴重なコメントをたくさんくださった，金澤貴弘，梅川舜，家安将太郎，臼井雅人，大野浩輝，岡光宏篤，神田橋穂恵，北川陽斗，小島悠杜，城壮一郎，杉山勝紀，高橋仁，中柴柊馬，當麻想悟，聞駿軒，松田諒太，山内あおいの学生諸君にも，深く感謝したい．また，本書の一部は東京大学における筆者の講義を元にしているが，受講した学生諸君からのフィードバックも多いに役立った．東京大学出版会の岸純青氏は，遅筆の上に校正のたびに大量の書き直しをしてくる筆者に，辛抱強く寄り添ってくださった．

最後に，執筆の大変さにくじけそうになる筆者のお邪魔をしながら癒やしてくれたてんとくまと，二猫（ふたり）をイラストに描いてくださった澄さんに感謝しつつ筆を置く．

2024 年 8 月　清水 明

本書で用いる主な記号

♠：やや高度なので，初学者は読まなくて（または読まない方が）良い項目．

$k_{\rm B}$：Boltzmann 定数　　$\hbar$：Planck 定数 $/2\pi$
$N_{\rm A}$：アボガドロ定数　　R：気体定数

S：エントロピー　　E：エネルギー　　V：体積　　N：粒子数
$E, \boldsymbol{X} \equiv E, X_1, \cdots, X_t$：エントロピーの自然な変数の一般的な表記
s：エントロピー密度　　u：エネルギー密度　　n：粒子数密度

F：Helmholtz エネルギー　　G：Gibbs エネルギー

T：温度　　$\beta = 1/k_{\rm B}T$：逆温度　　$B = 1/T$：逆温度
P：圧力　　μ：化学ポテンシャル
$\Pi_1, \cdots, \Pi_t$：エントロピー表示の狭義示強変数の一般的な表記
C_V, C_P：定積熱容量，定圧熱容量　　c_V, c_P：定積モル比熱，定圧モル比熱

${\rm me}(E, V, N)$：ミクロカノニカル集団
W：多粒子状態の状態数　　Ω：多粒子状態の総状態数

${\rm ce}(T, V, N)$：カノニカル集団　　${\rm ge}(T, V, \mu)$：グランドカノニカル集団
Z：分配関数　　Ξ：大分配関数　　$\mathcal{F}, \mathcal{J}$：Massieu 関数

$f_+(\varepsilon)$：フェルミ分布関数　　$f_-(\varepsilon)$：ボーズ分布関数
w：一粒子状態の状態数　　D：一粒子状態密度

$\simeq$：義務教育で習う ≒　　$\leq$：義務教育で習う ≦　　$\lesssim$：$<$ または $\simeq$
$o, O, \Theta, \sim$：オーダー記号と漸近記号（1.5.1 節参照）

$h(p) \equiv [f(x) - xp](p)$：凸関数 $f(x)$ のルジャンドル変換　（付録 B 参照）
$\mathcal{H}$：ヒルベルト空間　　$\mathcal{H}_1$：一粒子系の $\mathcal{H}$　　$\mathcal{H}_{\rm many}$：多粒子系の $\mathcal{H}$
$\mathbb{Z}$：整数全体の集合　　$\mathbb{R}$：実数全体の集合　　$\mathbb{C}$：複素数全体の集合

目次

第1章
統計力学の紹介と下準備

1.1 統計力学とは何か

身の回りの物質は，原子や分子が集まってできている．たとえば水は，水分子が集まってできている．たった $1\,\mathrm{cm}^3$ の液体の水でも，約 3×10^{22} 個もの水分子でできている．このような莫大な数の分子が，互いに相互作用を及ぼし合いながら運動している．それが水だ．

物理学では，水分子のような**ミクロな構成要素**[1]の振舞いは，**ミクロ系の物理学**，すなわち量子論で（場合によっては古典論でも），よく記述できると信じられている．

一方，水のように，莫大な数のミクロな構成要素が集まってできた系を**マクロ（巨視的な）系** (macroscopic system) と言う．このとき，その「莫大な」数を**マクロな数**とも言う．ただし，その「マクロな数」に具体的な下限の数値があるわけではなく，ミクロな構成要素の個数を増すにつれて，次第にマクロ系に移行してゆく．そして，その移行に伴い，次第に新しい物理法則が見えてくる．それが**マクロ系の物理学**であり，その代表が**熱力学** (thermodynamics) である．

ここで，「次第に」というのは，ミクロな構成要素の個数を増すにつれてマクロ系の物理学の精度が上がって，その法則に従うことがはっきりしてくる，という意味だ．このような，ミクロからマクロへの移行と両者の繋がりを論ずるのが，**統計力学** (statistical mechanics) である．

---

1) 実は，何をミクロな構成要素と呼ぶかはかなり任意性があるのだが，いきなりそこを論じても混乱するだろうから，当面は原子や分子や電子のことだと思ってもらえばよい．詳しいことは，おいおい明らかにしていく．なお，英語の micro の発音は，カタカナでは「マイクロ」に近いが，他の西欧言語に寄せて「ミクロ」と邦訳する伝統だ．むしろ，英語だけが訛っている？

熱力学に，「平衡状態」（2.2節参照）とその間の遷移を扱う通常の熱力学（平衡熱力学）と，それを拡張して非平衡状態の性質まで扱おうとする（まだ未完成の）「非平衡熱力学」があるように，統計力学にも，平衡状態を扱う通常の統計力学である**平衡統計力学** (equilibrium statistical mechanics) と，それを拡張して非平衡状態の性質まで扱おうとする（まだ未完成の）「非平衡統計力学」がある．本書で扱う統計力学は平衡統計力学である．熱力学では平衡熱力学に含まれていた平衡状態間の遷移は，統計力学では非平衡統計力学の方に含まれ，まだ完全には理解されていないので [2]，本書では3章の後半で触れるだけにとどめる．

1.2　マクロに見る

マクロ系の物理学の要諦は，対象を「マクロに見る」ことにある．すなわち，莫大な数の分子（一般には，ミクロな構成要素）で定まるような物理量だけを対象にして，その値を「マクロな精度」で記述することにある．水分子の個数を例にとって，その点を簡単に説明しよう．（詳しい説明は4章で行う．）

大きな水槽いっぱいに液体の水が入っていて，平衡状態にあるとする．その中の体積 $1\,\mathrm{cm}^3$ の領域内の水分子の個数を N としよう（図1.1）．ただし，この領域には何も物理的な囲いはなく，単にその領域に着目する，ということである．

図 1.1　大きな水槽いっぱいに入った，平衡状態にある液体の水．その中の点線で囲った体積 $1\,\mathrm{cm}^3$ の領域内の水分子の個数を N とする．

水分子はこの領域を出入りできるので，今考えているような平衡状態でも，ミクロな精度で（つまり正確に）数えれば，N の数は，平均値 $\langle N \rangle$ のまわりで，

---

2)　決定論的な素過程のミクロ系の物理学だけを用いて，熱力学の全ての基本原理が系の詳細によらずに普遍的に成り立つことを示せればいいのだが，まだそこまでは到達していない．

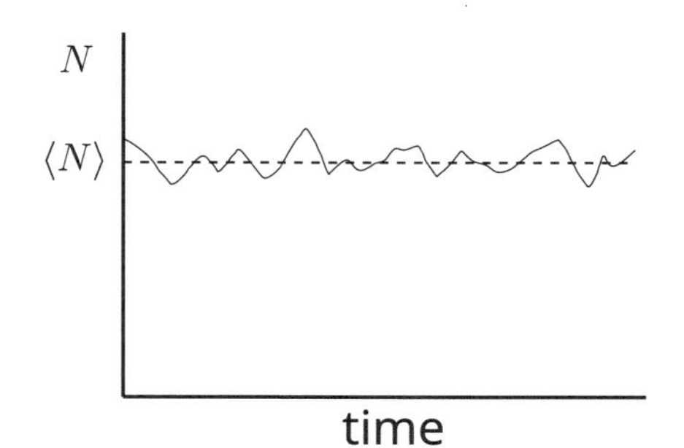

図 1.2 N の時間変化の概念図.

時々刻々変動している（図 1.2）[3]．なぜなら，この領域から出ていく分子数と入ってくる分子数とは，（平衡状態であれば）平均的には等しいのだが，たとえば 10^{-6} 秒ごとのインターバルに区切って見れば，それぞれのインターバル内では釣り合っていないことが多いからだ.

このような平均値のまわりの変動を，物理学では**ゆらぎ** (fluctuation) と言う [4]．そのゆらぎの大きさ δN は，通常は平均値 $\langle N \rangle$ の平方根程度であることが（実験や理論により）知られている：

$$\delta N \simeq \sqrt{\langle N \rangle}. \tag{1.1}$$

上で述べたように，$1\,\mathrm{cm}^3$ の水の分子数は $\langle N \rangle \simeq 3 \times 10^{22}$ であるから，

$$\delta N \simeq \sqrt{3 \times 10^{22}} \simeq 2 \times 10^{11}. \tag{1.2}$$

この数字だけ見ると，ひどく多いように見えるかもしれない．しかし，大きいとか小さいとかは，比較の対象があってはじめて意味を持つのであった [5]．そこで，平均値に対するゆらぎの相対的な大きさを計算してみると，

$$\frac{\delta N}{\langle N \rangle} \simeq \frac{1}{\sqrt{\langle N \rangle}} \simeq 6 \times 10^{-12} \tag{1.3}$$

と，とてつもなく小さい．つまり，もしも N を測るような実験をしたら，有効桁数が 12 桁はないと，ゆらぎは検出できないことになる．これは，通常の実験

3) ここでの「平均」は長時間平均を，「変動」は時間的に値が変わることを指している.

4) 「ゆらぎ」という言葉は，物理学ではこのような時間変動に限らず広く使われる．どの意味で使われているかは，文脈などから判断すればよい.

5) たとえば蟻は，象と比べたらすごく小さいが，ゾウリムシと比べたら圧倒的に大きい.

の有効桁数をはるかに超えている．あえて大規模な精密実験を行ってこの精度を出すことも可能かもしれないが，よほど特殊な目的の実験でない限りは，そんな精度は要らない[6]．

そこで，このゆらぎのように，相対的に無視できるような量は相手にしない方が生産的だということに気づく．このとき，「相対的に無視できる」の程度は，(1.3) を見ると，分子数に依存して変わることに注意しよう．たとえば，水の量を増やして $1\,\mathrm{m}^3$ にすると，水分子の数は 10^6 倍になるから，

$$\langle N \rangle \simeq 3 \times 10^{28},\ \delta N \simeq 2 \times 10^{14},\ \frac{\delta N}{\langle N \rangle} \simeq 6 \times 10^{-15} \tag{1.4}$$

と，ゆらぎ δN の絶対値は増えるものの，その割合はますます小さくなり，マクロ極限 $\langle N \rangle \to \infty$ では割合がゼロになる．このことを，「δN は**マクロに無視できる** (macroscopically negligible) 大きさである」と言う．そういう量を無視するような精度のことを**マクロな精度**と言い，系をマクロな精度で記述することを**マクロに見る**と言う[7]．

マクロに見ること，すなわちマクロに無視できる量を相手にしないことは，上述のように，分子数が増えるほどいっそう正当化される．であれば，そういう量は理論から排除してしまって，相対的にも無視できないような量（上記の例では $\langle N \rangle$）だけで構成した理論を作れば有用ではないか？ もしもそういう理論が作れたら，その精度は分子数を増すほど高まってゆく．しかも実用上は，上述のように水 $1\,\mathrm{cm}^3$ でも十分であるし，$1\,\mathrm{mm}^3$ でも $\delta N / \langle N \rangle \simeq 2 \times 10^{-10}$ だから十分だ．

そういう理論が**マクロ系の物理学**であり，熱力学は，その代表格である．統計力学は，その熱力学とミクロ系の物理学を繋ぐ理論なので，やはり分子数を増すほど精度が高まってゆく．

1.3　マクロ系の物理学の必要性

現在の物理の標準的なカリキュラムでは，最初に力学を教え，練習問題として簡単な（手で解ける）力学系の運動方程式を解いてみせる．そのため，とかく，どんな力学系でも頑張れば（あるいは数学が発達すれば）解ける，と考え

6)　たとえば，種々の物質の溶解度の実験データの一覧表を見ると有効桁数はせいぜい 3 桁か 4 桁である．

7)　これらの言葉の正確な意味は，4.3 節で述べる．

がちである．ましてや，今は強力なワークステーションを研究室で購入するのも容易だし，スーパーコンピュータも使えるので，解析解（数学的な解）は求まらなくても，数値的に解を求めることならできるだろう，と考えがちである．もしもそうだとしたら，わざわざマクロ系の物理学を構築しなくても，ミクロ物理学の運動方程式を解けば済むのではないか？

しかし，それは幻想であることがわかっている．マクロ系は，粒子（ミクロな構成要素）の数 N が莫大で，**非線形相互作用** (nonlinear interaction)[8] をしている系である．そのため，まず，解析解はないことがわかった．これは，現在の人間の能力不足のためではなく，問題自体の数学的性質である．解析解を持つのは，3 章で述べる線形振動子系のような特殊な系だけなのだ．

さらに，数値的に解を求めるのも大きな困難が伴う．たとえば古典力学系の時間発展を運動方程式で追いかけようとすると，（ほとんど全ての初期条件について）初期条件のごく僅かな違いが，時刻 t を進めるにつれて，

$$\text{初期条件の違いによる軌道の差} \propto \exp(\text{正定数} \times t) \tag{1.5}$$

のように，t の指数関数で爆発的に拡大する [9]．このため，スーパーコンピュータで十分な精度の数値解を得るのも，一般には不可能である．なぜなら，計算機では実数を有限桁で打ち切って小数で近似するが，その「丸め誤差」の影響が，誤差 $\propto \exp(\text{正定数} \times t)$ のように爆発的に増大するからだ．

それにもかかわらず数値シミュレーションを行うのは何故か？ それは，個々の粒子の軌道の計算は間違っていても，たとえば 5 章で説明する「平衡状態の典型性」のような事が成り立っていて，系のマクロな振る舞いについては正しく捉えているだろうと期待しているからである [10]．

この「個々の粒子の軌道の計算結果は間違っていても」を「個々の粒子の軌道の計算結果は見なくても」に置き換えたものが，マクロ系の物理学である．マクロ系の物理学では，個々の粒子の軌道の計算は行わないので，間違えようがない．さらに，「正しく捉えているだろうと期待している」が「正しく捉えていることを莫大な数の実験と経験が強力にサポートしている」に置き換わるので，安心して欲しい．

---

8) 運動方程式が変数の 1 次式にならないような相互作用．

9) これは，**カオス** (chaos) の定義の一つとして使われている．

10) ただし，「平衡状態の典型性」ならば豊富な証拠があるのだが，非平衡状態については，一部の系を除くとよくわかっていない．それでも，怖じ気づいて何もやらないよりは，ずっとよい．

なぜそんな都合がよいことが成り立っているのかというと，逆説的だが，運動方程式が原理的に解けないことこそが，その理由だと考えられている[11]．要するに，「ミクロ系の物理学の基礎方程式（ニュートン力学の運動方程式や量子力学のシュレディンガー方程式）があれば原理的にはなんでもわかる」というのはまったくの幻想であったが，それこそがマクロ系の物理学である熱力学を美しく簡潔な形で成立させていると考えられているのである．

1.4　本書の方針

熱力学と統計力学を合わせて，**熱統計力学**と呼ぶことがある．その熱統計力学の基本原理として何が必要か？と問われれば，（5.2.4 項などで述べるように混乱は見られるものの）ほぼ固まっている．ここで，**基本原理**というのは，数学で言えば公理に対応する，理論の基礎におく仮定のことで，**要請**とも言う．

しかし，統計力学の基本原理として何が必要か？と問われると，任意性が非常に大きい．なぜなら，

$$\text{熱統計力学の基本原理} - \text{熱力学の基本原理} = \text{統計力学の基本原理} \tag{1.6}$$

であるから，熱力学の基本原理に何を残すか次第で，統計力学の基本原理の数が変わるためだ．

たとえば熱力学の基本原理を全て統計力学に引っ越してくれば，統計力学の基本原理 = 熱統計力学の基本原理となり，統計力学の基本原理の数は多くなる．よく「統計力学があれば熱力学は要らない」という人がいるが，それは，この立場に立っているのであろう．ただし，そういう立場に立って，熱統計力学の基本原理をきちんと述べた教科書は，ほとんど見たことがない[12]．

熱力学は，ミクロな理論が古典論から量子論に置き換わる大変革を遂げてもまったく揺らがなかったという，強大な普遍性を持つ理論である．そんな理論の基本原理（の一部）を，あえて統計力学の基本原理に引っ越しさせることには，筆者は違和感を覚える．

そこで本書では，熱力学の基本原理はそのままキープして，それに必要最小限の原理を付け加えて熱統計力学の基本原理を構成するときに，その付け加え

11)　詳しくは 3.5 節を見よ．

12)　とくに，熱力学の基本原理に相当する部分が不完全になっているように見受けられるし，p.47 の脚注 49 で述べる，基本原理の「強さ」の程度もバラバラだ．

る原理が統計力学の基本原理である，という立場で論理を展開する．この立場をとると，統計力学の基本原理はミクロとマクロを繋ぐ原理だけで済むので，最少になる．

さて，理論を構築するためには，出発点として，何か別の理論を正しいと認める必要がある．また，自然科学の理論であるから，出発点に採用する理論は，実験事実で強力にサポートされている理論でないと意味がない．

本書では，上記のように，マクロな理論としては熱力学を正しいと認める．一方，ミクロな理論としては量子論を（対象系によっては力学や電磁気学などの古典論も）正しいと認めることにする[13]．両理論とも，それを否定する実験事実が現在までのところまったくないという[14]，極めて強靱なサポートがある理論なので，出発点としてふさわしい．

これに対して，量子論が正しいことだけを認めて，そこから熱力学も統計力学も導出しようという立場もある．もちろん，この立場は研究対象としては魅力的なので，筆者の研究室でもそのような研究も行ってきた．しかしその立場をとると，現状では，言えることが限定的になってしまうし[15]，ときには統計力学や熱力学を部分的に借用していたりする[16]．

そこで本書では，量子論も熱力学も正しいことを認めたら何がどこまで言えるのかを明確化することを目標とするわけだ．そのため，とくに両理論との整合性を重視する．たとえば「熱平衡状態」の定義は，2.2 節で復習する熱力学の定義を採用する．他の教科書や文献では，別の定義を採用する場合もあるのだが，それをやってしまうと，（5.2 節や 18.3.2 項で述べるように）熱力学や実験との間に不整合が生じることがあるからだ．

また，統計力学には，量子力学や電磁気学などの，決定論的な[17]ミクロ物理学を用いてマクロな現象を議論する統計力学と，非決定論的な確率過程をセミミクロな[18]有効モデルとして出発点で仮定してマクロな現象を議論する統計力

13) 拙著 [10] で述べたように，古典論で記述できる現象は量子論でも記述できるが，逆はできないことがある．また，14 章や 15 章で示すように，古典論を採用すると実験結果と矛盾することがある．ただ，このような古典論の限界が現れない現象や対象系であれば古典論を使う方が楽なことが多い．

14) もちろん，理論の適用範囲の外にある現象については，これらの理論も成り立たないが（たとえば長距離相互作用があると熱力学が修正されるなど），それは「否定する実験事実」ではない．

15) たとえば，スピン系に限定するなどの制限がつくことが多い．

16) たとえば，初期状態が（後述の）カノニカル集団だと仮定し，（後述の）熱力学の要請 I を認めたら，熱力学第二法則の一つの表現が量子力学で示せたりする．

17) 拙著 [10] で述べたように，孤立した量子系の時間発展は完全に決定論的である．

18) ミクロとマクロの中間領域を考えるとき，その領域を**セミミクロ** (semi-microscopic) とかメ

学の，2 種類がある．本書で解説するのは前者である．

1.5 数学記号・用語・極限など

数学記号と用語は，しばしば文献によって異なる．そこで，本書でよく使う数学記号と用語などについて，その意味をこの節で明確化しておく．また，極限の正確な意味も書いておく．すでに物理学に慣れている読者は四角く囲った所と 1.5.3 項だけをチェックすれば十分だが，初学者は他の部分も目を通しておいて欲しい．

1.5.1 オーダー記号と漸近記号

物理では，大きさの程度を**オーダー** (order) と言う．極限を論じる際には，オーダーを表す記号 o, O, Θ や，漸近することを表す記号 $\sim$ が便利である．これらは，文献や文脈によって若干異なる意味に使われるので [19]，本書における使い方をここにまとめておく．

変数 x の関数 $f(x)$ の $x \to \infty$ での振る舞いを，x の冪関数 x^k（k は実数）と比べ [20]，その結果を次のように表す．

- $o(x^k)$

  x が十分に大きいところで，$|f(x)|$ が x^k よりずっと小さくなってしまうとき，$f(x) = o(x^k)$ と書く．つまり

$$\boxed{f(x) = o(x^k) \quad \Longleftrightarrow \quad \frac{|f(x)|}{x^k} \to 0} \tag{1.7}$$

  例：[21] $\sqrt{x} = o(x)$, $100 = o(x)$

  このオーダー記号 $o(x)$ は本書に頻出するが，要するに「x が大きいときに x に比べれば無視できるようになる量」という意味だ．

ゾスコピック (mesoscopic) と呼ぶ．

19) つまり，論じたい内容に応じて定義を変えるのが通例だ．拙著 [1] でも，O や $\sim$ を本書とは異なる意味に用いた．

20) ここでは，$x \to \infty$ での振る舞いを x^k と比較しているが，$x \to 0$ での振る舞いや，x^k 以外の x の関数と比較する場合も同様に定義される．

21) これらの例でわかるように，オーダー記号を含む等式は注意を要する．たとえば，$\sqrt{x} = o(x)$ と $100 = o(x)$ から $\sqrt{x} = 100$ を結論してはいけない．オーダー記号 o は，あくまでその定義 (1.7) の略記なのである．他のオーダー記号も同様である．

例：$\pm 2x = o(x^2)$ も正しいし，$\pm 2x = o(x^3)$ も正しい．

この例のように，$o(x^k)$ で表される量は負の量かもしれないし，括弧内の x^k は一意的に決まるわけではない．これは，すぐ後で述べる $O(x^k)$ についても同様である．

例：$\pm 1/\sqrt{x} = o(x^0)$, $\pm 1/x = o(x^0)$

このオーダー記号 $o(x^0)$ も本書に頻出するが，要するに「$x \to \infty$ でゼロになる量」という意味だ：

$$\boxed{o(x^0) \to 0} \tag{1.8}$$

$o(x^0)$ をしばしば $o(1)$ とも書くが，どの変数を動かした場合の振る舞いを論じているかを明確化するために，本書ではできるだけ $o(x^0)$ と書くことにする．

- $O(x^k)$

  x が十分に大きいところでは，$|f(x)|$ が x^k の定数倍以下になるとき，$f(x) = O(x^k)$ と書く．つまり，

$$\boxed{f(x) = O(x^k) \quad \Longleftrightarrow \quad \frac{|f(x)|}{x^k} \leq \text{定数}} \tag{1.9}$$

  例：$\pm 2x^2 + 3x$ は，$O(x^2)$ でもあるし $O(x^3)$ でもある．

  この例からわかるように，$O(x^k)$ は x^k の定数倍のように振る舞うとは限らない．

- $\Theta(x^k)$

  x が十分に大きいところでは，$f(x)$ が正定数 $\times x^k$ と別の正定数 $\times x^k$ の間に収まるとき，$f(x) = \Theta(x^k)$ と書く：

$$\boxed{f(x) = \Theta(x^k) \quad \Longleftrightarrow \quad \text{正定数} \leq \frac{f(x)}{x^k} \leq \text{別の正定数}} \tag{1.10}$$

  例：$2x^2 + 3x$ は $\Theta(x^2)$ だが，$\Theta(x^3)$ ではない．

上で，$2x^2+3x$ は $O(x^2)$ でもあるし $O(x^3)$ でもあると述べたので，$\Theta(x^k)$ ならば $O(x^k)$ だが逆は言えないことがわかる．大雑把に言うと，$O(x^k)$ は「それ以下になる」で，$\Theta(x^k)$ は「概ねこの定数倍になる」だ．

例：$-2x^2+3x \neq \Theta(x^2)$

定義により $\Theta(x^k)$ は正であるから，これは $\Theta(x^2)$ ではない．

例：$2x-3-4/x=\Theta(x)$

このオーダー記号 $\Theta(x)$ は本書に頻出するが，要するに「x が大きいときに概ね x の定数倍になる量」という意味だ．ただし，次の例のように，振動しているかもしれない．

例：$(2+\sin x)x=\Theta(x)$

同様に，漸近することを表す記号 $\sim$ も統計力学では頻出する：

- 漸近記号 $\sim$

  x が十分に大きいところで，

$$f(x)=g(x)+\text{相対的に無視できる項} \tag{1.11}$$

  となるとき，$f(x)\sim g(x)$ と書く．つまり [22]，

$$\boxed{f(x)\sim g(x) \quad\Longleftrightarrow\quad \frac{f(x)}{g(x)}\to 1} \tag{1.12}$$

  拙著 [1] では，その付録 A に記したように，この定義式の右辺は「1 でなくてもゼロでない定数に収束すればいい」としたが，本書では，(1.12) のように，1 に収束するという意味で使う．たとえば，

  例：$2x^2+3x\sim 2x^2 \nsim x^2$

直感的に言えば，$\sim$ は「x が大きいところで，$f(x)$ の圧倒的に大きな部分が $g(x)$ だ」という意味である．

---

22)　$g(x)$ がゼロになるケースが心配なら，$f(x)=(1+o(x^0))g(x)$ as $x\to\infty$ を定義にすればよい．

1.5.2 極限を表す矢印

極限を表す矢印は，本書では次のように使い分ける：

- $x \to x_0$

  普通の極限.

  場合によっては，$A \to B$ を極限ではなく「A を B で置き換える」の意味で用いることもあるが，文脈から容易に区別できる.

- $x \uparrow x_0$ または $x \to x_0 - 0$

  $x < x_0$ を保ちながら（つまり下から）$x \to x_0$ とする.

- $x \downarrow x_0$ または $x \to x_0 + 0$

  $x > x_0$ を保ちながら（つまり上から）$x \to x_0$ とする.

1.5.3 平均・確率・指示関数・集合・強増加など

$\langle \bullet \rangle$ という記号で，$\bullet$ の時間平均，または（7 章で説明する）アンサンブルでの平均，または量子力学的期待値，またはこれらのうちの複数個を行った多重平均を表すことにする．いずれであるかは文脈で区別できるが，平衡統計力学では，どれも一致することも多く，その場合には区別しなくても問題ない.

そして，$\mathcal{P}(\bullet)$ や $\mathrm{Prob}[\bullet]$ で，$\bullet$ が起こる確率または相対頻度を表すことにする．$\mathcal{P}$ の密度は $\mathfrak{p}$ と書く．さらに，$\mathbf{1}(\bullet)$ を，**指示関数** (indicator function) とか**特性関数** (characteristic function) と呼ばれる，

$$\mathbf{1}(\text{条件}) = \begin{cases} 1 & (\text{条件が満たされるとき}) \\ 0 & (\text{条件が満たされないとき}) \end{cases} \tag{1.13}$$

という単純な関数とする.

また，集合の内容を表すときには，標準的な記法を採用する．すなわち，

$$\text{集合} = \{\, \text{集合の要素} \mid \text{要素の満たすべき条件} \} \tag{1.14}$$

のようにして，「要素の満たすべき条件」を満たす「集合の要素」を集めた集合であることを表す.

さらに，本書では，拙著 [1] と同様に，「増加」という言葉を広義に用いることにする．すなわち，関数 f が**増加関数**であるとか**増加する**と言えば，

$$a < b \quad \text{であれば} \quad f(a) \leq f(b) \quad \text{であるような関数} \tag{1.15}$$

を表す．後者の不等式に等号も入っているので，$f(x) =$ 定数，も増加関数である（かつ，減少関数でもある）．

これに対して，強い意味で増加する関数，すなわち，

$$a < b \quad \text{であれば} \quad f(a) < f(b) \quad \text{であるような関数} \tag{1.16}$$

は，頭に「強」を付けて，**強増加関数**であるとか**強増加する**と言うことにする．

「減少」についても同様に，**減少関数**や**減少する**は広義に用いて，強い意味で減少する場合には，**強減少関数**とか**強減少する**と言うことにする．

1.5.4　「極限」の意味

統計力学を理解するには，**極限** (limit) とは何かを正しく理解しておく必要がある．高校数学の「限りなく近づく」という理解では，心許ないからだ．

たとえば，

$$\lim_{x \to \infty} f(x) = 1 \tag{1.17}$$

の意味を考えよう．大雑把に言えばこれは，「x を十分に大きくすれば，$f(x)$ をいくらでも 1 に近づけることができる」と言う意味だ．正確な定義は，次のようになる：

数学の定義：　極限の意味

任意の正数 ϵ に対して，ある（ϵ に応じて値を適切に取り直す）数 X_ϵ が（少なくとも一つは）存在し，$x > X_\epsilon$ でありさえすればどんな x の値に対しても $|f(x) - 1| < \epsilon$ を満たすようにできるとき，その事実を式 (1.17) のように表記し，「$f(x)$ の $x \to \infty$ における極限値は 1 だ」と言い表す．

ϵ は正数というのだから，ゼロにされてしまう心配はないことに注意しよう．だからこそ，たとえば $1/x$ は x をいくら大きな実数にとっても（無限大は実数に含まれないので）決してゼロにはならないのに，「x を十分大きくとれば 0 と

の距離をいくらでも小さくできる」という意味で，$\lim_{x\to\infty} 1/x = 0$ と表記するわけだ．

こういう厳密な定義が苦手な読者のために，小咄（こばなし）による解説を創ってみた：

コラム：小咄「極限」

A「$f(x)$ と 1 の差を（たとえば）1/10 (これが ϵ) より小さくできますか？」

B「はい，x を（たとえば）10^2 (これが X_ϵ) より大きく選べばできますよ」

A「じゃあ，$f(x)$ と 1 の差を 1/100 (これが選び直した ϵ) より小さくはできますか？」

B「ええ，今度は x を 10^3 (これが選び直した X_ϵ) より大きく選べばできます」

A「もそっと差を，そうじゃな，1/1000 より小さくは，できまいかの？」

B「へい，お代官様．今度は x を 10^4 より大きく選んでくだされば，お望みのようになりやすぜ」

A「ふっ，ふっ，ふっ…越後屋，おぬしもワルよのう」

B「へっ，へっ，へっ…お代官様，こんな具合に，いくら小さな差 ϵ を要求されましても，どこまでも応じることができまっせ」

A「のれんに書いてある $\lim_{x\to\infty} f(x) = 1$ は，そういう意味だったのじゃな．気に入ったぞ，越後屋！」

上述の正確な定義の ϵ を「誤差」（不確かさ）と読めば，物理の理論における重要性がわかる．下のコラムに書いたように，一般に，物理の理論が正しいとか間違っているとか言うのは，あくまで，「少なくともこの精度の範囲内では正しい」という意味である．特に統計力学では，この事が次の形で明確に現れる．

求めたい熱力学のエントロピーを $S_{\rm TD}$，（後の 6.1.4 項で紹介する）統計力学でエントロピーを求めるときに計算する量を $S_{\rm B}$ と書き分けることにすると，6.2 節で述べるように，

$$\lim_{V\to\infty} \left| \frac{S_{\rm B}}{V} - \frac{S_{\rm TD}}{V} \right| = 0 \tag{1.18}$$

というのが，統計力学の基本原理の一つである．極限の正確な定義から，これは次のことを意味する：

- V を十分に大きくすれば，$S_{\rm B}/V$ をいくらでも $S_{\rm TD}/V$ に近づけることができる

- V を大きくすればいくらでも誤差を小さくできるから，あなたが満足する精度になるまで V を大きくしなさい．

このことから,「体積 V（や自由度）がどこまで大きければ統計力学が使えるんですか？」という質問はナンセンスだとわかる. 統計力学が使えるための絶対的な限界体積などというものはなく, 要求する精度に応じて必要な体積は変わるからだ[23].

実際の計算では, 後述のように, $V \to \infty$ の結果を取り出すように計算する. その方が計算が易しくなるし, どんなに高い要求精度にも答えられるからだ.

コラム： 自然現象を記述する理論は有限の精度しか持ち得ない

物理は自然科学なので,「俺のは誤差がまったくない理論だ」などと主張されても, それは「個人の感想」に過ぎない. 自然現象を記述する理論の正誤は実験に委ねるしかないわけだが, 実験は有限の精度しかないから, 誤差がゼロであることなど検証しようがないからだ. もちろん, 特定の理論モデルを仮定した上で, それを厳密に解析することならできる. しかし, その出発点に採用した理論モデルが自然現象を誤差無く記述できている保証はない. たとえば, 水素原子をニュートン力学の二体問題でモデル化すると, 厳密に解けるが, 水素原子を正しく記述できない. 仮定やモデルの範囲内で数学的に厳密であることと, 自然現象の記述としての正確さはまったく別物である. そうではあるが, 様々な角度から検証と改良を積み重ねることで, 現代の物理学は, 驚くほど高い精度を獲得している.

---

23) ただし, 体積を増したときにどれだけ速く極限値に近づくかは, 物理系やその状態によって変わるし, 後述の「統計集団」などの選択によっても変わる.

第2章 熱力学の復習

統計力学を理解するためには，熱力学を理解することが重要である．ところが，熱力学の基本原理を，たとえ相共存があっても十分に状態が指定できる「エントロピー表示」で一般的かつ正確に述べた教科書は，驚くほど少ない[1)]．そこで本章では，そのような数少ない教科書の一つである拙著 [1] から，統計力学の理解に最低限必要な事項だけを抜き出して復習する[2)]．すでに「エントロピー表示の熱力学」も「熱力学的状態空間」も理解している読者は，次章に飛んでよい．

2.1 相加物理量とその密度

この節では，熱力学の基本である，「相加物理量」とその密度を説明する．熱力学に登場する物理量は，どれもこれらの関数である．

2.1.1 相加物理量と示量性

より大きなマクロ系の一部分であるようなマクロ系を**部分系** (subsystem) と言う[3)]．部分系は，仕切り壁のような物で物理的に区分されている必要はなく，頭の中で仮想的な境界を設けて部分系と見なすのでもかまわない．実際，そのように仮想的に部分系に分割して考えることは熱力学の常套手段である．

---

1) 伝統的な熱力学では熱力学第ゼロ〜第三法則を基本原理とするが，これらだけでは大幅に足りず，暗黙の仮定や前提が後から大量に出てくる．本書ではそのような熱力学は採用しない．

2) そのため，この章は熱力学全体の復習にはなっていない．統計力学で求めた基本関係式を使ってどのように熱力学の議論を展開したらよいのかは，熱力学の教科書を参照してほしい．

3) 本書や拙著 [1] で「部分系」という言葉を使うときは，常にこの意味である．

一つのマクロ系において，ある物理量 X を考える[4]．このマクロ系を，複数の部分系に仮想的に分割し，各部分系に，$i = 1, 2, \cdots$ と番号を付ける．部分系 i におけるこの物理量の値を $X^{(i)}$ としたとき

$$X = \sum_i X^{(i)} \tag{2.1}$$

が（任意の分割の仕方と任意の状態について）成立するとき，X を**相加物理量** (additive quantity) とか，**相加変数** (additive variable) と言う．

たとえば，体積 V は相加変数であり，分子数 N も相加変数である．ここで，熱力学では分子数の代わりにそれを**アボガドロ定数** (Avogadro constant) と呼ばれる定数

$$N_{\mathrm{A}} \equiv 6.02214076 \times 10^{23}\ \mathrm{mol}^{-1} \tag{2.2}$$

で割り算した**物質量**（単位は **mol**（モル））を使うのが通例だが，統計力学では分子数のままの方が都合がいいので，本書では分子数（または原子数や電子数など）を用いる．

また，5.1.2 項で述べるように，熱力学や統計力学は粒子間の相互作用が短距離相互作用である系（あるいは実効的に短距離相互作用になっている系）を対象とするので，エネルギー E も相加変数になる．ここで，力学によると，物質のエネルギーは，どんな慣性系で測るかで，重心運動のエネルギー分だけ異なるわけだが，熱力学では（特に断らない限りは）着目系全体が静止しているような座標系を用いる．したがって E も，その座標系で測ったエネルギーである．そのような E をしばしば**内部エネルギー**と呼ぶが，本書では単に**エネルギー**と呼ぶ[5]．

系がマクロに見て均一な状態[6]にあるときには，明らかに，$X^{(i)}$ の値は部分系 i の体積に比例する．このとき，X は「**示量的** (extensive) な物理量」または**示量変数** (extensive variable) であると言う．つまり，相加変数は均一な状態では示量変数でもある．このことから，相加変数を示量変数と呼んでしまっている文献も少なくないが，本書ではきちんと呼び分ける．

---

4)　本書では，「物理量」とは何かは既知とする．

5)　熱力学ではエネルギーを U と書くことが多いが，本書では，ミクロ物理学に合わせて E と書く．ミクロ物理学のエネルギーと同じ量だからだ．

6)　♠ その正確な定義が気になる読者は．4.3 節と拙著 [1] の 3.1 節を見よ．

2.1.2 相加物理量の密度

一つの部分系に着目する．その $N^{(i)}$ などの相加物理量 $X^{(i)}$ を，部分系の番号を表す添え字 (i) を略して，単に N や X と書くことにする．

1.2 節で考えた，大きな水槽に入った水が平衡状態（その正確な定義は 2.2 節で述べる）にあるケースを再び考えよう．その中の体積 $V = 1\ \mathrm{m}^3$ の部分系の水分子の数 N は，$V = 1\ \mathrm{cm}^3$ の部分系の N のおよそ 10^6 倍だろう．このように，平衡状態における N の値は系の体積 V が大きいほど大きくなる傾向があるので，V を大きくする極限 [7] を考えると，発散してしまって不便である．

この不便を解消するには，N の代わりに単位体積当たりの粒子数，すなわち**数密度** (number density)

$$n \equiv N/V \tag{2.3}$$

を考えればよい．これならば，その平均値 $\langle n \rangle$ は，1.5.1 項で述べたオーダー記号を用いて，

$$\langle n \rangle = \Theta(V^0) \tag{2.4}$$

と期待できる．

これは N に限ったことではなく，全ての相加物理量について同様のことが言える．たとえば，エネルギー E の代わりに**エネルギー密度** (energy density)

$$u \equiv E/V \tag{2.5}$$

を考えるのが便利だ [8]．これならば，

$$\langle u \rangle = O(V^0) \tag{2.6}$$

と期待できるからだ．ただし，$\langle n \rangle$ と違って $\langle u \rangle$ の場合には，エネルギーの原点の選び方次第では $\langle u \rangle = 0$ となる平衡状態もありうるので，$\Theta(V^0)$ ではなく $O(V^0)$ とした．

---

7) 正確には，4.2 節で説明する「熱力学極限」を考えるのだが，それは，いま考えている大きな水槽に入った水が平衡状態にあるケースでは，単に，部分系の体積 V をどんどん大きくしていくことを想定すればよい．

8) E の密度なので e と書きたいところだが，それでは電荷と紛らわしい．そこで，熱力学でエネルギーを U と書くことを思い出し，その小文字の u を使った．

これらの例の n や u のような，相加物理量 X の密度

$$x \equiv X/V \tag{2.7}$$

を，一般に**相加物理量密度** (density of additive quantity) とか**相加変数密度** (density of additive variable) と呼ぶことにする．ただし，後述のように，不均一な平衡状態が出現することがあり，その場合には，単純に V で割り算しただけの x は「密度」というよりは**平均密度** (mean density) である．そのことを強調したいときには，頭に「平均」を付けて，たとえば n を**平均数密度** (mean number density) と呼び，u を**平均エネルギー密度** (mean energy density) と呼ぶことにする．いずれにせよ，

$$\langle x \rangle = O(V^0) \tag{2.8}$$

と期待できるので，$V \to \infty$ の極限（正確には4.2節で説明する「熱力学極限」）で値が定まり便利である．

2.2　平衡状態

熱力学は，マクロ系の「平衡状態」に着目した理論である．そこでまず，平衡状態とは何かを説明しよう．

わかりやすいように，図2.1に示した，次のような実験を考えよう．

1. 内部に仕切り壁が設けられた（ほとんど）真空の容器の中に，ガスが入ったボンベが左右に置いてあるとする．このとき，系は平衡状態にある．
2. ボンベの蓋(ふた)を開けると，ガスが吹き出してくる．この吹き出している間は，系は平衡状態にはない．つまり，「非平衡状態」にある．
3. やがてガスの流れが収まり，壁の左右それぞれをガスが均一に満たす．このとき，系は1とは別の平衡状態にある．
4. 仕切り壁を取り外す．左右のガスが拡散し混じり合い始める．ガスの流れがある間は，系は非平衡状態にある．
5. やがてガスの流れが収まり，容器の中を混合ガスが均一に満たす．このとき，系は1，3とは別の平衡状態にある．

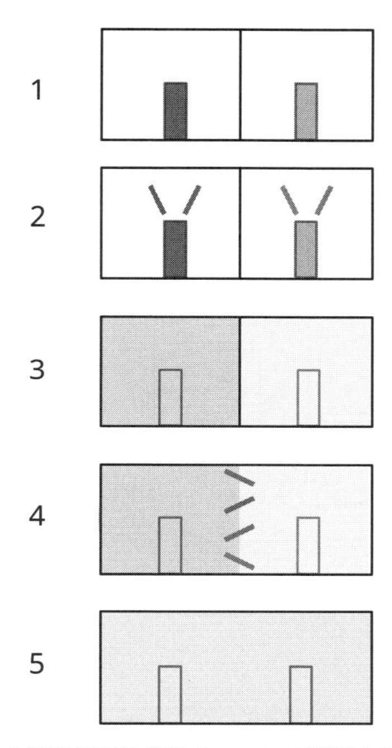

図 2.1 1, 3, 5 の状態が平衡状態で，2, 4 の状態は非平衡状態である．

この例でわかるように，**平衡状態** (equilibrium state) とは，基本的には，孤立したマクロ系をしばらく放っておいたときに到達する，マクロに見る限りは時間変化がないような状態のことである．力学における力が釣り合った状態と区別したいときは**熱平衡状態** (thermal equilibrium state) とも言うが，熱力学や統計力学を論じているときには「熱」を略すことが多い．また，平衡状態でない状態を**非平衡状態** (nonequilibrium state) と言う．

途中の状態にも目を向けると，2 では非平衡状態にあったわけだが，こちらが何もしなくても，系は自発的に 3 の平衡状態に移行した．4 の非平衡状態にあった系も，やはり自発的に，5 の平衡状態に移行した．日常経験と，莫大な数の実験によると，同様な現象は一般のマクロ系で広く観察されている．そこで，これを一般化して熱力学の基本原理（要請）の一つとして採用する [9)10)]：

9) 「系を孤立させて」は，熱力学の立場では，マクロに孤立していれば十分である．つまり，外部系との間でやりとりするエネルギーや物質の量が問題にしている時間スケール内ではマクロに無視できる，で十分だ．

10) 着目系の外部から引加される磁場や電場などの場で，着目系の状態変化に左右されない理想

熱力学の要請 I-(i)：平衡状態への移行

系を孤立させて（静的な外場だけはあってもよい）十分長いが有限の時間放置すれば，マクロに見て時間変化しない特別な状態へと移行する．このときの系の状態を**平衡状態** (equilibrium state) または**熱平衡状態** (thermal equilibrium state) と呼ぶ．

さらに，たとえ孤立していなくても，孤立系で到達する平衡状態とマクロに見て同じ状態であれば，やはりそれも平衡状態である．

たとえば 5 の状態で，左右どちらのボンベでもいいから，その蓋を閉めてボンベを孤立させたとしよう．そのボンベ内のガスは，孤立系で時間変化がない状態だから平衡状態にあるが，明らかに蓋を閉める前も同じ状態にあった．ゆえに，蓋を閉める前のボンベ内の状態も平衡状態である．

このボンベのような，より大きなマクロ系の一部分であるようなマクロ系を，本書では部分系と呼ぶのであった．その言葉を使って，この経験事実を熱力学の基本原理に加えよう：

熱力学の要請 I-(ii)：部分系の平衡状態

もしもある部分系の状態が，その部分系をそのまま孤立させた（ただし静的な外場は同じだけかける）ときの平衡状態とマクロに見て同じ状態にあれば，その部分系の状態も平衡状態と呼ぶ．平衡状態にある系の部分系はどれも平衡状態にある．

これらの要請は，わかりやすく (i), (ii) の 2 つに分けて書いたが，実質的には一体であり，平衡状態を定義し，その状態への移行を主張したものである．これが，熱力学の 2 つの基本原理のうちの一つめである．

化された場を**外場** (external field) と言う．たとえば，小さな着目系を巨大な電磁石が生み出す磁場中に置けば，その磁場は外場と見なせるであろう．また，**静的** (static) というのは時間変化しないという意味である．

2.3 平衡状態と遷移

図 2.1 の具体例を振り返ろう．1 の平衡状態から（2 の非平衡状態を経て）3 の平衡状態に移ったのは，ボンベの蓋を開けたからであった．また，3 の平衡状態から（4 の非平衡状態を経て）5 の平衡状態に移ったのは，仕切り壁を取り除いたからであった．

このように，一つの平衡状態にあったマクロ系に，蓋を開けるとか仕切り壁を取り除くなどの**操作** (operation) をした結果，系が別の平衡状態へと移行することを，平衡状態間の**遷移** (transition) と言う．

熱力学は，マクロ系の平衡状態と，その間の遷移を扱う理論である．つまり，まず，個々の平衡状態の熱力学的性質を教えてくれる．具体的には，次節で説明するもう一つの基本原理に登場する**エントロピー** (entropy) という量から全て求まるようになっている．さらに，操作を行ったときに，どんな平衡状態には遷移できて，どんな平衡状態には遷移できないかを教えてくれる．それは，次の 2 つの事項によって決まる [11]：

1. 保存則

   考察の対象にしている状況下で状態がいかに変化しようとも，値が変わらない物理量があるとき，その物理量を**保存量** (conserved quantity) と言う．また，そういう物理量が存在する事実を，**保存則** (conservation law) がある，と言う．物理学には様々な保存則があるので，当然ながらそれは考慮する．

2. エントロピー最大の原理

   2.4 節で説明するように，エントロピーは，それぞれの平衡状態の熱力学的性質を決めるだけでなく，遷移の仕方も支配する．

このうち，2 こそが熱力学特有の原理である．それに対して 1 は，どの系にどんな保存則があるかは系ごとに異なる個々の系の性質であるので，熱力学の基

11) ♠ 混乱も見られるので念のため注意しておくと：着目系だけではなく，（通常は無視できると仮定する）操作する側のエントロピーなどの変化が相対的に無視できないときには，言うまでもなく，全体系に対して熱力学を適用する必要がある．

本原理に含めるような事項ではない [12)]．ただし，エネルギー保存則だけは，どんな系でも成り立つことと歴史的事情からとくに重要視され，（本書や拙著 [1] のように保存則の一つという扱いではなく）「熱力学第一法則」として熱力学の基本原理に含めることも多い．

なお，拙著 [1] の 11.7 節で述べたように，「どんな平衡状態に遷移するか」という問に対しては，熱力学だけでは答えられないこともある．そういうときには，熱力学と他の理論を併用すべきだ．一方，熱力学が「こんな遷移は不可能である」と言うときには，それについて熱力学が想定している範囲の操作では，100% できない普遍的な結果なのである．

2.4　エントロピー

要請 I だけでは，平衡状態に達することまでは言えても，それ以上の具体的な予言はできない．前節で述べたように，それを可能にするのが，これから説明するエントロピーである．

2.4.1　エントロピーの存在

まず念頭においてほしいことがある．物理学において，ある物理量が「存在する」と言うとき，それは何を意味しているかというと，

1. その物理量を矛盾なく定義することができる．
2. その物理量を客観的に測定する手段がある．

ということである．既知の物理量の組み合わせとして定義された量であれば物理量と呼ぶのに抵抗がないだろうが，たとえ既知の物理量から定義されていなくても，これらの条件さえ満たせば「存在する」というわけだ [13)]．

たとえば，電磁気学に出てくる「磁場」という物理量は，直接見たり触ったりできる訳ではないが，いったん定義しておけば，荷電粒子の軌道の曲がり具合でも，磁石が引き合う力でも測定できる．そして，両者の測定値の間に矛盾がない．そのことをもって「磁場という物理量が存在する」と言う．つまり，日

12)　たとえば力学でも，働く力がバネの力か重力か，ばね定数はいくらか，質量はいくらかなどは，個々の系の性質であるので，力学の基本原理には含めていない．

13)　そもそも，既知の物理量を用いて定義した場合には，その既知の物理量をどう定義するか，という問題に突き当たるので，結局は，どこかでここに書いた条件に頼ることになる．

常言語の「存在する」とはやや異なり，「そういう量を定義したら，測れるし矛盾なく理論が展開できる」という意味なのである．この意味で，エントロピーが存在する[14)]：

熱力学の要請 II-(i)：エントロピーの存在

それぞれの平衡状態ごとに値が一意的に定まる，**エントロピー** (entropy) という物理量 S が存在する．

S の測定法は拙著 [1] を参照していただくとして，以下では，S がどのような量として定義されるかを説明する．

2.4.2 単純系

マクロ系の内部に仕切り壁などがなく，その系の中を物質が自由に行き来できるようになっている（行き来することを禁じられていない）としよう．この系を構成する物質の成分は，1 成分だけ（**純物質**）でもいいし，多成分（**混合物**）でもいい．このようなマクロ系を「単純系」と呼ぶ．より正確には，拙著 [1] で述べた外場や外力がかかっている場合の注意を考慮に入れて，次のように定義される：

単純系（熱力学）

定義 2.1 マクロ系に内部束縛がなく，外場や外力はかかっていないか，かかっていたとしても静的で，それによって平衡状態に生ずる空間的な不均一が無視できるほど小さいとき，そのようなマクロ系を，**単純系** (simple system) と呼ぶ．

たとえば図 2.2 では，仕切り壁の左右の部分系はいずれも単純系である．全体系は，この 2 つの単純系が合わさった系であるが，そのように複数の単純系が合わさった系を**複合系** (composite system) と呼ぶ．また，仕切り壁は，物質の行き来を妨げ，左右の系の体積変化も禁じているが，このような制限なり制約

14) 伝統的な熱力学では，温度と熱を使って S を定義するのが普通だが，その場合は温度と熱の定義が必要になるので，いずれの流儀でも熱力学特有の量を新たに定義する必要があるわけだ．その中で，ここで紹介している拙著 [1] の流儀は，熱力学特有の量としてはエントロピーだけを定義すれば済み，なおかつ，温度を出発点にする熱力学よりも適用範囲が広い．

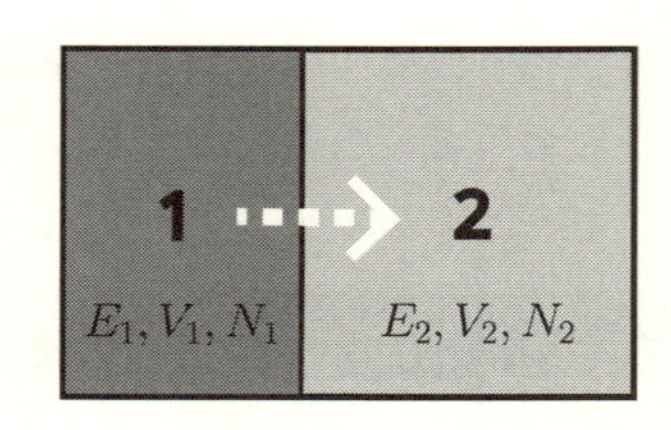

図 2.2　透熱壁で仕切られた部屋の左側（部分系 1）に高温のガスを，右側（部分系 2）に低温のガスを入れる．全体は断熱壁で囲まれている．

を，一般に**束縛** (constraint) とか**拘束** (constraint) と呼ぶ．とくに，この仕切り壁のような，複合系の内部にある束縛を**内部束縛** (internal constraint) と言い，外部系との間の束縛（この例では「外部との間で何もやりとりできない」という束縛）と区別する．

熱力学の対象になるマクロ系は，一般には，内部束縛を持つ複合系である．そのような系は，頭の中で（つまり，実際に包丁で分割するのではなく）単純系に分割して考える．これは，ミクロ物理学で物質を原子や電子に頭の中で分割して考えるのと同様で，こうすることによって，簡潔な基本原理を導入することができるようになるからだ．また，論理展開の便利のために，あえて単純系を複数の（間に何の束縛もない）単純系に分割して複合系と見なすことも，しばしば行われる．

なお，束縛の種類や性質を言うときには，次のような言い方をする．壁やピストンが自由に動くなら**可動** (movable)，動かないなら**固定** (immovable)，熱 [15] を通すなら**透熱** (diathermal)，通さないなら**断熱** (adiabatic)．とくに，物質も熱も電場などの「場」も通さないような固定された**堅い** (rigid)（力を受けても変形しない）壁を，本書では拙著 [1] に倣って「**完全な** (perfect) 壁」とか「完全な仕切り」と呼び，完全な壁で作られた容器を**完全な容器**と呼ぶことにする [16]．

2.4.3　単純系のエントロピー

一般論は 2.12 節と拙著 [1] を参照していただくことにして，当面は，簡単な具体例である普通の気体や液体を想定して説明する．そのエネルギーを E，体積を V，分子数を N とする．2.1 節で述べたように，これらは全て相加物理量

15)　**熱** (heat) の正確な定義は，拙著 [1] の 7.2 節，それを一般化した 8.1 節，さらに一般化した 14.8 節を見よ．

16)　この「完全な」の用法は，それほど一般的ではない．一般的には，いちいち「固定された堅くて物質を通さない断熱の」などと書く（「場」も通さない，は略すことが多い）．

である．

まず，単純系のエントロピーは，E, V, N だけで値が決まるとする：

熱力学の要請 II-(ii)：単純系のエントロピー

単純系のエントロピー S は，その物質の，エネルギー E，体積 V，物質量 N の関数である：

$$S = S(E, V, N) \qquad (\text{単純系}). \tag{2.9}$$

これを**基本関係式**と呼ぶ．単純系の部分系は，元の単純系と同じ基本関係式を持つ．

要請 II-(i) で，S の値は「平衡状態ごとに値が一意的に定まる」と述べたが，さらに踏み込んで，平衡状態における E, V, N の値だけわかれば S の値もわかってしまう，というわけだ．

基本関係式 $S(E, V, N)$ は，その名のとおり，系の全ての熱力学的性質を決める基本的な関数である．物理学では，そのような基本的な量は，数学的に良好な解析的性質を持っていると考えたい [17)]：

熱力学の要請 II-(iii)：基本関係式の解析的性質

基本関係式 (2.9) は，E, V, N いずれについても偏微分可能であり，しかも，どの偏微分係数も連続である．また，E についての偏微分係数は，正で下限は 0 で上限はない．

注意して欲しいことは，S を別の変数（たとえば，E の代わりに温度）の関数として表したら，このような良好な解析的性質を持つとは限らないことである．たとえば，気体を冷やしたら液体に変わり始めるが，そのとき，S を温度の関数として表した関数は特異的な関数になる．つまり，E, V, N は熱力学系にとって特別な変数なのだ．これを，エントロピーの**自然な変数** (natural variables) と呼ぶ．

17)　特異的な量から特異的な結果が出ても「やらせ」になってしまう．

2.4.4　相

引き続き単純系を考える．単純系がマクロに見て均一な平衡状態にあれば，その単純系は「単一の**相** (phase) にある」とか「**単相** (single phase) の状態にある」と言う．そのような状態は，驚くべきことに，E, V, N の値を与えればマクロに一意的に定まる．したがって，たとえば全運動エネルギーとか全ポテンシャルエネルギーなどの E, V, N 以外の相加物理量もマクロに定まるし，後述のように，温度や圧力などの値も全て定まるのだ．

一方，単純系の平衡状態の中には，均一ではない状態もありうる．それは，気相（気体状態）や液相（液体状態）などの異なる相が共存する現象である**相共存** (phase coexistence) が生じている平衡状態である [18)]．そのような**相共存状態** (phase coexistence state) は，全体としては異なる相に分かれているので不均一な状態になっているが，それぞれの相はマクロに見て均一である．したがって，それぞれの相の状態はそれぞれの相の E, V, N の値で一意的に定まる．

これらの経験事実も基本原理に採用する [19)]：

熱力学の要請 II-(iv)：均一な平衡状態

平衡状態にある単純系は，それぞれがマクロに見て空間的に均一な状態にある部分系たちに分割できる（部分系の間の境界はマクロに見て無視できる）．それぞれの均一な部分系の状態は，その部分系の E, V, N の値で一意的にマクロに定まる．また，E, V, N がそれと同じ値を持つような不均一な平衡状態は，その部分系には存在しない．

2.4.5　熱力学的状態空間

E, V, N を座標軸とする（我々の住む 3 次元空間ではない数学的な）3 次元空間を考え，**熱力学的状態空間** (thermodynamic state space) と呼ぼう．

マクロに均一な平衡状態は，上記の要請 II-(iv) により E, V, N で定まる（指定できる）のだから，この空間の点と一対一に対応することになる [20)]．

---

18)　詳しくは，2.13 節や 18.1.2 節で述べる．

19)　拙著 [1] で述べたように，意図的にエントロピーの自然な変数の数を少なくして解析することもあるので，2.12 節で述べる一般の系の場合には，「エントロピーの自然な変数が適切に選んであれば」という条件が付く．

20)　要請 II-(iv) より，E, V, N から平衡状態が一意的に定まるし，逆に平衡状態から E, V, N

相共存があってマクロに不均一になる場合でも，後の 18.1.2 節で述べる（拙著 [1] の 3.3.6 項でも述べた）ように，系全体の熱力学量が同じ値になる状態を同一視して同じ平衡状態と見なせば，やはり E, V, N から平衡状態が定まる．そのような同一視をしていることを強調したいときは「**実質的に**定まる（指定できる）」と言うことにするが，相共存の統計力学は主に続巻で扱うので，初学者は同一視のことは忘れて「実質的に」も無視してよい．

熱力学的状態空間の広さは，言うまでもなく，E, V, N の値がもともと取りうる値の範囲で決まる．たとえば，$V \geq 0$ や $N \geq 0$ である．それに加えて，熱力学的に無意味な端の値を除いておくことにする [21)]．たとえば古典粒子の系では，明らかに $V = 0$ や $N = 0$ は無意味なので，$V > 0, N > 0$ に限定すべきである．そのように端を除いても，たとえば「粒子が希薄な極限」も，$N = 0$ ではなく $N/V \to 0$ のことであるから，$V > 0, N > 0$ での計算結果の極限として扱える．E についても同様である．このように端を除いた結果，熱力学的状態空間は開集合になる．

さらに，熱力学系を 2 つ合体しても熱力学系だし，2 つに分けても熱力学系であることから，熱力学的状態空間は凸集合であることもわかる [22)]．ここで，**凸集合** (convex set) とは，詳しくは 16.1.5 項で説明するが，その集合の中の任意の 2 点を結ぶ線分が，その集合に含まれるような集合（平たく言えば，凹んだり穴が空いていたりしていない集合）のことである．

2.4.6 複合系のエントロピー

エントロピーに関する最後の原理は，複合系に対してその平衡状態を与える原理である．

一般に，「適切に部分系に分けて考えてやれば，個々の部分系は平衡状態にある」という状態を**局所平衡状態** (local equilibrium state) と呼ぶ [23)]．2.2 節の要請 I-(ii) により，複合系が平衡状態にあれば，その部分系も平衡状態にあるの

の値が一意的に定まることは自明であるから，一対一に対応するとわかる．

21) 端を入れてしまうと，拙著 [1] の 5.4 節の補足で述べたように，物理的には興味がない状態空間の端において基本関係式の良好な解析性が失われることがあり，そのためにいちいち断りを入れる必要が生じてしまって不便だからだ．

22) ♠ 非保存量が自然な変数に含まれる場合には，2 つの平衡状態の凸結合が平衡状態として存在しないケースもありうるが，そのような状態も状態空間に加えておけば凸集合になる．実現しない状態だから，適当な小さい S の値を付与しておけば，物理的結果はまったく変わらない．

23) ここでの**局所** (local) は，マクロなサイズの部分系のことを言っているので，後の 5.4.3 項に出てくる，ミクロ物理学における「局所」とは異なる意味に使っている．

で，平衡状態は局所平衡状態でもある．しかし，逆は必ずしも言えない．

たとえば図 2.2 のケースでは，左側の高温ガスから右側の低温ガスに熱が流れるので，左右のガスのエネルギー配分は時々刻々変わる．どの配分のときにも「仮にここで熱の流れが止まったら左右のガスはそれぞれ平衡状態に達する」という局所平衡状態を（仮想的に）考えることができる．それらの局所平衡状態の中で，実際に熱の流れが止まって全系の平衡状態が実現されるのは，適切な量の熱が流れたときだけだ．その「適切な量」を決めるために，次の原理が必要になる．

左右の部分系を番号 1, 2 で呼び分けて，それぞれの E, V, N の値を E_1, V_1, N_1, E_2, V_2, N_2 とする．これらの部分系は単純系なのだから，要請 II-(ii) より，基本関係式 $S_1(E_1, V_1, N_1)$, $S_2(E_2, V_2, N_2)$ を持つ [24]．これを用いて，次のような関数 $\boldsymbol{\mathcal{S}}$ を定義する（$\boldsymbol{\mathcal{S}}$ の呼び名については下の補足 2.1 参照）：

$$\boldsymbol{\mathcal{S}}(E_1, V_1, N_1, E_2, V_2, N_2) \equiv S_1(E_1, V_1, N_1) + S_2(E_2, V_2, N_2). \tag{2.10}$$

この関数の変数 $E_1, V_1, N_1, E_2, V_2, N_2$ は，まったく勝手な値をとれるわけではなく，複合系の束縛条件を満たす範囲内でのみ変化できる．今考えている図 2.2 のケースでは，

$$E_1 + E_2 = E = \text{一定}, \tag{2.11}$$

$$V_1 = \text{固定},\ V_2 = \text{固定}, \tag{2.12}$$

$$N_1 = \text{固定},\ N_2 = \text{固定} \tag{2.13}$$

という束縛条件を満たす必要があるので，自由に変化できるのは E_1 または E_2 のどちらか一方だけだ（一方を決めれば他方は (2.11) で決まる）．そこで，E_1 の値を変化させてみると，それに伴って $\boldsymbol{\mathcal{S}}$ の値も変化する．その中の，$\boldsymbol{\mathcal{S}}$ の最大値を与えるような E_1 の値が平衡状態における値，すなわち E_1 の**平衡値** (equilibrium value) になる．これを一般化したのが，エントロピーに関する最後の原理である：

24)　もしも左右のガスが同じ種類のガスならば基本関係式も同じなので，$S_1(E_1, V_1, N_1)$, $S_2(E_2, V_2, N_2)$ の関数を区別する添え字 1, 2 は不要になり，$S(E_1, V_1, N_1)$, $S(E_2, V_2, N_2)$ となる．

熱力学の要請 II-(v)：エントロピー最大の原理

複合系は，それを構成する全ての単純系が平衡状態にあって，かつ，与えられた条件の下で，$\boldsymbol{\mathcal{S}}$ が最大になるときに，そしてその場合に限り，平衡状態にある．また，平衡状態における複合系のエントロピーは，$\boldsymbol{\mathcal{S}}$ の最大値に等しい．

要請 II をわかりやすく (i)〜(v) に分けて書いたが，実質的には一体であり，エントロピーが 2.4.1 項で述べた意味で存在することを主張し，その性質を定めたものである．これと，先に説明した要請 I とを合わせたものが，熱力学の基本原理である．この 2 つの基本原理を元にして，熱力学の様々な「法則」や公式を導くことができる．

補足 2.1 局所平衡エントロピー

$\boldsymbol{\mathcal{S}}$ は，その物理的意味から，**局所平衡エントロピー** (local equilibrium entropy) とでも呼ぶべきだが，多くの文献では，単に「エントロピー」と呼んでしまい，記号もエントロピーと同じ S を使うことが多い．本書では，拙著 [1] にならい，「エントロピー」とは呼ばず記号も変えた．ただし，拙著 [1] では $\widehat{S}$ と書いたが，本書では，量子論の「演算子」と区別するために $\boldsymbol{\mathcal{S}}$ と書くことにした．

2.5 熱力学第二法則

熱力学の要請 I より，マクロ系は，適切な条件の下では [25] 平衡状態に達することが保証される．その平衡状態がどのような熱力学的性質を持っているかは，要請 II が与える．

さらに，要請 I, II と，エネルギー保存則などの既知の保存則を組み合わせると，一つの平衡状態から別の平衡状態に遷移するときに，遷移先の平衡状態を予言するのに役立つ，いわゆる**熱力学第二法則** (second law of thermodynamics) の様々な表現が導かれる．そして，拙著 [1] で解説したように，それらの結果か

25) 「適切な条件」というのは，詳しくは拙著 [1] をみてほしいが，簡単に言えば，いつまでも熱し続けるなどの平衡になりえないことをしない，ということである．

ら，エアコンや冷蔵庫や熱機関の効率の原理的な上限など，多くの結果を導出することができる．

ただ，統計力学に関して言えば，熱力学第二法則は，平衡統計力学ではなく**非平衡統計力学** (nonequilibrium statistical mechanics) の守備範囲になるので，ここでは，熱力学の定理として，2 つの表現を紹介するにとどめよう．これらは，エントロピー最大の原理と名前が紛らわしいが，エントロピー増大則と呼ばれる．

まず，非平衡統計力学でもよく引用されるのは次の表現だ[26)]：

定理 2.1　部分系のエントロピー増大則
断熱・断物の壁で囲まれた系に力学的仕事をすると，系のエントロピー S は増加する．特に，（その系にとって）準静的に仕事がなされる場合には，S は一定値を保つ．

ここで，（その系にとって）**準静的** (quasistatic) というのは，変化が十分に遅いために（その系は）平衡状態を連続的に移り変わってゆくと見なせる，という意味である．

ただ，この種の定理に出てくる「仕事」「熱」「断熱」を一般の過程について明確に判別することは難しいし，そもそも常に定義できるわけでもない（詳しくは 18.2.4 項）．そのため，この種の定理を非平衡統計力学で議論しようとすると，熱力学との対応が曖昧になりがちだ．そこで，これらの事項が出てこない表現も書いておく．それは，要請 II から自明に導ける，次の定理だ：

定理 2.2　孤立系のエントロピー増大則
孤立系が，ある時刻 t_0 には局所平衡状態にあったとする．この系が孤立したまま時間発展して平衡状態に緩和したら，$\boldsymbol{\mathcal{S}}$ は増加する（強減少しない）：

$$\text{平衡緩和した後の } \boldsymbol{\mathcal{S}} \text{（} = \text{その平衡状態の } S\text{）} \geq \text{時刻 } t_0 \text{ における } \boldsymbol{\mathcal{S}}. \tag{2.14}$$

補足 2.1 で述べたように，$\boldsymbol{\mathcal{S}}$ は**局所平衡エントロピー** (local equilibrium entropy) とでも呼ぶべきだが，この定理も単にエントロピー増大則と呼ばれる．

26)　「増加」「強増加」「強減少」などの用語は 1.5.3 項を見よ．

2.6 エントロピーと基本関係式の数学的性質

熱力学の要請 II は，見るからに物理的な原理であるが，そこから，拙著 [1] で示したように，エントロピーと基本関係式について以下の様々な数学的結果が導ける．これらは，熱力学系を物理的に分析するときの強固な支柱となる．

なお，拙著 [1] もそうだが，通常の熱力学では $S(E,V,N)$ の主要項である $\Theta(V)$ の部分に着目する．そのときに得られるのがこの節の結果である．$\Theta(V^{2/3})$ などの，もっと高次の項 [27] まで熱力学を適用したいケースもあるが（拙著 [1] の 18.3.3 項），それについては続巻で述べることにして [28]，この第 I 巻では，熱力学も統計力学も，通常通り，$S(E,V,N)$ の $\Theta(V)$ の部分だけを対象とする．

2.6.1 相加性・1 次同次性とエントロピー密度

まず，エントロピーが相加物理量であるなどの，基本的な性質だ：

定理 2.3　相加性と 1 次同次性

1. エントロピーは相加的である．したがって，均一な平衡状態では示量的である．
2. 基本関係式 $S(E,V,N)$ は，その自然な変数 E,V,N の 1 次同次関数である．すなわち，任意の正の実数 λ について

$$S(\lambda E,\lambda V,\lambda N)=\lambda S(E,V,N). \tag{2.15}$$

この定理の 1 次同次性は，統計力学にとって重要な次の帰結を導く．単純系を考え，その単位体積当たりの**エントロピー密度** (entropy density)，エネルギー密度，数密度を，それぞれ小文字で表すことにする：

27) $\Theta(V)$ の項に対して $\Theta(V^{2/3})$ の項は $1/\Theta(V^{1/3})$ 倍であり，V の逆数の高次の項であるので，「高次」と言う．

28) ♠ そのケースでは，この節の結果は，それらを熱力学の要請 I, II から導出した拙著 [1] の 5 章の式に余計な項が付加されることになるので，成り立たなくなる．実際，相共存領域では高次項が $S(E,V,N)$ の凸性を破ることが，Y. Yoneta and A. Shimizu, Phys. Rev. B 99, 144105 (2019) で，極めて一般的に示された．

$$s \equiv S/V,\ u \equiv E/V,\ n \equiv N/V. \tag{2.16}$$

ただし，相共存がある場合には，平衡状態はマクロに不均一なので，2.1.2 項で述べたように，これらの量は平均密度を表すことになる．上記の定理の 1 次同次性から，これらの密度の間に次の定理が成り立つことが言える：

定理 2.4　エントロピー密度
s の値は u, n の値で一意的に定まる．つまり，u, n の関数である：

$$s = s(u, n). \tag{2.17}$$

これはすなわち，基本関係式が次のように表せるということだ：

$$S(E, V, N) = Vs(u, n). \tag{2.18}$$

(2.18) を見ると，物質ごとの個性は，右辺の V には反映されていないので，$s(u, n)$ だけが担っている．つまり，熱力学系の個性は，3 変数関数である $S(E, V, N)$ というよりも，2 変数関数である $s(u, n)$ が担っているのだ．したがって，$s = s(u, n)$ も**基本関係式**であり，u, n はその**自然な変数** (natural variables) である．

そこで，u, n を座標軸とする 2 次元空間を考えてみる．この空間の各々の点は，u, n を一律に V 倍するという単純な計算で，E, V, N を座標軸とする熱力学的状態空間の点に移せる．あらゆる熱力学的性質も，u, n と $s(u, n)$ で計算しておけば，あとは V をかけたり割ったりするだけで求まる．そのことから，この 2 次元空間も**熱力学的状態空間** (thermodynamic state space) と呼ぶ．むしろこの 2 次元空間の方が，あらゆる体積の平衡状態を一網打尽に表していて優れている，とさえ言えるので [29]，とくに統計力学では便利である．

補足 2.2　密度について
ここでは，単位体積当たりの密度 s, u, n を考えたが，分子1個当たりの密度などを考えてもよい．両者を区別するために，この節では後者を

$$\tilde{s} \equiv S/N,\ \tilde{u} \equiv E/N,\ \tilde{v} \equiv V/N \tag{2.19}$$

29)　詳しくは拙著 [1] 5.1.3 項.

と書くと，これらについても同様な議論ができる．すなわち，基本関係式を

$$S(E,V,N) = N\tilde{s}(\tilde{u},\tilde{v}) \tag{2.20}$$

と表すことができて，$\tilde{s}(\tilde{u},\tilde{v})$ は連続的微分可能な上に凸な関数である．そして，$\tilde{u},\tilde{v}$ を座標軸とする 2 次元空間も，熱力学的状態空間である．

なお，$\tilde{s},\tilde{u},\tilde{v}$ の結果を s,u,n の結果に焼き直すには，次の自明な関係を用いればよい：

$$\tilde{s} = s/n,\ \tilde{u} = u/n,\ \tilde{v} = 1/n. \tag{2.21}$$

2.6.2 凸性

正確な定義は付録 A に書いたが，グラフを描いたときに下向きに出っ張ったところがない関数を**上に凸** (concave) であると言う．「下向きに出っ張ったところがない」ということは，真っ平らな部分があってもいい．それを除外して，どこにも平らな部分がないような上に凸な関数だと言いたいときには，**狭義上凸** (strictly concave) であると言う．一方，上向きに出っ張ったところがない関数を**下に凸** (convex) であると言う．これも真っ平らな部分があってもいいわけだが，どこにも平らな部分がないような下に凸な関数だと言いたいときには，**狭義下凸** (strictly convex) であると言う．

上に凸な関数を -1 倍すると下に凸な関数になるので，上に凸な関数についての結果は，自明な変更を施せば下に凸な関数でも成り立つ．そこで本書では，両者を併せて**凸関数**と呼ぶ [30]．同様に，狭義上凸関数と狭義下凸関数を併せて**狭義凸関数**と呼ぶ．当然ながら，凸関数と言えば，狭義凸関数も含む．その凸関数の基本的な性質を付録 A にまとめておいたので，必要に応じて参照してほしい．

さて，熱力学の要請 II から，熱力学でも統計力学でも極めて重要な役割を演ずる，次の定理が導ける：

30) 文献によっては，「凸関数」は（漢字の凸とは逆さまな）下に凸な関数のことだけ指すこともあるので，注意してほしい．

定理 2.5　$S(E,V,N)$ と $s(u,n)$ の凸性
単純系の $S(E,V,N)$ と $s(u,n)$ は，連続的微分可能な，上に凸な関数である．

つまり，E,V,N または u,n で張られる熱力学的状態空間の上で，$S(E,V,N)$ や $s(u,n)$ のグラフを描くと，例外なく，滑らかで，背中を丸めたようなグラフになるのだ．

2.7　狭義示強変数

定理 2.5 から，要請 II-(v) に登場する (2.10) の $\boldsymbol{\mathcal{S}}$ もまた，連続的微分可能な，上に凸な関数になることが言える（拙著 [1] の 9.1 節参照）．そのため，$\boldsymbol{\mathcal{S}}$ の 1 階偏微分係数が全てゼロになる点があれば，その点で $\boldsymbol{\mathcal{S}}$ が最大値をとることが保証される．すなわち，その点が複合系の平衡状態であることが保証されるのだ．そのことを，以下のようにわかりやすい言葉で表すことができる．

2.7.1　温度

$\boldsymbol{\mathcal{S}}$ の最大値を求めるという作業を，図 2.2 のケースに当てはめてみよう．束縛条件 (2.11) を用いると (2.10) は

$$\boldsymbol{\mathcal{S}} = S_1(E_1, V_1, N_1) + S_2(E - E_1, V_2, N_2) \tag{2.22}$$

と書けるが，E があらかじめ与えられた値に固定されることと，束縛条件 (2.11), (2.13) のために，この式の変数のうち自由に変化できるのは E_1 だけだ．したがって，E_1 についての偏微分係数がゼロになる点があれば，その点で $\boldsymbol{\mathcal{S}}$ が最大値をとる．その点は，

$$\left(\frac{\partial S_1}{\partial E_1}\right)_{V_1,N_1} = \left(\frac{\partial S_2}{\partial E_2}\right)_{V_2,N_2} \tag{2.23}$$

という点である[31]．すなわち，2 つの部分系の間で熱がやりとりできるときに全体として（複合系として）平衡になるためには，両者の $\left(\dfrac{\partial S}{\partial E}\right)_{V,N}$ が等しく

31)　(2.22) の右辺第 2 項の偏微分は，$E - E_1 = E_2$ であるから，合成関数の微分法を使えば，

$$\frac{\partial S_2(E-E_1, V_2, N_2)}{\partial E_1} = \frac{d(E-E_1)}{dE_1}\frac{\partial S_2(E_2, V_2, N_2)}{\partial E_2} = -\frac{\partial S_2(E_2, V_2, N_2)}{\partial E_2}.$$

なければならない，と言っているわけだ．

であれば，この偏微分係数に名前や記号を与えておけば便利である．ただ現実には，歴史的理由から，偏微分係数そのものではなくその逆数に，**温度** (temperature) という名前と記号 T と単位 **K**（ケルビン）が与えられた [32]：

$$\boxed{T \equiv 1 \Big/ \left(\frac{\partial S}{\partial E}\right)_{V,N}} \tag{2.24}$$

これを使えば，(2.23) は「2 つの部分系の間で熱がやりとりできるときに全体として平衡になるためには，両部分系の温度が一致しないといけない」とわかりやすくなる．ただし，要請 II-(iii) より，T は正で下限は 0 で上限はない：

$$0 < T < +\infty. \tag{2.25}$$

したがって T は，日常生活で用いる**摂氏温度** T_{Cel} とは，

$$T_{\mathrm{Cel}}/^\circ\mathrm{C} = T/\mathrm{K} - 273.15 \tag{2.26}$$

のように原点の位置が 273.15 だけ異なることに注意されたい [33]．また，$T = 0$ には到達できないので，いわゆる**絶対零度**というのは，$T = 0$ ではなく「$T \downarrow 0$ という極限を考える」ということである [34]．

もちろん，歴史的経緯や習慣を別にすれば，偏微分係数そのものに名前と記号を割り当てる方がすっきりしている：

$$B \equiv \left(\frac{\partial S}{\partial E}\right)_{V,N} = \frac{1}{T}. \tag{2.27}$$

これを**逆温度** (inverse temperature) と呼ぶ．ただし統計力学では，後の (6.20) で与えられる **Boltzmann**（ボルツマン）**定数**と呼ばれる定数 k_{B} で割ってエネルギーの逆数の次元（SI 単位系での単位は J^{-1}）にした，

$$\boxed{\beta \equiv \frac{1}{k_{\mathrm{B}}}\left(\frac{\partial S}{\partial E}\right)_{V,N} = \frac{1}{k_{\mathrm{B}}T}} \tag{2.28}$$

---

32) これが，たとえ強い重力で時空が曲がったとしても有効な，もっとも一般的で厳密な温度の定義である．詳しく知りたい読者は拙著 [1] 第 II 巻 20 章を参照されたい．

33) $T_{\mathrm{Cel}}/^\circ\mathrm{C}$ や T/K のように，単位がある量をその単位で割り算すればただの数字になるので，(2.26) のような式が書けるようになる．

34) 「$\downarrow 0$」は，1.5.1 節で述べたように，正の側から 0 に近づけることを意味する極限記号である．

を用いる．これは熱力学の逆温度 B とは k_{B} 倍だけ異なるが [35)]，やはり**逆温度** (inverse temperature) と呼ばれる．

2.7.2 圧力

温度を定義するに至った前項の議論を振り返ると，

左右の部分系が熱をやりとりできる
$\to E_1, E_2$ が（V_1, N_1, V_2, N_2 とは独立に）変化できる
$\to$ その条件の下で $\boldsymbol{S}$ が最大
$\to \left(\dfrac{\partial S}{\partial E}\right)_{V,N}$ が左右で等しいときが平衡状態　(2.29)

であった．それを受けてこの偏微分係数を温度（の逆数）と定義したわけだ．

では，図 2.2 の仕切り壁が，透熱可動壁 [36)] であるケースはどうなるか？ 仕切り壁が動けば，左右の部分系の体積が変わるので，部分系が体積をやりとりできることになる．つまり，熱も体積も互いに独立にやりとりできる．この条件の下で $\boldsymbol{S}$ が最大になる点が平衡状態だ．

熱がやりとりできることからは，上記のように，両部分系の温度が一致すべし，という条件が出る．一方，体積がやりとりできることからは，上記と同様に考えれば，

左右の部分系が体積をやりとりできる
$\to V_1, V_2$ が（E_1, N_1, E_2, N_2 とは独立に）変化できる
$\to$ その条件の下で $\boldsymbol{S}$ が最大
$\to \left(\dfrac{\partial S}{\partial V}\right)_{E,N}$ が左右で等しいときが平衡状態　(2.30)

とわかる．であれば，この偏微分係数にも，名前や記号を与えておけば便利である．ただし，力学的に定義された通常の意味の圧力と一致するように [37)]，偏

35)　理論物理では $k_{\mathrm{B}} = 1$ になる単位系を使うのが普通だが，その単位系では，β と熱力学の逆温度が一致するので便利だ．

36)　♠ このような系では断熱可動壁はありえない（断熱材を用いても透熱になってしまう）ことが熱力学だけから示せる（Y. Chiba et al., 投稿準備中）ので，透熱可動壁のケースを考える．

37)　詳しくは，拙著 [1] の 9.6 節．

微分係数そのものではなく次の量に**圧力** (pressure) という名前と記号 P が与えられた：

$$P \equiv T \left(\frac{\partial S}{\partial V} \right)_{E,N}. \tag{2.31}$$

これを使えば,「2 つの部分系の間で熱も体積もやりとりできるときに全体として平衡になるためには，両部分系の温度も圧力も一致しないといけない」とわかりやすくなる.

なお，温度のときと同様に，歴史的経緯や習慣を別にすれば，偏微分係数そのものに名前と記号を割り当てる方がすっきりしている：

$$\Pi_V \equiv \left(\frac{\partial S}{\partial V} \right)_{E,N} = \frac{P}{T}. \tag{2.32}$$

この量を，V に**共役** (conjugate) な**エントロピー表示の示強変数**と呼ぶ [38].

2.7.3 化学ポテンシャル

最後に，仕切り壁が熱も物質も通す場合を考えよう．これはもはや壁がないのと同じであるが，同様に考えれば，$\left(\frac{\partial S}{\partial N} \right)_{E,V}$ が左右で等しいときが平衡状態だとわかる．歴史的理由から，この偏微分係数そのものではなく,

$$\mu \equiv -T \left(\frac{\partial S}{\partial N} \right)_{E,V} \tag{2.33}$$

に**化学ポテンシャル** (chemical potential) という名前と記号 μ が与えられた．これを用いれば,「2 つの部分系の間で熱も粒子もやりとりできるときに全体として平衡になるためには，両部分系の温度も化学ポテンシャルも一致しないといけない」とわかりやすくなる.

化学ポテンシャルは，11 章で導入する「グランドカノニカル集団」で使われるだけでなく，とくに化学の分野で重要な役割を演ずる．後者については，ここでは深入りする余裕はないので，興味がある読者は化学熱力学の教科書や，拙著 [1] 第 II 巻の 19 章を参照していただきたい.

なお．温度や圧力のときと同様に，理論的には，偏微分係数そのものに名前と記号を割り当てる方がすっきりしている：

---

38) 同様に，$B = k_{\rm B}\beta$ を「エネルギーに共役なエントロピー表示の示強変数」と呼んでもよい.

$$\Pi_N \equiv \left(\frac{\partial S}{\partial N}\right)_{E,V} = -\frac{\mu}{T}. \tag{2.34}$$

この量を，N に共役なエントロピー表示の示強変数と呼ぶ．

2.7.4　エントロピー密度と狭義示強変数

温度の定義式 (2.24) に (2.16) と (2.18) を用いると，

$$T = 1 \Bigg/ \left(\frac{\partial V s(u,n)}{\partial V u}\right)_{V,N} = 1 \Bigg/ \left(\frac{\partial s(u,n)}{\partial u}\right)_{n} \tag{2.35}$$

となるので，T は u, n だけの関数だとわかる：

$$T = T(u,n). \tag{2.36}$$

同様に．たとえば圧力の定義式 (2.31) に（(2.16) と (2.18) では V で微分しづらいので）(2.19) と (2.20) を用いれば，

$$P = T\left(\frac{\partial N\tilde{s}(\tilde{u},\tilde{v})}{\partial N\tilde{v}}\right)_{E,N} = T\left(\frac{\partial \tilde{s}(\tilde{u},\tilde{v})}{\partial \tilde{v}}\right)_{\tilde{u}} \tag{2.37}$$

により，P/T は $\tilde{u}, \tilde{v}$ だけの関数だとわかるが，それは (2.21) を用いれば u, n の関数として表せる．そのことと (2.36) から，P も u, n だけの関数だとわかる．同様のことが化学ポテンシャル μ についても言えるので，結局，T, β, P, Π_V, μ, Π_N は，どれも u, n だけの関数だとわかる．

ところで，2.1 節で，一つのマクロ系を，複数の部分系に仮想的に分割して，相加物理量を定義した．そして，系がマクロに見て均一な状態にあるときには，各部分系における相加物理量の値が部分系の体積に比例すること，すなわち示量的になることを述べた．

それに対して，u, n の値は，系がマクロに見て均一な状態にあるときには，部分系の体積に依らない．したがって，u, n の関数である T, $\beta, \cdots$, Π_N の値も部分系の体積に依らない．このことを，これらの物理量は「**示強的** (intensive) な物理量」である，と言う．そのため，これらの物理量をひとまとめに**示強変数** (intensive variable) と言うことが多い．

しかし，u, n と T, $\beta, \cdots$, Π_N は，まったく性格が異なる．というのも，u, n は，V に比例する示量的な量 E, N を，単純に V で割り算して V に依らない

示強的な量にしただけなので，実質的には割り算する前の示量変数と変わらない．それに対して $T,\ \beta,\cdots,\ \Pi_N$ は，熱力学に特有の量である $S(E,V,N)$ の偏微分係数で定義された量であるから，u,n とはまったく性格が異なる量である．そこで本書（および拙著 [1]）では，u,n を**相加物理量密度** (density of additive quantity) とか**相加変数密度** (density of additive variable) または**示量変数密度** (density of extensive variable) と，$T,\ \beta,\cdots,\ \Pi_N$ を**狭義示強変数**または単に**示強変数** (intensive variable) と，呼び分けることにする（下のコラム参照）．

上記の結果は，狭義示強変数たちは相加変数密度たちの関数であると言っているが，それらを連立させて解けば，どれか一つの狭義示強変数や相加変数密度を，他の狭義示強変数や相加変数密度たちの関数として表すこともできる：

定理 2.6 熱力学に登場する狭義示強変数や相加変数密度は，（他の）狭義示強変数と相加変数密度だけの関数である．

コラム：狭義示強変数の様々な呼び方

狭義示強変数は，他にもいろいろな呼び方がある．たとえば「熱力学的力」と呼ぶ文献があるが，非平衡熱力学では $T,\ \beta,\cdots,\ \Pi_N$ ではなく，その差や勾配を「熱力学的力」と呼ぶので混乱を招くし，化学ポテンシャルを熱力学的力と呼ぶことになってしまう．そこで「熱力学ポテンシャル」と呼びたくなるが，それは 2.9.2 項で述べる「完全な熱力学関数」の意味になるので，一成分系の化学ポテンシャルについては整合するが，それ以外のケースでは混乱を招く．このように，呼び名が統一されていないので，他の文献を読むときは呼び名を確認してから読むべきだ．拙著の英訳を出版するときには狭義示強変数を訳すと長くなるので，**熱力学的示強変数** (thermodynamic intensive variable) とでも呼ぼうかと思っている．

2.8 エネルギー表示

ここまで，全てエントロピーを使って議論してきた．これを**エントロピー表示** (entropy representation) または ***EVN* 表示**と言う．原理的にはそれで必要かつ十分だし，理論的には最も美しいのだが，実用上の便利さから，他の「表示」もよく使われる．そのことを，本節と続く節で簡単に説明する．

要請 II-(iii) より $\dfrac{\partial S(E,V,N)}{\partial E} > 0$ だから，基本関係式 $S = S(E,V,N)$ は E について逆に解ける：

$$E = E(S,V,N). \tag{2.38}$$

この関数は，

$$\left(\frac{\partial E}{\partial S}\right)_{V,N} = 1 \Bigg/ \left(\frac{\partial S}{\partial E}\right)_{V,N} = T > 0 \tag{2.39}$$

であるから，S について逆に解け，元の基本関係式 $S = S(E,V,N)$ を得ることができる．したがって，$E(S,V,N)$ は $S(E,V,N)$ と等価な情報を持っており，やはり**基本関係式**であると言える．そして，$E(S,V,N)$ についても，$S(E,V,N)$ と類似の，次のことが示せる：

定理 2.7　エネルギー密度

u の値は s,n の値で一意的に定まる．つまり，s,n の関数である：

$$u = u(s,n). \tag{2.40}$$

これはすなわち，基本関係式が次のように表せるということだ：

$$E(S,V,N) = Vu(s,n). \tag{2.41}$$

定理 2.8　$\boldsymbol{E(S,V,N)}$ と $\boldsymbol{u(s,n)}$ の微分可能性と凸性

$E(S,V,N)$ も $u(s,n)$ も，連続的微分可能な，下に凸な関数である．

また，E,V,N から平衡状態が実質的に定まったのと同様に，S,V,N からも平衡状態が実質的に定まる．

このように，$E(S,V,N)$ は $S(E,V,N)$ と同じ情報を持つだけでなく，数学的性質まで似ているので，$E(S,V,N)$ を元にして熱力学の議論を行うこともできる．しかし，$E(S,V,N)$ は，独立変数に熱力学特有の量である S を含んでいるので，決してわかりやすい式ではない．それにもかかわらず，慣習として，この式を元にして議論を行うことが多い．それを，**エネルギー表示** (energy representation) または $\boldsymbol{SVN}$ **表示**と呼ぶ．

たとえば，$E(S,V,N)$ の偏微分係数で狭義示強変数を定義する．ただし，その定義が，すでに定義したエントロピー表示の示強変数 (2.28), (2.32), (2.34) と整合しなければならないことから，拙著 [1] の 6.3.3 項で示したように，

$$\boxed{T = \left(\frac{\partial E}{\partial S}\right)_{V,N}, \ -P = \left(\frac{\partial E}{\partial V}\right)_{S,N}, \ \mu = \left(\frac{\partial E}{\partial N}\right)_{S,V}} \tag{2.42}$$

ということになる．これらの狭義示強変数を，それぞれ S,V,N に**共役** (conjugate) な，**エネルギー表示の示強変数**と呼ぶ [39]．歴史的には，これらの方がエントロピー表示の示強変数よりも先に使われていたために，見慣れた文字が割り当てられている．圧力 P の定義にだけマイナス符号がついているのは，気体で $P>0$ になるようにするための慣習である [40]．

2.9 Helmholtz エネルギー

ここからは，ルジャンドル変換を用いる．ルジャンドル変換を学んでいない読者は，付録 B または拙著 [1] を参照してほしい．

2.9.1 基本関係式のルジャンドル変換

まずは，エネルギー表示の基本関係式である $E(S,V,N)$ を S についてルジャンドル変換しよう．偏微分係数

$$\frac{\partial E(S,V,N)}{\partial S} \tag{2.43}$$

は常に存在し（定理 2.8），それは S,V,N で指定される平衡状態の温度 T であった．そして，要請 II-(iii) より，

$$0 < T < +\infty \tag{2.44}$$

であった．そこで，$E(S,V,N)$ の独立変数である S の代わりに，T を変域が (2.44) の独立変数とする新たな関数 $F(T,V,N)$ を，付録 B のルジャンドル変換

$$\boxed{F(T,V,N) \equiv \big[E(S,V,N) - ST\big](T,V,N)} \tag{2.45}$$

---

39) 「エネルギー表示の」で E の微係数だとわかるので，わざわざ「エネルギー表示の狭義示強変数」とは言わないことにする．

40) この定義では，たとえば伸ばしたゴムは $P<0$ となる．

により構築し，**Helmholtz**（ヘルムホルツ）**エネルギー**とか，Helmholtz の**自由エネルギー** (free energy) と名付ける．

一般に，ルジャンドル変換すると，変換した変数についての凸性はひっくり返り，残りの変数については変換前の関数の凸性が保たれる（付録 B の定理 B.1）から，$F(T, V, N)$ は T については上に凸で，V, N については下に凸な関数になる．つまり，変換前の $E(S, V, N)$ は多変数関数として凸関数だったのに対し，$F(T, V, N)$ は凸性が入り交じり，個々の変数についてだけ凸関数になっている．

ちなみに，(2.45) をルジャンドル変換の定義 (B.4) に代入すると，偏微分係数 (2.43) が常に存在するので，単純に，

$$F(T, V, N) \equiv E(S, V, N) - ST \text{ with any } S \text{ such that } \frac{\partial E(S, V, N)}{\partial S} = T \tag{2.46}$$

となる．つまり，左辺の引数として与えられた T（と V, N）の値に対して，S（と V, N）で指定される平衡状態の温度 $\dfrac{\partial E(S, V, N)}{\partial S}$ がちょうどその値になるような S の値を（相転移のために複数個あったらどれでもいいから [41]）右辺の $E(S, V, N) - ST$ に代入し，その値を $F(T, V, N)$ とする，ということである．これにより，$F(T, V, N)$ は一意的に定まる．

2.9.2　完全な熱力学関数

$E(S, V, N)$ からルジャンドル変換で $F(T, V, N)$ を得たが，逆に $F(T, V, N)$ から逆ルジャンドル変換で $E(S, V, N)$ を得ることもできる．その意味で，$F(T, V, N)$ は $E(S, V, N)$ と等価である．そして，$E(S, V, N)$ は，$S(E, V, N)$ と等価な基本関係式であったから，$F(T, V, N)$ も基本関係式である．したがって，$F(T, V, N)$ を出発点にして熱力学の議論を行うこともできる．それを ***TVN* 表示**と呼ぶ．

その際，$F(T, V, N)$ の**自然な変数** (natural variables) はルジャンドル変換で自動的に定まり，T, V, N であることに注意してほしい．それ以外の変数で F を表しても，逆ルジャンドル変換で $E(S, V, N)$ を得ることはできないので，それは基本関係式ではない．

この $F(T, V, N)$ のように，基本関係式を与える関数を**熱力学関数** (thermodynamic function) と呼ぶ．とくに，自然な変数を引数にしていないためにこの

41)　S が一意的に定まるケースしか述べていない教科書が多いが，一意に定まらない場合でも，どれを選んでも右辺の値が同じになり，$F(T, V, N)$ は一意的に定まる．

定義に当てはまらない $S(T,V,N)$ のような関数との区別を強調したいときは，**完全な熱力学関数**と呼ぶことにする [42].

2.10 他の熱力学関数

$F(T,V,N)$ をさらに，P についてルジャンドル変換すれば，**Gibbs**（ギブズ）**エネルギー**とか Gibbs の**自由エネルギー** (free energy) と呼ばれる熱力学関数が得られる [43]：

$$\boxed{G(T,P,N) \equiv \big[F(T,V,N) + VP\big](T,P,N)} \tag{2.47}$$

ここで，$-VP$ ではなく $+VP$ となっているのは，(2.42) で偏微分係数の -1 倍を P にしたことを F も引き継いで，

$$-\frac{\partial F(T,V,N)}{\partial V} = P \tag{2.48}$$

となるから，$-V \times (-P) = +VP$ となるためである．そして，$G(T,P,N)$ を出発点にして熱力学の議論を行うこともできる．それを ***TPN* 表示**と呼ぶ．

また，$E(S,V,N)$ を V についてルジャンドル変換すれば，化学でよく使う**エンタルピー** (enthalpy) と呼ばれる熱力学関数 $H(S,P,N)$ が得られる．それをさらに S についてルジャンドル変換すれば，$G(T,P,N)$ が得られる．

つまり，以下のようになっている：

$$\begin{array}{ccc}
 & S(E,V,N) & \\
 & \quad\downarrow\ E\text{ について逆に解く} & \\
 & E(S,V,N) & \\
S\text{ についてルジャンドル変換}\swarrow & & \searrow V\text{ についてルジャンドル変換} \\
F(T,V,N) & & H(S,P,N) \\
V\text{ についてルジャンドル変換}\searrow & & \swarrow S\text{ についてルジャンドル変換} \\
 & G(T,P,N) &
\end{array} \tag{2.49}$$

42) 熱力学ポテンシャル (thermodynamic potential) とか **fundamental function** と呼ぶことも多いのだが，本書では，名が体を表す「完全な熱力学関数」と呼ぶことにする．

43) 日本では Gibbs をドイツ語風に「ギッブス」と仮名表記する伝統があるが，Gibbs は米国人であるので「ギブズ」としてみた．

そして，これらの矢印は，全て逆向きにも移行できる：

$$
\begin{array}{ccc}
& S(E,V,N) & \\
& \uparrow \ S \text{ について逆に解く} & \\
& E(S,V,N) & \\
T \text{ について逆ルジャンドル変換} \nearrow & & \nwarrow P \text{ について逆ルジャンドル変換} \\
F(T,V,N) & & H(S,P,N) \\
P \text{ について逆ルジャンドル変換} \nwarrow & & \nearrow T \text{ について逆ルジャンドル変換} \\
& G(T,P,N) &
\end{array}
\tag{2.50}
$$

この図に現れた関数のどれもが完全な熱力学関数であり，基本関係式を与える．それぞれの熱力学関数の**自然な変数** (natural variables) はこの相関図にある通りで，たとえば，F では T,V,N で，G では T,P,N である．それ以外の変数の関数として熱力学関数を表したものは，完全な熱力学関数ではなく，基本関係式を与えない．要するに，完全な熱力学関数である $E(S,V,N)$ をルジャンドル変換するときに出てきた変数が，ルジャンドル変換して得られた熱力学関数の自然な変数になるのである．

ところで，(2.49) と (2.50) で示した関係を見ると，「なぜ，わざわざ $S(E,V,N)$ を逆に解いて $E(S,V,N)$ にしてからルジャンドル変換するのだろう？」と疑問に感じるのではないだろうか？ その疑問はもっともで，これは，単に慣習に過ぎない．論理の展開という観点からは，エントロピー表示のまま，$S(E,V,N)$ をルジャンドル変換した方が明確だ．その結果得られる熱力学関数たちを **Massieu**（マシュー）**関数**と呼ぶ．それらを基本関係式とする，「BVN 表示」や「$B\Pi_V N$ 表示」などに移ることができるわけだ．しかも，11.2.3 項で述べるように，標準的な定式化による統計力学で平衡状態を表す際に用いるのは，エントロピー表示と，そこからルジャンドル変換で導かれる BVN 表示などである．そのため，熱力学関数を求める公式も，10 章や 11 章で述べるように，Massieu 関数を用いた方が簡潔で美しい．つまり，慣習さえ捨て去れば，とてもわかりやすくなる．ただ，コミュニケーションの手段としては慣習に合わせた方がよい[44]．

まとめると，こういうことになる：

44) 筆者は，エントロピー表示で計算しておいて，最後に慣習に合わせた表示に変換するようにしている．

定理 2.9　完全な熱力学関数
$S(E,V,N)$，$E(S,V,N)$，およびこれらをルジャンドル変換して得られる Massieu 関数や $F(T,V,N)$ などの関数は完全な熱力学関数であり，それぞれの自然な変数による表示における**基本関係式**を与える．これらの関数は，少なくとも個々の変数については，凸関数である（詳しくは 2.11 節）．

2.11　熱力学関数の性質

様々な熱力学関数が出てきたが, 元を正せば $S(E,V,N)$ だったので, $S(E,V,N)$ と同様な以下の性質を持つ [45]．ただし，$S(E,V,N)$ と $E(S,V,N)$ 以外は，ルジャンドル変換してしまったために，微分可能とは限らなくなる．

定理 2.10　熱力学関数の基本的な性質
全ての（完全な）熱力学関数は，相加物理量であり，その自然な変数の連続関数であり，自然な変数のうちの相加変数について 1 次同次関数である．

さらに，$E(S,V,N)$ をルジャンドル変換して得られた熱力学関数は，自然な変数のうちの狭義示強変数については上に凸で，相加変数については下に凸である [46]．たとえば,

例 2.1　Helmholtz エネルギー $F(T,V,N)$ は相加物理量で，連続関数であり，任意の正の実数 λ について

$$F(T,\lambda V,\lambda N)=\lambda F(T,V,N) \tag{2.51}$$

が成り立ち，T については上に凸で，V,N については下に凸である．

---

45)　2.6 節の冒頭で述べたように，この第 I 巻では $S(E,V,N)$ の $\Theta(V)$ の部分だけを対象とするので，これらの熱力学関数についても $\Theta(V)$ の部分だけを対象とする．

46)　後の章で出てくる，$S(E,V,N)$ をルジャンドル変換して得られる熱力学関数は，これと正反対の凸性を持つ．すなわち，自然な変数のうちの狭義示強変数については下に凸で，相加変数については上に凸である．

また，$S(E,V,N)$ や $E(S,V,N)$ をルジャンドル変換して得られた熱力学関数を V で割り算した，熱力学関数の密度は，狭義示強変数と相加変数密度を自然な変数とする連続関数になる．そのため，自然な変数の数は，熱力学関数よりも1つ少ない．また，$E(S,V,N)$ をルジャンドル変換して得られた熱力学関数の密度は，自然な変数のうちの狭義示強変数については上に凸で，相加変数密度については下に凸である[47]．たとえば，

例 2.2　3変数関数である $F(T,V,N)$ の密度は，

$$f(T,n) = F(T,V,N)/V \quad (n = N/V) \tag{2.52}$$

という2変数関数である．これは連続関数であり，T については上に凸で，n については下に凸である．

さらに，熱力学関数の密度同士の間にも，(2.49) や (2.50) のような関係がある．たとえば，

例 2.3　Helmholtz エネルギーの密度 $f(T,n) = F(T,V,N)/V$ は，エネルギーの密度 $u(s,n) = E(S,V,N)/V$（ただし $s = S/V$）のルジャンドル変換である：

$$\boxed{f(T,n) = \big[u(s,n) - sT\big](T,n).} \tag{2.53}$$

これらの性質は，統計力学を考える上でも基本になるとともに極めて有用であり，後に何度も引用するであろう．

2.12　一般の熱力学系

ここまで，普通の気体や液体を具体例にとって説明してきた．そのエントロピーの自然な変数は E,V,N であった．他の熱力学系の自然な変数は，たとえば15.2節で述べる光子気体では E,V だけになるし，2種類の分子種が混ざった

47)　$S(E,V,N)$ をルジャンドル変換して得られる熱力学関数の密度は，これと正反対の凸性を持つ．

混合気体では E, V, N_1, N_2 になる（N_1, N_2 は，それぞれの分子種の分子数）[48]．このように，一般の熱力学系では，エントロピーの自然な変数は，エネルギー E と，いくつかの（$\Theta(V^0)$ 個の）相加変数

$$\boldsymbol{X} \equiv X_1, \cdots, X_t \tag{2.54}$$

になる．この場合の熱力学の基本原理と狭義示強変数を以下にまとめておく．

2.12.1 一般の熱力学系に対する要請と熱力学的状態空間

一般の熱力学系でも，要請 I はそのまま成り立ち，要請 II は，自然な変数が登場する部分だけ，以下のように一般化される [49]．

熱力学の要請 II-(ii)：単純系のエントロピー（一般の場合）

単純系のエントロピー S は，その系の，エネルギー E と，いくつかの相加変数 $\boldsymbol{X} \equiv X_1, \cdots, X_t$ の関数である：

$$S = S(E, \boldsymbol{X}) \qquad (単純系). \tag{2.55}$$

これを（エントロピー表示の）**基本関係式**と呼び，$E, \boldsymbol{X}$ $(= E, X_1, \cdots, X_t)$ をエントロピーの**自然な変数** (natural variables) と呼ぶ．変数の数 $t+1$ は，変数の値と無関係である．単純系の部分系は，元の単純系と同じ基本関係式を持つ．

熱力学の要請 II-(iii)：基本関係式の解析的性質（一般の場合）

基本関係式 (2.55) は，連続的微分可能であり，特に E についての偏微分係数は，正で（E が物理的に許される範囲の全ての値をとりうるならば）下限は 0 で上限はない．

48) 詳しくは拙著 [1] の 17.7 節や 19 章を参照のこと．

49) ♠ この基本原理と矛盾する結果はただのひとつも見つかっていない．ただし，高い予言力を持たせるために強い要請をおいたので，将来的に思いもよらぬ発見があって修正される可能性は否定しない．それを恐れて弱い曖昧な要請にしてしまっては，科学の進歩はおぼつかなくなる．

熱力学の要請 II-(iv)：均一な平衡状態（一般の場合）

平衡状態にある単純系は，それぞれがマクロに見て空間的に均一な部分系たちに分割できる（部分系の間の境界はマクロに見て無視できる）．それぞれの均一な部分系の状態は，エントロピーの自然な変数 $E, \boldsymbol{X}$ が適切に選んであれば，その部分系の $E, \boldsymbol{X}$ の値で一意的にマクロに定まる．また，その部分系には，それと同じ $E, \boldsymbol{X}$ の値を持つ不均一な平衡状態は存在しない．

以上の一般化に対応して，単純系の**熱力学的状態空間** (thermodynamic state space) も，$E, \boldsymbol{X}$ $(= E, X_1, \cdots, X_t)$ を座標軸とする $t+1$ 次元空間になる．この空間の各々の点は，この単純系の平衡状態と一対一に（相共存のために不均一である平衡状態についても実質的に）対応する．

密度についても同様に一般化される．$\boldsymbol{X} = V, N, \cdots, X_t$ の場合について説明しよう．単位体積当たりの相加物理量密度を

$$s \equiv \frac{S}{V},\ u \equiv \frac{E}{V},\ n \equiv \frac{N}{V},\ \cdots,\ x_t \equiv \frac{X_t}{V} \tag{2.56}$$

と書くと，s は $u, n, \cdots, x_t$ だけの関数になる：

$$s = s(u, n, \cdots, x_t). \tag{2.57}$$

これはすなわち，基本関係式が次のように表せるということだ：

$$S = Vs(u, n, \cdots, x_t). \tag{2.58}$$

したがって，<u>$s(u, n, \cdots, x_t)$ も基本関係式を与える</u>．ゆえに，完全な熱力学関数の一つである．$u, n, \cdots, x_t$ は，その**自然な変数** (natural variables) であり，これらを座標軸とする t 次元空間は，実質的に，単純系の**熱力学的状態空間** (thermodynamic state space) を成す．なぜなら，あとは V さえ与えれば，$u, n, \cdots, x_t$ を一律に V 倍するという自明な操作で，$E, V, N, \cdots, X_t$ を座標軸とする $t+1$ 次元の熱力学的状態空間に移れるからだ．むしろ，$u, n, \cdots, x_t$ による熱力学的状態空間の方が，あらゆる体積の平衡状態を一網打尽に表していて優れている，とさえ言える．また，この熱力学的状態空間は t 次元空間であるから，熱力学的に意味があるマクロ系は

$$t \geq 1 \tag{2.59}$$

でなければならないこともわかる．エントロピーの自然な変数 $E, \cdots, X_t$ の個数に翻訳すると，2 個以上ということだ．

最後に，複合系に対する基本原理は，次のように一般化される．

熱力学の要請 II-(v)：エントロピー最大の原理（一般の場合）

複数個の単純系 $i = 1, 2, \cdots$ を考える．それらのエントロピーの自然な変数を $E^{(i)}, \boldsymbol{X}^{(i)}$ $(= E^{(i)}, X_1^{(i)}, \cdots, X_{t_i}^{(i)})$，基本関係式を $S^{(i)} = S^{(i)}(E^{(i)}, \boldsymbol{X}^{(i)})$ とするとき，これらの単純系の複合系は，与えられた条件の下で，全ての単純系が平衡状態にあって，かつ

$$\boldsymbol{\mathcal{S}} \equiv \sum_i S^{(i)}(E^{(i)}, \boldsymbol{X}^{(i)}) \tag{2.60}$$

が最大になるときに，そしてその場合に限り，平衡状態にある．そのときの複合系のエントロピーは，$\boldsymbol{\mathcal{S}}$ の最大値に等しい．

これらの基本原理から，実に多くの結果が導ける様は，拙著 [1] を参照されたい．

2.12.2 一般の熱力学系の狭義示強変数

E や X_k に**共役** (conjugate) な**エントロピー表示の示強変数**を，次のように定義する：

$$B \equiv \frac{\partial S(E, \boldsymbol{X})}{\partial E}, \ \Pi_k \equiv \frac{\partial S(E, \boldsymbol{X})}{\partial X_k} \quad (k = 1, 2, \cdots, t). \tag{2.61}$$

たとえば $X_1 = V, X_2 = N$ のとき，

$$\Pi_1 = \Pi_V = \frac{\partial S(E, \boldsymbol{X})}{\partial V}, \ \ \Pi_2 = \Pi_N = \frac{\partial S(E, \boldsymbol{X})}{\partial N} \tag{2.62}$$

という具合である．

エネルギー表示では，S や X_k に**共役** (conjugate) な**エネルギー表示の示強変数**を，

$$T \equiv \frac{\partial E(S, \boldsymbol{X})}{\partial S}, \ P_k \equiv \frac{\partial E(S, \boldsymbol{X})}{\partial X_k} \quad (k = 1, 2, \cdots, t) \tag{2.63}$$

で定義する．たとえば $X_1 = V, X_2 = N$ のとき，

$$P_1 = P_V = -P = \frac{\partial E(S,\boldsymbol{X})}{\partial V},\ \ P_2 = P_N = \mu = \frac{\partial E(S,\boldsymbol{X})}{\partial N} \tag{2.64}$$

という具合である．P_V と P の符号が異なっているのは，2.8 節で注意したように，気体で $P > 0$ となるように P を定義した伝統のためである．

以上の示強変数（または (2.28) の β のようにその定数倍）が，熱力学に登場する**狭義示強変数**の全てである．ただし，これらは独立ではない [50]．まず，2 つの表示の示強変数は，

$$\boxed{B = 1/T,\ \Pi_k = -P_k/T \quad (k = 1, 2, \cdots, t)} \tag{2.65}$$

という関係で結びついている [51]．（これを用いれば，一方の表示から他方の表示にいつでも変換できる．）さらに，相加変数 $S, X_1, \cdots, X_t$ はまったく独立に変化させることができるのに，狭義示強変数 $T, P_1, \cdots, P_t$ は，**Gibbs-Duhem** (ギブズ・デュエム) **関係式**と呼ばれる

$$S\,dT + \sum_{k=1}^{t} X_k\,dP_k = 0 \tag{2.66}$$

を満たすようにしか変化できない．たとえば，エントロピーの自然な変数が E, V, N の系で T, P, μ を完全に独立に変化させることは不可能なのである．

2.13　♠ 相共存があるときの TVN 表示などの限界

この節では，相共存があるときの平衡状態の熱力学を簡単に紹介する．初学者は相共存がないケースだけ考えればよいので，次節に飛んでよい．

$F(T, V, N)$ は基本関係式であるから，系の熱力学的性質は完全に決定できる．ただし，TVN 表示では相共存がある平衡状態の指定ができないケースがあることに注意が必要だ．なぜなら，相共存状態では，共存する全ての相の狭義示強変数が同じ値をとるために [52]，狭義示強変数を含む変数の組では，平衡状態を十分に指定できないことがあるからだ．TVN 表示からさらに V を P に置き

50)　詳しくは拙著 [1] の 6 章，13 章．

51)　(2.28), (2.32), (2.34) は，これらの関係式の例である．

52)　これに対して u, n は，T, P, μ と同じように示強的ではあるが，相ごとに異なる値をとる．これが，T, P, μ を「狭義示強変数」と呼んで u, n と呼び分けた理由の一つである．

換えた TPN 表示では，狭義示強変数の数が増えるので，ますますその傾向が強まる．

たとえば，温度 T と圧力 P を**三重点** (triple point) と呼ばれる所に設定すると，気相，液相，固相の 3 つの相が共存する**相共存状態** (phase coexistence state) が現われる．この三重点を EVN 表示で見れば，3 つの相の割合が異なる様々な相共存状態たちがあることを忠実に反映して，図 2.3 の広がった斜線の領域になる [53]．この領域内の各点（それぞれが 3 つの相の割合が異なる相共存状態）は，E, V, N で指定できて区別できる．

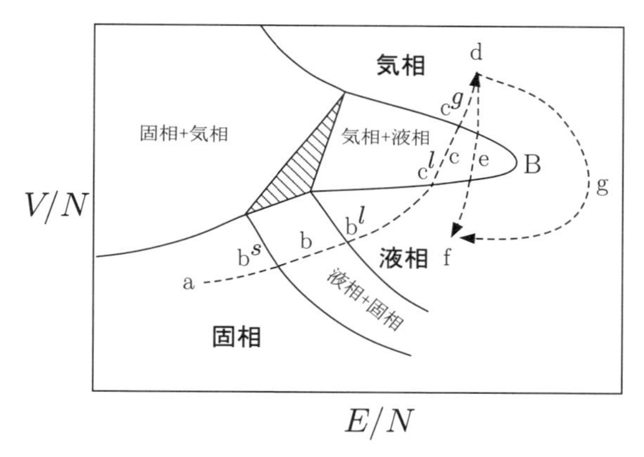

図 2.3 $u = E/N$, $v = V/N$ を変数に選んで描いた固相・液相・気相の相図の模式図.

ところが，TVN 表示では，図 2.4 のように，この領域は横に潰れて線分になってしまう．そのため，T, N が同じで E が異なる状態は区別できない．さらに，TPN 表示になると，図 2.5 のように，この領域はさらに潰れて点になってしまい（そのため三重点と呼ばれる），T, P, N が同じで E や V が異なる状態が区別できない．

これらの相図を使って，系の状態変化の例を説明しよう．三重点は身近ではないだろうから，三重点を通らないように状態変化させた例を 2 つ挙げる．

まず，TPN 表示の相図 2.5 の気相の中の点 d の平衡状態にある系を等温圧縮する場合を説明する．状態 d から出発して，温度 T が一定に保たれるように熱浴に浸けて系を圧縮していくと，圧力 P が上がっていくから，状態は点 e の方へ向かう．点 e に達すると，拙著 [1] で詳説した**一次相転移** (first-order phase

53) 図 2.3，2.4，2.5 の詳しい見方は，拙著 [1] を参照されたい．

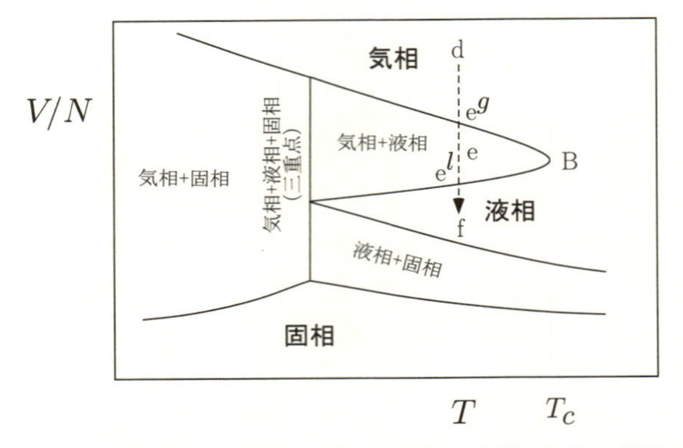

図 2.4　T, $v = V/N$ を変数に選んで描いた固相・液相・気相の相図の模式図.

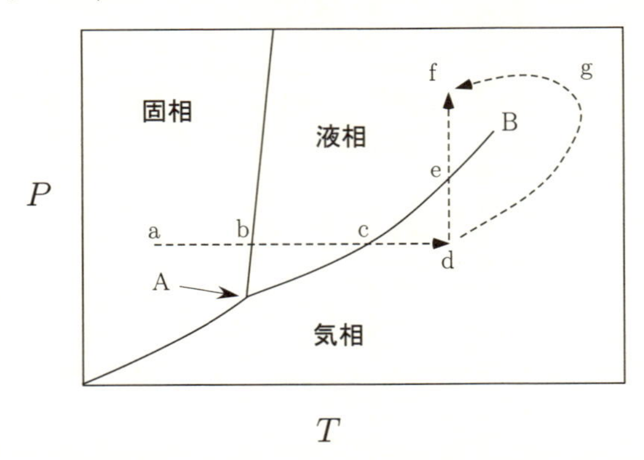

図 2.5　T, P を変数に選んで描いた固相・液相・気相の相図の模式図.

transition) と呼ばれる**相転移** (phase transition) が起こって，気相と液相の共存が始まる．この 2 つの相が共存する間は，いくら圧縮しても気相が減って液相が増える（その結果，系の体積は減る）だけで圧力は変わらないので，しばらく点 e にとどまる．やがて全てが液相になったところで，状態はようやく点 e を離れて，点 f の方へ向かう．この d → e → f という状態変化を TVN 表示の相図 2.4 や EVN 表示の相図 2.3 で見ると，点 e は線分に変わり，気相：液相の割合が異なる平衡状態がきちんと区別されている．ちなみに，同じ d から f への状態変化でも，d → g → f の経路をたどると，相転移が起こらないことに注意しよう．（TVN 表示の相図でも同様だが，図では略した．）拙著 [1] の 17 章で強調したように，相転移の有無は，状態変化の経路に依存して変わるのである．

次に，TPN 表示の相図 2.5 の固相の中の点 a の平衡状態にある系を等圧加熱する場合を説明する．状態 a から出発して，圧力 P を一定に保ったまま系を熱していくと，温度 T が上がっていくから，状態は $\mathrm{a} \to \mathrm{b} \to \mathrm{c} \to \mathrm{d}$ のように移り変わる．点 b では固相と液相が共存し，点 c では液相と気相が共存する．この状態変化を，EVN 表示の相図 2.3 で見ると，点 b も点 c も線分に変わり，2 つの相の割合が異なる平衡状態がきちんと区別されている．（TVN 表示の相図でも同様だが，図では略した．）この状態変化の途中の，c を通過する前後の様子の実体図を描くと，図 2.6 のようになる．(ii) と (iii) の状態が，TPN 表示の相図 2.5 では区別できないが，EVN 表示の相図 2.3 ではきちんと区別できている．（TVN 表示の相図 2.4 でも区別できるが，図ではその経路は略した．）

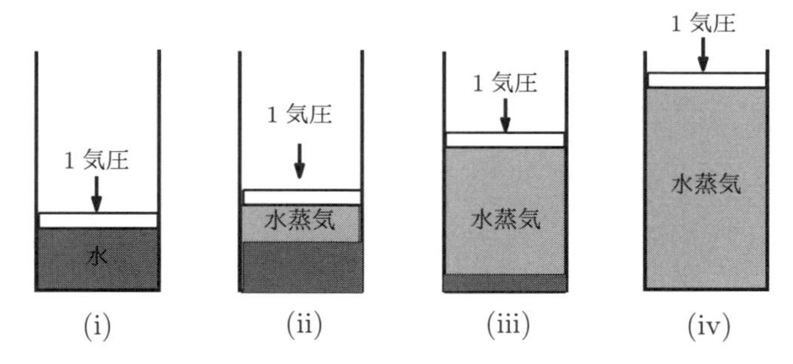

図 2.6 純粋な水をシリンダーに入れ，一定（1 気圧）の圧力をかけたままゆっくりと熱すると，(i) → (ii) → (iii) → (iv) のように変化してゆく．

以上のように，自然な変数に狭義示強変数を含む表示では，相共存状態の指定ができないことがある．その場合には，(2.50) によって SVN 表示または EVN 表示に戻ればよい．

第3章
古典力学の復習と平衡緩和

統計力学は，ミクロとマクロを繋ぐ理論であるから，前章で行ったマクロ系の物理学（熱力学）の復習の次に，ミクロ系の物理学の復習をする．ただし，本章ではミクロ系の物理学として古典力学だけを復習し，量子論の復習は 13 章で行う．また，ミクロ系の物理学と熱力学の整合性の問題のひとつである「平衡緩和」についても説明するが，それは平衡統計力学の範疇にはない問題なので，初学者や先を急ぐ読者は 3.4 節まで読んで次章に飛んでよい．

3.1　各瞬間の状態と相空間

物理系のミクロな状態，すなわち，ミクロ系の物理学で記述したときのその物理系の状態を，**ミクロ状態** (microstate) と言う．

また，古典力学では，系を粒子（質点）の集まりと考えるので，ミクロ状態として次の 2 種類をよく議論する．まず，系を構成するひとつひとつの粒子のミクロ状態を**一粒子状態** (single-particle state) と言う．たとえば「多数の粒子の中の紅一点の赤い粒子は今こんな状態にある」などが一粒子状態である．一方，多数個の粒子全体のミクロ状態を**多粒子状態** (many-particle state) と言う．たとえば「赤い粒子はこんな状態で，青い粒子はあんな状態で，…」というように，全ての粒子の状態を記述した一覧表だと思えばよい．本書で単に「ミクロ状態」と言えば，通常は多粒子状態のことを指す．

ところで，「状態が時々刻々変わる」という表現からもわかるように，一般に，物理学において「状態」というときは，通常は，**ある瞬間における状態**を指す．そして，それが個々の理論でどう表現されるかをきちんと把握しておくことが今後の議論で重要になる．また，後に5.2.3項や16.1.3項で説明するように，実は「状態」の概念は通常の古典力学の教科書よりも拡大する必要がある．しかし，この章では，その中の**純粋状態** (pure state) と呼ばれる状態に限定して説明する．それが，通常の古典力学の教科書に書かれている状態である．

具体的には，古典力学で，3次元空間を動き回る N 個の粒子の系（N 粒子系）の**ある瞬間におけるミクロ状態**（多粒子状態）を指定するのは，次の物理量の組である．

1. 各質点の特性を表す，質量や電荷などの定数

   これは定数なので，以後はいちいち「これらも必要だ」とは書かないことにする．

2. 各質点に番号 $1, 2, \cdots, N$ をふったとして，それぞれの（その時刻における）位置座標 [1)]

$$x^{(1)}, y^{(1)}, z^{(1)}, x^{(2)}, \cdots, z^{(N)} \tag{3.1}$$

   これを順に通し番号で $q_1, q_2, \cdots$ と書き，さらにそれをまとめて

$$q \equiv q_1, q_2, q_3, q_4, \cdots, q_{3N} \tag{3.2}$$

   と書くことにする．q は $3N$ 個の変数の略記というわけだ．

3. 各質点の（その時刻における）運動量

$$p_x^{(1)}, p_y^{(1)}, p_z^{(1)}, p_x^{(2)}, \cdots, p_z^{(N)} \tag{3.3}$$

   これを順に通し番号で $p_1, p_2, \cdots$ と書き，さらにそれをまとめて

$$p \equiv p_1, p_2, p_3, p_4, \cdots, p_{3N} \tag{3.4}$$

   と書くことにする．q と同様に p も，$3N$ 個の変数の略記である．

位置座標が必要なのは自明であろう．また，位置座標だけが同じでも，その質点が止まっているのか動いているのかで状態は異なるので，運動量も必要である．（速度でもいいのだが，ここでは運動量を採用する．）一方，エネルギーや

1)　補足3.1で述べる理由により，これはデカルト座標であるとする．

角運動量のような，その瞬間の他の物理量は全て，q, p の関数として一意的に定まるので．状態の指定には q, p だけで必要かつ十分なのである [2)]．

つまり，各瞬間瞬間の状態は $6N$ 個の変数 q, p で定まる．この q, p を**正準変数** (canonical variables) と呼ぶ．また $q_1 = x^{(1)}$ と $p_1 = p_x^{(1)}$ のように，q, p の各要素は 2 つずつ組になっているが，その組の数である $3N$，つまり，系の状態を記述するのに必要な正準変数の組の数を，系の（力学的）**自由度** (degrees of freedom) と言い，本書では f と記す．

古典力学におけるミクロ状態の表現：自由度 f の古典力学系の各瞬間瞬間のミクロ状態（多粒子状態）は，$2f$ 個の変数 q, p で指定される．

このことを幾何学的に理解するために，q, p を座標軸とする（つまり $q_1, \cdots, q_f$, $p_1, \cdots, p_f$ という $2f$ 個の座標軸を持つ）$2f$ 次元の，我々の住む空間とは別の抽象的な空間を思い浮かべてみよう（図 3.1）．そのような空間を，**相空間** (phase space) と呼び，本書では Γ と書くことにする [3)]．相空間の中のひとつひとつの点が，古典力学系のひとつひとつのミクロ状態に対応することになる [4)]．

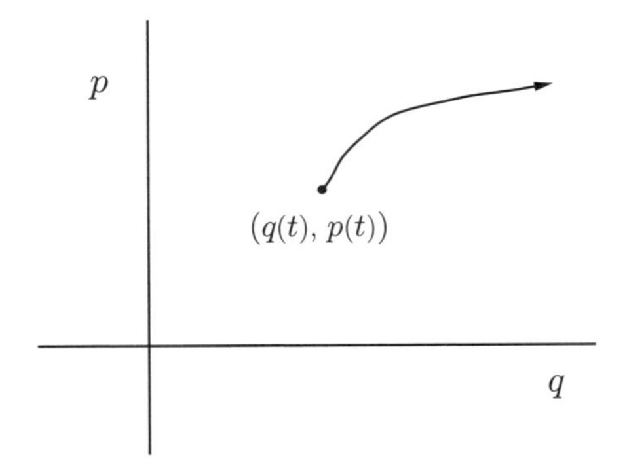

図 3.1　1 自由度系の相空間．この空間の中のひとつひとつの点が古典力学系の純粋状態を表し，それぞれの点は運動方程式に従って移動してゆく．

---

2)　加速度はどうなのかと疑問に思う読者は，補足 3.2 を参照せよ．また，q, p を独立変数とすることに納得がいかない読者は，補足 3.3 を参照せよ．

3)　日本語では，「位相空間」と呼ぶこともあるが，それだと数学の topological space と紛らわしいので，本書では相空間と呼ぶことにする．また，文字 Γ を相空間ではなく，その中の点を表すのに用いる文献もある．

4)　同種粒子より成る系の場合には，8.2.2 項で述べるように，実はこの対応は一対一ではなく多対 1 である．

相空間の次元，すなわち状態を指定するのに必要な変数の数 $2f$ は，粒子数に比例して増えてしまうことに注意しよう．これに対して，熱力学では，エントロピーの自然な変数 $E, X_1, \cdots, X_t$ を座標軸とする $(t+1)$ 次元の**熱力学的状態空間** (thermodynamic state space) の中のひとつひとつの点が，ひとつひとつの平衡状態に対応しており，2.12 節の要請 II-(ii) より t は f に依らなかった．

このように，同じ物理系でも，それをミクロ物理学である古典力学で記述するか，マクロ物理学である熱力学で記述するかで，状態を表す（仮想的な）空間の大きさ（次元）がまったく異なる．統計力学は，これら 2 つの見方を結びつける理論である．

補足 3.1　一般化座標と一般化運動量

力学の立場では，q_j はデカルト座標である必要はなく，たとえば極座標の θ でもよい．それに伴って，q_j に「正準共役」な（その相棒という意味）運動量 p_j も粒子の運動量のデカルト座標とは限らなくなる．そのため，q_j は一般化座標，p_j は一般化運動量と呼ばれる．しかし，統計力学や量子力学においては，一般化した正準変数を考える際には注意が必要になるので（拙著 [10] の 4.5 節），以下では，特に断らない限り，q_j, p_j は粒子の位置と運動量のデカルト座標だとする．

3.2　時間発展の法則

状態は，一般には，時々刻々変化してゆく．その法則，すなわち時間発展の法則は，古典力学でも量子力学でも，次のような論理構造になっている：

1. ある瞬間のミクロ状態が与えられたとき，
2. 次の瞬間のミクロ状態を定める手続きを示し，
3. この手続きを繰り返せば，もっと先の時間のミクロ状態も定まる．

たとえば古典力学では，2 は，ニュートンの運動方程式，あるいはそれと等価な，**ハミルトンの運動方程式**と呼ばれる次の連立方程式である：

$$\frac{dq_j}{dt} = \frac{\partial H(q,p)}{\partial p_j} \quad (j = 1, 2, \cdots, f), \tag{3.5}$$

$$\frac{dp_j}{dt} = -\frac{\partial H(q,p)}{\partial q_j} \quad (j = 1, 2, \cdots, f). \tag{3.6}$$

ここで，$H(q,p)$ は系の（全）エネルギーを q, p の関数として表した関数であり，その系の**ハミルトニアン** (Hamiltonian) と呼ばれる．この関数は，(3.2)，(3.4) の略記を止めて書くと

$$H(q,p) = H(q_1, q_2, \cdots, q_f, p_1, p_2, \cdots, p_f) \tag{3.7}$$

であり，$2f$ 個の変数を持つ多変数関数である．その具体例は，次節以降に示す．

(3.5), (3.6) により，ある時刻 t の $q(t), p(t)$ の値が与えられれば，その無限小だけ先の時刻 $t + dt$ における $q(t+dt), p(t+dt)$ の値が定まる [5]．これが古典力学における 2 の手続きであり，これを繰り返せばよいというのが 3 の手続きである．こうすることで，初期条件として，$t = 0$ における q, p の値 $q(0), p(0)$ を与えれば，他の時刻の $q(t), p(t)$ の値（運動方程式の解）は一意的に定まるわけだ [6]．つまり，個々の系の特徴を表すハミルトニアンと，$t = 0$ におけるミクロ状態が与えられれば，任意の時刻 t におけるミクロ状態が定まる．これが古典力学の論理構造である [7]．

このような状態変化を相空間で眺めると，系の状態を表す点 $(q(t), p(t))$ が，時間の経過とともに移動してゆく（図 3.1）．その軌跡を，**相空間における軌道**と言う．これを，我々が住む空間における軌道と混同しないようにしてほしい．たとえ粒子が 1 個しかない系でも，その相空間は 6 次元だから，そもそも我々が住む 3 次元空間とは次元も異なる．特に重要な違いは，実空間における軌道は（閉じて周期軌道になることもあれば）交差することもあるが，相空間における軌道は（閉じて周期軌道になることはあっても）決して交差はしないことである．なぜなら，仮に相空間内で 2 本の軌道が交差したとすると，その交点を初期条件として運動方程式を解いたら行き先が 2 種類出てくることになり，上記の「初期状態を与えれば，他の時刻の $q(t), p(t)$ の値は一意的に定まる」という事実に反するからである．

---

5) 本書では，物理学の習慣に従って dx などは微小変化を表す．微分 1 形式と紛らわしいかもしれないが，δx や Δx はゆらぎや差分にとっておきたいので，このような記法を採用した．

6) 「定まる」のであって，「求まる」とは限らない．むしろ後述のように，現実の系では決して解は求まらない．

7) この構造を，より高い視点から見て，量子論と比較した解説が，拙著 [10] の 2 章，9 章にある．

補足 3.2　加速度などは各瞬間の状態を定める物理量には不要

(3.5) と (3.6) により，$q(t), p(t)$ の 1 階微分 $\dot{q}(t), \dot{p}(t)$ は，$q(t), p(t)$ の関数として表せる．さらに，(3.5) と (3.6) を t で微分して，多変数関数の合成関数の微分法

$$\frac{d}{dt} = \sum_j \frac{dq_j}{dt}\frac{\partial}{\partial q_j} + \sum_j \frac{dp_j}{dt}\frac{\partial}{\partial p_j} \tag{3.8}$$

を使えば，$q(t), p(t)$ の 2 階微分 $\ddot{q}(t), \ddot{p}(t)$ が，$q(t), p(t)$ と 1 階微分 $\dot{q}(t), \dot{p}(t)$ の関数として表せるが，$\dot{q}(t), \dot{p}(t)$ は $q(t), p(t)$ の関数として表せるのだから，結局，$\ddot{q}(t), \ddot{p}(t)$ も $q(t), p(t)$ の関数として表せる．何階微分でも同様であるので，$q(t), p(t)$ だけ与えれば，それらの時間微分（たとえば加速度）もわかる．このように，各瞬間の状態を定めるには，$q(t), p(t)$ だけで必要かつ十分なのである．

補足 3.3　独立変数としての $\boldsymbol{q}, \boldsymbol{p}$ と，特定の解 $\boldsymbol{q(t)}, \boldsymbol{p(t)}$

互いに独立に自由な値をとりうる独立変数としての q, p と，運動方程式 (3.5), (3.6) の解 $q(t), p(t)$ を混同してはいけない．この関数たち $q(t), p(t)$ は，いずれも（時刻という名の）同じパラメータ t の関数なので，t を介して関係が付く．たとえば $p_1(t) = m\dfrac{d}{dt}q_1(t)$ という具合にだ．これは，t を介して $q_1(t)$ と $q_{3N}(t)$ の間にも関係が付くのと同じことである．

q, p を独立変数とする相空間の中で 1 本の軌道 $q(t), p(t)$ が定まるのは，例えて言えば，x, y を独立変数として 2 次元平面を設けた後で，1 本の曲線を引けば，その曲線の上の x と y の値には関係が付くのと同様である．その曲線を引いてあろうがなかろうが，x, y を独立変数とする 2 次元平面はある．

そのことを納得してもらった前提で，$q(t), p(t)$ を（簡便のため）式 (3.5), (3.6) のように q, p と書くことがある．

3.3　等エネルギー面

運動方程式 (3.5), (3.6) を用いると，容易に

$$\frac{d}{dt}H(q(t), p(t)) = 0 \tag{3.9}$$

が証明できる（問題 3.1）．つまり，$H(q(t), p(t))$ は t に依らない一定値（それを E と書くことにする）をとる：

$$H(q(t), p(t)) = E \quad \text{for all } t. \tag{3.10}$$

H は系のエネルギーを表しているから，これは**エネルギー保存則**を表す．

この事実の幾何学的な意味を見るために，相空間 Γ の中で，$H(q, p) = E$ を満たす点 (q, p) を全て集めた領域を考える [8)]：

$$\mathcal{E}(E) \equiv \{(q, p) \in \Gamma \,|\, H(q, p) = E\}. \tag{3.11}$$

相空間 Γ の次元を $\dim \Gamma$ と書くと，

$$\dim \Gamma = 2f \tag{3.12}$$

であったが，$\mathcal{E}(E)$ は，その中の $H(q, p) = E$ を満たす点だけを集めた領域だから，その次元 $\dim \mathcal{E}(E)$ は，$\dim \Gamma$ よりも条件式の数（=1 本）だけ下がった

$$\dim \mathcal{E}(E) = \dim \Gamma - 1 = 2f - 1 \tag{3.13}$$

である [9)]．元の空間よりも次元が低い領域なので，これは広義の「曲面」である [10)]．そこで，$\mathcal{E}(E)$ を**等エネルギー面** (equi-energy surface) と呼ぶ．(3.10) より，運動方程式の解 $(q(t), p(t))$ が描く軌道は，この $\mathcal{E}(E)$ の中にすっぽり入っている：

古典力学における相空間内の軌道と等エネルギー面：相空間内で，系の状態を表す点が描く軌道は，等エネルギー面の中にある．

次節以降で具体例が登場するので，それを見るとイメージがわくだろう．

問題 3.1 (3.9) 式を示せ．

8) 集合を表すのに，(1.14) に示した標準的な表記の仕方を用いた．

9) 物理的なモデルでは $H(q, p)$ は素直な関数なので，条件 $H(q, p) = E$ が課されても次元が下がらないような特異的なことは生じず，普通にこうなる．

10) たとえば，3 次元空間で，$x^2 + y^2 + z^2 = 1$ という条件式を満たす領域は，$3 - 1 = 2$ 次元の領域である球面であった．

3.4　線形振動子系

ハミルトニアンが q, p の 2 次式である場合には，ハミルトンの運動方程式 (3.5), (3.6) は q, p の 1 次式になる．このとき，運動方程式が**線形** (linear) である，と言う．そのうちで，とくに，ハミルトニアンの取りうる値に下限がある（したがってエネルギーに下限がある）ような系を**線形振動子** (linear oscillator) とか**調和振動子** (harmonic oscillator) と呼ぶ．バネに繋がった質点や時計の振り子など，非常に多くの系で力学的平衡点のまわりの微小な振動は線形振動子で近似できるため，物理には線形振動子がよく登場する．そこで，まず本節で線形振動子の運動を説明し，その結果を利用して，続く 2 つの節で「平衡緩和」について説明する．

3.4.1　1 自由度の線形振動子

手始めに，自由度 $f = 1$ の場合を考えよう．その場合の線形振動子のハミルトニアンは，q の原点を力の釣り合いの位置に選び，運動方程式に影響しない H の原点を適当に選ぶと，$H(q, p) =$ 定数 $\times p^2 +$ 定数 $\times q^2$ である．この定数たちを，2 つの正定数 m, ω を導入して次のように書くと便利である：

$$H(q, p) = \frac{1}{2m}p^2 + \frac{m\omega^2}{2}q^2. \tag{3.14}$$

たとえばバネ振り子の場合は，m は質点の質量で，ω はバネ定数 K と $\omega^2 = K/m$ という関係にある正定数である．

$H(q, p)$ をこのように書くと，ハミルトンの運動方程式は，

$$\frac{dq}{dt} = \frac{\partial H(q, p)}{\partial p} = \frac{p}{m}, \tag{3.15}$$

$$\frac{dp}{dt} = -\frac{\partial H(q, p)}{\partial q} = -m\omega^2 q, \tag{3.16}$$

となり，たしかに q, p の 1 次式になっている．もちろん，両式から p を消去すればニュートンの運動方程式

$$m\frac{d^2q}{dt^2} = -m\omega^2 q \tag{3.17}$$

が得られるのだが，ここでは q, p で考える．

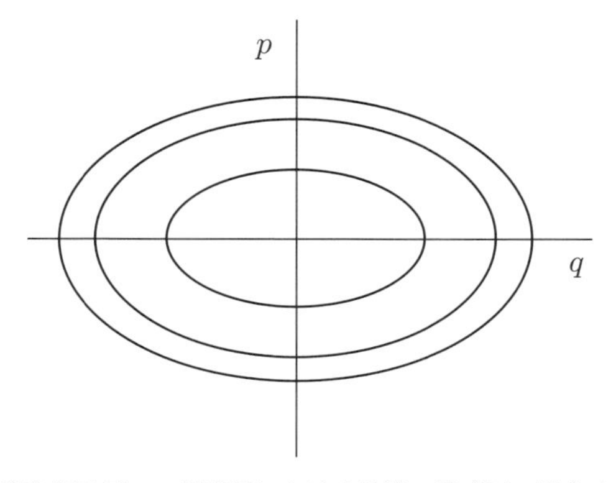

図 3.2　$f=1$ の調和振動子の，相空間における軌道の模式図．異なる 3 つの軌道を描いてある．

上記のハミルトンの運動方程式の解は，A, θ を初期条件で決まる実定数として，

$$q(t) = A\sin(\omega t + \theta), \quad p(t) = Am\omega\cos(\omega t + \theta) \tag{3.18}$$

である．これは，q, p が角周波数 ω できれいに振動することを示している．このような運動を**調和振動** (harmonic oscillation) とか**単振動**と言う．

調和振動の，**相空間における軌道**は，図 3.2 のように楕円になる．また，等エネルギー面 $\mathcal{E}(E)$ を定義する式

$$H(q,p) = \frac{1}{2m}p^2 + \frac{m\omega^2}{2}q^2 = E \tag{3.19}$$

も，楕円を表す式になっている．この $f=1$ の単純な系では軌道と $\mathcal{E}(E)$ は完全に一致しているが，後で見るように，一般にはこうはならない．また，この式から明らかなように，エネルギーの値 E が大きいほど $\mathcal{E}(E)$ のサイズ（$\mathcal{E}(E)$ が 1 次元なら周長，2 次元なら面積，など）は大きい．この事実は，自由度が巨大で非線形な相互作用があるマクロ物理系でも一般に成り立つ，ということを 9.2 節で見る．

3.4.2　多自由度の線形振動子系

次に，図 3.3 のように，1 次元空間内を運動する N ($\gg 1$) 個の粒子がバネで繋がっている，自由度 $f=N$ の系を考える．

これらの粒子の（それぞれの力の釣り合いの位置を原点に選んだ）位置座標を $q_1, q_2, \cdots, q_N$，ばね定数を K，粒子の質量を m とすると，この系のハミル

図 3.3　1次元空間内を運動する，バネで繋がった N 個の粒子.

トニアンは

$$H(q,p)=\sum_{j=1}^{N}\left[\frac{1}{2m}p_j^2+\frac{K}{2}(q_{j+1}-q_j)^2\right] \tag{3.20}$$

である．ここで，**周期境界条件** (periodic boundary condition) と呼ばれる，

$$q_{N+j}=q_j \quad \text{for all } j \tag{3.21}$$

という**境界条件** (boundary condition) を課しておいた [11]．この条件は，粒子がバネで繋がって大きな円環を成していると考えてもいいし，9.5節で説明する「統計力学の結果は境界条件に鈍感だ」ということを利用して，計算の便利のための仮想的な条件を課したと思ってもよい.

粒子 j の位置 q_j と運動量 p_j についてのハミルトンの運動方程式を求めて p_j を消去すると，

$$m\frac{d^2q_j}{dt^2}=K(q_{j+1}-q_j)-K(q_j-q_{j-1}) \tag{3.22}$$

という微分方程式を得る．右辺に他の粒子の位置座標 q_{j+1}, q_{j-1} が入っている（つまり，粒子間の相互作用がある）ので，一見すると，1自由度系よりずっと複雑な運動をするようにも見える．しかし実際は，この運動方程式は線形なので，**基準座標** (normal coordinate) と呼ばれるうまい座標を導入すれば，N 個の独立な1自由度系に帰着する [12].

具体的には，粒子たちが力学的平衡にあるときの粒子間隔を a とし，様々な値をとりうる（どんな値が許されるかはあとで決める）実数パラメータ k を導入して，

$$Q_k\equiv\sum_{j=1}^{N}e^{-ikaj}q_j \tag{3.23}$$

11)　たとえば，$j>N$ でも $q_{N+1}=q_1$ などとなるし，$j\le 0$ でも $q_0=q_N$，$q_{-1}=q_{N-1}$ という具合に，j は全ての整数が許されるようになる.

12)　これは，振動波動や解析力学の教科書に解説されているように，数学的には「二次形式の対角化」という問題に帰着する.

とおいてみる．これは複素数値をとるが，必要なら実部と虚部を取り出せば実数になるし，量子力学の計算をするときに便利なので，このまま計算する．Q_k の 2 階微分を (3.22) を用いて計算すると，

$$m\frac{d^2Q_k}{dt^2} = K\sum_{j=1}^{N} e^{-ikaj}\left[(q_{j+1}-q_j)-(q_j-q_{j-1})\right]$$
$$= -m\omega_k^2 Q_k \tag{3.24}$$

を得る．ただし，

$$\omega_k \equiv \sqrt{\frac{4K}{m}}\left|\sin\frac{ka}{2}\right| \tag{3.25}$$

とおいた．(3.24) は 1 自由度のときの運動方程式 (3.17) と同じ形をしており，異なる k を持つ Q_k とは相互作用していない．そのため，解は容易に

$$Q_k(t) \propto e^{-i\omega_k t} \tag{3.26}$$

と求まる．この Q_k たちが，この系の基準座標である．この式と (3.23) からわかるように，ひとつの基準座標 Q_k だけが振動しているときには，系の全ての座標 q_j は，同じ周波数 ω_k で一斉にいつまでも振動する．この系は，そういう振動の仕方をすることができる，ということだ．このことから，基準座標の振動を**基準振動** (normal mode) とか**固有モード** (eigenmode) と呼ぶ．

元の座標 q_j の運動を知りたければ，(3.23) を逆に解いた

$$q_j = \frac{1}{N}\sum_k e^{ikaj}Q_k \tag{3.27}$$

に，Q_k の解を代入すればよい．ここで，パラメータ k がとりうる値は周期境界条件 (3.21) で決まり，

$$k = \frac{2\pi}{Na}\times\text{整数} \tag{3.28}$$

となる．ただし，k と $k\pm\text{整数}\times\dfrac{2\pi}{a}$ はまったく同じ q_j を与えるので，重複を避けるために，k を

$$-\frac{\pi}{a} < k \le \frac{\pi}{a} \tag{3.29}$$

の範囲に制限する [13]．すると，k がとりうる値の種類は $(2\pi/a)/(2\pi/Na) = N$ 個になる．(3.27) の k の和は，この N 個の k にわたる和である．また，元の q_j が実数であることから，(3.23) より

$$Q_k^* = Q_{-k} \tag{3.30}$$

となるので，Q_k たちの実部と虚部のうち独立なものの個数は，ちょうど元の座標の個数 N と一致する [14]．つまり，独立な固有モードの個数は系の自由度と一致する．そして，この系の任意の振動は，(3.27) のように，基準振動たちの線形結合で表すことができる [15]．

問題 3.2　上記の途中の計算を，$\displaystyle\sum_k e^{iak(j-j')} = N\delta_{j,j'}$ などに注意して，やってみよ．

補足 3.4　振動しない解

この系の運動方程式には，振動しない解もある．ひとつは，上記の解の中の $k = \omega_k = 0$ の解で，$q_1 = q_2 = \cdots = q_N =$ 定数，という解である．これは，全体に「定数」だけずれて静止している解であり，原点の位置をずらせば

$$q_1 = q_2 = \cdots = q_N = 0 \tag{3.31}$$

という自明な解だとわかる．もうひとつの振動しない解は，

$$q_1 = q_2 = \cdots = q_N = \text{定数} \times t \tag{3.32}$$

のように，一斉に同じ速度で等速直線運動する解である．これは，ある慣性系で静止している線形振動子系を，別の（その慣性系に対して等速直線運動する）慣性系で見たときの解である．我々は，2.1.1 項で述べたように，着目系全体が静止しているような座標系を採用するので，この解は除外してよい．したがって，自明な解 (3.31) だけ考慮すれば済む．

---

13)　固体物理学では，これを**第一 Brillouin** ゾーンと呼ぶ．

14)　たとえば，Q_k, Q_{-k} の実部と虚部は合わせて 4 個あるが，それらの間に $\mathrm{Re}\,Q_k = \mathrm{Re}\,Q_{-k}$，$\mathrm{Im}\,Q_k = -\mathrm{Im}\,Q_{-k}$ という 2 つの関係式があるので，独立なのは 2 個だけである．つまり，1 個の複素変数 Q_k 当たり 1 個の実変数が独立である．

15)　下の補足 3.4 で述べるように，等速直線運動する解もあるのだが，除外してよい．

3.5 ♠ 可積分系と平衡緩和

ここから先は，平衡統計力学の範疇にはない問題を説明するので，初学者や先を急ぐ読者は次章に飛んでよい．

非平衡状態にあったマクロ系が，時間の経過とともに平衡状態[16)]へと移行することを，「平衡状態への**緩和** (relaxation)」または「平衡状態への**移行** (approach)」と言う．その略称は文献によってまちまちなのだが，本書では**平衡緩和**と略称することにする[17)]．言うまでもなく，平衡緩和の途中では系は非平衡状態にある．

熱力学（平衡熱力学）では，途中の非平衡状態は対象外であるものの[18)]，平衡緩和自体は要請Iにより仮定されている．それに対して統計力学では，平衡緩和は（平衡統計力学ではなく）非平衡統計力学の対象とされている．したがって，平衡統計力学を扱っている本書の対象外ということになる．

そうは言っても読者は気になると思うので，平衡緩和のミクロなメカニズムを，ここまでに復習した知識を基に本節で概観する．

3.5.1 ♠ 開放系の平衡緩和

まず，着目系が孤立系ではない，何らかの外部系と相互作用している**開放系** (open system) のケースを考えよう．

とくに重要なのは，外部系が着目系よりもずっと大きくて，しかも平衡状態にあるケースである．そのような外部系と相互作用すれば，着目系は，平衡緩和しやすくなる．平衡緩和しないのは，特別な対称性があるケースや[19)]，外部系との相互作用の影響が内部には伝播していかないような不自然なモデルに限られる．そういう例外的なケースでなければ，着目系は平衡緩和する．着目系

16) 本書における平衡状態とは，5.2.1 項や 18.1.1 項で定義するような，熱力学的にまっとうな（全ての相加物理量がその平衡値に定まっている）平衡状態のことである．

17) 他には，たとえば**熱化** (thermalization) と略称されたりするが，この言葉は，一部の物理量だけが平衡値に緩和する（したがって本書の意味の平衡状態には緩和しない）場合にも使われていて紛らわしいので，本書では使わないことにする．

18) つまり，途中の非平衡状態は（平衡状態に近い線形非平衡領域を除けばまだ未完成の）非平衡熱力学の対象である．

19) 着目系に特別な対称性があり，外部系との相互作用も特別な対称性があるものに限られている場合には，着目系の状態の一部がまったく外部系の影響を受けないようなことがありうる．

も外部系も，線形振動子系のような可積分系でも構わないし，両者の間の相互作用が線形でも構わない．

このような開放系の平衡緩和は，圧倒的に大きい外部系に引きずられて平衡状態に移行する，ということであり，直観的にも納得しやすいだろう．応用上も，このケースに当てはまる状況を扱うことが少なくない．ただし，原理的な観点からは，「そもそも，大きな外部系が最初から平衡状態にあったのはなぜか？」という疑問が残る．

この原理的な問いに対する答えとして，「外部系の外側にもっと大きな外部系があってそれが平衡状態だったから外部系は平衡緩和した」と言いたくなるかもしれない．しかし，これでは「そのもっと大きな外部系が最初から平衡状態にあったのはなぜか？」となってしまい，答えになっていない．

したがって，外部系，または，着目系，または，着目系＋外部系という合成系が，たとえ孤立していても平衡緩和する，ということを示す必要があると思われる．つまり，孤立系の平衡緩和を示す必要があると考えられる．それを次項で簡単に論じよう．

3.5.2　♠ 孤立系の平衡緩和と可積分系

孤立系の平衡緩和を概説する．その際，その孤立系が，着目系なのか，外部系なのか，あるいは着目系＋外部系という合成系であるかを，区別するのは議論を見づらくするだけで得策ではない．どのみち，そのどれが平衡緩和しても，着目系も平衡緩和するであろう．（たとえば，大きな外部系が平衡緩和すれば，着目系はそれと相互作用することで前述のように平衡緩和する．）そこで，以下では，平衡緩和の有無を調べたい孤立系を単に「系」と呼ぶことにする．また，無用な複雑化を避けるために，相共存はないとする[20]．

手始めに，前節で論じた，多自由度の線形振動子系をもう少し分析しよう．Q_k に対応する運動量[21]

$$P_k \equiv \sum_{j=1}^{N} e^{ikaj} p_j \tag{3.33}$$

も導入し，

20)　相共存があっても，議論が複雑になるだけで結論は同じである．

21)　解析力学の用語を用いて正確にいうと，P_k は Q_k に「正準共役な」運動量である．

$$H_k(Q_k, P_k) \equiv \frac{1}{N}\left[\frac{1}{2m}P_k^* P_k + \frac{m\omega_k^2}{2}Q_k^* Q_k\right] \tag{3.34}$$

とおくと，ハミルトニアンは

$$H(Q,P) = \sum_k H_k(Q_k, P_k) \tag{3.35}$$

のように単純な和になる．これは，N 個の 1 自由度調和振動子が，互いに相互作用することなく集まっている系であることを示している．

このように N 個の独立な調和振動子に帰着したので，エネルギー保存則も，H についての通常の全エネルギー保存則

$$H(Q,P) = E = \text{一定}, \tag{3.36}$$

だけでなく，それぞれの H_k についても成り立つ：

$$H_k(Q_k, P_k) = E_k = \text{一定}. \tag{3.37}$$

つまり，N 個の H_k も保存量である．ただし，H と H_k は (3.35) で結びついているので独立な関数ではなく，その値も

$$E = \sum_k E_k \tag{3.38}$$

のように結びついている．したがって，H と H_k のうちで独立なのは N 個である．これは，自由度 f に等しい個数である．

ところで Q_k は，1 個の粒子が持つ物理量である $e^{-ikaj}q_j$ の総和だから，相加物理量である [22]．同様に，Q_k^* も P_k, P_k^* も相加物理量である．したがって，H_k は相加物理量の 2 次式である．4 章と 5 章で述べるように，このような相加物理量の素直な関数になっている物理量は，平衡状態ではマクロに定まった値を持つはずだ [23]．

以上をまとめると，線形振動子系は，いくら N が多くても，解が求まるし，自由度と同じ個数の保存量を持ち，しかもその保存量は平衡状態ではマクロに

22) ♠$k =$ 任意の有理数 $\times 2\pi/a$ としてみると，$e^{-ikaj}q_j$ は，5.4.3 項の局所物理量とその空間並進の定義を満たすので，Q_k はミクロ物理学の相加物理量である．周期境界条件を課すのは，その相加物理量 Q_k から k が（あるいは N が）(3.28) を満たすものを選び出しているだけだ．

23) 実は，線形振動子系の場合には，H_k の適切な線形結合をとれば N 個の独立な相加的保存量を作れるので，「相加物理量の 2 次式だから」というような議論は不要である．ここでは，3.5.2 項で一般の可積分系に拡張することを見越して，このような説明にした．

定まった値を持つはずだ．この事実は，平衡に達した後の状態だけを論じる平衡統計力学では，何の問題も生じず，計算が楽だというメリットだけをもたらす[24]．しかし，「始め非平衡状態にあってもやがて平衡状態に達する」という熱力学の基本原理Iとの整合性などを問う非平衡統計力学では問題になる．と言うのも，線形振動子系は平衡緩和しないことがわかるからだ．

なぜなら，上述のように，線形振動子系は，ミクロな自由度 f と同じ個数の保存量 H_k を持ち，その値は平衡状態ではマクロに定まっているはずだ．一方，要請II-(iv) によると，平衡緩和した後の平衡状態は，系のサイズとは無関係な（したがって f とは無関係な）個数の自然な変数（たとえば E, V, N としよう）だけで一意的に定まるから，H_k の平衡値もマクロに定まるはずだ．つまり，ひとつの E の値に対して，$E = \sum_k H_k$ を満たすような $H_1, \cdots, H_f$ の値の組み合わせは無数にあるものの，そのどの組み合わせの値を持つ非平衡状態から出発しても，個々の H_k の値は，E, V, N だけで決まる値に平衡緩和するはずだ．ところが，H_k は保存量なのだから，いくら時間が経っても初めの非平衡状態における値を保つ[25]．したがって，たまたま最初から平衡値だったという例外的なケース以外は，平衡緩和は起こらない．もしも H_k の数が f とは無関係な個数であったなら，それも（うまい線形結合をとるなどして相加的にして）自然な変数に含めてしまえばよいのだが，H_k の数は f とともに増えてしまうので，そうもいかない[26]．ゆえに，常に平衡緩和するという要請Iに反する．この意味で，線形振動子系は平衡緩和しない．

この結果を導くのに保存量 H_k の具体的な表式は使っておらず，ただその数と，相加物理量の素直な関数であることだけを使っていることに注意すれば，線形振動子系に限らない系に直ちに一般化できる：

定理 3.1　自由度と同じ数の保存量を持ち，その保存量がどれも相加物理量の素直な関数であるような系は，平衡緩和しない．

気になるのは，この結果をどこまで拡張できるかであろう．この定理の「相

24)　詳しくは 8.6 節を参照のこと．

25)　これには，1つの基準振動だけがマクロに励起された状態（その基準振動はマクロに観察できる！）のような，非平衡状態であることが明白な状態も含まれる．

26)　♠ ミクロな自由度と同じぐらい多数の物理量で指定される「generalized Gibbs ensemble」という状態まで平衡状態と呼ぶ人たちもいるが，それは標準的な熱力学・統計力学とは大きく外れた定義であるために様々な注意が要るので，それは本書では平衡状態とは呼ばない．

加物理量の素直な関数」を「q, p の素直な関数」に変えた条件を満たす系を，**可積分系** (integrable system) と呼ぶ．この「素直な関数」というのは，たとえば「一価関数であるべし」という，関数と呼ぶための当然の条件も含む[27]．しかし，それに加えてどこまでを「素直な関数」の条件にするかは，人によって異なる．さらに，可積分系の別の定義として，調和振動子系のもうひとつの特徴であった「解が求まる」ことを定義とする場合もある．その場合は**可解モデル** (solvable model) とも呼ぶが，解がどんな形に書けたら「解が求まった」ことにするかが人によって異なる．

そのように定義も定まってはいないのだが[28]，概ね，可積分系（や可解モデル）は平衡緩和しないだろう，と考えられている．しかし，実際には平衡緩和が広く観測されているのだから，3.6 節で述べるように，実在の物理系は可積分系でない系，すなわち**非可積分系** (nonintegrable system) だと考えられている．

3.6 ♠ 非可積分系と平衡緩和

上述のように，線形振動子系は，いくら自由度を増しても可積分系であり，孤立系では平衡緩和しない．では，線形振動子系のハミルトニアンに，q の 2 次式ではない項，すなわち**非線形項** (nonlinear term) を加えた**非線形振動子** (nonlinear oscillator) 系ではどうか？ この節では，非線形振動子になると線形の場合と比べてどこがどのように変わるのかを概説し[29]，非可積分系と平衡緩和について概観する．

3.6.1 ♠ 相空間における可積分系の特徴

非線形振動子系を線形振動子系などの可積分系と比較するための下準備として，可積分系の特徴を相空間で眺めてみよう．

3.3 節で述べたように，どんな系でも，エネルギー保存則のために，相空間における軌道は「$2f$ 次元の相空間の中の，$(2f-1)$ 次元の等エネルギー面 $\mathcal{E}(E)$

27) そういう条件を外してしまうと，どんな古典力学系でも，f 個どころか $2f-1$ 個もの保存量を持つことになり（1 個は時間の原点にとれるので除いた），保存量の概念を持ち込む意味が無くなってしまう．量子論でも同様に，何か条件を入れないと，どんな系でもヒルベルト空間の次元と同じ数だけの保存量を持つという自明で無意味なことになってしまう．

28) 平衡緩和と完全に対応させようとすると，平衡緩和しないことを「可積分系」の定義にしてしまうような無意味なことにもなりかねない．

29) 詳しいことを知りたい読者は，（力学ではなく）力学系の専門書などを参照されたい．

の上を動くべし」という制限を受ける．線形振動子系の場合には，これに加えて，「f 個（典型的には 10^{24} 個もある！）の独立な保存量 H_k も保存すべし」という著しい制限が課される．「それでもまだ $2f - f = f$ もの次元が残るじゃないか」[30]と思われるかもしれないが，1 自由度の線形振動子を思い出すと，振動するためには q, p の値が入れ替わりながら時間変化して，$2f = 2$ 次元空間の中の 1 本の軌道（$f = 1$ 次元曲線）の上をぐるぐる回る必要があった．したがって，f 個の線形振動子が振動するために必要な最低限の次元が f なのだ．要するに，関係式 (3.37) で定まる f 個の 1 次元曲線たちのいずれかの上をぐるぐる回ること（またはその線形結合）だけが許される運動になる．

このように相空間における軌道が狭い部分領域たちに制限されて，状態を表す点の運動が，その狭い領域のいずれかの中をぐるぐる回るだけ（またはその線形結合）になっているのが，線形振動子系に限らない，可積分系の大きな特徴である．

3.6.2 ♠ 自由度が小さい非線形振動子系

では，非線形振動子系ではどうか？ まず 1 自由度の場合だが，一般に，$f = 1$ の古典力学系は，エネルギー 1 個ですでに f 個の保存量があることになるので，どれも可積分系である[31]．つまり，たとえ運動方程式が非線形であろうとも，非可積分系にはならない．

そこで，徐々に自由度を増やしてみよう．自由度があまり大きくないうちは，少しぐらいの大きさの非線形項では，$\mathcal{E}(E)$ の中の狭い部分領域に閉じこもっている軌道（線形振動子のときのような閉じた軌道とか，ドーナツのような領域内に閉じこめられた軌道など）がたくさん残る．つまり，線形振動子のときの面影が強く残ってしまう．それらを完全に消し去るには，自由度があまり大きくない系では，非線形項（を特徴付けるパラメータの値）を大きくするしかない．

しかし，実在の物理系では，非線形項の大きさは，いつも大きいわけではないだろう．その代わり，マクロ系であれば，常にその自由度は巨大である．その効果を見てみよう．

---

30)　エネルギー保存則は $\sum_k H_k$ の保存として，f 個の保存則に含まれる．

31)　エネルギーを q, p で表した関数 $H(q, p)$ は，通常の物理系では q, p の素直な関数である．ここではそういう通常の系だけを考えている．

3.6.3 ♠ 大自由度系と平衡緩和

上述のように，非線形項の大きさを保ったまま自由度を増やしていったらどうなるかを考える．それについては，特別に高い対称性があるようなケースを除くと（下の補足 3.5 参照），次のようになるだろうと考えられている．

自由度をどんどん増やすと，$\mathcal{E}(E)$ の中の狭い部分領域に閉じこもっている軌道の割合はどんどん減る．そして，十分大きな自由度を持つ系では，もはやそのような軌道の割合は圧倒的に少なくなる．つまり，$\mathcal{E}(E)$ の中のどの点を初期状態にしても，軌道が狭い部分領域に閉じこもってしまうことは，ほとんどなくなる．そうなると，相空間における軌道は決して交差しないのだから，状態を表す点の軌跡は，$\mathcal{E}(E)$ の中で，閉じもせず，他の軌道ともまったく交差せず，しかしどの軌道も広い範囲に延びている，という曲線になる．となると，軌道たちが非常に複雑な曲線を描くことが想像できるだろう．これを，**カオス的** (chaotic) な運動という．これはもはや可積分系からかけ離れている．つまり，古典力学系は，非線形項の大きさを保ったまま自由度を増やしていくと，非可積分系へと移行してゆき，カオス的な運動を示すようになる．これはまた，運動方程式が（どんなに数学が発達しても）決して解けないことも示している．

このような傾向は，特別に高い対称性があるようなケースを除くと，非線形振動子系に限らず，一般的な傾向だと考えられている．要するに，実在の物理系では（下の補足 3.5 で述べたような外的要因も含めて）必ず非線形項がある．系によってはその大きさはかなり小さいかもしれないが，自由度は巨大である．たとえ非線形項が小さくても，自由度が巨大であれば，系は可積分系からかけ離れ，運動方程式は決して解けなくなる．それが平衡緩和を引き起こし，強大な普遍性を持つ熱力学が成り立つメカニズムだろうと考えられている．やや皮肉に聞こえるかもしれないが，運動方程式が解けないことこそが，熱力学という普遍的で強大な理論をもたらしているのだ[32]．

ここまで古典力学系を例にして説明してきたが，量子系でも，様々な角度から研究が進んでいる．そして，古典系と同様に，可積分系（や可解モデル）は平衡緩和せず非可積分系は平衡緩和する，という傾向が見えている．

ただ，古典系でも量子系でも，初期状態として許す範囲次第で結論が変わる

32）以上で述べたようなことは，古典力学系の理論においては，**混合性** (mixing property) という性質と結びつけて議論されることが多い．これは，有名な**エルゴード性** (ergodic property) と呼ばれる性質よりも強い条件であり，混合性があればエルゴード性もあるが，逆は言えない．

し，普遍的な結果を得るのはきわめて難しいので，まだ十分に解明されたとは言いがたいのが現状である．3.5節の冒頭で述べたように，この問題は平衡統計力学を扱う本書の対象外なので，これ以上の深入りはしない．興味のある読者は関連する文献をご覧いただきたい．

補足 3.5　♠ 対称性を下げる外的要因

特別に高い対称性があるモデルでは，いくら自由度を増やしても，完全な非可積分系にはならない．そもそも，保存量があるのは対称性に由来するからだ．しかし，実際のマクロ系は，容器の壁などと接して（相互作用して）いたり，不純物を含んでいたりする．これらの影響は，平衡状態を扱う限りは無視してよい．9.5節で述べるように，平衡状態はそういうものに鈍感だからだ．しかし，平衡緩和などの非平衡統計力学を論じる場合には，壁や不純物が，系の対称性を下げて平衡緩和やまともな応答を示すための鍵になることが少なくない．

たとえば，空間並進対称性がある固体結晶は，微小な外力をかけただけで動いてしまうが，固定された不純物が無限小濃度でもいいからあれば動かない，というようにまったく異なる応答を示すことも稀ではない．

したがって，平衡緩和などの非平衡統計力学を論じる場合には，容器の壁や不純物まで含めて対称性の有無を考える必要がある．そうすれば，たとえバルクな部分が高い対称性を持っていたとしても全体としてはその対称性は無くなっているので，上に書いたストーリーが当てはまりやすくなる．

第4章 統計力学の予言の対象

この章では，まず4.1節で，単純系と複合系の意味をミクロ物理学の視点から明確化する．次いで4.2節で統計力学を理解するために必須である「熱力学極限」を説明し，4.3節で「マクロな精度」の意味を明確化する．これらを用いて，4.4節で平衡統計力学の予言の対象や精度を説明する．

4.1 単純系と複合系

熱力学では，2.4節で述べたように，一般のマクロ系を複数の単純系が合わさった複合系と見なし，基本関係式は単純系に対して与えられるのであった．これに対応する統計力学を考えるために，単純系や複合系とはミクロ物理学の視点からはどのような系であるかを明確化しよう．

一般に，物理系は様々な対称性を持つが，その系の状態は，同じ対称性を持つとは限らない．たとえば，2つの質点が重力で引き合いながら重心のまわりを回転する系は，重心のまわりに任意の角度だけ回転しても変わらないという連続的な回転対称性を持つが，状態は，楕円軌道のように，その対称性を持たない状態もある．このように，**系の対称性**（系の構造の対称性）と，その系の**状態の対称性**は，別物なので区別する必要がある．単純系の定義に必要なのは，基本的には，系の対称性の方である．

具体的には，同じミクロ構造が$O(V^0)$の一定の周期で並んでいるという，**空間並進対称性** (space translational symmetry) を持つ系が単純系である．この周期は，格子上のスピン系における格子の周期のように$\Theta(V^0)$の周期でもいいし，連続空間上の電磁場のように無限小の周期（つまり，連続的な空間が続いていて，そのどこでも電磁場が同じ物理法則に従っている）でもいい．さらに，18.2.2 項で述べる「ランダム系」や「準結晶」ように，完全な空間並進対称性は持っていなくても，それに準ずる系，つまり，同等な[1]ミクロ構造が一定の密度で並んでいるような系でもよい．

このような単純系に静的な外場や外力が印加されていても，そのポテンシャルが $\Theta(V^0)$ の空間周期を持っている場合には，系は空間並進対称（またはそれに準ずる）なままであるから，単純系の条件を満たしている．一方，この条件に当てはまらないような外場や外力が印加されている場合には，2.4.2 項で述べた熱力学での定義に倣って，状態の対称性も判断材料に加えて判別する．

以上をまとめると，次のようになる：

単純系（ミクロ物理学）

定義 4.1　ミクロ物理学において，熱力学の**単純系** (simple system) に相当する系は，基本的には，ミクロに見て空間並進対称な系（ミクロ構造が空間並進対称な系），またはそれに準ずる系（ランダム系や準結晶）である．そのような系に静的な外場や外力が印加されたために系の空間並進対称が失われている場合でも，それによって平衡状態に生ずる空間的な不均一が無視できるほど小さければ，単純系とみなしてよい．

これを用いて，複合系についても，それがミクロ物理学の視点からはどのような系であるかを明確化しよう：

複合系（ミクロ物理学）

定義 4.2　ミクロ物理学において，熱力学の**複合系** (composite system) に相当する系は，定義 4.1 の単純系を合わせた系である．それらの単純系の間には，熱力学において内部束縛をもたらす壁に相当するポテンシャルなどがあってもよい．また，静的な外場や外力により平衡状態に空間的な不均一が生じている系でも，単純系たちに（仮想的に）分割できれば，それも複合系である．

なお，研究の現場では，少数自由度系に統計力学を適用したくなる場面も出

1)　この場合の「同等」の詳しい意味は 18.2.2 項で説明する．

てくる．そういう系では，系のサイズを固定したままでは，単純系か複合系かも判断しかねるし，次節で説明する「熱力学極限」のとり方も曖昧なので，そもそも統計力学の予言の物理的意味が不明瞭であるし，定量的な比較も困難だ．そういう場合には，下の補足 4.1 のように，系のサイズをどのように増していくかを明確化してから解析すればよいだろう．

補足 4.1 ♠ 空間並進対称でない少数自由度系

統計力学の応用として，空間並進対称でない少数自由度系に統計力学を適用することもある．たとえば，10 個程度の原子を放物線形ポテンシャルに閉じ込めた 1 次元系などだ．このような系は，分析したい内容に応じて，次のいずれかのようにして系のサイズを増してゆく極限を考えればいいだろう．

(a) 系のサイズを大きくするとき，（ポテンシャルも含めて）同じ有限系を，どんどん付け足してゆく．つまり，もとの有限系を $\Theta(V^0)$ の体積のミクロ系として，そのコピーを付け足してゆく．すると，たくさんのコピーが集まった系は定義 4.1 による単純系に当てはまる．

(b) 系のサイズを大きくするとき，ポテンシャルなどもいっしょにスケールしていく．たとえば，上記の 1 次元系の例で原子の数を 10 個から 20 個に増やすときには，放物線形ポテンシャル $kx^2/2$ の幅も 2 倍にして $k(x/2)^2/2$ とする．そのようにして系のサイズを大きくしていけば，やがてポテンシャル（外場）による不均一が無視できるような単純系に分割できるようになるので，定義 4.2 による複合系に当てはまるようになるし，熱力学極限では外場が消えて単純系になる．

なお，1 個だけの有限系を大きな環境系に浸ける，という状況を考えることも多いが，それは，(a) と同様に，大きな環境系にたくさんのコピーを付け足してゆくと考えるのがよい．そうすれば，12.4.2 項で述べるように，そのたくさんのコピーにわたる平均値を統計力学は予言する．つまり，(a) の意味の単純系が大きな環境系に浸かっている状況だと考えればよい．

4.2　熱力学極限

統計力学の定式化には，「熱力学極限」という極限が必須である．それを説明しよう．前提として，この第I巻では，熱力学も統計力学も，通常通り，バルクな性質，つまり $S(E,V,N)$ の $\Theta(V)$ の部分だけを対象とする．これは，無用な複雑化と混乱を避けるためであって，拡張は可能である [2)]．

4.2.1　漸近形を取り出す

熱力学や，本書で論じているマクロ系の平衡統計力学は，**漸近理論** (asymptotic theory) である．すなわち，「系のサイズを大きくしてゆけば，この理論の結果にいくらでも近づいていくよ」という理論なのである [3)]．

そこで，その近づいてゆく先を知るために，系の体積 V を大きくする極限をとりたい．実際に解析したいのは目の前にある有限の V の系だとしても，V を大きくしていったときに最終的に行き着く先を見ることによって，系の詳細に依らない普遍的な性質を抽出できるからだ．その際にどのような極限をとるのかを規定したのが，本節で説明する「熱力学極限」である．

その熱力学極限を論じる仕方には，2 種類ある．一つは，有限温度の相対論的場の理論などでしばしば採用される手法で，最初から，熱力学極限をとった後の体積が無限大の系を，理論の出発点に採る手法である．それはいわば，極限値だけを見ている理論である．しかし，極限値だけを見ていてはわからないことも少なくないし，量子系では数学的にも煩雑になりがちだ．

そこで本書では，もう一つのアプローチを採ることにする．それは，次のような統計力学らしい手法である：

方針：有限体積系から出発して，熱力学極限に向かって着目系のサイズを大きくしていくときの振る舞いを調べ，適切な漸近形を取り出す．

---

2)　♠$1/V$ についてもっと高次の $\Theta(V^{2/3})$ などの部分も扱いたい場合には，拙著 [1] の 18.3.3 項で述べたように，各オーダーごとに階層的に適用していけばよい．

3)　マクロ系ではない小さな系の統計力学の研究も盛んだが，その場合には，マクロ系を環境系として利用することが多い．それについては，マクロ系の統計力学を対象とする本書では取り上げない．

このアプローチには様々なメリットがある．たとえば，次章で説明する「平衡状態の典型性」も明確になるし，熱力学極限という極限値だけではなく，そこへ漸近していく仕方（収束の速さなど）まで分析できる．さらに，13.5.3 項で述べるように，量子系の数学的な扱いも易しくなるし，実用的な計算もし易くなる．

4.2.2 どんな極限を見るか

単純系の平衡状態は，たとえば E, V, N という 3 つの変数で指定できるのであった．そのため，「$V \to \infty$ の極限をとる」と言うときには，E, N をどうするのか指定する必要がある．なぜなら，下のコラムで例示したように，複数個の変数に依存する量（多変数関数）の極限は，変数たちを「どんなふうに大きくしてゆくか」で結果が変わるからだ [4]．

熱力学では，2.6.1 項で述べたように，エントロピーの自然な変数の平均密度 $u = E/V, n = N/V$ で張られる熱力学的状態空間を考えてやれば，その空間の一つ一つの点が，全体のサイズ以外は同じだという平衡状態たちをまとめて表していた．このことから，統計力学でも，u, n で張られる熱力学的状態空間における位置が変わらないように，次のような極限をとればよいとわかる [5]：

熱力学極限：単純系

定義 4.3　エントロピーの自然な変数が E, V, N であるような単純系を考える．分析したい状態における自然な変数の平均密度 $u = E/V, n = N/V$ の値をひと組決めて固定する．この単純系の様々な（平衡か非平衡かを問わない）状態のうち，$E/V, N/V$ が，この u, n の値と $o(V^0)$ 以内の違いしかない状態たちを考える．このような単純系とその状態たちについて，体積 V の大きさを大きくしてゆく極限をとることを，その u, n の値における（単純系の）**熱力学極限** (thermodynamic limit) と呼び，本書では **TDL** と略記する．エントロピーの自然な変数が E, V, N 以外の単純系についても同様である．

4)　本書で論じている平衡統計力学に限らず，一般に，統計力学ではこのような極限の順序の違いに気をつけなければならない場面が非常に多い．

5)　言うまでもないことだが，系の形状をどんどん扁平にしていくような，物理的に無意味な極限はとらないようにする．迷ったら，形状も相似形に拡大していく極限をとればよい．

ここで，着目系は，体積 V の孤立系でもいいし，十分大きなサイズの単純系の中の体積 V の部分系でもよい．9.5 節で述べるように，どちらでも TDL における統計力学の結果は変わらないと考えられているので，解析したい内容に応じて使い分けることにする．

また，平衡か非平衡かを問わずに様々な状態を考えたのは，その方が論理的にすっきりするからだ [6]．そのうちの平衡状態について考えると，狭義示強変数が定義できるが，2.7.4 項で述べたように，狭義示強変数は相加変数密度だけの関数である．したがって，平衡状態に対する熱力学極限は，温度や圧力を同じに保って着目系のサイズを大きくしてゆくことに相当し，物理的に最も自然な極限のとり方になっている．

さらに，複合系についても熱力学極限を定義する [7]．具体的には，次のようにする：

熱力学極限：複合系

定義 4.4　複合系の**熱力学極限** (thermodynamic limit) とは，基本的には，複合系を構成するどの単純系についても熱力学極限をとることとする．その際，複合系を構成する単純系たちの熱力学極限をどのような体積比でとるかは分析したい内容に応じて決めるが，とくに注意しない限りは，体積比を保ったまま相似形に大きくしてゆくものとする．また，束縛や拘束を課す「壁」については，拘束を課す以外の影響が熱力学極限で無視できるように設定する（詳しくは下の補足 4.2)．

そして，以後は，熱力学極限を統計力学におけるデフォルトの極限とする [8]：

約束：「$\displaystyle\lim_{V\to\infty}$」や「$V \to \infty$」や「$\displaystyle\lim_{N\to\infty}$」や「$N \to \infty$」などと書いたら，それは全て TDL の意味だとする．

したがって，1.5.1 節で紹介したオーダー記号を使うときにも，たとえば $O(E)$, $O(V)$, $O(N)$ はどれも同じ意味になる．他のオーダー記号についても同様だ：

6)　たとえば，ここで平衡状態に限定してしまうと，TDL を用いて平衡状態を詳細に定義しようとしたときに定義が循環してしまう恐れがある．

7)　これは，解析の都合で単純系をあえて複合系と見なす場合も含む．

8)　複合系についても，とくに注意しない限りは，相似形に大きくしてゆくのだから $V \to \infty$ と書けば足りる．

約束：オーダー記号を使うときにも，いつも TDL のときの大きさを意味する．したがって，オーダー記号の括弧内は，相加物理量であればどれを使っても同じ意味である．

本書では（N をエントロピーの自然な変数に持たない光子気体などにも使えるように）V を使って $O(V)$ などと書くことが多いが，文脈に応じて臨機応変に使い分けることにする．

なお，この節の議論からもわかるように，統計力学や熱力学は，サイズが異なる系の状態を集めた一群の状態たちを念頭において議論している．熱力学で言えばそれは，$S = S(E, V, N)$ のような基本関係式の内容をエントロピー密度の基本関係式 $s = s(u, v)$ が全て背負っているという，2.6.1 項で述べた事実に端的に表れている．

コラム：極限の順序による違いの例

2 つの実変数 x, y の関数

$$f(x, y) = \frac{x - y}{x + y} \tag{4.1}$$

の「x, y を大きくする極限」として，先に x を大きくする，先に y を大きくする，$y = kx$（$k > 0$）のように比例させて大きくする，の結果はそれぞれ，

$$\lim_{y\to\infty} \lim_{x\to\infty} f(x, y) = \lim_{y\to\infty} 1 = 1, \tag{4.2}$$

$$\lim_{x\to\infty} \lim_{y\to\infty} f(x, y) = \lim_{x\to\infty} (-1) = -1, \tag{4.3}$$

$$\lim_{x\to\infty\ (y=kx)} = \frac{1 - k}{1 + k} \tag{4.4}$$

と，まるで違う結果になる．

補足 4.2 熱力学極限における束縛・拘束・操作系

マクロ系の熱力学や統計力学では，拙著 [1] の 2.7.1 項で述べたように，束縛や拘束は，拘束を課す以外には直接的にはマクロには無視できるほど小さい影響しか及ぼさない（熱力学極限で相対的に無視できる）ようなものを想

定している．これらを操作するときも，マクロな操作でありながら，その操作に用いる物理系のエネルギーやエントロピー変化が，着目系のエネルギーやエントロピー変化に比べて（熱力学極限で）相対的に無視できるケースを想定している．それに対して，もしもマクロ系ではなく（本書では扱わない）小さな系を着目系として，熱力学極限をとらないようなケースでは，当然ながら束縛・拘束や操作系の自由度が効いてくるので注意して欲しい．

4.3　マクロに見る

熱力学極限を利用して，1.2 節でおおまかに述べた「マクロな精度」などを詳しく説明しよう．熱力学極限を定義した，定義 4.3 のところで注意したように，着目系は，孤立したマクロ系でもいいし，そのマクロな部分系でもよい．その着目系の体積を V とし，熱力学極限を考える．

4.3.1　相加物理量とその密度

たとえば，相加物理量密度であるエントロピー密度 $s = S/V$ を，何らかの 2 とおりの計算方法で計算した結果が，$o(V^0)$ だけ異なっていたとしよう．この差異は，熱力学極限では（$o(V^0) \to 0$ であるから）無くなる．つまり，この 2 つの計算結果は，統計力学としては同じ結果である．これを，相加物理量であるエントロピー $S = Vs$ に翻訳すると，$Vo(V^0) = o(V)$ の大きさの差異は統計力学としては無いのと同じ，ということになる [9)]．これは，他の相加物理量やその密度についても同様である：

マクロに無視できる大きさ：相加物理量とその密度

相加物理量については $o(V)$ の大きさが，その密度については $o(V^0)$ の大きさが，**マクロに無視できる** (macroscopically negligible) 大きさである．

たとえば，Helmholtz エネルギー F や Gibbs エネルギー G や Massieu 関数な

9)　S は熱力学極限で $S \propto V$ のように発散する．発散する量に対して差異を云々したために，無視できる差異の大きさも発散しうる大きさ $o(V)$ となる．それが嫌なら s で議論すればよい．

どの熱力学関数は，いずれも相加物理量であったから，その密度（$f = F/V$ など）は相加物理量密度である．ゆえに，上記のことから，

定理 4.1　マクロに無視できる大きさ：熱力学関数
熱力学関数の密度の値について，マクロに無視できる大きさは $o(V^0)$ である．

したがって，統計力学で基本関係式を求める際には，完全な熱力学関数の密度を $o(V^0)$ 以内の誤差で求めればよい．

4.3.2　相加物理量（密度）の関数

次に，相加物理量密度の関数を考える．たとえば 2 つの相加物理量密度 u と n の積 un を考えよう．u, n の値の差異 $\delta u, \delta n$ により un に生ずる差異は

$$(u + \delta u)(n + \delta n) - un = u\delta n + n\delta u + \delta u\delta n \tag{4.5}$$

なので，$\delta u, \delta n$ がマクロに無視できる大きさ $o(V^0)$ であれば，un に生ずる差異は，やはり $o(V^0)$ だとわかる．したがって，un の値については，$o(V^0)$ までを「マクロに無視できる」大きさだとするべきである．

相加物理量の関数も同様に考えればよい．たとえば

$$UN = V^2 un \tag{4.6}$$

は，un については $o(V^0)$ がマクロに無視できる大きさなのだから，UN については $V^2 \times o(V^0) = o(V^2)$ をマクロに無視できる大きさとすべきだ．

このようにして，相加物理量やその密度の関数であるような物理量についても，それぞれのマクロに無視できる大きさが自然に定まる[10]．たとえば，$1/T$ などの狭義示強変数は，2.7 節で述べたようにエントロピーの自然な変数の密度たちの（これら以外には定数しか含まない）連続関数だから，直ちに次のことが言える：

定理 4.2　マクロに無視できる大きさ：狭義示強変数
狭義示強変数のマクロに無視できる大きさは $o(V^0)$ である．

10)　詳しく知りたい読者は 4.5 項を見よ．

したがって，統計力学で狭義示強変数を求める際には，$o(V^0)$ 以内の誤差で求めればよい．

4.3.3　マクロな精度

これらを用いて，以下の用語を定義する：

マクロな精度

定義 4.5　相加物理量，相加物理量密度，またはこれらの関数として定義された物理量について，マクロには無視できる大きさの差異を無視する（許容する）ような精度を**マクロな精度**と呼ぶことにする．そして，

- マクロな精度で見ることを**マクロに見る**と言うことにする．
- 値がマクロな精度で定まっていることを，**マクロに定まった** (macroscopically definite) 値を持つと言う．
- マクロな精度で同じ値であることを，**マクロに同じ**値を持つと言う．そうでない場合には，**マクロに異なる**値を持つと言う．

また，これらの物理量のどれについても，マクロ系の 2 つの状態において，マクロに同じ値をとっているとき，この 2 つの状態は**マクロに同じ**状態であるという．そうでない場合には**マクロに異なる**状態であるという [11]．そのようにしてマクロな精度で状態たちを区別して論ずるとき，個々の状態を**マクロ状態** (macrostate) と言うことにする．

次項で述べるように，本書における**マクロ系の物理学**とは，このようなマクロな精度で物理系を記述・予言する物理学のことである．

補足 4.3　マクロ物理量

この章の内容は，通常は**マクロ物理量** (macroscopic quantity) という言葉を用いて説明される．ただ，どんな量をマクロ物理量と呼ぶかは，理論や対象系によって異なるし，研究者によっても異なるのが実状であり，明確な定義が与えられないまま用いられることも多い．そこで本書ではこの言葉の使

11)　♠ より詳しくは，18.1.1 項で定義する．

用を避けることにしたが，あえて定義するならば「マクロな精度でも意味のある予言ができるとき，その物理量をマクロ物理量と呼ぶ」となろう．

4.4 熱力学と統計力学の予言の対象

準備が済んだので，熱力学と統計力学の予言の対象を説明する．

4.4.1 熱力学の予言の対象

まず熱力学だが，熱力学に登場する物理量，すなわちエントロピーの自然な変数と，熱力学関数と，熱力学関数から導ける狭義示強変数や比熱などの物理量を，**熱力学量** (thermodynamic quantity) と呼ぶ[12)]．そして，熱力学量の値や相互の関係を総称して，その系の**熱力学的性質** (thermodynamic property) と呼ぶ．それが熱力学の予言の対象である：

熱力学の予言の対象

熱力学は，マクロ系の熱力学的性質をマクロな精度で求めることを可能にする理論である．

一言で言うとこうなるわけだが，その世界は，上下 2 巻にわたる拙著 [1] でも書き切れなかったほど広大なのである．

4.4.2 統計力学の予言の対象

一方，統計力学は，まず第一には，ミクロ物理学からマクロ系の熱力学的性質を求めることを（少なくとも原理的には）可能にする理論であるが，それに加えて，12.3 節で求める粒子の速度分布や，続巻で説明する「相関関数」のように[13)]，熱力学では通常は求めない（あるいは求まらない）ような物理量もマクロな精度で求めることができる．統計力学は平衡状態を表すミクロ状態も与えてくれるので，それを使えば計算できるのだ．

12) 言うまでもなく，光速や気体定数のような，単なる定数は除く．

13) 「相関関数」のような量は，どのような設定で熱力学極限をとるかなどをきちんと説明しないといけないので，続巻で詳しく説明する．

そう言われると，「相加物理量に限らず，どんな物理量（量子系なら可観測量）でも統計力学で予言できるのではないか？」と思いがちだが，それは正しくない．あくまで，マクロな精度までを保証する理論なのだ．つまり，

平衡統計力学の予言の対象

平衡統計力学は，相加物理量とその関数の平衡値（平衡状態における値）および基本関係式（したがって相加物理量密度や熱力学量の平衡値も含む）を，マクロな精度で求めることを可能にする理論である．

たとえば相加物理量（熱力学関数を含む）ならば $o(V)$ 以内の差異を無視する精度で，その密度や狭義示強変数ならば $o(V^0)$ 以内の差異を無視する精度で求めることを可能にする理論なのである．

例 4.1　粒子数 N は，$\langle N \rangle = \Theta(V)$ であるから，$o(V)$ 以内の差異は相対的に無視できて，上記の精度で十分である．

例 4.2　エネルギー E については，その原点の選び方次第では $\langle E \rangle = 0$ であるような状態もありうるが，その場合でも，他のほとんどの状態では $|\langle E \rangle| = \Theta(V)$ だから，状態間の比較として $o(V)$ 以内の差異は相対的に無視できる．したがって，$\langle E \rangle = 0$ も十分に意味のある予言であり，まったく問題ない．あえて注意するとしたら，$\langle E \rangle = 0$ という予言は「E は $o(V)$ の違いを無視すれば $E = 0$ に定まっている」つまり「$E = o(V)$ という意味だ」という点だけだ．

4.5　♠ 相加物理量（密度）の関数の精度の詳細

相加物理量（密度）の関数について，4.3.2 項で「マクロに無視できる大きさ」を説明したが，それをもっと詳しく説明する．ただ，初学者や先を急ぐ読者は，とりあえず次章に飛んで，後で気になり始めたときに本節を読めば十分だと思う．

一般に，$a(\vec{x})$ を，$m = \Theta(V^0)$ 個の [14] 相加物理量密度 $\vec{x} \equiv x_1, x_2, \cdots, x_m$ たちの（これら以外には定数しか含まない）連続関数とすると，連続関数の定義から

$$a(\vec{x} + \delta\vec{x}) = a(\vec{x}) + o(|\delta\vec{x}|^0) \tag{4.7}$$

であるから，もしも $\delta x_1, \cdots, \delta x_m$ がどれも $o(V^0)$ であれば，

$$a(\vec{x} + \delta\vec{x}) = a(\vec{x}) + o(V^0) \tag{4.8}$$

となる．つまり，相加物理量密度 $\vec{x}$ のマクロに無視できる大きさの差異は，$a(\vec{x})$ には $o(V^0)$ の差異をもたらす．したがって，$a(\vec{x})$ の値については，$o(V^0)$ までを「マクロに無視できる」大きさとすべきである．

たとえ $a(\vec{x})$ が連続関数でなくても，**区分的連続関数** (piecewise-continuous function) であれば，すなわち有限個の適当な領域に分けて考えればそれぞれの領域内では連続な関数であれば，各領域内で同じことが言える [15]．そして，区分的連続関数は連続関数を含むので，次のようにまとめることができる：

マクロに無視できる大きさ：相加物理量密度の区分的連続関数

$m = \Theta(V^0)$ 個の相加物理量密度 $\vec{x} \equiv x_1, x_2, \cdots, x_m$ たちの（これら以外には定数しか含まない）区分的連続関数 $a(\vec{x})$ については，$o(V^0)$ までがマクロに無視できる大きさである．

このような考え方を，4.3.2 項で UN という関数について述べたような仕方で，相加物理量の一般の関数にも採用しよう：

マクロに無視できる大きさ：相加物理量の関数

相加物理量の関数であるような物理量のマクロに無視できる大きさは，その物理量の相加物理量密度だけの（他には定数しか含まない）関数として書けている部分に，相加物理量密度についてのマクロに無視できる

14) 変数の個数 m を V とともに増したりしない，という意味だ．たとえば $m = \Theta(V)$ にしてしまうと，p.230 の補足 12.1 のように，マクロに無視できる大きさが $o(V)$ になりうる．

15) 区分的連続関数を考えたい理由は，いわゆる「ラムダ転移」における比熱などの，相転移点において不連続になる熱力学量もあるからだ．なお，気液共存領域における比熱などの，無限大に発散する量は，逆数を考えてやれば連続関数になるので問題ない．

大きさが $o(V^0)$ であることを適用して見積もれる大きさである．

なお，特異的だったり急激に変化したりする関数の場合には，この定義に従ってマクロに無視できる大きさを見積もると，異常に大きくなったり，見積もり自体ができなかったりするケースもありうる．そういう関数については統計力学は予言の精度を必ずしも保証しない．つまり，直感的に言えば，相加物理量の「素直な関数」が予言の対象なのである．

また，たとえ素直な関数であっても，下の補足 4.4 で述べるような特殊な物理量については，十分な精度が得られない場合もある．ただ，いちいちそのような物理量を気にしているとわかりにくくなるので，以後は，とくに断らない限りは，そのような特殊な物理量は除外して議論する．

補足 4.4 ♠ 注意を要する特殊な物理量

統計力学による予言の精度に関して注意を要する特殊な量は，たとえば，N を全系の粒子数としたときの $(N - \langle N \rangle)^2$ のような量だ．これは，ゆらぎ（の自乗）そのものであるので，そもそも，ゆらぎ（の自乗）を無視する精度で値が予言できるわけがない．実際，

$$(N - \langle N \rangle)^2 = V^2 (n - \langle n \rangle)^2 \tag{4.9}$$

より，$V^2 \times o(V^0) = o(V^2)$ がマクロに無視できる大きさであるから，たとえば $\langle (N - \langle N \rangle)^2 \rangle = \langle N \rangle = \Theta(V)$ という結果を得ても，これは $o(V^2)$ より小さいので，一般には信用できない．実際には，たとえば $\langle (N - \langle N \rangle)^2 \rangle = 0$ かもしれないし $\langle (N - \langle N \rangle)^2 \rangle = \Theta(V^{1.9})$ かもしれないわけで，要するに $\langle (N - \langle N \rangle)^2 \rangle = o(V^2)$ ということしか予言できていないわけだ．

このように，系全体の粒子数 N の分散は，通常はマクロな精度では予言ができない．ただし，続巻で述べるように，部分系の粒子数の分散を多数の部分系にわたって平均した値ならば，マクロな精度で予言ができる．1.2 節で述べた δN の結果は，そのような，分散の平均値（の平方根）である．

第5章
平衡統計力学の基本原理A

この章と次章で，平衡統計力学の基本原理を紹介する．議論の進め方としては，まず基本原理を推測し，物理の全ての基本原理と同様に，推測の結果を一般化して基本原理として採用する．その正否は，そこから得られる膨大な結果が実験や熱力学と整合するか否かで判断されるが，現在までのところ，この基本原理を否定する結果はただの一つも見つかっていない強力な原理である．

5.1　基本原理を提示するための準備

まず，基本原理を与えるに際して，どんな方針で，どんな系を対象にするかを，この節で説明する．

5.1.1　どんな原理が必要か

1.4節で述べたように，本書では，熱力学＋統計力学である熱統計力学から，統計力学だけを抜き出す仕方として，熱力学の基本原理は全て保持して，残りの部分に最小限必要な原理を統計力学の基本原理とする．では，具体的には，どんな原理が必要だろうか？

まず，熱力学の要請Iを見ると，それは，平衡状態を定義し，その状態への移行を主張したものであった．3章の後半で述べたように，非平衡状態から平衡状態への移行には，ミクロ物理学の運動方程式やシュレディンガー方程式がマクロ系では解けなくなることが本質だと考えられている．そのことをミクロ物理学で詳細に理解しようという試みは，**非平衡統計力学** (nonequilibrium statistical mechanics) の課題の一つである．本書では，この平衡状態への移行は熱力学の基本原理として認めるのだから，平衡状態に達した後の統計力学だけ考えればよい．そのことをとくに強調したいときには**平衡統計力学** (equilibrium statistical mechanics) と呼ぶ．本書で解説するのは，3章の後半で行った議論以外は，この平衡統計力学であり，それを慣習に従って**統計力学** (statistical mechanics) と略している[1]．

そのような統計力学が，熱力学の要請Iについて与えるべきことは，マクロに定義されている平衡状態がミクロ状態としてはどんな状態であるか，を明らかにすることである．それをこの章で行う．

次に，熱力学の要請IIを考えよう．これは，単純系の基本関係式 $S(E, V, N)$ さえわかれば系の熱力学的性質が全てわかる，と言っている．しかし，熱力学では，個々の系の基本関係式やその自然な変数は，実験や経験で与えられる必要がある．これはちょうど，古典力学が個々の系の運動方程式を実験や経験で与えられる必要があるのと同様だ．「それさえ与えてくれればこれで予言できます」というわけだ．

そこで，基本関係式をミクロ物理学から求める手段が欲しくなる．その手段を与える原理を次章で説明する．これにより，たとえば中性子星のような，そこへ行って実験するのが不可能な物体の熱力学的性質まで予言できるようになる．

ここで注意して欲しいのは，ミクロからマクロを予言する，というような一方通行ではないことだ．というのも，まず，9章で述べるように，熱力学がミクロモデルに対する基本的な制限も課すことになる．さらに，実際的な利用法としては，「マクロにこのように振る舞うということは実効的にはこういうモデルで記述されるのであろう」というような，マクロからミクロを推察する，という使い方をされることもある[2]．

このように，ミクロ物理学とマクロ物理学を双方向にやりとりし合うことで，対象系に対する理解を深めることができるのだ．

---

1)　つまり，広い意味では，統計力学 = 平衡統計力学 + 非平衡統計力学であるが，狭い意味では，統計力学 = 平衡統計力学なのである．熱力学も同様で，ここでは狭い意味の熱力学である平衡熱力学のことである．

2)　たとえば固体の場合，マクロな個数の原子核と電子および電磁場から成るモデルで記述できるだろうと信じられているが，そんなモデルで正確な計算結果を得るのは不可能なので，個別の固体ごとに実効的な近似モデルを作って解析する．ちなみに，いわゆる「第一原理計算」も，「密度汎関数」を正確に知ることは不可能であるなどの理由から，大胆な近似を行っている．

5.1.2 ミクロな構成要素の間の相互作用

原子や電子などの，ミクロな構成要素の間には相互作用がある．通常の統計力学や熱力学が対象とするマクロ系を，この相互作用の観点からはっきりさせておこう．

距離 r だけ離れた構成要素の間に働く相互作用のエネルギー v_{int} が，r を増すとある距離から速やかに（典型的には指数関数的に）小さくなるとき，**短距離相互作用** (short-range interaction) であると言う．たとえば，r の大きいところで

$$v_{\mathrm{int}} \sim \text{定数} \times \frac{\exp[-r/r_{\mathrm{int}}]}{r} \tag{5.1}$$

のように振る舞う場合，r を増していくと，$r \simeq r_{\mathrm{int}}$ を過ぎたあたりから速やかに小さくなるので，これは短距離相互作用である．そして，この境目の距離 r_{int} を相互作用の**到達距離** (range) と呼ぶ．

それに対して，距離が離れるにつれて v_{int} が緩やかに小さくなっていくような，いわば $r_{\mathrm{int}} = \infty$ の相互作用 [3] を，**長距離相互作用** (long-range interaction) と呼ぶ．たとえば，クーロン力とか万有引力とか双極子相互作用では，相互作用のポテンシャルが

$$v_{\mathrm{int}} \sim \frac{\text{定数}}{r^{\nu}} \quad (\nu > 0) \tag{5.2}$$

のように，いくら r を増してもゆっくりと（r の逆冪で）小さくなっていくだけなので，長距離相互作用である．ただし，

$$\nu > \text{空間次元} \tag{5.3}$$

の場合には，（平衡）熱力学・統計力学の観点からは短距離相互作用と同様になるので，その場合も短距離相互作用と呼ぶことがある．

通常の統計力学や熱力学が対象とするのは，短距離相互作用の系である [4]：

> **統計力学や熱力学の対象**：ミクロな構成要素の間の相互作用が，平衡状態においては実効的に短距離相互作用になっているようなマクロ系．

3) たとえば，(5.1) で $r_{\mathrm{int}} \to \infty$ とすれば，(5.2) で $\nu = 1$ とした式になる．

4) 長距離相互作用系の熱力学・統計力学も研究されているが，それは通常の理論の拡張として位置づけられており，通常の熱力学・統計力学の対象外である．

ここで，**実効的** (effective) に，というのはこういうことだ．たとえば，電荷を持つ粒子の間に働くクーロン相互作用は $\nu = 1$ の長距離相互作用ではあるが，通常のマクロ系は正負の電荷が等量あるために，平衡状態では互いの長距離力を打ち消し合って，遠方では短距離相互作用として振る舞う（下の補足 5.1）．このことを，「実効的に短距離相互作用になっている」と言う．$\nu = 3$ の長距離相互作用である双極子間相互作用も，系全体にわたって双極子たちがバラバラな向きを向いていれば，やはり実効的に短距離相互作用になる．このように，たとえ相互作用自体は長距離相互作用であっても，平衡状態において実効的に短距離相互作用になっていれば，統計力学や熱力学が適用できるわけだ [5]．

それに対して，$\nu = 1$ の長距離相互作用である重力は，引力しかないから打ち消し合うことができない．しかも，そもそも重力相互作用しかないような古典粒子系は，引力しかない上にポテンシャルが最小値を持たないために，**力学的平衡点** [6] すら持たない．となると，熱力学の意味の平衡状態に達するかどうかすら危ぶまれる．しかし，幸いなことに，通常の実験では [7]，粒子間の力の大きさは，重力よりも他の力の方が圧倒的に大きいために，粒子間の重力は相対的に無視できて，やはり統計力学・熱力学が適用できる．

一般には，「実効的な相互作用ポテンシャル」がどのようなものであるかとか，ν がいくらであるかを理論的に求めるのは（18.2.3 項でも述べるように）それほど簡単ではないし，それを求める作業は統計力学の本筋からは外れるので，本書では相互作用ポテンシャルは既知であるとしておく．

なお，着目系を構成する粒子の間の相互作用ではなく，外部系（を構成する粒子）が及ぼす静的な外場としての重力なら何の問題もない．たとえば，容器に入れた重い気体の系は，地球の重力を外場として扱ってやることで熱力学（拙著 [1] の 20 章参照 [8]）も統計力学も普通に適用できる．

---

5)　そのような系を統計力学で扱う方法は 2 種類あって，一つは長距離相互作用があるミクロモデルを採用して，それが実効的に短距離相互作用になることも含めて計算する方法だ．もう一つは，最初から実効的な短距離相互作用で相互作用するミクロモデルを採用してしまう方法だ．

6)　力学の意味での平衡点，つまり，力の釣り合いの位置のこと．

7)　逆に，通常でない状況というのは，たとえば，多数の天体が重力だけで相互作用するような系である．そのような系では，平衡状態に達するかどうかすらわかっていないし，たとえ達しても，重力相互作用の長距離性のためにエントロピーの凸性が破れることがわかっている．

8)　その後半で解説したように，たとえ地球よりもはるかに強い重力が働いて時空が歪んで温度が一様でなくなるような平衡状態でも，2 章で復習した形式の熱力学と（少なくとも本書の形式の）統計力学であれば，まったく問題なく適用できる．

補足 5.1 ♠ クーロン相互作用の遮蔽

クーロン相互作用する点電荷の間のクーロン相互作用のポテンシャルが実効的に (5.1) のようになることの実例を見るには，「電子ガス」モデルを考えるのがわかりやすいと思う．それは，一様分布する正電荷（それを「Jellium」と呼ぶ）の中を，クーロン相互作用している多数の電子が運動するというモデルだ．詳しくは多体問題や物性理論の教科書を参照してほしいが，このモデルの平衡状態において，誘電関数を「乱雑位相近似 (RPA)」または「Thomas–Fermi 近似」で計算すれば，点電荷の間の実効的なクーロン相互作用のポテンシャルが求まり，たしかに (5.1) のようになることがわかる．これは，電荷を帯びた粒子のまわりの電子の空間分布がクーロン力を遮蔽しようとして歪むためである．その際に，歪むほどエネルギーやエントロピーが上昇してしまうので，$r_{\rm int}$ がゼロになるところまでは歪まず，有限の $r_{\rm int}$ になるわけだ．

ちなみに，RPA で電子ガスの誘電関数 $\epsilon(\omega, \boldsymbol{k})$ を計算し，その静的長波長極限が，$\omega \to 0$ と $|\boldsymbol{k}| \to 0$ の極限の順序で変わることを確認し，それぞれの順序の物理的な意味を考えることは，物理を専攻する学生ならば必ずやってほしい．このケースでは，先に $\omega \to 0$ の極限をとればよい．

5.1.3 孤立系か開放系か？

基本原理を与える対象系を，他の系とはいっさい相互作用していない**孤立系** (isolated system) にするか，それとも，そうでない系，すなわち**開放系** (open system) にするか，を考えよう．

熱力学の観点からは，どちらでも構わない．たとえば，単純系の基本関係式は，系が孤立していようといまいと同じであった．また，平衡状態そのものも，要請 I-(ii) から明らかなように，系が孤立していようといまいと同じである．

一方，ミクロ系の物理学である力学や量子論の観点からは，その本来の適用対象は孤立系である．環境系に浸かった系とか，摩擦力などの抵抗力が働く系は開放系であるが [9)]，その力学や量子論は，孤立系の理論から導かれる近似理論である．そのような近似理論の場合には，下の補足 5.2 で触れるように，近似のレベルに様々な選択肢がある上に，同じ物理系でも近似の可否は個別の問

9) たとえば飛んでいるボールが次第にエネルギーを失うのは，空気にエネルギーを渡すからであり，ボールだけでは物理系は閉じていない．つまり，このボールは開放系である．

題ごとに判断する必要があるので，開放系は基本原理を与える舞台には不向きである．

また，2.1.1項で述べたように，熱力学では，特に断らない限りは，着目系全体が静止しているような座標系を選んで議論している．平衡統計力学もそれに合わせるべきである．そのような座標系での諸量の値を求めておけば，別の座標系での値も，座標変換により求まる[10)]．

以上のことを総合的に判断して，次の方針を採用しよう：

方針：統計力学の出発点としては，孤立系を考え，着目系全体が静止しているような座標系を選んで議論する．

これは，基本原理を簡明にするための工夫にすぎないので，統計力学の適用範囲に，何ら制限を課すものではない．実際，9.5節で述べるように，孤立系でも開放形でも，TDLにおける統計力学の結果は変わらないと考えられている．それゆえ，熱力学極限の定義4.3の直後に述べたように，具体的な議論の際には，解析したい内容に応じて使い分けることにする．

補足 5.2　♠開放系のモデル化における様々な近似

開放系のモデルには様々な近似レベルがある．たとえば抵抗力について言えば，初等力学のように抵抗力がその瞬間の状態だけで決まることにしてしまうか，それとも過去の履歴を引きずる効果（遅延効果）も取り入れるか，などのバリエーションがある．その近似の良し悪しもケースバイケースである．たとえば，平衡状態から僅かに外れた状態ではよい近似モデルになっていても，同じ物理系が平衡状態から大きく外れた状態では，そのモデルではまったく駄目になることがよくある．しかし困ったことに，どのあたりの状態から駄目になるかを判定するのは，一般には難しい．

10）温度などの熱力学量をどのように座標変換すべきかがしばしば議論になるが，拙著 [1] の20.2.1項で述べたように，それは平衡熱力学や平衡統計力学の対象とは言いがたい．

5.2 平衡状態を表すミクロ状態

準備が済んだので，いよいよ，統計力学の 2 つの基本原理のうちのひとつ目を提示する．

5.2.1 平衡状態

実を言うと，統計力学では，文献によって平衡状態の定義が様々なレベルで異なっている．そこでまず，本書において「平衡状態」とは何を意味するかを明確にしておこう．

本書では，1.4 節で述べた方針に従い，平衡状態とは，熱力学の平衡状態そのものであるとする．すなわち[11]，

平衡状態

定義 5.1 熱力学の要請 I で定義され，要請 II を満たすようなマクロ状態を**平衡状態** (equilibrium state) と言う．

これにより熱力学との（したがって膨大な実験との）整合性が保証される．それに対して，別の定義を採ると，平衡統計力学の枠内に留まる限りは困らないかもしれないが，量子論などと組み合わせて平衡状態間遷移や測定などを考えたときには，本節や 18.3.1 項などで述べるように矛盾が生ずることもあるので，注意して欲しい．

では，そのようにマクロ物理学で定義された平衡状態は，ミクロ物理学ではどの状態だろうか？この問いに答えてくれるのが，本節で提示する統計力学の基本原理のひとつ目である．

5.2.2 状態空間の大きさの違い

物理学では，同じ物理系を解析するときでも，解析したい内容に応じて異なる理論を使う．まったく異なる理論を用いても，同じ物理系を対象にしているのだから，両者に登場する状態や物理量の間には何らかの対応関係があるはずだ．その対応関係を平衡状態について考察しよう．

---

11) ♠ より詳細な定義は 18.1.1 節で述べる．

例として，気体の一つの平衡状態を考える．本書では熱力学と整合するように平衡状態を定義したのだから，まず熱力学で考えると，2.4.5 項で述べたように，平衡状態は E, V, N で張られる 3 次元の熱力学的状態空間の 1 点に対応する．そして，この状態空間の次元は，いくら粒子数 N を増やしても変わらない．

一方，同じ状態を古典力学で記述しようとすると，その状態空間は 3.1 節で述べたように $6N$ 次元の相空間であるが，これはたとえば 10^{24} 次元もある巨大な空間である．しかもこの次元は，粒子数を増やすと，それに比例して増えてゆく．

このように，状態空間の大きさを比べるだけでも，マクロ物理学である熱力学と，ミクロ物理学である古典力学では，まるで異なっている．では，後者の中のどんな状態が，前者の中の 1 点の平衡状態に対応するのか？ それを考察しよう．

5.2.3　古典力学の純粋状態と混合状態

16.1.3 項で説明するように，一般に，物理状態は「純粋状態」と「混合状態」という 2 種類に大別できる．ここでは暫定的に，古典力学に絞って説明する．

古典力学においては，**純粋状態** (pure state) は，相空間の 1 点で表される状態である．これは，系の全ての粒子の位置と運動量が完全に指定された状態である．多くの古典力学の教科書では，このような状態しか扱わないので，純粋状態のことを単に「状態」と呼んでいる．

それに対して，複数個の純粋状態を確率的に混ぜ合わせた，相空間上に広がった確率分布関数で表される状態は**混合状態** (mixed state) である．これは，全部または一部の粒子の位置と運動量が完全には指定されておらず，ただその確率分布だけが指定された状態である．たとえば：

例 5.1　3 次元空間を運動する一粒子系の場合で説明すると，相空間は位置ベクトル $\boldsymbol{q}$ と運動量ベクトル $\boldsymbol{p}$ で張られる 6 次元空間である．たとえば $(\boldsymbol{q}, \boldsymbol{p}) = (\boldsymbol{0}, \boldsymbol{1}) \equiv (\boldsymbol{0}, (1, 0, 0))$ という状態は，$(\boldsymbol{q}, \boldsymbol{p})$ が完全に指定された状態であるから純粋状態であり，相空間の中の 1 点になっている．それに対して，たとえば，$(\boldsymbol{q}, \boldsymbol{p})$ の値が確率 1/2 ずつで $(\boldsymbol{0}, \boldsymbol{0})$ か $(\boldsymbol{0}, \boldsymbol{1})$ のどちらかだ，という状態もありうる．（16.1.3 項などで説明するように，そういう状態も物理状態に含めるのが自然である．）たとえば，この粒子を射出する機械がポンコツで，

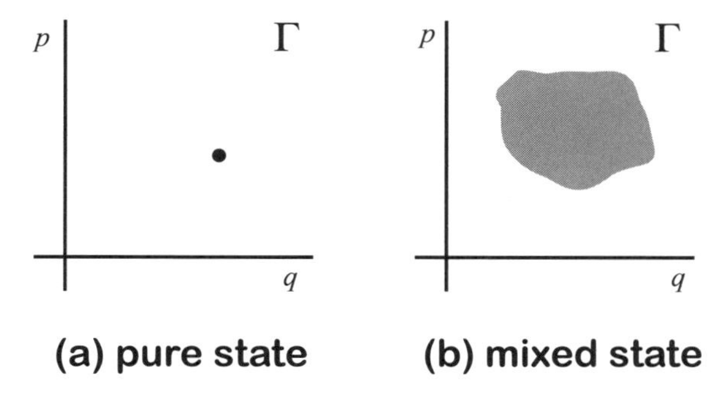

図 5.1 古典力学における (a) 純粋状態と (b) 混合状態を相空間上の確率分布で表示した例.

射出できたのか（$\boldsymbol{p}=\mathbf{1}$）できなかったのか（$\boldsymbol{p}=\mathbf{0}$）が半々の確率だ（確かめてみるまでわからない），というようなケースである．これは混合状態だ．この状態を相空間で見ると，$(\mathbf{0},\mathbf{0})$ と $(\mathbf{0},\mathbf{1})$ という 2 点に確率 1/2 ずつで存在している．確率分布で言うと，前者（純粋状態）は相空間の中の $(\mathbf{0},\mathbf{1})$ という 1 点に確率が集中しており，後者（混合状態）は $(\mathbf{0},\mathbf{0})$ と $(\mathbf{0},\mathbf{1})$ という 2 点に確率が分かれている．

この例のように，確率分布を相空間で見ると，純粋状態は図 5.1(a) のように 1 点に確率が集中しており，混合状態は同図 (b) のように複数個の点や有限体積の領域に広がっている．確率分布が状態を表すと見なせば，どちらの状態も，古典系の一つの状態である．（詳しくは 16.1.3 項で説明する．）

5.2.4 よくみかける誤解

J. C. Maxwell（マクスウェル）や L. E. Boltzmann（ボルツマン）によって創始された統計力学は，J. W. Gibbs（ギブズ）により「アンサンブル形式」という便利な定式化が提案された．続巻で他の定式化を紹介することからも，またこの章の議論からも明らかになるように，その定式化は，他にも様々な形に定式化できる内の一つに過ぎない[12]．したがって，平衡状態のミクロな表現も，Gibbs が与えたものに限らず無数にある．

12) すでにアンサンブル形式を学んだ読者への注：これは，「Gibbs のアンサンブルに色んな種類がある」というような些末なことを言っているのではなく，続巻で示すように「アンサンブルを使わずに統計力学を定式化することもできる」と言う意味だ．

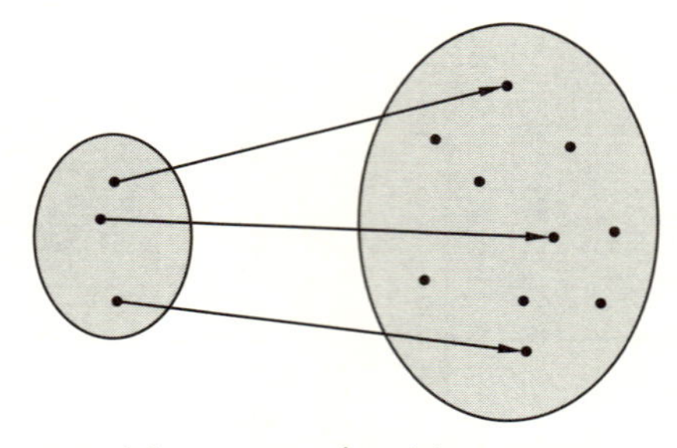

図 5.2　個々の平衡状態に対して，一つのミクロ状態（混合状態でもよい）が対応するという誤った考え方.

ところが次第に，Gibbs が与えたものが唯一の定式化であり平衡状態の唯一のミクロな表現であるかのように（そういう誤解を招くような形で），ときにはそれが平衡状態の定義であるとさえ，教科書に書かれるようになっていった.

その結果，マクロ状態とミクロ状態の対応について，「個々の平衡状態に対して，それぞれ，ただ一つの混合状態が対応する」（つまり[13]**単射** (injection)）という誤解をしばしば招くようになった：

$$\begin{array}{cccc} & \text{マクロ状態} & & \text{ミクロ状態} \\ \textbf{誤解}： & \text{一つの平衡状態} & \overset{\text{単射}}{\longmapsto} & \text{一つの混合状態} \end{array} \tag{5.4}$$

つまり，図 5.2 のように対応するという誤解である．しかし，このように考えてしまうと，いくつもの矛盾が生ずる.

たとえば，あるマクロ系の一つの平衡状態を考え，そのミクロ状態が，この対応で定まる混合状態だとしてみよう．簡単のため，このマクロ系は古典力学に従う粒子より成る気体だとする[14]．すると，全ての粒子の位置と運動量を同時測定することが，少なくとも原理的には可能である．そういう測定をしたらどうなるかを考えよう[15]．要するに，平衡状態にある系をよく見る，あるいは高解像度の写真を撮ったらどうなるかを考えるわけだ[16].

すると，測定前には図 5.1 (b) のような混合状態だったのが，測定によって全

13)　異なる平衡状態には異なるミクロ状態が対応することは自明である.

14)　下の補足 5.3 で述べるように，実は量子系の場合も同様である.

15)　測定過程が入ってくる議論は苦手だという読者は，18.3.2 項でアンサンブル形式の平衡状態と矛盾する厳密な例を挙げるので，そちらを参照して欲しい.

16)　写真だと位置しかわからないが，位置に着目すれば同様の議論ができる.

ての粒子の位置と運動量が（測定誤差の範囲内で）知れるから，測定後のミクロ状態は，次のいずれかになる：

- 非常に精度の良い測定をした場合

  図 5.1 (a) のような純粋状態，またはそれに近い混合状態.

- もっと粗い精度の測定をした場合

  上のケースよりは確率分布が広がっているが，測定前の状態である図 5.1 (b) よりは狭まった分布を持つ混合状態.

いずれの場合でも，測定前の混合状態とは異なる状態になっている．しかも，実験をする度に異なる状態になる（確率的にばらつく）．したがって，もしも (5.4) が正しければ，もとの平衡状態とは違うマクロ状態になっているはずだ．しかし，膨大な実験や経験によると，平衡状態を見たり写真を撮ったりしただけで別のマクロ状態になるようなことはない．この事実は，そのようなことが起こる確率は圧倒的に小さく，ほとんど 100%の確率で，測定後も同じ平衡状態に留まることを示している.

このように，(5.4) のように考えると矛盾が発生するので，(5.4) つまり図 5.2 は誤りだとわかる.

では，単射であることは維持しつつ，平衡状態を表すミクロ状態を純粋状態だと考えたらどうか？ つまり，

$$\begin{array}{cccc} & \text{マクロ状態} & & \text{ミクロ状態} \\ \text{誤解：} & \text{一つの平衡状態} & \overset{\text{単射}}{\longmapsto} & \text{一つの純粋状態} \end{array} \tag{5.5}$$

というアイデアだ．すなわち，図 5.2 において写像先の状態がどれも純粋状態だ，というアイデアである.

しかし，これも矛盾を生む．実際，その純粋状態（相空間の 1 点）は，全ての粒子が速度 = 0 かつ受ける力 = 0 の位置にあるという特別な状態[17]を除くと，ミクロな時間スケールで時々刻々変化する（5.3 節で実例を示す）．したがって，もしも (5.5) が正しかったら，平衡状態にあった系は，ミクロな時間スケールで

17) もちろん，この状態だけが平衡状態であると考えるのも駄目である．たとえば，古典粒子系の平衡状態における速度は，12.3 節で述べる「Maxwell の速度分布」に従って広い範囲で分布していることが実験的にも確認されている.

(つまり，マクロな時間スケールでみると瞬時に)，平衡状態ではなくなってしまうことになる．これは実験や経験に反するし，そもそも平衡状態の定義を満たしてもいない．

補足 5.3　♠ 量子系のケース

量子系の場合には，粒子の位置と運動量を同時測定する場合の精度には下限があるので，上記の古典粒子系のような単純な議論はできないが，測定精度に注意を払いながら現代的な量子測定理論を用いれば，同様な議論ができる．たとえば，マクロ系について，全運動量などの相加物理量を，測定前のゆらぎの ϵ 倍（$\epsilon > 0$）の誤差の範囲内でできるだけ古典的な測定に近づけて，任意の時間差で測定した場合（したがって時間差 $\to 0$ の極限で同時測定になる）の厳密な結果が，K. Fujikura and A. Shimizu, Phys. Rev. Lett. 117, 010402 (2016) で得られている．位置と運動量を同時測定できないと勘違いしているケースを見かけるが，拙著 [10] の 3.20.2 項で解説したように，量子論は「誤差なしの同時測定はできない」と言っているだけであり，ある程度以上の誤差があれば同時測定できる．

5.2.5　平衡状態の典型性

以上のことから，図 5.2 のように「個々の平衡状態に対して，それぞれ決まったミクロ状態が対応する（単射である）」などと考えてしまっては，駄目だとわかる．したがって，正しくは，図 5.3 のように，個々の平衡状態に対して，たくさんのミクロ状態が対応する（一対多対応である）のだとわかる．そして，この一対多対応が，以下のようなものであれば，上記の矛盾が全て解消されることに気づく．

例として，E, V, N で平衡状態が指定される気体の単純系を考えよう．熱力学では，E, V, N の値を一組与えれば，平衡状態がマクロに一つ定まるのであった．その平衡状態に対応するミクロ状態は，次のような集合の中に，複数個あるはずだ：

E, V, N の値がその平衡状態が持つ値とマクロに同じである（マクロに無視できる差異しかない）ようなミクロ状態たちを全て集めた集合．

では，この集合の中にどれくらいの割合で平衡状態が含まれるのだろうか？

もしもごく少数の割合でしか含まれていなかったとしたら，ごく弱い擾乱を受けただけでも，それによってミクロ状態は変化するので [18)]，非平衡状態になってしまうことになる．しかし，実験と経験によるとそういうことはなく，拙著 [1] の 16 章で述べたように，平衡状態は十分に安定である．

そこで，反対に，圧倒的多数が平衡状態であると考えてみよう．すなわち，

$$\begin{array}{lccc} & \text{マクロ状態} & & \text{ミクロ状態} \\ \textbf{正しい対応：} & \text{一つの平衡状態} & \overset{\text{一対多}}{\longmapsto} & \text{莫大な数のミクロ状態} \end{array} \tag{5.6}$$

と考えてみる．きちんと言うと，**平衡状態の典型性** (typicality of equilibrium state) と呼ばれる次のことが成り立っているという仮説を立ててみる：

平衡状態の典型性（エントロピーの自然な変数が $\boldsymbol{E, V, N}$ の場合）

$$\frac{E, V, N\ \text{で指定される平衡状態であるようなミクロ状態の数}}{E, V, N\ \text{がその平衡状態とマクロには同じ値のミクロ状態の総数}} \overset{\text{TDL}}{\to} 1 \tag{5.7}$$

このように熱力学極限で 100%になることを，一般に，**圧倒的多数** (overwhelming majority) とか**ほとんど全て** (almost all) と言う．「100%」と「全て」の違い

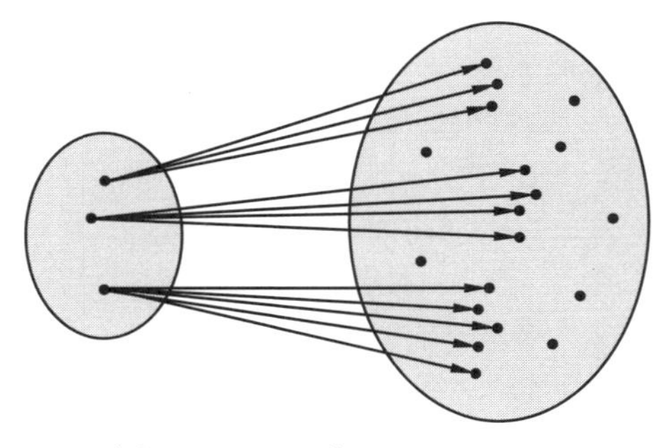

図 5.3 個々の平衡状態に対して，たくさんのミクロ状態（混合状態でもよい）が対応するという正しい考え方．

18) たとえば，気体が入った容器に 1 本の細い針を刺しこんだだけで，何パーセントかの気体粒子の運動は変わるので，多粒子状態も変化する．

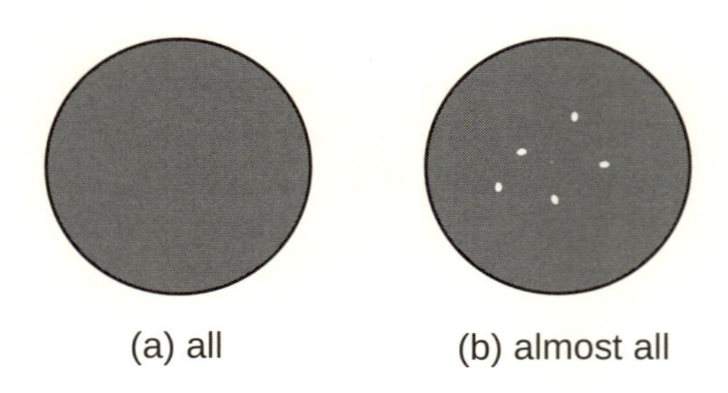

図 5.4　この円が，E, V, N の値が，マクロに無視できる差異の範囲内で，与えられた値と同じであるようなミクロ状態たちの集合とする．灰色の部分が平衡状態に，(b) の小さな白い部分が非平衡状態に対応する．系の体積を増すにつれて，円の面積は指数関数的に増大し，白い部分の面積は，絶対値としては増えるかもしれないが，全体に占める割合は急激にゼロに近づいてゆく．

は重要なので，違いに気づいていなかった読者は下のコラムを参照して欲しい．平衡状態の典型性は要するに，熱力学極限ではミクロ状態の 100% が平衡状態である，という仮説だ．図にすると，図 5.4 のようになっているということだ．

この仮説に出てきた**ミクロ状態の数** (number of microstates) の勘定の仕方を説明しよう．勘定するのは純粋状態の数である．混合状態は純粋状態を確率的に混ぜ合わせたものなので，混合状態を別個に勘定してしまうと同じ純粋状態を何回も数えることになってしまうからだ．その純粋状態の勘定の仕方については，対象系（モデル）毎に自然な勘定の仕方を採用する．具体的には，簡単なモデルについては 7.3 節で，古典粒子系については 8.2 節で，量子系については 13.5.3 項などで説明する．とりあえずここでは，自然な仕方で勘定できることだけ了解してもらえれば十分だ．

上記の仮説が成り立っていれば，他の考え方をしたときに生じてしまう今まで述べてきた矛盾がことごとく解消する．たとえば，(5.4) の矛盾を暴いた「測定前に混合状態だったとすると，測定後のミクロ状態は実験をするたびに異なる」という事実も，ミクロ状態の 100%が平衡状態であれば，測定後の状態も 100%の確率で同じ平衡状態だから経験や実験と整合するようになる．他の矛盾についてもことごとく解消するので，読者は自分で確認してみてほしい．

コラム：「100%」と「全て」の違いと，バイアス

ある大学に学生が N 人在籍し，そのうちの $\sqrt{N}$ 人は猫が苦手で，残りの $N - \sqrt{N}$

人は猫好きだとする.（犬好きの人は，猫を犬に置き換えて読んで欲しい.）$N \to \infty$ で，猫が苦手な学生の人数は無限に多くなるのにもかかわらず，猫好きの割合が

$$\frac{N - \sqrt{N}}{N} \to 1 \tag{5.8}$$

と 100%になる．つまりこの極限では，「学生の 100%が猫好きだ」は正しいが，「学生全員が猫好きだ」は嘘になる．この状況を，数学的には（日常会話でも？）「ほとんど全ての学生が猫好き」と言い表すわけだ.

ところで，ある調査員が，100 人の学生を「ランダムに」選んで，この大学における猫好きの割合を調べようとしたとしよう．ただ，その調査員はきれい好きで，学生を選び出すときに，服に動物の毛が付いているような学生は避けたとする．すると，家に猫がいる学生の服にはたいてい猫の毛が付いているので，猫が苦手な学生が選ばれる確率が高くなる．その結果，「この大学では猫好きは 50%程度だ」という，事実とかけ離れた調査結果になることもありうるだろう．このように選び方に偏りがあることを，「**バイアス** (bias) がかかっている」と言う.

この例は極端だとしても，一般に，人間には，バイアスがかからないような選び方をするのは難しい．たとえば，「紙の上に，完全にランダムに点を打ってください」と言ってやってもらうと，多くの人は，点の密度を一様にしようとして，相関が強い分布を打つ．逆に，ランダムな出力結果のサンプルを見せると，「ランダムでない」と言う．点の密度が低いほど違いがはっきり出るので，やってみよ.

5.2.6 非平衡状態の割合

平衡状態の典型性 (5.7) は，非平衡状態の割合が熱力学極限でゼロになる，と言い換えることもできる：

$$\frac{\text{分母のミクロ状態のうちの非平衡状態の数}}{E, V, N \text{ が平衡状態とマクロに同じ値のミクロ状態の総数}} \stackrel{\text{TDL}}{\to} 0. \tag{5.9}$$

つまり，系のサイズを増すとともに，非平衡状態を表すミクロ状態の個数も増えるだろうが，その増え方は，平衡状態を表すミクロ状態の個数の増え方に比べれば圧倒的に少ないということだ [19].

そのような，ミクロ状態としては極めて稀である非平衡状態が，実験的には外場をかけるとか揺するなどすれば簡単に作れてしまうという事実は，それはそれで興味深い.

19) 少なくとも局所平衡状態については実際にそうであることを，9.6.1 項で示す.

5.2.7　一般の場合

上記の例では，エントロピーの自然な変数が E, V, N であるような気体について述べたが，一般の単純系の場合には，そのエントロピーの自然な変数は（2.12 節で述べたように）E と，いくつかの相加変数 $\boldsymbol{X} \equiv X_1, \cdots, X_t$ であるので，その平衡状態の典型性は次の仮説になる：

単純系の平衡状態の典型性

エントロピーの自然な変数 $E, \boldsymbol{X}$ の値を任意に一つ選び，それとマクロに同じ値の $E, \boldsymbol{X}$ を持つミクロ状態たちを全て集めた集合を考えると，そこに含まれるミクロ状態のほとんど全てが，マクロ状態としては，$E, \boldsymbol{X}$ で指定される平衡状態である．

さらに，上記の例では単純系を考えたが，複合系（つまり内部束縛を持つ系や静的な外場により平衡状態が不均一になる系）でも同様の議論ができる[20)]．つまり，平衡状態の典型性を認めれば，全てが整合する．そこで，このシンプルな仮説を，（複合系にも一般化した形で）基本原理として採用する：

平衡統計力学の基本原理 A：平衡状態の典型性

マクロ系（単純系でも複合系でもよい）のミクロ状態のうちの，与えられた条件（平衡状態を指定するのに十分な相加変数の組の値と束縛条件）をマクロな精度で満たすようなミクロ状態たちを全て集めた集合を考えると，そこに含まれるミクロ状態のほとんど全てが，マクロ状態としては，この条件の下での平衡状態である．このことを**平衡状態の典型性** (typicality of equilibrium state) という．

もちろん，ここまでの議論だけでは「平衡状態の典型性が唯一の正解だ」と言えるわけではないが，物理学における他の基本原理と同様に，推論で得たアイデアを基本原理に格上げしたわけだ．その正しさは，やはり他の基本原理と同様に，得られる膨大な結果や整合性などから判断される．そして，現在まで

20)　実を言うと，9.6.2 項で示すように，単純系についての平衡状態の典型性と後述の Boltzmann の公式から複合系の平衡状態の典型性も導けるのだが，ここでは簡単のために複合系の平衡状態の典型性を基本原理 A に採用することにした．

のところ，全てがこの仮説を支持している．また，続巻で示すように，平衡状態の典型性を顕わには主張していない伝統的な定式化から平衡状態の典型性を証明することもできるので，伝統を重んずる読者も安心して欲しい．一方，本書のように平衡状態の典型性を基本原理にすれば，伝統的な定式化には収まらない（続巻で紹介する）別の定式化も見通しよく行うことができる．

こうして，平衡状態の典型性を基本原理に採用したことにより，「平衡状態を表すミクロ状態は何ですか？」という問いに，次のように答えることができる：

定理 5.1　平衡状態を表すミクロ状態
与えられた条件（平衡状態を指定するのに十分な相加変数の組の値と束縛条件）の下での平衡状態は，その条件をマクロな精度で満たす莫大な数のミクロ状態から，特段の（あえて非平衡状態を抜き出すような）バイアスをかけずに選びさえすれば，どのミクロ状態を選んでも（熱力学極限で100%になる確率で）正しく表せる．このとき，一つのミクロ状態（純粋状態）だけを選び出してもいいし，複数個のミクロ状態を選んでそれらの混合状態で表しても（どれも熱力学極限で100%の確率で同じ平衡状態なのだから）正しく表せる．

これほどまでに「どれでもいい」と言われるとかえって迷ってしまうかもしれないが，便利な選び方を後の章や続巻で紹介するので安心して欲しい．

5.3　実例

この節では，イメージをつかんでもらうために，これまでに述べたことを実際に確認できる実例を挙げる．

古典粒子系であれば，**分子動力学シミュレーション** (molecular dynamics simulation) を行うことによって，これまでに述べたことを目に見える形で確認できる．これは，適当な初期状態（相空間の 1 点）から出発したニュートンの運動方程式に従う時間発展を，数値計算により計算機で追うという手法である．

その実例として，図 5.5 と図 5.6 に，弓削達郎氏（静岡大学）による計算結果を示した．これらは，2 次元の箱の中を斥力の短距離相互作用をしながら運動する古典粒子系の時間発展で，時間的な変動が見やすいように，わざと少なめの（つまり熱力学極限にはほど遠い）粒子数（$N = 1024$）で計算してもらった．

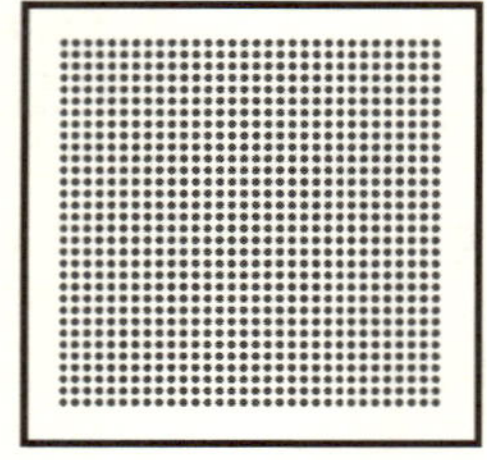

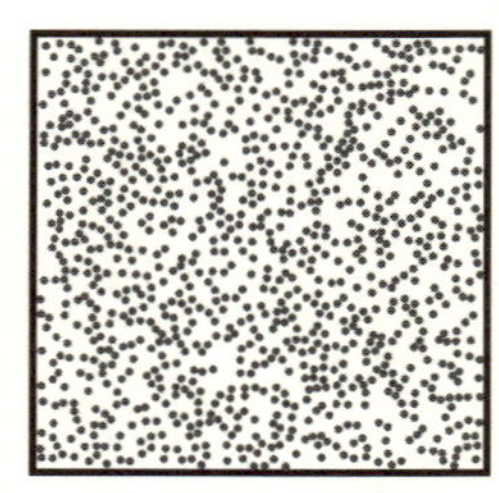

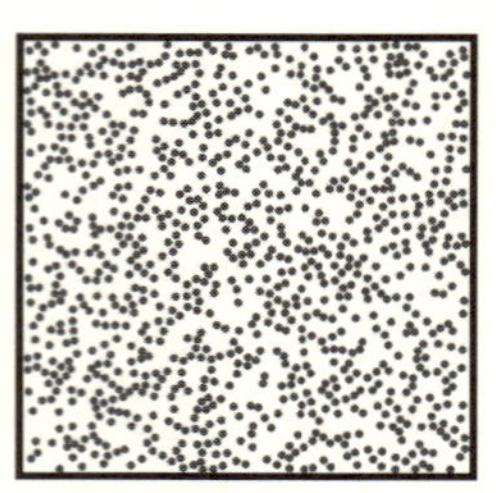

(a) 初期状態　　(b) 後のある時刻　　(c) さらに後のある時刻

図 5.5　孤立した，短距離相互作用する古典粒子系の，異なる時刻における粒子の位置分布を，分子動力学シミュレーションで計算した例．弓削達郎氏（静岡大学）による．

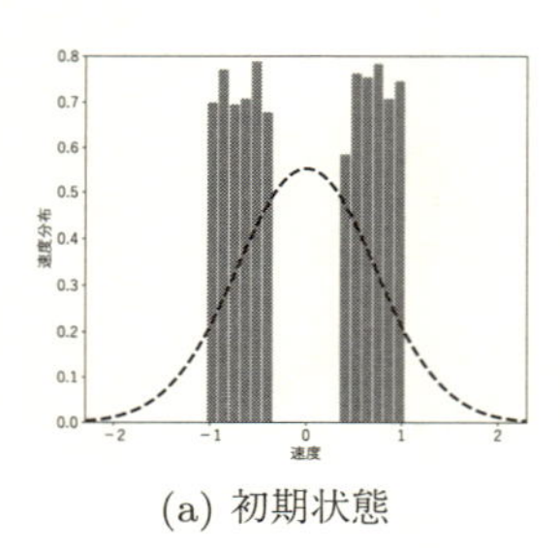

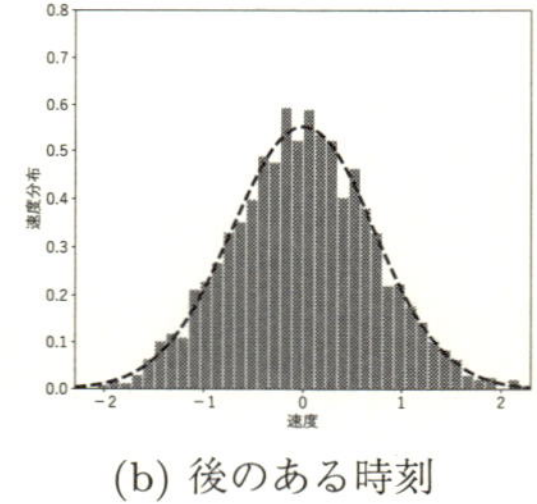

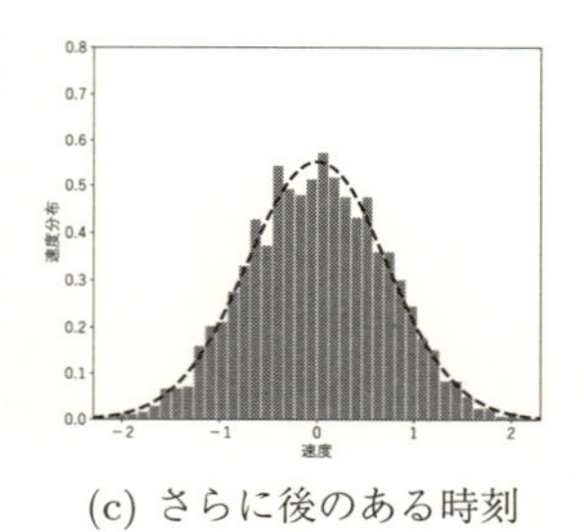

(a) 初期状態　　(b) 後のある時刻　　(c) さらに後のある時刻

図 5.6　図 5.5 の分子動力学シミュレーションにおける，粒子の速度分布のヒストグラム．破線は Maxwell の速度分布 (12.19) を示す．弓削達郎氏（静岡大学）による．

まず，図 5.5 は，(a) 初期状態，(b) 後のある時刻，(c) さらに後のある時刻，のそれぞれの瞬間における，粒子のたちの位置をプロットした**スナップショット** (snapshot) である．個々の粒子の位置を示す黒丸の半径は，短距離相互作用の到達距離の程度にとってある．

この計算に用いた U/V と N/V の値では，このモデルは気相の平衡状態になることが知られているが，初期状態 (a) は，壁から一定の距離だけ離れた四角い領域に，粒子たちが整然と並んだ結晶状態に選んであるので，非平衡状態である．さらに，この状態における粒子の速度分布は，図 5.6 (a) にそのヒストグラムを示したように，12.3 節で導く平衡状態における古典粒子の速度分布（破線で示した **Maxwell**（マクスウェル）**の速度分布**と呼ばれる分布）とは，かけ離れた分布をさせた．要するに初期状態 (a) は，まごうことなき非平衡状態である．

このような初期状態（相空間の 1 点）から，運動方程式に従って時間発展させると，粒子たちは，相互作用（弾性衝突）をしながら，急速に位置と速度の分布を変えていく．そして，マクロな変化がない状態，すなわち平衡状態へと，速やかに緩和する．そのように平衡緩和した後の，適当に選んだ 2 つの時刻における，粒子の位置と速度の分布のスナップショットをプロットしたのが，図 5.5 と図 5.6 の (b), (c) である．かなり少なめの粒子数にしたおかげで，たとえ平衡状態であっても時間変化している（ゆらいでいる）ことが見て取れる．そうではあるが，マクロな精度で見てやれば，粒子密度は均一で，速度分布は後の (12.19) で与えられる Maxwell の速度分布を示した破線とよく一致している．

こうして，3.6 節で述べたような孤立系の平衡緩和が実際に起こることが確認できた．さらに，平衡状態である (b) と (c) は，ミクロに見れば明らかに別の状態（相空間内の 2 つの別の点）であるが，マクロに見れば同じ状態である．他の時刻のスナップショットも（図には示していないが）同様である．こうして，平衡状態とミクロ状態が (5.6) のように一対多対応していることも確認できた．これは，平衡状態の典型性と整合する．

このように，図 5.5 と図 5.6 は，統計力学の基本的な事項を理解するためのわかりやすい具体例であるので，以後もときどき引用することにする．

5.4 平衡状態の典型性から求まる物理量と求まらない物理量

前節の実例により，平衡状態の典型性が理解できてきたことと思う．次に．平衡状態の典型性を用いることでどんな物理量を求めることができるか考えてみよう．

5.4.1 相加物理量の分類

4.4 節で述べたように，統計力学の予言の対象であるような物理量は，相加物理量とその関数であるから，基本的には相加物理量である．

その**相加物理量** (additive quantity) とは何だったかというと，2.1 節においてマクロ物理学の視点で定義されていた．これにはもちろん，**熱力学の相加物理量**，つまり熱力学に登場する相加物理量たちは，全て含まれている．

一方，ミクロ物理学に目を転じてみても，相加物理量に含まれる（つまり 2.1 節の定義を満たす）物理量はいろいろある．それを，**ミクロ物理学の相加物理量**と呼ぶことにしよう（詳しくはすぐ後の定義 5.2 のように定義される）．それらの中には，熱力学にも登場する相加物理量もあれば，そうでないものもある．

たとえば，エネルギーや粒子数は，熱力学にもミクロ物理学にも登場する，両者に共通の相加物理量である．それに対して，相互作用する粒子系の，運動エネルギーの総量とか相互作用エネルギーの総量のような量は，明らかに相加物理量の定義を満たすが，熱力学には通常は登場しない相加物理量である．

では，ミクロ物理学の相加物理量は熱力学の相加物理量を全て含むかというと，そうではない．たとえばエントロピーや Helmholtz エネルギーは，ミクロ物理学の相加物理量には含まれない．したがって，図 5.7 のような包含関係になっていることがわかる．

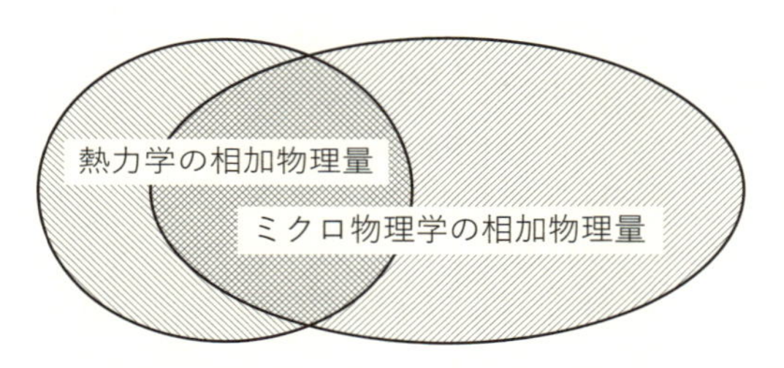

図 5.7　相加物理量の分類．エネルギーや粒子数は，熱力学にもミクロ物理学にも登場する相加物理量なので，中央のハッチが濃い領域にある．

5.4.2　平衡状態の典型性から求められる物理量

さて，典型性を利用して，7 章以降でやってみせるように，平衡状態を表すミクロ状態が具体的に与えられたとしよう．すると，ミクロ物理学の相加物理量であれば，ミクロ物理学における表現がわかっているから，その状態における値が計算できる．つまり，平衡値をマクロな精度で求めることができる：

定理 5.2　**平衡状態の典型性から求められる物理量**
ミクロ物理学の相加物理量の平衡値は，平衡状態の典型性を利用すれば，$o(V)$ 以内の差異を無視するというマクロな精度で求めることができる．したがって，その密度（相加物理量密度）も，$o(V^0)$ 以内の差異を無視するというマクロな精度で求まるし，これらの関数であるような物理量も（その関数形が与えられていれば）それぞれのマクロな精度で求めることができる．

ここで，当然のことではあるが，定義 5.2 で述べたように相加物理量は部分系でも定義されるから，部分系における相加物理量の値（期待値）も求まる．（そのときは，上記の定理における V は，その部分系の体積である．）

この定理は，ミクロ物理学の相加物理量を，熱力学に出てくる相加物理量に限定していないことに注意しよう．つまり，図 5.7 の右側に広がった領域に属する，通常の熱力学では求めない（あるいは求まらない）ような相加物理量も統計力学で求めることができる．この点については，後の章で具体例を示してゆくことにする．

それに対して，図 5.7 の左側の三日月型の領域に属する，ミクロ物理学の相加物理量には含まれない熱力学の相加物理量は，平衡状態の典型性だけからは求めることができない．そのため，次章で説明する別の原理も必要になる．

なお，図 5.7 の重なっている領域に属する相加物理量は，基本関係式からも求まるし，平衡状態の典型性からも求まる．このような相加物理量については，とくに系が単純系でない場合には，後者から求めた方が楽であるケースが多い．それについては続巻で説明する．

5.4.3 ♠ ミクロ物理学の相加物理量

最後に，ミクロ物理学の相加物理量について詳しく説明する．ただ，当面はここまで詳しい説明は不要なので，初学者や先を急ぐ読者は次章に飛んでよい．

まず，「局所物理量」を説明する．それは，たとえば次のような物理量のことだ：

例 5.2 スピン (spin) と呼ばれる 3 成分の自由度 $\boldsymbol{s}_j = (s_j^x, s_j^y, s_j^z)$ が 1 次元格子上（$j =$ 整数）に並んだ**スピン系** (spin system) 考える．この系において，たとえば

$$\boldsymbol{s}_j, \quad s_j^z - s_{j+1}^z, \quad \boldsymbol{s}_j \cdot \boldsymbol{s}_{j+1} \tag{5.10}$$

は，それぞれ，長さ $= 1, 2, 2$ の区間という，体積が $O(V^0)$ である局所的な空間領域内の物理量である．そこでこれらを局所物理量と言う．

これを，次のように一般化する：極端な扁平や凹凸がなく，体積が $O(V^0)$ の [21]，

21) 連続空間ではなく離散格子を考える場合には $\Theta(V^0)$ としてよい．

連続的な空間領域を考える．たとえば 1 次元系なら上記のような区間，3 次元系なら立方体などが例になる．そのような空間領域内の [22]，定義が V には依らないような [23] 物理量を**局所物理量** (local quantity) または（特に量子論では）**局所可観測量** (local observable) と言う [24]．

また，局所物理量の位置を $\boldsymbol{r}$ だけずらした局所物理量を，$\boldsymbol{r}$ だけ**空間並進** (spatial translation) した局所物理量という．たとえば，

例 5.3　例 5.2 の局所物理量の位置を $j'-j$ だけ空間並進した局所物理量は，次のようになる：

$$\boldsymbol{s}_{j'}, \quad s^z_{j'} - s^z_{j'+1}, \quad \boldsymbol{s}_{j'} \cdot \boldsymbol{s}_{j'+1}. \tag{5.11}$$

当然ではあるが，この例のように格子上に物理量が置かれているモデルでは，空間並進する距離は格子間隔の整数倍に（この例では $(j'-j)$ 倍）になるように設定するものとする．

ミクロ物理学の相加物理量は，ひとつの局所物理量を繰り返し空間並進した [25] 局所物理量たちの総和である．たとえば：

例 5.4　例 5.2 の局所物理量を，繰り返し例 5.3 のように空間並進して足した以下の量は，いずれもミクロ物理学の相加物理量である：

---

22)　その空間領域の外側からの寄与は，厳密にゼロではなくても，距離の指数関数的で減衰するなどして，無視できるほど小さければよい．

23)　これは，物理的に無意味な例を排除するための条件だ．たとえば，もしもスピンの e^V 倍を局所物理量に含めてしまったら，それを足し合わせた相加物理量の大きさが $O(V)$ ではなく $O(Ve^V)$ になってしまうという，無意味な例が含まれてしまう．

24)　統計力学ではこのように定義するのが都合がいい．同じ物理学でも，他の理論では異なる定義になるので，それが気になる読者は，下のコラムを参照して欲しい．

25)　♠18.2.2 項で述べるランダム系や準結晶では，空間並進を，それぞれの系に合わせて臨機応変に定義する．

$$M \equiv \sum_{j=\text{整数}} \boldsymbol{s}_j, \tag{5.12}$$

$$M_{\text{st}}^z \equiv \sum_{j=\text{奇数}} \left(s_j^z - s_{j+1}^z \right), \tag{5.13}$$

$$H \equiv \sum_{j=\text{奇数}} \boldsymbol{s}_j \cdot \boldsymbol{s}_{j+1}. = \frac{1}{2} \sum_{j=\text{整数}} \boldsymbol{s}_j \cdot \boldsymbol{s}_{j+1}. \tag{5.14}$$

ここで，(5.13) の右辺の和の範囲は，1 サイトずつ並進して足す「$j=$ 整数」にしてしまうと $M_{\text{st}}^z = 0$ になってしまうので，2 サイトずつ並進して足すように「$j=$ 奇数」とした．

これら 3 つの量は，比例定数を除いて，それぞれ，全磁化，「反強磁性体」という物質を扱うときに登場する「staggered 磁化」と呼ばれる量の z 成分，隣り合うスピン間に相互作用があるというモデルのハミルトニアンである．

一般には，次のような量がミクロ物理学の相加物理量である：

ミクロ物理学の相加物理量

定義 5.2　ひとつの局所物理量を，$O(V^0)$ の距離ずつ，着目系の端から端に達するまで繰り返し空間並進した局所物理量たちを，すべて足し合わせた（連続空間の場合は積分した）物理量を，**ミクロ物理学の相加物理量**と呼ぶことにする．これには，体積 V も，ミクロな体積の和であるとして含めることにする．また，着目系は，マクロ系の中の任意のマクロな部分系でもよく，そのときの V は，その部分系の体積である．

なお，N 個の粒子より成る古典粒子系の全運動エネルギー

$$K \equiv \sum_{k=1}^{N} \frac{\boldsymbol{p}_k^2}{2m} \quad (k = 1, \cdots, N \text{ は粒子にふった番号}) \tag{5.15}$$

も明らかに相加物理量であるが，これが上記の定義に当てはまっていることがわかりづらいと感じる読者は下の補足 5.4 を見よ．もっと多様な例と，それを利用した有用な結果は，続巻で述べることにする．

コラム：「局所」は理論ごとに異なる

「局所」という用語は，何を論じているかで意味が異なる．上で述べた局所の定義は，統計力学においてミクロ物理学に言及するときに便利な定義である．その範囲内でも，続巻で行うように，「局所」の大きさが変えられることを積極的に利用して議論することもある．また，同じ統計力学でも，マクロ物理学に言及するときには，局所平衡状態のように，マクロな部分系について「局所」という言葉を使うので，その場合には，たとえ全系の半分の大きさでも局所である．一方，連続空間上の場の理論で「局所ゲージ変換」などというときには，空間の各点を「局所」と言っているので，大きさはゼロだ．このように，何を論じているかで「局所」の意味も大きさも異なるので，注意して欲しい．

補足 5.4　♠ 粒子系の相加物理量

粒子系を古典力学や初等量子力学で扱うと，粒子の位置座標自体が力学変数になってしまっているために，定義 5.2 を当てはめにくいと感じるかもしれないので説明しておく．

たとえば，(5.15) の K を定義 5.2 に当てはめるには，次のようにすればよい．この粒子系が占める体積 V の空間を，体積が $\Theta(V^0)$ の，$\Theta(V)$ 個の小領域に等分割する．そして，(1.13) で定義される指示関数 $\mathbf{1}(\bullet)$ を使う．すなわち，小領域 j に $\boldsymbol{r}_k$ が入っているときに 1 となる指示関数 $\mathbf{1}(\boldsymbol{r}_k \in j)$ が $\sum_j \mathbf{1}(\boldsymbol{r}_k \in j) = 1$ を満たすことを用いて，(5.15) を次のように書き換える：

$$K = \sum_{k=1}^{N} \left[\sum_j \mathbf{1}(\boldsymbol{r}_k \in j) \right] \frac{\boldsymbol{p}_k^2}{2m} = \sum_j \left[\sum_{k=1}^{N} \frac{\boldsymbol{p}_k^2}{2m} \mathbf{1}(\boldsymbol{r}_k \in j) \right]. \tag{5.16}$$

最右辺の [ ] 内は，小領域 j 内の物理量だから局所物理量である．それを $O(V^0)$ の一定の距離ずつ，着目系の端から端に達するまで繰り返し空間並進して足し合わせたのが K だから，K は確かに定義 5.2 に当てはまっている．

なお，粒子の位置座標ではなく，粒子の「場」を力学変数にする「場の理論」であれば，こんな面倒なことをしなくても定義 5.2 に当てはまっていることがわかる．たとえば，非相対論的な粒子の場 $\hat{\varphi}(\boldsymbol{r})$ の量子論であれば，

$$\hat{K} = \int \hat{\varphi}^\dagger(\boldsymbol{r}) \left(-\frac{\hbar^2}{2m} \boldsymbol{\nabla}^2 \right) \hat{\varphi}(\boldsymbol{r}) d^3\boldsymbol{r} \tag{5.17}$$

となるので，明らかに定義 5.2 に当てはまっている．

第6章
平衡統計力学の基本原理B

この章では，ミクロ物理学から熱力学の基本関係式を求めることを可能にする基本原理（Boltzmann の原理）を説明する．その原理と，前章で説明した基本原理（平衡状態の典型性）が，統計力学の基本原理である．

6.1 基本関係式を求めるための原理

平衡状態の典型性だけからは求めることができない，エントロピー S を求める原理を説明する [1)]．その原理を用いれば，基本関係式が求まり，それを微分することで狭義示強変数も求まる [2)]．こうして，全ての熱力学量を統計力学で求めることができるようになる．

6.1.1 推測に用いる実験

前章の議論と同様に，基本関係式を求める原理を推測し，推測の結果を一般化して基本原理に採用することにする．

その推測を行うために，図 6.1 のような実験を考える．図の (a) では，完全な容器の中が断熱固定壁で 2 つに仕切られており，左側には高温の物質が，右側には低温の物質が入っている平衡状態にある．図の (b) では，仕切壁から断熱材を取り払って透熱壁に替え，その結果，熱が流れる非平衡状態になる．そ

1) 平衡状態の典型性や，それを利用した統計集団から，エントロピーを求める Boltzmann の公式を導出できる，と主張する文献もあるが，それは様々な仮定を追加することで示している．本書では，仮定を最少にするために独立した基本原理とした．

2) 狭義示強変数のうち，圧力はミクロ物理学の物理量の期待値として計算できるし，温度も古典粒子系に限定すれば 12.1 節の定理 12.2 を用いて運動エネルギーの期待値から計算できる．しかし，そのような例外を除くと，狭義示強変数を求めるには基本関係式が必要になる．

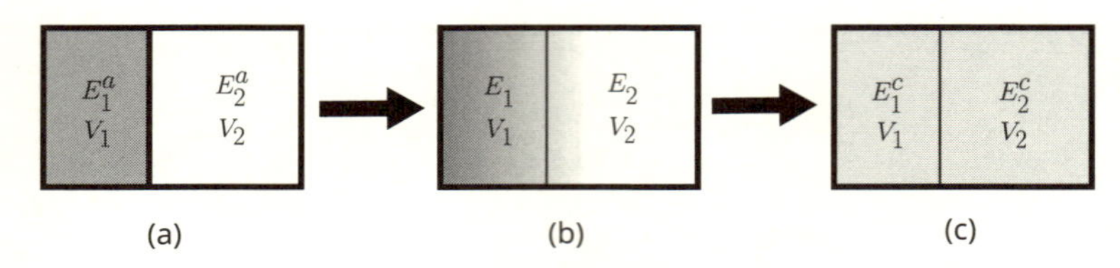

図 6.1　熱力学の典型的な実験．(a) 断熱の仕切り壁を挟んで，左側には高温の物質が，右側には低温の物質が入っている平衡状態．(b) 仕切り壁から断熱材を取り払って透熱壁に替えたために熱が流れ始めて，非平衡状態になる．(c) 全系の温度が均一な平衡状態に落ち着く．

のまましばらく放っておくと，図の (c) のように，全系の温度が均一な新たな平衡状態になる．この実験事実を，熱力学とミクロ物理学とで，それぞれ記述して比較することで基本原理が見えてくる．

簡単のため，左右どちらに入っている物質も（種類は違うかもしれないが）エントロピーの自然な変数が E, V であるとして，その基本関係式 $S_1(E,V)$, $S_2(E,V)$ を求める原理を推測することにする．（一般の物質の場合も同様である．）

6.1.2　熱力学による記述

まず，熱力学での記述だ．V_1, V_2 はずっと変わらないから，E_1, E_2 の値に着目すればよい．

図 6.1 の (a) の状態は「E_1, E_2 が最初に与えられた値（それを $E_1^{\mathrm{a}}, E_2^{\mathrm{a}}$ とする）をとる」という束縛条件の下での平衡状態である．それぞれの部分系の基本関係式を $S_1(E_1,V_1)$, $S_2(E_2,V_2)$ として，要請 II-(v) に従って

$$\boldsymbol{\mathcal{S}}(E_1,V_1,E_2,V_2) \equiv S_1(E_1,V_1) + S_2(E_2,V_2) \tag{6.1}$$

が最大になる所を探すと，$E_1 = E_1^{\mathrm{a}}$, $E_2 = E_2^{\mathrm{a}}$ という 1 点しか探す範囲がないので，そこが $\boldsymbol{\mathcal{S}}$ が最大になる平衡状態である．したがって，この平衡状態 (a) におけるエントロピーの値 S^{a} は，このときの $\boldsymbol{\mathcal{S}}$ の値である

$$S^{\mathrm{a}} = S_1(E_1^{\mathrm{a}},V_1) + S_2(E_2^{\mathrm{a}},V_2) \tag{6.2}$$

だとわかる [3)]．

---

3)　これはエントロピーの相加性（定理 2.3）から自明だが，この節の議論の都合からこのようにして導いた．なお，もともと定理 2.3 はこのような議論から導かれたものである（拙著 [1] の 5.1 節）．

次に，仕切り壁から断熱材をはがすと，E_1 と E_2 は，「全系の E が変わらない」という束縛条件

$$E = E_1 + E_2 = \text{固定} \tag{6.3}$$

さえ満たせば自由に変われるようになる．そのために，もはや (a) の状態は，要請 II-(v) を満たさなくなるから平衡状態ではなくなり，要請 I により，新しい平衡状態 (c) へと移行するわけだ．束縛条件 (6.3) を用いて E_2 を消去すると

$$\boldsymbol{\mathcal{S}}(E_1, V_1, E_2, V_2) = S_1(E_1, V_1) + S_2(E - E_1, V_2) \tag{6.4}$$

だから，平衡状態 (c) は，この関数が最大になるような E_1 の値を持つ状態である．そうして求まる E_1, E_2 の平衡値を E_1^{c}, E_2^{c} $(= E - E_1^{\mathrm{c}})$ とすると，そこは $\boldsymbol{\mathcal{S}}$ が最大になる所だから，(6.4) の E_1 に関する偏微分係数がゼロになる．したがって，(2.23) と同様に，

$$\frac{\partial S_1}{\partial E_1}(E_1^{\mathrm{c}}, V_1) = \frac{\partial S_2}{\partial E_2}(E - E_1^{\mathrm{c}}, V_2). \tag{6.5}$$

そして，$\boldsymbol{\mathcal{S}}$ の最大値が平衡状態 (c) におけるエントロピーの値 S^{c} になるのだから，

$$S^{\mathrm{c}} = S_1(E_1^{\mathrm{c}}, V_1) + S_2(E_2^{\mathrm{c}}, V_2). \tag{6.6}$$

また，(c) のときに $\boldsymbol{\mathcal{S}}$ の最大値を探す範囲の中に (a) のときの範囲が含まれているので，明らかに

$$S^{\mathrm{c}} > S^{\mathrm{a}}. \tag{6.7}$$

この結果は，定理 2.2「エントロピー増大則」の一例になっている．

コラム：複合系と単純系の違い

上記の例は，複合系と単純系の違いを明確に理解するためのよい例にもなっている．両側の物質が，自然な変数が（E, V ではなく）E, V, N の同じ種類の物質である場合を考えよう．すると，基本関係式 S_1 と S_2 は同じ 3 変数関数 $S(E, V, N)$ になる．それに対して，平衡状態 (c) における複合系のエントロピー S^{c} は

$$S^{\mathrm{c}} = S(E, V_1, N_1, V_2, N_2) \equiv \max_{E_1\ (E_2=E-E_1)} \boldsymbol{\mathcal{S}}(E_1, V_1, N_1, E_2, V_2, N_2) \quad (6.8)$$

で定まる 5 変数関数であり，これは基本関係式ではない．(右辺の max は，E_1 を動かすと同時に E_2 も $E_2 = E - E_1$ を満たすように動かしたときの $\boldsymbol{\mathcal{S}}$ の最大値，という意味である．) 基本関係式は単純系について定義された関係式だが，複合系は一般には単純系ではないからだ．そうではあるが，単純系の基本関係式 $S(E, V, N)$ さえ与えられれば，複合系の $S(E, V_1, N_1, V_2, N_2)$ も求まるわけだ．もっと多くの壁で仕切った複合系では，そのエントロピーは，もっと変数が多い関数になる．しかし，その関数形は，どのような複合系であろうが，それぞれの単純系の基本関係式さえ知っていれば，上記のように求まるのである．

6.1.3　ミクロ物理学による記述

次に，同じ実験をミクロ物理学の観点から眺めてみる．このような複合系について熱力学極限を考えるときには，4.2 節で述べたように，特に注意しない限りは，複合系を相似形に大きくしてゆく極限をとるのであった．

E_1, E_2 の値を一組指定したときに，その値とマクロに等しいような E_1, E_2 の値を持つミクロ状態の数 [4] を全て数え上げて，その個数を $W(E_1, V_1, E_2, V_2)$ としよう [5]：

$$W(E_1, V_1, E_2, V_2) \equiv E_1, E_2 \text{ の値が指定値とマクロに等しいミクロ状態の個数.} \quad (6.9)$$

この定義から明らかなように，W には，マクロには非平衡状態であるようなミクロ状態も勘定に入っている．ただし，平衡状態の典型性により，その割合は熱力学極限で 0% になる．したがって，漸近記号「$\sim$」を用いれば，

$$W(E_1, V_1, E_2, V_2) \sim \text{上記のミクロ状態のうち平衡状態であるミクロ状態の個数.} \quad (6.10)$$

4)　5.2.5 項で述べたように，具体的な数え方は，簡単なモデルについては 7.3 節で，古典粒子系については 8.2 節で，量子系については 13.5.3 項などで説明するので，ここでは，何らかの自然な仕方で勘定できることだけ了解してもらえれば十分だ．

5)　ちなみに，$E = E_1 + E_2$ の値だけ定めた (E_1, E_2 の値は定めない) ときの W は，この W を，束縛条件 (6.3) のもとで E_1 について足し上げたものになる．

とも言える．しかし，もしもこの式の右辺を W の定義にしてしまったら，ミクロ状態を平衡状態と非平衡状態に区分けして勘定しなければならなくなり，W を計算するのが極めて難しくなってしまう．そこで，W の定義には，非平衡状態であるようなミクロ状態も含めておいたのだ．

同様に，容器の左右のミクロ状態についても，

$$W_1(E_1, V_1)$$
$$\equiv E_1 \text{ の値が指定値とマクロに等しい左側のミクロ状態の個数} \quad (6.11)$$
$$W_2(E_2, V_2)$$
$$\equiv E_2 \text{ の値が指定値とマクロに等しい右側のミクロ状態の個数} \quad (6.12)$$

と定義する．

さて，仕切り壁が熱を通すということは，壁を媒介にして左右の物質が相互作用していることを意味する．5.1.2 項で述べたように，統計力学は，実効的な相互作用が短距離相互作用であるような系を対象にしているので，壁を介した相互作用が直接的に及ぶ範囲は，壁からミクロなスケールしか離れていない領域だけである [6)]．系全体に占めるその領域の割合は，系のサイズが大きくなるほど減少し，我々が扱いたいような V_1, V_2 がマクロなサイズを持つケースでは，無視できるほど小さくなる（下の問題 6.1）．その結果，複合系の状態数 W の値は，熱力学極限に向かうとともに，部分系 1 と 2 の間に相互作用がないときの値である $W_1(E_1, V_1)W_2(E_2, V_2)$ に漸近していくだろう [7)]：

$$W(E_1, V_1, E_2, V_2) \sim W_1(E_1, V_1)W_2(E_2, V_2). \quad (6.13)$$

この漸近式の中の E_2 を束縛条件 (6.3) を用いて消去し，かけ算よりも足し算になっている方が何かと便利なので対数（自然対数 ln）をとっておこう：

$$\ln W(E_1, V_1, E - E_1, V_2) \sim \ln W_1(E_1, V_1) + \ln W_2(E - E_1, V_2). \quad (6.14)$$

いま考えている条件の下では，上式の中の変数のうち，V_1, V_2 は固定され，E_1 は自由に変化できるのであったから，E_1 依存性に着目しよう．つまり，左辺の

6) もちろん，熱い壁と相互作用して勢いを増した粒子が他の粒子の中に飛んでいってエネルギーをまわりの粒子に渡す，というような間接的な影響は系全体に及ぶが，この過程の中で，壁との直接的な相互作用は「熱い壁と相互作用して勢いを増した」という短距離相互作用だけだ．

7) 右辺に $e^{o(V)}$ がかかるのではないかと心配になる読者もいるかもしれないが，たとえそうであったとしても (6.14) では要らなくなるので気にしなくてよい．下の補足 6.1 も参照せよ．

$\ln W$ の値が，E_1 の値によってどのように変化するかを考える．具体的には，E_1 が平衡値 E_1^{c} に（マクロな精度で）等しいときの $\ln W$ の値と，そうでないときの $\ln W$ の値を比べる．平衡状態の典型性（基本原理 A）によると，前者が後者に比べて圧倒的に大きいはずだ．つまり，$\ln W$ は $E_1 = E_1^{\mathrm{c}}$ において最大値をとるはずだ[8]．ということは，そこで (6.14) の偏微分係数 $= 0$ となるから，

$$\frac{\partial \ln W_1}{\partial E_1}(E_1^{\mathrm{c}}, V_1) = \frac{\partial \ln W_2}{\partial E_2}(E - E_1^{\mathrm{c}}, V_2). \tag{6.15}$$

このときの W を W^{c} と書くと，これについても (6.14) が成り立つから，

$$\ln W^{\mathrm{c}} \sim \ln W_1(E_1^{\mathrm{c}}, V_1) + \ln W_2(E_2^{\mathrm{c}}, V_2). \tag{6.16}$$

一方，(a) の状態はどれも (c) では非平衡状態だから，平衡状態の典型性より

$$W^{\mathrm{c}} \sim [\text{(c) の平衡状態の数}] \gg W^{\mathrm{a}}. \tag{6.17}$$

大小関係が極端な $\gg$ をマイルドにするために対数をとると[9]，

$$\ln W^{\mathrm{c}} > \ln W^{\mathrm{a}}. \tag{6.18}$$

これらは，ミクロな構成要素の間の実効的な相互作用が短距離相互作用であるような系では，個別の系の詳細に依らずに普遍的に言えることである．

問題 6.1　一辺が 1 cm の立方体の形状の系を考え，ミクロなスケールを 1 nm として，一つの壁からミクロなスケールしか離れていない領域が，系全体に占める割合を求めよ．また，一辺が 1 m だったらどうか？

補足 6.1　W の漸近式の正しさ

　ここでは推論を展開しているのだから，W の漸近式 (6.14) は「だろう」で構わないのだが，実際には，多くのミクロモデルで確かめられてもいる．それよりも強力なサポートは，統計力学（基本原理 A と B）が正しければこの漸近式も（この項の他の式も）正しいことが言えることだ．つまり，あらゆる実験結果が統計力学と矛盾しないという強大な事実が，この漸近式をも（こ

---

8)　正確に言うと，$(1/V)\ln W$ が $E_1/V = E_1^{\mathrm{c}}/V$ において TDL で最大値をとる．

9)　たとえば，$10^{24} \gg 10^{12}$ だが，対数をとれば $\ln 10^{24} \simeq 55$, $\ln 10^{12} \simeq 28$ なので，$\ln 10^{24} \gg \ln 10^{12}$ ではなくなる．

の章の他の式をも）強く支持している.

6.1.4 Boltzmann の原理

以上の結果を眺めてみると，熱力学における S の関係式 (6.5)，(6.6)，(6.7) とミクロ物理学における $\ln W$ の関係式 (6.15)，(6.16)，(6.18) が熱力学極限で整合するための最も単純な仮定は，複合系の S^{c} と W^{c}，左側の単純系の S_1 と W_1，右側の単純系の S_2 と W_2 のそれぞれについて，

$$S \sim \text{比例定数} \times \ln W \tag{6.19}$$

が成り立ち，比例定数は共通だ，とすることである（添え字 c, 1, 2 は略した）.

この共通の比例定数は，どう選んでもエントロピーや温度の単位が変わるだけで本質は変わらない．ただ，単位系を熱力学と合わせておくと便利であるので，この比例定数を **Boltzmann**（ボルツマン）**定数**と呼ばれる次の定数に選ぶ習慣である：

$$k_{\mathrm{B}} = 1.380649 \times 10^{-23}\ \mathrm{J/K}. \tag{6.20}$$

こう選べば熱力学と単位が合うことは，理想気体などの簡単な系について，式 (6.19) の両辺を計算して比較してみればわかる (8.5 節) [10]．これにより，(6.19) は $S \sim k_{\mathrm{B}} \ln W$ となる.

平衡状態の典型性のときと同様に，簡単な実験についての推測により得られたこのシンプルな関係式を，一般化して基本原理に採用しよう [11]：

平衡統計力学の基本原理 B：Boltzmann の原理

マクロ系（単純系でも複合系でもよい）のミクロ状態のうちの，与えられた条件（平衡状態を指定するのに十分な相加変数の組の値と束縛条件）をマクロな精度で満たすようなミクロ状態たちの個数 W の対数は，系がこの条件の下で平衡状態にあるときのエントロピーの値に漸近する：

10) なお，SI 単位系ではこのような数字になるが，理論物理では $k_{\mathrm{B}} = 1$ となる単位系を用いるのですっきりする.

11) Boltzmann の頭文字をとってこの原理を基本原理 B とした．それに合わせて，平衡状態の典型性を基本原理 A としたのである.

$$\boxed{S \sim k_\mathrm{B} \ln W} \tag{6.21}$$

L. E. Boltzmann（ボルツマン）により見いだされたこの関係式を，**Boltzmann の公式**とか **Boltzmann の原理**と呼ぶ．

この公式の正しさは，ここから導かれる膨大な結果が実験と一致することや様々な整合性[12)]から裏付けられている．

とくに，この公式を単純系に用いれば，その基本関係式が求まる[13)]：

定理 6.1　基本関係式を求める公式
エントロピーの自然な変数 $E, \boldsymbol{X}$ で指定される平衡状態について，それとマクロには同じ $E, \boldsymbol{X}$ の値を持つミクロ状態たちの個数 $W(E, \boldsymbol{X})$ を考えると，その対数は，熱力学極限で熱力学エントロピー $S(E, \boldsymbol{X})$ に漸近する：

$$\boxed{k_\mathrm{B} \ln W(E, \boldsymbol{X}) \sim S(E, \boldsymbol{X})} \tag{6.22}$$

この式は，オーダー記号を使うと

$$k_\mathrm{B} \ln W(E, \boldsymbol{X}) = S(E, \boldsymbol{X}) + o(V) \tag{6.23}$$

を意味しているので，相加物理量である $S(E, \boldsymbol{X})$ が $W(E, \boldsymbol{X})$ からマクロな精度で求まると言っている．$S(E, \boldsymbol{X})$ から全ての基本関係式が求まるので，平衡状態の典型性から求まる物理量（定理 5.2）と合わせれば，4.4 節で述べた統計力学の予言の対象が全て求まることになる！ たとえば，p.108 図 5.7 の全ての相加物理量がマクロな精度で求まることになる．

なお，7.4 節で計算の便利のために「等重率」というものを導入するが，これらの議論には等重率はまったく使っていないことを注意しておく[14)]．

これで，平衡統計力学の 2 つの基本原理 A, B が出揃った．どんな物理の基本原理も，不都合が見つかった時点で更新されるが，この 2 つの原理は，100 年以

12)　たとえば，文献 [8]，[9] などにあるように，様々なクラスのミクロモデルについて，厳密に整合性が確かめられている．

13)　後の例でもわかるように，$\ln W(E, \boldsymbol{X})$ よりも $S(E, \boldsymbol{X})$ の方が綺麗な関数である．そこで，複雑な関数が綺麗な関数に漸近していく気分を表すために，$k_\mathrm{B} \ln W$ を左辺に書いた．

14)　等重率と似た議論に，情報理論的な議論があるが，それもまったく使っていない．

上の長きにわたってまったく修正の必要が生じていない強力な原理である[15].

次章以降では，この基本原理を実際の計算に便利な形に定式化し，有用な結果を導いてゆく．具体的には，この第I巻では伝統的な「アンサンブル形式」を説明し，続巻ではアンサンブルを使わない定式化や，拡張アンサンブルを説明する．

6.1.5　エントロピーは可能性の広さ

Boltzmann の公式 $S(E,V,N) \sim k_{\mathrm{B}} \ln W(E,V,N)$ は，E,V,N の値が与えられたとき，どれくらいの個数のミクロ状態をとりうるかという，いわば「可能性の広さ」（の対数）がエントロピーだと言っている．

とりうるミクロ状態の数 $W(E,V,N)$ が大きいほど，その中の大多数のミクロ状態は，乱雑さの程度が高い状態に見えがちなので，この「可能性の広さ」を「乱雑さの程度」と表現するのをよく見かける．しかし，「乱雑さの程度」をどのように定量化するのかを問うとトートロジーになってしまう．

また，たとえば古典粒子系で，仮に初期状態が相空間の1点（またはごく狭い領域）にあったとして，それがしばらく時間発展して（5.3節の実例のように）平衡状態に落ち着いたとしよう．このような平衡緩和するまでの間に，$W(E,V,N)$ 個のミクロ状態たちのうちのほとんど全てを経めぐるようなことはない．9.2節で述べるように，$W(E,V,N)$ は系のサイズの指数関数の莫大な個数なので，これら全てを経めぐるには膨大な時間がかかり，それは平衡緩和に要する時間よりもはるかに長いのだ．つまり，平衡緩和するまでの間には，$W(E,V,N)$ 個のミクロ状態のうちの，指数関数的に少ない割合の状態たちしか経めぐることができないのだ．それどころか．平衡状態に達した後でも，通常の実験の時間スケールでは，観察している間に $W(E,V,N)$ 個のミクロ状態のほとんど全てを経めぐるようなこともない．だから，$W(E,V,N)$ はミクロ状態が実際に経巡る状態の数ともほど遠い．

これらのことから，$W(E,V,N)$ はあくまで「可能性の広さ」であり，その対数がエントロピーであると理解するのがよいと思う．

---

15)　もちろん，もともと平衡統計力学の適用対象外にあるとされている系（たとえばニュートン重力しかない粒子系）では成り立たないかもしれないが，適用対象外なのだから構わない．

6.2　熱力学関数は漸近形

基本原理 B に出てくる「∼」の詳しい意味を，エントロピーの自然な変数が E, V, N の単純系の場合を例にとって，つまり (6.22) で $(E, \boldsymbol{X}) = (E, V, N)$ のケースについて，説明しよう．そのために，この節では，(6.22) の右辺である熱力学のエントロピー S をわざわざを $S_{\mathrm{TD}}(E, V, N)$ と書いて**熱力学エントロピー**と呼び，左辺の $k_{\mathrm{B}} \ln W$ を

$$S_{\mathrm{B}}(E, V, N) \equiv k_{\mathrm{B}} \ln W(E, V, N) \tag{6.24}$$

と書いて **Boltzmann エントロピー**と呼んで，両者の区別を明確化する [16]．そして，熱力学極限に向かう際の S_{B} の振る舞いを考える．

6.2.1　熱力学エントロピーと Boltzmann エントロピー

2 章で復習したように，熱力学エントロピー $S_{\mathrm{TD}}(E, V, N)$ の方は，連続的微分可能な凸関数で，しかも 1 次同次関数という，良好な解析的性質を持つ関数であった [17]．それに対して Boltzmann エントロピー $S_{\mathrm{B}}(E, V, N)$ は，後の具体例でわかるように，小さな項も落とさずに正確に計算すると，連続的微分可能とも限らず，凸関数とも限らず，1 次同次関数とも限らない．そんな荒っぽい関数 $S_{\mathrm{B}}(E, V, N)$ ではあるものの，$S_{\mathrm{TD}}(E, V, N)$ との違いはたかだか $o(V)$ に過ぎない，と (6.22) は主張しているわけだ：

$$S_{\mathrm{B}}(E, V, N) = S_{\mathrm{TD}}(E, V, N) + o(V). \tag{6.25}$$

つまり，$S_{\mathrm{B}}(E, V, N)$ の荒っぽい振る舞いは，$o(V)$ の項の振る舞いから来ている，というのだ [18]．

また，2.6 節で述べたように，熱力学によると $S_{\mathrm{TD}}(E, V, N)$ はエントロピー密度 $s_{\mathrm{TD}}(E/V, N/V)$（熱力学の量であることを強調するために，これもこの節

---

16)　本書ではこのように呼び分けることにしたが，これらの言葉は，一般には文献によって異なる意味に使われるので注意してほしい．たとえば情報エントロピーと S_{B} を区別するために使う場合には，S_{TD} と S_{B} の差は無視してよくなるので，S_{B} のことを**熱力学エントロピー**と呼ぶことが多い．

17)　♠2.6 節の冒頭で述べたように，この第 I 巻では，熱力学も統計力学も，通常通り，$S(E, V, N)$ の $\Theta(V)$ の部分だけを対象としているので，1 次同次性などまで言える．

18)　たとえ $o(V)$ の大きさでも解析的性質を悪化させるのには十分だ．

では s_{TD} と書く）を用いて，

$$S_{\mathrm{TD}}(E,V,N)=Vs_{\mathrm{TD}}(E/V,N/V) \tag{6.26}$$

のように表せる．それに対して $S_{\mathrm{B}}(E,V,N)$ は，V が有限である限り，$o(V)$ の項が邪魔して $S_{\mathrm{B}}(E,V,N)/V=Vs_{\mathrm{B}}(E/V,N/V)$ という形にはまとまらない．

ところで，熱力学極限で (6.26) に漸近する関数は，

$$Vs_{\mathrm{TD}}(E/V,N/V)+o(V) \tag{6.27}$$

のように振る舞う関数であれば何でもよい．そのような関数から，熱力学極限に向かう際に $o(V)$ のように振る舞う項を取り除いて，$\Theta(V)$ のように振る舞う項を抜き出せば，$S_{\mathrm{TD}}(E,V,N)$ が求まる．基本原理 B は，$S_{\mathrm{B}}(E,V,N)$ がまさにそのような関数の一つになっている，と言っているのである．ゆえに，

基本原理 B の ∼ の意味： $S_{\mathrm{B}}\sim S_{\mathrm{TD}}$ は，圧倒的に大きい部分（$\Theta(V)$ の項）が両者で一致する，という意味である．

なお，少なからぬ文献において，Boltzmann の公式は，$S\sim k_{\mathrm{B}}\ln W$ ではなく $S=k_{\mathrm{B}}\ln W$ と書かれている（Boltzmann の墓標にもそう書かれている）．その場合の S の意味は，Boltzmann エントロピー S_{B} である．これは上記のように，値としては熱力学エントロピー S_{TD} と $o(V)$ の違いしかないが，E,V,N の関数としては，荒っぽい関数である．とかく両者の区別が曖昧になりがちで混乱を招くことがあるので，本書では区別を明確化し，

約束： 単に S と書いたら熱力学のエントロピー（上記の S_{TD}）を意味することにする．

したがって，本書に S_{TD} という表記が現れるのは本節に限られる．

6.2.2　漸近形を求める方法

S_{B} から $\Theta(V)$ のように振る舞う項を抜き出して S_{TD} を求める具体的な方法は，いろいろある．実用的なやり方は後で出てくる実例たちを見てもらうことにして，ここでは数学的に最も明確なやり方を書くことにする．それは次のようなやり方だ．

まず，相加変数の密度を，

$$u \equiv E/V,\ n \equiv N/V \tag{6.28}$$

とおく．これらを一定値に保ったまま $V \to \infty$ とする極限が，**熱力学極限** (thermodynamic limit) であった．そこで，u, n の値を興味がある平衡状態における値に固定し，

$$\boxed{s_{\rm TD}(u,n) = \lim_{V\to\infty} \frac{S_{\rm B}(Vu, V, Vn)}{V}} \tag{6.29}$$

にてエントロピー密度を求める．それを式 (6.26) に代入すれば，$S_{\rm TD}(E,V,N)$ が求まる．

つまり，極限をとる方の V を V' と書いて，自由に値を代入する方の V ときちんと区別して書くと，

$$S_{\rm TD}(E,V,N) = V \lim_{V'\to\infty} \frac{S_{\rm B}(V'u, V', V'n)}{V'} \quad (u = E/V,\ n = N/V) \tag{6.30}$$

とすればよい．

また，以上の関係を利用して，たとえミクロ物理学では E や N が離散的になる系であっても，E や N を連続変数と見なして微分したり積分したりできるようになる．関数 $S_{\rm TD}(E,V,N)$ においては，E も N も連続変数だからだ．それを見越して，統計力学では，$S_{\rm B}(E,V,N)$ を計算する段階から，E, N を連続変数と見なして微分したり積分したりする．最後にはその $\Theta(V)$ の項だけ抜き出して $S_{\rm TD}(E,V,N)$ を得るのだから，結果的には正しくなるからである．

状態数 $W(E,V,N)$ や，後に説明する分配関数 $Z(T,V,N)$ などの計算でも，最後にはその対数をとって，さらに $\Theta(V)$ の項だけ抜き出して，熱力学関数を得る．だから，実践的な計算法としては，$W(E,V,N)$ や $Z(T,V,N)$ を計算する段階から，どの変数も連続変数と見なして微分したり積分したりすることが多い．本書でも，ときどき，そのような端折った計算を行う．

第 7 章
ミクロカノニカル集団

前章で述べた基本原理を，実際の計算に便利な形に定式化する．ただし，平衡状態を表すミクロ状態が一つではないという事実からも想像できるように，定式化の仕方は一通りではない．この第 I 巻では，まず伝統的な「アンサンブル形式」を紹介する．近年になって提案されたアンサンブルを使わない定式化や，一般化アンサンブルについては，続巻で解説する．

7.1 基本的なアイデア

例として，平衡状態が E, V, N で指定できる系を考える．そのような系に基本原理 A（平衡状態の典型性）を適用すると，5.2.5 項で述べたように，こうなる：

平衡状態の典型性の帰結： E, V, N の値を任意に一つ選ぶ．それとマクロに同じ値の E, V, N を持つミクロ状態（のうちの純粋状態）たちを全て集めた集合を考えると，そこに含まれるミクロ状態のほとんど全てが，マクロ状態としては，E, V, N で指定される平衡状態である．

このことから「それなら，その集合から適当に一つミクロ状態を選べばいいじゃないか．それが 100%の確率で平衡状態なんでしょう？」と言いたくなると思う．そのこと自体は正しく，それに基づく定式化も続巻で紹介する．ただ，そのような明確な定式化をしないで「適当に」やると，ハズレ（非平衡状態）を掴んでしまう恐れがある．なぜなら，p.102 のコラムで述べたように，人はとかくバイアスがかかった選択をしがちな上に，5.2.6 項で述べたように，ミクロ状態としては極めて稀である非平衡状態が，実験的には簡単に作れてしまうという現実もあるからだ．

そこで，「いっそのこと，この集合に属する全ての状態の平均値をみればいいじゃないか」というアイデアが浮かぶ．この集合には，平衡状態だけではなく非平衡状態も含まれるが，熱力学極限では後者の割合は0%になり平均値には効かないから，「熱力学極限で誤差がゼロになる定式化をする」という目的にかなっている．

このアイデアを採用したのがJ. W. Gibbs（ギブズ）による**アンサンブル形式** (ensemble formulation) である．それをこの章で説明する．

7.2　エネルギー殻

上記の「マクロに同じ値の E, V, N を持つミクロ状態（のうちの純粋状態）たちを全て集めた集合」であるが，「マクロに同じ値」の範囲を具体的にいくらにするかとか，個々のミクロ状態を集合に入れるかどうかの境界を急峻にするかなだらかにするかなど，様々な選択肢がある．後の章でわかってくるように，そのようなことについては，実は大きな任意性がある．（だからこそ，典型性を主張する基本原理Aでは詳細な定義は不要だったのである．）しかし，実際に計算を行う際には具体的な処方箋が欲しい．そこで，まずは以下のようなナイーブな定義を採用することから始める．

7.2.1　ミクロ状態を指定するパラメータ

本書では，3.1項で述べたように，単に**ミクロ状態** (microstate) と言えば，個々の粒子の状態である**一粒子状態** (single-particle state) ではなく，全体としての状態である**多粒子状態** (many-particle state) を指す．その多粒子状態として，この節では，全体積 V の容器に閉じ込められた N 個の粒子の系のミクロ状態（のうちの純粋状態）を考えよう．

そのミクロ状態たちに，適当な番号 λ をふる．どの状態に何番を割り当てるかは任意だが，重複はないようにしておく．また，「番号」といったが，$(2, 0, 1, 4)$ のような番号の組でもいいし，2Sのように文字や記号と組み合わせたものでもよい．要するに λ は，与えられた全体積 V と全粒子数 N の下で許されるミクロ状態たちを区別するために付けた，何らかの**ラベル** (label) である．

言い換えると，ミクロ状態は (V, N, λ) という変数の組で一意的に指定できるとする．そのミクロ状態のエネルギーを $E_{VN\lambda}$ と書こう：

$$E_{VN\lambda} \equiv [(V, N, \lambda) \text{ で指定されるミクロ状態のエネルギー}]. \tag{7.1}$$

ただし，この章では V, N を最初に与えておくことを考えるので，

$$\text{ミクロ状態 } (V, N, \lambda) \to \text{ミクロ状態 } \lambda \tag{7.2}$$

$$E_{VN\lambda} \to E_\lambda \tag{7.3}$$

のように略記する．（後の章では，必要に応じて元に戻す．）

7.2.2　エネルギーの範囲の指定

次に，「E_λ が E とマクロに同じ値である」と判定する基準を，4.3 節で述べた相加物理量についてのマクロな精度に従って，次の範囲に収まることであるとしよう[1]：

$$E - \Delta E_- < E_\lambda \le E + \Delta E_+ \quad \text{つまり} \quad E_\lambda \in (E - \Delta E_-, E + \Delta E_+] \tag{7.4}$$

ここで，$\Delta E_-, \Delta E_+$ の大きさは，とりあえずは，「E_λ が E とマクロに同じ値」という条件から素朴に，

$$\Theta(V^0) \le \Delta E_- + \Delta E_+ = o(V) \quad \text{ただし} \quad \Delta E_\pm \ge 0 \tag{7.5}$$

の範囲の適切な値としておく．

この「適切な値」というのは，大まかに言えば「区間の幅 $\Delta E_- + \Delta E_+$ を小さくしすぎない」という意味だ．これを小さく選びすぎると，たとえば 7.3.2 項で触れるように，非物理的な結果が得られることがあるからだ[2]．そういうことがないように，つまり，人為的に導入したパラメータである $\Delta E_\pm$ の値に依らない物理的な結果が，熱力学極限できちんと得られるように選ぶ，という意味だ[3]．

1)　左側を開区間，右側を閉区間にしているのは，単に，後の議論の便利のためであるので，気にしなくてよい．

2)　「それならば，いつも大きな値に選べばいいじゃないか」と言われればその通りなのだが，まだこの段階では大きくしてもよい理由がわからないだろうし，実際の計算ではときには小さ目に選んだ方が計算しやすいこともあるので，「適切な値」とした．

3)　これを踏まえて，以下の式では，熱力学極限をとる前には $\Delta E_\pm$ に依存する量であっても，$\Delta E_\pm$ をわざわざ引数に書くようなことは，とくに必要がない限りはしないことにする．

実際にどう選べばよいかは，7.7 節と 9.3 節で述べるようにきわめて許容範囲が広いので，むしろ「どう選んではいけないか」の判断だけすればよく，それは個別の具体例に接した際には（7.3.2 項の例でもわかるように）容易に判断できるので，安心してほしい．

7.2.3　エネルギー殻とその状態数

(7.4) のように基準を定めたので，それを用いて「マクロに同じ値の E, V, N を持つミクロ状態たちを全て集めた集合」を定義する：

$\mathcal{E}$ と W：簡単な系の場合

定義 7.1　平衡状態が E, V, N で指定できる系において，エネルギーの値が (7.4) の範囲内にあるミクロ状態（のうちの純粋状態）たちを全て集めた集合を**エネルギー殻** (energy shell) と呼ぶ．本書では，この集合を $\mathcal{E}(E, V, N)$ と記し，そこに含まれるミクロ状態の数を $W(E, V, N)$ と記すことにする．

このエネルギー殻は，古典力学系の場合には等エネルギー面 $\mathcal{E}$ に (7.4) のような厚みを持たせたものに相当することから，同じ記号 $\mathcal{E}$ を用いた．量子系の場合も，この第 I 巻では，ミクロ状態を集めたり勘定したりするときにはエネルギーがミクロに確定した状態である「エネルギー固有状態」を用いれば済むケースを扱うので，その確定値が (7.4) の範囲内にある状態を集めればよい [4)]．

当然ながら，$\mathcal{E}$ を作るときも W を勘定するときも，同じミクロ状態を重複して何重にも取り込んだり数えたりしてはいけない．8.2 節で述べるように，この当然のことが，いわゆる「Gibbs パラドックス」を解消する鍵になる．

一方，ミクロ状態たちの中には，状態としては異なる（つまり $\lambda \neq \lambda'$）のに，エネルギーはぴったり同じ（つまり $E_\lambda = E_{\lambda'}$）という状態たちもある．そのように，異なる状態が同じエネルギーを持つことを**エネルギー縮退** (energy degeneracy) があると言う．エネルギーが縮退していても，状態としては別の状態なのだから，一つ残らず $\mathcal{E}$ に取り込んで W の勘定にも入れる必要がある．

---

4)　♠ わざわざこのような説明を付した理由は，量子系では，純粋状態と言えども，重ね合わせによって様々なエネルギー分布を持つ状態が作れるからだ．エネルギー固有状態では済まない一般の場合については続巻で説明するが，待ちきれない読者は p.385 の補足 18.1 の文献を参照してほしい．

7.2.4　Boltzmann の公式と基本関係式

こうして，マクロに同じ値の E, V, N を持つミクロ状態の数 $W(E, V, N)$ が明確に定義できたので，それを Boltzmann の公式

$$k_{\mathrm{B}} \ln W(E, V, N) \sim S(E, V, N) \tag{7.6}$$

に代入すれば，エントロピー S が求まる．しかも，$W(E, V, N)$ は E, V, N の関数であるから，S が（T, V, N などの関数としてではなく）E, V, N の関数として求まることになる．つまり，基本関係式が求まる．それにより，系の熱力学的性質が全て求まることになる．

このように，

統計力学の御利益の一つ：運動方程式を解くという困難な（しばしば不可能な）作業をすることなく，ただ状態を集めるだけで，ミクロ系の物理学からマクロ系の熱力学的性質が計算できる．

これによって，未知の物質や，中性子星のように誰も訪れたことがない場所の熱力学的性質まで知ることができるようになったのである．

狐につままれたように感じている読者もいるかもしれないので，次節で実際にやってみよう．

7.3　簡単な例 — 相互作用のないユニットが集まった系

物理学の理論では，現実の系を理想化したり近似したりした理論モデルを採用して解析することが多い．その理論モデルを単に**モデル** (model) とか**模型** (model) と呼び，「これこれのモデルを調べる」とか「このモデルで記述される系を調べる」という言い方をする．本節では，もっとも簡単なモデルの一つに対して，前節の定式化を適用してみる．

7.3.1　モデル

次のようなモデルで記述される系を考えよう [5]．

---

5)　これが，拙著 [1] の 5.5 節で扱った系である．

例 7.1　相互作用のないユニットが集まった系
体積 V の系が，V/γ 個のミクロなユニット（構成要素）の集まりと見なせる．ただし，γ は正定数である．

- それぞれのユニットにおけるエネルギーは，正定数 ϵ の非負整数倍 $(0, \epsilon, 2\epsilon, \cdots)$ をとりうる．
- j 番目のユニットのエネルギーが $n_j\epsilon$ $(n_j = 0, 1, 2, \cdots)$ のとき，この系のミクロ状態は，n_j の値の組

$$\boldsymbol{n} \equiv n_1, n_2, \cdots, n_{V/\gamma} \tag{7.7}$$

  で指定できる．
- 各ユニットのエネルギーの和が，系の（全）エネルギー E になる：

$$E = \sum_{j=1}^{V/\gamma} n_j \epsilon. \tag{7.8}$$

- エントロピーの自然な変数は，E, V である．これは，「理想気体などでは E, V, N だったのが，この系には N がないから」と考えるとわかりやすい．

我々は，マクロ系に興味があるのだから，

$$V/\gamma \gg 1,\ E/\epsilon \gg 1 \tag{7.9}$$

とする．この系の熱力学極限は，$E \propto V \to \infty$ なる極限である．

このモデルで γ, ϵ を小文字にしたのは，ミクロ物理学のパラメータだから，それが直感的にわかるようにするためである．本書では，このように，習慣的に記号が決まっているなどの場合以外は，小文字はミクロ物理学のパラメータや相加物理量密度に割り当てるようにしている．

このモデルは実在の物理系にぴたりと当てはまるわけではなく，様々な物理系を大胆に近似した，いわゆる「toy model」だ．そうではあるが，量子系と

も[6)]，（ニュートン力学系ではないが何らかの）古典系ともみなせるし，7.3.3 項で述べるように統計力学の練習の対象としてもよい素性を持っているので，以後もときどき取り上げる．

7.3.2　基本関係式の計算

この系のエントロピーの自然な変数は E, V なのだから，エネルギー殻も E, V で指定される $\mathcal{E}(E, V)$ になる．そのエネルギー殻の定義において，$\Delta E_\pm$ は $o(V)$ 以下の適切な値であった．

もしも $\Delta E_- + \Delta E_+$ を ϵ より小さく選ぶと，E の値によっては，$(E - \Delta E_-, E + \Delta E_+]$ の範囲内の状態数がゼロになってしまうことがある．これが，7.2.2 項で述べた「小さく選びすぎると非物理的な結果が得られることがある」の実例である．しかし，$\Delta E_- + \Delta E_+ \geq \epsilon$ にしておけば，そういうことは起こらなくなる．「$\Delta E_\pm$ を適切な値に選ぶ」とはこういうことを言っている．

そこでここでは，$\Delta E_- = \Delta E_+ = \epsilon/2$ に選んでおこう．もっと大きい値に選んでもいいのだが，この値に選んでおけば，E の値を (7.8) のひとつの値にぴたりと指定したのと同じことになるから，$\mathcal{E}(E, V)$ に属するミクロ状態の数が容易に勘定できる[7)]．その計算は下の問題 7.1 にしておくが，結果は

$$W(E, V) = \frac{(E/\epsilon + V/\gamma - 1)!}{(E/\epsilon)!(V/\gamma - 1)!} \tag{7.10}$$

となる．Boltzmann の公式を適用するために，これの対数をとり，そこから $\Theta(V)$ の項を抜き出すために，**スターリングの公式** (Stirling's formula) と呼ばれる，次の公式を用いる：

$$N! \sim \sqrt{2\pi}\, N^{N+1/2} e^{-N} \quad \text{as } N \to \infty. \tag{7.11}$$

統計力学では，これの対数をとって，漸近形を取り出す際には不要になる $o(N)$ の項をひとまとめにした，次の形で十分である：

$$\boxed{\ln(N!) = N \ln N - N + o(N)} \tag{7.12}$$

この公式を (7.10) の対数に適用し，新たに出てくる $o(N)$ の項もひとまとめにすれば，下の問題 7.1 のように，

6)　各ユニットにボーズ粒子型の励起があり，ユニット間に相互作用がない，というモデル．その場合，$\boldsymbol{n}$ でラベルされるミクロ状態とは，13.7 節で説明する「数表示」の基底のことになる．

7)　これが，脚注 2) で述べた「ときには小さ目に選んだ方が計算しやすいこともある」の実例だ．

$$\ln W(E,V) = \frac{E}{\epsilon}\ln\left(1+\frac{\epsilon V}{\gamma E}\right) - \frac{V}{\gamma}\ln\left(1+\frac{\gamma E}{\epsilon V}\right) + o(V) \tag{7.13}$$

を得る．Boltzmann の公式によると，これから $o(V)$ の項を落として $k_{\rm B}$ をかければ，熱力学エントロピーが得られる：

$$S(E,V) = k_{\rm B}\left[\frac{E}{\epsilon}\ln\left(1+\frac{\epsilon V}{\gamma E}\right) - \frac{V}{\gamma}\ln\left(1+\frac{\gamma E}{\epsilon V}\right)\right]. \tag{7.14}$$

読者は初めて統計力学の計算をやってみたわけだから，これが正確な計算公式 (6.30) による結果と一致することを問題 7.2 でチェックし，熱力学と整合していることを問題 7.3 でチェックすることを強く推奨する．

こうして求まった基本関係式から，この系の熱力学的性質が全て導ける．たとえば，逆温度と，V に共役な狭義示強変数は，

$$B = \frac{k_{\rm B}}{\epsilon}\ln\left(1+\frac{\epsilon V}{\gamma E}\right),\ \Pi_V = \frac{k_{\rm B}}{\gamma}\ln\left(1+\frac{\gamma E}{\epsilon V}\right) \tag{7.15}$$

と求まる．これから，P, V, N, T の間の関係式である，**状態方程式** (equation of state) も次のように求まる：

$$\left(e^{\epsilon/k_{\rm B}T}-1\right)\left(e^{\gamma P/k_{\rm B}T}-1\right) = 1. \tag{7.16}$$

この系の場合は N はないので，状態方程式は P, V, T の間の関係式になるわけだが，この結果を見ると，V も入ってこない．その理由は，光子気体（15.2 節）と同様に，狭義示強変数である P, T の間の関係式に，示量変数である V が単独では入りようがない（もしも入っていたらお互いの示量性と示強性に矛盾が生ずる）ことから，当然の結果だとわかる．これに対して理想気体の場合には，もう一つの示量変数 N があるので，N/V という組み合わせが示強的になり，P, T の間の関係式に登場できたのである．このように，全てつじつまが合っている．

問題 7.1　式 (7.10), (7.13) を示せ．

問題 7.2　計算公式 (6.30) を上記のモデルの場合に書くと，

$$S_{\rm TD}(E,V) = V\lim_{V'\to\infty}\frac{S_{\rm B}(V'u, V')}{V'} \quad (u = E/V) \tag{7.17}$$

となるが，これを用いて熱力学のエントロピー $S_{\rm TD}(E,V)$ を計算し，(7.14) と一致することを確認せよ．

問題 7.3　(7.14) が，熱力学の要請である連続的微分可能性と，熱力学の帰結である 1 次同次性と凸性を有することを確認せよ．

7.3.3 モデルの特徴

基本関係式が求まったので当面の目的は達成したが，このモデルから学べることをいくつか述べよう．

まず，このモデルは，エントロピーの自然な変数の数が熱力学的に意味のある最小個数（2.12 節の (2.59)）の 2 個であるという特徴も持つ．しかも，9 章で説明する熱力学との整合性の要求を全て満たしており，熱力学第三法則も満たすなど，とても単純かつ素性がいいモデルなのである．

次に，(7.8) を見ると，異なるユニット間の積（たとえば $n_j n_{j+1}$）の項がない．これは，このモデルにはユニット間の相互作用がないことを示している．したがって，このモデルは自明に可積分系である．すると，3.5 節で述べたように平衡緩和しないから，熱力学の要請 I-(i) を満たせない．それなのに平衡統計力学を適用してよい理由は，非平衡状態から平衡状態への移行が起こるためには，小さくてもいいから（非線形な）相互作用が必要なものの，いったん平衡状態になった後は，小さな相互作用の有無は基本関係式を大きくは変えないだろうから無視してもよいだろう，ということである（詳しくは 8.6 節）．つまり，平衡統計力学では平衡緩和は理論の対象外であり，平衡状態が実現した後のことだけを対象にしているので，可積分なモデルを使っても構わない．しかも，このモデルのように，時間発展の法則すら与えられていなくても構わないのだ．

また，このモデルの各ユニットは，必ずしも空間的に狭い領域に局在していなくてもよい．たとえば，3.4 節で述べた線形振動子系の基準振動は系全体に広がっているが，それをこのモデルの「ユニット」と考えてもいい[8)]．これらの基準振動の間には相互作用がないので，それらが全て同じ周波数を持つと近似してやれば，ちょうどこのモデルに当てはまる．それが 15.3 節で説明する **Einstein（アインシュタイン）モデル**である．

なお，実在の物理系を近似してこのモデルに行き着いた場合には，元の物理系によっては，V/γ を粒子や格子点の個数 N と解釈すべきこともありうる．その場合は，上記の計算に出てきた圧力 P は，化学ポテンシャル μ の $-1/\gamma$ 倍ということになる．

---

8) この場合，もしも基準振動の間に相互作用があったなら「相互作用は短距離相互作用に限る」という条件を満たすかどうか心配になるが，元の座標 q_j で見たときに短距離相互作用になっていれば，条件を満たしている．

7.4 等重率とミクロカノニカル集団

エネルギー殻を考えてやれば，その中のミクロ状態の数を計算することで基本関係式が求まることを 7.2 節で説明し，7.3 節ではそれを具体例に適用した．続いてこの節では，「平衡状態を表すミクロ状態は具体的には何ですか？」という問いに答えるための定式化を行う．

典型性より，7.2 節で作ったエネルギー殻 $\mathcal{E}(E,V,N)$ の位置づけは次のように図示できる：

$$
\begin{array}{ccl}
\text{平衡状態} & \Longrightarrow & \text{膨大な個数のミクロ状態} \\
\downarrow\uparrow & & \quad\uparrow \\
E,V,N & & \quad| \text{ どれもほとんど確実に} \\
\downarrow & & \quad| \\
\mathcal{E}(E,V,N) & \Longrightarrow & \text{膨大な個数のミクロ状態} \\
 & & \text{(非平衡状態も含む)}
\end{array}
\tag{7.18}
$$

したがって，たとえば相加物理量密度の平衡値について，

$$
\text{相加物理量密度の平衡値} = \mathcal{E}(E,V,N) \text{ におけるその平均値} \tag{7.19}
$$

がマクロな精度で成り立つ．7.1 節で述べたように，これが基本的なアイデアだ．

上記のようにして $\mathcal{E}(E,V,N)$ における平均値を計算するということは，確率論の言葉で言えば，$\mathcal{E}(E,V,N)$ に属する全てのミクロ状態（のうちの純粋状態）λ に等しい確率を割り当てた確率分布 [9]

$$
\mathcal{P}_\lambda = \begin{cases} 1/W(E,V,N) & \text{if } \lambda \in \mathcal{E}(E,V,N) \\ 0 & \text{otherwise} \end{cases} \tag{7.20}
$$

を導入したことに相当する．そして，ミクロ状態を確率分布させたものは，5.2.3 項で説明した（詳しくは 16 章で量子状態を含めて説明する）**混合状態** (mixed

9)　この式の右辺の「λ」は，「状態 λ」の意味だ．以後，単に λ と書いたときは，ラベルとしての λ を指すこともあれば，この式のように「λ で指定されるミクロ状態」を指すこともあるとする．これは，単に「清水」と言ったとき，名字としての清水を指すこともあれば，清水本人を指すこともあるのと同様である．

state) の一つである．つまり，(7.19) を用いることは，平衡状態をこの混合状態で表現していることになる．

これらの事項にそれぞれ名称を付けて明確化しよう．その際に，伝統的な定義はわかりにくい面がある（と筆者は感じる）ので[10]，同じ結果を与える（つまり解釈と用語の違いしかない[11]）わかりやすい定義を採用しておく：

等重率とミクロカノニカル集団：$\boldsymbol{E, V, N}$ で平衡状態が指定される場合

定義 7.2 $\mathcal{E}(E, V, N)$ に属する全てのミクロ状態（のうちの純粋状態）に等しい確率 (7.20) を割り当てることを**等重率** (principle of equal a priori probabilities) と呼び，この確率分布を**ミクロカノニカル分布** (microcanonical distribution) と呼ぶ．$\mathcal{E}(E, V, N)$ に属するミクロ状態と，等重率で割り当てられた確率の組 $(\lambda, \mathcal{P}_\lambda)$ の集合を，**ミクロカノニカル集団** (microcanonical ensemble) と呼び，本書では $\mathbf{me}(\boldsymbol{E, V, N})$ と書くことにする．

定理 7.1 ミクロカノニカル集団 $\mathrm{me}(E, V, N)$ は，ミクロ状態としては混合状態を表すが，その混合状態は，E, V, N で指定される平衡状態に p.101 の図 5.3 のように一対多対応する様々なミクロ状態のうちの一つである．

このミクロカノニカル集団のような，ミクロ状態とそれに割り当てられた確率の組 $(\lambda, \mathcal{P}_\lambda)$ を集めた集合を，一般に，**統計集団** (statistical ensemble) とか**アンサンブル** (ensemble) と呼ぶ．10 章や 11 章で示すように，確率分布 $\mathcal{P}_\lambda$ の選び方によって様々なアンサンブルが構築できる．それらのアンサンブルに対応する混合状態を平衡状態を表すミクロ状態として採用したのが，J. W. Gibbs（ギブズ）による**アンサンブル形式** (ensemble formulation) の統計力学であり，その混合状態を **Gibbs 状態** (Gibbs state) と言う．

ところで，Boltzmann の公式さえあれば基本関係式が求まるのだから，わざわざ平衡状態を表すミクロ状態まで与える必要はないのでは？と訝（いぶか）しむ読者もいると思う．ミクロ状態まで与えることの御利益（ごりやく）はいろいろあるが，その一つとして，5.4 節で述べたように，熱力学では通常は求めない（あるいは求まら

10) たとえば，量子論のアンサンブル（拙著 [10] の 3.12.1 項）と同様のわかりにくさがある．
11) 結果は同じでも，用語としては，伝統的な定義では確率分布と統計集団は同義語になる．

ない）ような量も求めることができることが挙げられる．たとえば，相互作用する古典粒子たちの全運動エネルギー

$$\sum_{j=1}^{3N} \frac{1}{2m} p_j^2 \tag{7.21}$$

は明らかに（詳しくは5.4.3項）相加物理量だから，その平衡値を

$$\sum_j \frac{1}{2m} p_j^2 \text{ の平衡値} = \sum_j \frac{1}{2m} p_j^2 \text{ の } \mathcal{E}(E,V,N) \text{ における平均値} \tag{7.22}$$

により，マクロな精度で求めることが（実際に12章で求めてみせるように簡単に）できるようになるのだ．

7.5　ミクロカノニカル集団の定常性

平衡状態は，その定義により，マクロに見て時間変化しない．つまり，マクロな定常性を持つ．$\mathrm{me}(E,V,N)$ についてその点をチェックしてみよう．

たとえば古典力学系を考えると，5.3節の実例で見たように，$\mathcal{E}(E,V,N)$ に含まれる個々のミクロ状態は時間発展する．しかし，エネルギー殻 $\mathcal{E}(E,V,N)$ やミクロカノニカル集団 $\mathrm{me}(E,V,N)$ は時間変化しない．なぜなら，

- 個々のミクロ状態は等エネルギー面の中を移動してゆくので，ずっと $\mathcal{E}(E,V,N)$ の中に留まる．
- $\mathcal{E}(E,V,N)$ には，それぞれのミクロ状態の過去の状態も未来の状態も，全てあらかじめ含まれている．
- そのため，$\mathcal{E}(E,V,N)$ の中の一つの点（状態）が時間発展で移動しても，その点に別の点（状態）がやって来て埋める．
- このときに，状態を表す点たちは，その点たちが成す面積を変えずに移動することが，ハミルトンの運動方程式 (3.5), (3.6) から言える[12]．したがって，$\mathcal{E}(E,V,N)$ 自身は時間変化しない．
- ゆえに，その上の一様分布であるミクロカノニカル分布も変化せず，ミクロカノニカル集団 $\mathrm{me}(E,V,N)$ も変化しない

12）この事実を **Liouville**（リウヴィル）の定理と呼ぶ．

これは量子系においても同様で，$\mathrm{me}(E,V,N)$ が表すミクロ状態が（他の Gibbs 状態も）まったく時間変化しないことを 17.1 節で示す．したがって，古典系でも量子系でも，平衡状態がマクロには定常状態であるべし，という条件を自明に満たしている．これは安心材料だ．

ただし，こういう「うまい話」は要注意だ．実際，これは条件を過剰に満たしている．というのも，$\mathrm{me}(E,V,N)$ はミクロに見ても定常であるが，

1. 実際に必要なのは，マクロに見て定常であることだけである．

実際，5.3 節に挙げた実例では，図 5.5・図 5.6 の状態 (b), (c) は，マクロに見れば定常な平衡状態だが，ミクロに見れば時間発展していた．実験的にも，平衡状態にある水に，水分子よりはずっと大きいものの顕微鏡を使わないと見えないぐらい小さい粒子を入れると，水分子たちのミクロな運動を反映して，粒子が揺れ動くのが観察できる[13]．これもまた，マクロに見て定常な平衡状態でもミクロに（あるいはメゾスコピックに）見れば定常とは限らないことの証拠だ．

さらに，$\mathrm{me}(E,V,N)$ は有限系でも永久に定常だが，

2. 実際には，マクロな時間の間だけマクロに見て定常であれば十分だ．

ここで，マクロ状態がマクロに長い時間だけ変化しない（たとえマクロ状態が変化するにしても，その時間スケールが熱力学極限で無限に長くなる[14]）ことを「**マクロな時間**の間はマクロに見て定常」と表現した．そういう時間は，十分大きなマクロ系ではいくらでも長くなるから，平衡状態の定常性の条件としてはそれで十分だ[15]．

このように過剰な条件を課していても，古典気体などでは困ることはないが，一般の系では困ることも出てくるので[16]，続巻では，ミクロに見ると定常ではないが，これらの条件をきちんと満たしているミクロ状態も紹介する．

---

13)　これを **Brown 運動** (Brownian motion) と言う．アインシュタインは，この運動を通じて，まだ当時は懐疑的な見方をする研究者も少なくなかった分子の存在を，決定づけることができるという理論を 1905 年に発表した．

14)　♠ そのような状態の実例は，p.385 の補足 18.1 に挙げた文献や，A. Shimizu and T. Miyadera, Phys. Rev. E64 (2001) 056121 にある．なお，孤立系では，非平衡な初期状態から出発して一旦は平衡状態に落ち着いても，長い時間の後に再び初期状態の近傍に戻る瞬間が必ずあるのだが，その時間スケールも TDL で無限大になる．

15)　これは十分条件なので，実用上は，さらに緩めてもよい場合も少なくない．

16)　♠ たとえば，一部の反強磁性体のようにエントロピーの自然な変数にハミルトニアンと非可換な物理量が含まれるような量子系では，このような過剰な条件を満たすミクロ状態は一般には存在しないことが，Y. Yoneta, J. Stat. Mech. (2023) 093104 で証明されている．

7.6　一般の系への拡張

上で $\mathcal{E}(E,V,N)$ を定義したときは，E だけに幅を持たせた．実は，9 章で示すように，V,N にも同様の幅を持たせて定義してもよい．そうしてもしなくても，熱力学極限の結果は変わらない．このことも踏まえて一般の系に拡張すると，次のようになる：

$\mathcal{E}$ と W：一般の系の場合

定義 7.3　エントロピーの自然な変数が $E, \boldsymbol{X}\ (= X_1, \cdots, X_t)$ であるような系において，エネルギーの値が (7.4) の範囲内にあり，X_k の値が

$$(X_k - \Delta X_{k-}, X_k + \Delta X_{k+}] \quad (k = 1, \cdots, t) \tag{7.23}$$

の範囲内にあるミクロ状態（のうちの純粋状態）たちを全て集めた集合を，本書では，**殻** (shell) と呼び $\mathcal{E}(E, \boldsymbol{X})$ と書くことにする．また，この集合に含まれるミクロ状態の数を $W(E, \boldsymbol{X})$ と書くことにする．

ただし $\Delta X_{k\pm}$ は，ここではわかりやすく，$\Delta E_\pm$ と同様に

$$\Theta(V^0) \le \Delta X_{k-} + \Delta X_{k+} = o(V) \quad ただし \quad \Delta X_{k\pm} \ge 0 \tag{7.24}$$

なる適切な値としておく [17]．詳しくは 7.7 節を参照してほしい．

こうして定義された $W(E, \boldsymbol{X})$ [18] を Boltzmann の公式 (6.22) に代入して，その漸近形を求めれば，この系の熱力学エントロピー S が $E, \boldsymbol{X}$ の関数として求まる．つまり，基本関係式が求まり，系の熱力学的性質が全てわかる．

さらに，「平衡状態を表すミクロ状態は具体的には何ですか？」という問いに一つの答えを与えるために，次のようにする：

---

17)　どんな熱力学系でも（式を書くときに省略することはあっても）体積は持つので，V でサイズを表しておいた．

18)　集合論では集合の要素の数を｜集合｜のように書くので，$W(E, \boldsymbol{X})$ は $|\mathcal{E}(E, \boldsymbol{X})|$ と書くこともできる．その方がわかりやすいような気もするが，ここでは伝統に従い W と書いた．

等重率とミクロカノニカル集団：一般の系の場合

定義 7.4　殻 $\mathcal{E}(E, \boldsymbol{X})$ に属する全てのミクロ状態に等しい確率

$$\mathcal{P}_\lambda = \begin{cases} 1/W(E, \boldsymbol{X}) & \text{if } \lambda \in \mathcal{E}(E, \boldsymbol{X}) \\ 0 & \text{otherwise} \end{cases} \tag{7.25}$$

を割り当てることを**等重率** (principle of equal a priori probabilities) と呼び，この確率分布を**ミクロカノニカル分布** (microcanonical distribution) と呼ぶ．$\mathcal{E}(E, \boldsymbol{X})$ に属するミクロ状態と，等重率で割り当てられた確率の組 $(\lambda, \mathcal{P}_\lambda)$ を集めた集合を，**ミクロカノニカル集団** (microcanonical ensemble) と呼び，本書では $\mathrm{me}(E, \boldsymbol{X})$ と書くことにする．

定理 7.2　ミクロカノニカル集団 $\mathrm{me}(E, \boldsymbol{X})$ は，ミクロ状態としては混合状態を表すが，その混合状態は，$E, \boldsymbol{X}$ で指定される平衡状態に p.101 図 5.3 のように一対多対応する様々なミクロ状態のうちの一つである．

このように，平衡状態のミクロな表現として統計集団を選んだ定式化が，アンサンブル形式である [19]．

アンサンブル形式で用いる統計集団（アンサンブル）は，ミクロカノニカル集団に限られるわけではなく，他にもいろいろな集団が構築できる．それらについては，10 章と 11 章で説明する．さらに，伝統的なアンサンブルを拡張したアンサンブルや，アンサンブルを使わない新しい定式化については，続巻で述べる．

7.7　ミクロカノニカル集団を指定する変数の幅

ミクロカノニカル集団を指定するエネルギー範囲の上下端を定める $\Delta E_\pm$ について説明を加えておく．

9.3 節で示すように，エネルギー範囲の下端を定める ΔE_- は，実は，(7.5) の範囲を超えて $\Delta E_- = \Theta(V)$ まで大きくしてしまっても，熱力学極限での結果

19)　細かい点では人によって定義も導入の仕方も異なるが，本書ではこのように定義しておく．

は変わらない[20]．一方，上端を定める ΔE_+ の方は，ΔE_- ほどには寛容ではなく，E と $E + \Delta E_+$ がマクロに異なってしまうほど ΔE_+ を大きくすることはできない．ただ，それでも，微小なパラメータ ϵ を導入して $\Delta E_+ = \epsilon V$ と選び，熱力学極限をとった後で $\epsilon \to +0$ とすれば，$(E + \Delta E_+)/V \to u$ となるので大丈夫である．

結局，ΔE_- も ΔE_+ も，(7.5) の範囲を超えて大きくすることができるのだ．そのように大きな値に選ぶのであれば，注意すべき点は ΔE_+ に関する上記の注意だけであり，それさえ守れば，どう選んでも同じ結果が得られる．

それに対して，$\Delta E_\pm$ の値を（計算の都合などの理由で）できるだけ小さくしたい，という場合には，注意が必要になるケースも出てくる．というのも，ミクロモデルによっては，$\Delta E_\pm$ を小さい値にしすぎると，E の値の僅かな違いで，(7.4) の範囲に収まるミクロ状態の数 $W(E, V, N)$ が大きく異なるようなモデルもあるからだ（たとえば 7.3.2 項の例）．その場合には，$o(V)$ の範囲内でいいから十分大きな値の $\Delta E_\pm$ に設定し直せば，(7.5) の範囲でも正しい結果が得られる．十分大きいかどうかの判断は，それ以上 $\Delta E_\pm$ を大きくしても $\ln W(E, V, N)$ の値が $o(V)$ 以下しか増えなければ合格，と判断すればよい．

以上のことは，エネルギーに限らず，ミクロカノニカル集団を (7.23) のように指定する他の変数 X_k の幅 $\Delta X_{k\pm}$ についても同様である．ただし，9.3.3 項で説明するように，X_k の中には，$\Delta X_{k\pm}$ が $\Delta E_\pm$ と同様の役割を果たす変数もあれば，$\pm$ が入れ替わって $\Delta X_{k\mp}$ が $\Delta E_\pm$ と同様の役割を果たす変数もある．そこだけ注意すればあとは同じである．

20)　これは，4.3 節で述べた「マクロな精度」を緩くしているわけではなく，単に，ΔE_- を大きくしてもミクロカノニカル集団による計算結果は変わらないのでそうしてもよい，という意味だ．

第8章 古典モデルとその理想気体への応用

この章では，まず，ミクロモデルとして量子モデルと古典モデルのどちらを選ぶかを決めるときの考え方を説明する．次に，古典粒子系のモデルを採用した際の状態の数え方を説明する．そして，その応用例として，もっとも簡単な古典モデルの一つである，「単原子古典理想気体」に統計力学を適用する．また，理想気体のような可積分系に統計力学を適用することの正当性も併せて論じる．

8.1 量子モデルと古典モデル

物理学で何かを分析しようとすれば，何らかの理論モデルを採用する必要がある．まず，このことについて，統計力学ではどうするのかを説明しよう．

ミクロな粒子たちがマクロな数だけ集まってできているマクロ系の平衡状態を，統計力学を用いて分析したいとする．そのためには，まず，ミクロなモデルを決める必要がある．そして，そのミクロなモデルは，当然ながら，その系の平衡状態の特徴を十分な精度（= 分析する人が求めている精度）で記述できるようなモデルであることが必要だ．

現在の物理学では，どんな物質系も，適切なモデルを用いた量子論で十分な精度（$\geq$ 現在の実験の精度）で記述できると信じられており，いまのところ例外は一つも見つかっていない．「それならば，常に量子論を使って計算すべきだ」と思う読者もいるかもしれないが，それにはデメリットもある．それは，量子論は古典論に比べて計算が難しくなるケースが多いことだ[1]．そこで，対象と

1) これは，手計算の場合に限らず，数値計算でも同様で，量子系の数値計算は古典系の数値計算よりもずっと難しいことが多い．

している平衡状態について，もしも量子論の結果と十分に近い結果を与える古典モデル（古典論によるモデル）があるケースでは，その古典モデルで計算する方が賢い戦略になりやすい．単に計算が楽になるだけではなく，直感的な理解もしやすくなるケースも少なくない．

要するに，物質系の平衡状態には，量子論でしか記述できないものもあれば[2)]，量子論でも古典論でも記述できるものもある．統計力学の計算を行う際には，前者の場合には量子論を用いるしかないが，後者の場合には古典論を採用した方がメリットがある場合が多いということだ．

そこでこの章では，古典論の代表である古典力学に従う粒子系に，統計力学を適用する場合の基本的事項を説明する．

8.2　古典粒子系の状態の数え方

古典粒子系に統計力学を適用するには，状態数の数え方について 2 つの課題を解決する必要があることに気づく．それを順番に説明する．

8.2.1　連続的な状態の数え方

3 章で復習したように，自由度 f の古典力学系の状態は，$2f$ 個の変数

$$(q, p) = (q_1, q_2, \cdots, q_f, p_1, p_2, \cdots, p_f) \tag{8.1}$$

で指定される．これらは連続変数だから，何らかの数え方を指定しない限り，状態を 1 個 2 個…と数えることはできない[3)]．まず，この点を考察しよう．

ミクロな構成要素は，精度を上げて測れば，実は量子力学に従っていることが見えてくる．量子力学には，（拙著 [10] の第 8 章で詳説したような）どうやっても古典論では記述できない状態もあれば，（ある程度粗い精度で測る限りは）古典力学の予言と一致する状態もある．後者の状態を，**準古典的な状態**と呼ぶ．

準古典的な状態にない系については，そもそも古典論では記述しようがないわけだから，量子論で扱うしかなく，古典力学で状態数をどう勘定するかを考

2)　♠ 正確に言うと，拙著 [10] の 8 章で述べたように，複雑な（一般には遠距離相互作用や乱数を含むような）古典モデルまで許せば古典論でも記述できるのだが，それでは古典論を用いるメリットが失われ，むしろ量子論を用いる方が楽になる．

3)　♠ 数学的に言うと，なんらかの測度 (measure) を入れる必要がある，ということ．ただ，以下で見るようにきわめて単純な測度なので，わざわざ測度論を持ち出すほどのこともなく，高校数学の知識で足りる．

える必要はない．したがって，系が準古典的な状態にあるときだけ考えれば十分である．その場合の古典力学における状態数を，我々は，準古典的な量子状態の数と一致するように定義する．そうしないと，準古典的な状態にある一つの系について，古典力学で記述するか量子力学で記述するかをこちらの都合で変えたら物理的な結果が変わってしまう，という不整合が生じてしまうからだ．

量子力学によると，古典力学の相空間の中の体積 $(2\pi\hbar)^f$ ごとに 1 個ずつ，準古典的な状態が対応する（問題 8.1，問題 8.2 参照）．ただし，$\hbar$ は**プランク定数** (Planck constant) h ($\simeq 6.63 \times 10^{-34}$Js) を 2π で割り算した，量子論の基本定数である：

$$\hbar \equiv h/2\pi \simeq 1.05 \times 10^{-34}\,\mathrm{J{\cdot}s}. \tag{8.2}$$

したがって，相空間の中の

$$dqdp \equiv dq_1 \cdots dq_f dp_1 \cdots dp_f \tag{8.3}$$

なる体積を持つ微小領域の中には，

$$\frac{dqdp}{(2\pi\hbar)^f} \tag{8.4}$$

だけの個数の，準古典的な状態が含まれることになる．上記の方針に従って，これをそのまま古典力学における状態の個数として採用する 4)．

念のため，次の 2 つの問題を用いて，準古典的な状態の勘定を確認しておこう．

問題 8.1　1 次元空間を力を受けずに運動する 1 個の粒子（したがって $f = 1$）について，相空間の中の体積 $2\pi\hbar$ ごとに 1 個ずつ，量子力学のエネルギー固有状態が対応することを示せ．

この問題ではエネルギー固有状態を考えたので，位置を測定したときの確率密度がいたるところ一定であり，準古典的な状態とは言い難い．しかし，これらを重ね合わせて適当な波束状態を作ると，それらは準古典的な状態になる．線形独立な波束状態の数はエネルギー固有状態の数と一致するので 5)，$2\pi\hbar$ ごとに 1 個ずつ準古典的な状態が対応することが示せたことになる．

4)　実は，問題 8.2 で示すように，$2\pi\hbar$ という定数を他の定数に変えても熱力学極限の結果は同じなので，この定数は適当でいい．我々は，単純に $2\pi\hbar$ を採用しておく．

5)　波束状態は互いに直交しないので，状態の数を勘定するのは少し面倒だ．しかし，エネルギー固有状態たちが完全系を成すのと同様に，波束状態たちも完全系を成すので，独立な状態の数は同じだとわかる．

問題 8.2　自由度 f の粒子系を，正準量子化（拙著 [10] の 4.2 節）により，量子力学で扱う．粒子間に相互作用はあってもよい．**不確定性関係**（拙著 [10] の 3.19 節）

$$\delta q_j \delta p_j \geq \hbar/2 \quad (j = 1, 2, \cdots, f) \tag{8.5}$$

を用いることにより，κ を 1 の程度の大きさの定数として，$(\kappa\hbar)^f$ ごとに 1 個ずつ量子状態があると考えるのが妥当であることを論ぜよ．また，これだと $(2\pi\hbar)^f$ ごとに 1 個ずつというのとは $(2\pi/\kappa)^f$ 倍程度の違いが出てしまうが，その違いは，Boltzmann の公式を用いて計算したエントロピー密度に付加的な定数項を加えるだけである（ゆえに問題にならない）ことを示せ．

この問題により，不確定性関係という普遍的な関係式から，系の詳細に依らずに状態の数が $dqdp/(\kappa\hbar)^f$ であることが言えた．これは未知定数 κ を含むが，その値が重要でないことも言えた．また，ひとたびこの結果を得た後は，κ の値はモデルの詳細に依らないはずだから，一つのモデルである問題 8.1 の結果と照らし合わせて，$\kappa = 2\pi$ であると同定することができる．こうして，式 (8.4) の数え方が妥当であることが示せた．（伝統的な導出方法との関係は下の補足 8.1 を参照せよ．）

補足 8.1　伝統的な導出方法との関係

上記の結果を導くのに，前期量子論の Bohr-Sommerfeld の量子化条件を用いるのが伝統である．しかし，その量子化条件は相空間の軌道が閉じているケースにしか使えないので，非可積分系であるだろうマクロ系に用いるのは論理的とは言いかねる．そこで本書では，系の詳細に依らない問題 8.2 を主に用いて，その定数を同定するのに問題 8.1 を使う，という導出にした．

8.2.2　同種粒子より成る系の状態数

統計力学を粒子系に適用するときには，多くの場合，1 種類か，せいぜい数種類の同種粒子から成る粒子系を対象にすることが多い．ここで，**同種粒子** (identical particles) とは，質量も電荷も何もかも同じで，どんな測定をしても区別が付かない粒子たちのことである．そのような同種粒子の古典系の状態数を数えるにあたり，昔から議論になってきた問題がある．1 種類の同種粒子が N 個集まっている古典粒子系を例にとって，それを説明する．

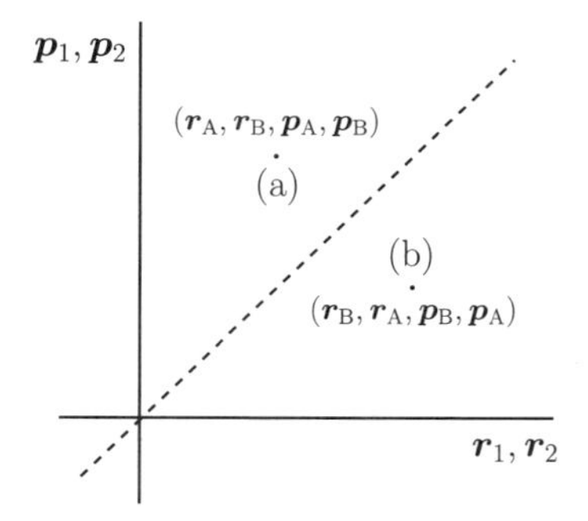

図 8.1 2 個の同種粒子の 2 つの状態 (a) と (b) を表す相空間の点．ただし，($2f = 2 \times 3N =$) 12 次元の相空間は図に描けないので，2 次元であるかのように描いた．破線について対称な位置にある点同士は同じ状態である．

たとえば $N = 2$ のケースで，図 8.1 の (a) $(\boldsymbol{r}_1, \boldsymbol{r}_2, \boldsymbol{p}_1, \boldsymbol{p}_2) = (\boldsymbol{r}_\mathrm{A}, \boldsymbol{r}_\mathrm{B}, \boldsymbol{p}_\mathrm{A}, \boldsymbol{p}_\mathrm{B})$ という状態と，その粒子を入れ替えた (b) $(\boldsymbol{r}_1, \boldsymbol{r}_2, \boldsymbol{p}_1, \boldsymbol{p}_2) = (\boldsymbol{r}_\mathrm{B}, \boldsymbol{r}_\mathrm{A}, \boldsymbol{p}_\mathrm{B}, \boldsymbol{p}_\mathrm{A})$ という状態は，異なるミクロ状態か？ 実はこれらは同じミクロ状態である．その理由として，よく見かける回答は次のようなものである：同じ系を量子力学で扱ってみよ．すると，図 8.1 の (a) と (b) の状態は同じ状態である．この系を古典力学で扱っているのは，高温低密度領域における近似に過ぎないのだから，量子力学を尊重して，やはり同じ状態と見なすべきである．

ただ，実際には，以下で述べるように，量子力学を持ち出さなくても古典論の範囲内で容易に回答できることなので，この回答が本質を突いているとは筆者には思えない．しかし，「量子論を持ち出さないと説明できない」と言うと嘘だが「量子論を持ち出しても説明できる」ならば，間違っているわけでもない．したがって，この回答で満足な読者は，結果 (8.6) だけチェックして次節に飛んで構わない．

さて，古典論での回答だが，物理学の基本を振り返ればいい．物理学は実証科学であるから，16.1.3 項で述べるように（拙著 [10] でも強調したように），どんな測定を行っても区別が付かない状態は同じ状態と見なす必要がある．さもないと実証も検証もできないことを論ずることになってしまうからだ．それは，量子論でも古典論でも同じである．

この基本中の基本を念頭において見てみると，図 8.1 の (a) の状態と，その粒子を入れ替えた (b) の状態は，どちらも「1 個の粒子が運動量 $\boldsymbol{p}_\mathrm{A}$ を持って位置 $\boldsymbol{r}_\mathrm{A}$ にあり，もう 1 個の同種粒子が運動量 $\boldsymbol{p}_\mathrm{B}$ を持って位置 $\boldsymbol{r}_\mathrm{B}$ にある」という状態である．そのため，この 2 つの状態は，どんな測定を行ってもまったく区別が付かない．したがって，図 8.1 の (a) と (b) の状態は古典論でも同じ状態なのである．

しばしば，「古典論では粒子の軌跡を追い続けられるから粒子が区別できて，これらの状態も区別できる」という説明がなされることがあるが，状態を勘定するときの「状態」とは各瞬間の状態のことである．ある瞬間の状態を論じているのに，過去の軌跡を持ち出すのは論理的におかしい．そんなことをしたら，古典力学における各瞬間の状態の定義に過去の軌跡を含めることになってしまうので，そこかしこで整合性がとれなくなる．

また，原子の位置座標に通し番号をふったのは，人間が頭の中だけで勝手にやったことであり，原子に実際に番号が書いてあるわけではない [6)]．その番号で状態が区別できると考えるのは，本末転倒である [7)]．あくまで，原理的になんらかの測定により区別できる状態だけが異なる状態なのである．

こうして，$N=2$ の同種粒子系の場合には，同じ状態を表す点が相空間に 2 個ずつあることがわかった．つまり，図 8.1 の (a) の破線について対称な位置にある点同士は同じ状態なのである [8)]．この議論は，任意の個数 N 個の同種粒子の系に容易に拡張でき，相空間の $N!$ 個の点ずつが同じ状態を表すことがわかる．ゆえに状態数は，

$$\boxed{\text{古典同種粒子系の状態数} = \frac{1}{N!}\frac{\text{相空間での体積}}{(2\pi\hbar)^f}} \tag{8.6}$$

となる．

8.5 節で述べるように，右辺の $N!$ 因子がないと，統計力学で計算した熱力学関数が N に関する示量性を失ってしまうなどのおかしなことが起こる．それを **Gibbs のパラドックス**と呼ぶ．これがパラドックスとされたのは，古典物理学においては「状態」の概念についてあまり深い考察がなされていなかったためではないかと筆者は想像する．古典論を含む物理学全体の「状態」の概念を 16.1.3 項で述べるように明確にしようという動きが浸透してきたのは，20 世紀末以降である．

6)　♠ 本当に番号をふったらどうなるかが気になる人は，8.5.3 項を参照のこと．

7)　要するに，状態の表現の仕方に無駄がある．数学的な言い方をすると，物理的に同じ状態は同一視するという同値類を考えるべきであり，そうすれば無駄のない表現になる．

8)　♠ 図 8.1 の破線の上にある点は組になる点がないが，そのような粒子を入れ替えても動かない点の集合が相空間に占める体積は，この破線のように 0 なので，状態数の勘定には効かない．

8.3 モデルの簡単化

古典力学系の状態の数え方が定まったので，具体例で実際に統計力学の計算を行ってみよう．そのためには，モデルを定める必要がある．

量子論であれ古典論であれ，ミクロなモデルはできるだけ簡単なものにしたい．簡単なモデルの方が計算が楽であるし，直感的な理解もしやすくなるからだ．どこまで簡単化できるかは，ケースバイケースであり，厳密には結果を実験（または，より詳細なモデルによる計算結果）と比較するまでわからない．しかし，そう言っていては何もできないので，「ここまでは簡単化してもよさそうだ」という見当を付けてモデルを決めるのが普通である．そのように見当を付ける際には，以下で見るように，「$\gg$」や「$\ll$」などを用いた，大小関係の見極めが重要になる．

このような，モデルの簡単化や，量子モデルと古典モデルの選択の具体例として，この章では，同種の単原子より成る気体に統計力学を適用するケースを説明する．

まず，原子密度が十分に低く，温度も十分に高い領域を考えることにすれば，量子力学を持ち出さなくても古典力学でもよい精度で記述できると期待できる．実際にそうであることは，後に 14 章で示す．そこで得られる不等式

$$\boxed{\frac{\langle N\rangle}{V} \ll \left(\frac{mk_{\rm B}T}{2\pi\hbar^2}\right)^{3/2} \qquad (\text{古典領域})} \tag{8.7}$$

が，この**古典近似** (classical approximation) が有効であるための条件である[9]．そこで，この条件が満たされている領域を考えることにして，原子を古典的な粒子（質点）と見なし，古典力学を採用することにしよう．

次に，粒子間の相互作用をどうモデル化するかを考える．実在の気体粒子の間には，もちろん相互作用がある．したがって，そのハミルトニアンは，

$$H = \sum_{j=1}^{3N} \frac{p_j^2}{2m} + \frac{1}{2} \sum_{k,l\,(k\neq l)} v_{\rm int}(\boldsymbol{r}_k - \boldsymbol{r}_l) \tag{8.8}$$

---

9)　14 章の議論は自由粒子を想定しているが，相互作用があっても，それが短距離相互作用である限りは，やはりこの条件が古典粒子近似がよいための条件になると考えられる．

のようなものであるはずだ．ここで，$v_{\rm int}(\boldsymbol{r}_k - \boldsymbol{r}_l)$ は，k 番目の粒子と l 番目の粒子の間の相互作用ポテンシャルである．3.5 節で述べたように，どんな状態から出発してもやがて平衡状態に達するためには（つまり熱力学の要請 I を満たすためには），$v_{\rm int}$ は不可欠だ．ただしマクロ系では，自由度が巨大なために，$v_{\rm int}$ の大きさは極めて小さくてもよいと考えられている（3.6 節）．

そこで，$v_{\rm int}$ がとても小さいケースを考えてみよう．前にも p.3 の脚注 5 で述べたように，「大きい」とか「小さい」というのは比較の対象があって初めて意味を成すので，正確に言うと，

$$\text{相互作用エネルギーの強さの平均値} \ll \text{運動エネルギーの平均値} \tag{8.9}$$

となるようなケースである．12.1 節で示すように，1 個の古典粒子の運動エネルギーの平均値は $k_{\rm B}T$ と同程度である．したがって，上の不等式は，

$$1\ \text{個の粒子が感じる}\ |v_{\rm int}|\ \text{の平均値} \ll k_{\rm B}T \tag{8.10}$$

と言っていることになる．左辺は，粒子密度が低いほど，粒子がめったに近づかなくなるので，小さくなる．一方，右辺は高温になるほど大きい．したがって，原子密度が十分に低く，温度も十分に高い領域であれば，相互作用を無視する近似が有効だと期待できる[10]．

結局，不等式 (8.7) と不等式 (8.10) がともに満たされる領域であれば，気体を相互作用がない古典粒子系で近似できるだろう，ということになる．そのような領域を**高温低密度領域**と言う．また，一般に，相互作用のない粒子を**自由粒子** (free particles) と呼び，自由粒子より成る気体のことを，**理想気体** (ideal gas) と呼ぶので，こうして得られた「相互作用のない古典粒子系」というモデルを**古典理想気体** (classical ideal gas) と言う．また，ここでは個々の粒子が（複数個の質点が結びついた分子ではなく）1 個の質点であるというモデルにしたが，それは古典理想気体の中でもっとも単純なモデルである．これは，単原子より成る気体を理想化した古典モデルと見なせるので，**単原子古典理想気体**と言う．以下では，その単原子古典理想気体に統計力学を適用してみる．

10)　この近似と 3.5 節で述べた平衡緩和の問題との関係は，8.6 節で述べる．

8.4 総状態数

状態の数え方もモデルも定まったので，いよいよ具体的な計算を始める．実を言うと，最終的な結果を得ることだけが目的ならば，10.5.3 項でやってみせる計算の仕方の方がはるかに簡単だ．しかし，これから行う計算は，統計力学を理解する上で有用な知見をたくさん与えてくれるので，計算の流れだけでも追ってほしい．

前にも述べたように，議論の便利のため，本書では N は物質量ではなく総粒子数とする．理想気体というのは，原子間に相互作用がないという理想極限なので，そのハミルトニアンは q には依存せず，3 次元空間では $f = 3N$ だから，

$$H(p) = \sum_{j=1}^{3N} \frac{p_j^2}{2m} \tag{8.11}$$

である．したがって，E の変域は $E \geq 0$ で上限はない．ただし熱力学では，2.4.5 項で述べたように開区間を考えているから，統計力学でも

$$0 < E < +\infty \tag{8.12}$$

を考えることになる．

我々は $W(E, V, N)$ を計算して $S(E, V, N)$ を求めたいわけだが，その下準備として，体積が V，粒子数が N で，エネルギーが E 以下の**総状態数**

$$\Omega(E, V, N) \equiv \sum_{\lambda} \mathbf{1}(E_\lambda \leq E) \tag{8.13}$$

を計算する．ここで $\mathbf{1}(\bullet)$ は，(1.13) で定義される指示関数である．

8.4.1 積分で表す

$\Omega(E, V, N)$ を計算するには，(8.6) すなわち，

$$\sum_{\lambda} \longleftrightarrow \frac{1}{N!} \int \frac{dqdp}{(2\pi\hbar)^f} \tag{8.14}$$

を使えばよい．ここで，右辺の積分は，(8.3) と同様の略記であり，

$$\int \frac{dqdp}{(2\pi\hbar)^f} \equiv \frac{1}{(2\pi\hbar)^f} \int \cdots \int dq_1 \cdots dq_f dp_1 \cdots dp_f \tag{8.15}$$

という $2f$（$= 6N$）重の積分である．これを用いると，

$$\begin{aligned}\Omega(E,V,N) &= \frac{1}{N!} \int_{q\in V,\ H(p)\le E} \frac{dqdp}{(2\pi\hbar)^{3N}} \\ &= \frac{1}{N!(2\pi\hbar)^{3N}} \int \cdots \int_{q\in V} dq_1 \cdots dq_{3N} \int \cdots \int_{\frac{1}{2m}\sum_j p_j^2 \le E} dp_1 \cdots dp_{3N}\end{aligned} \tag{8.16}$$

となる．ただし，$q \in V$ や $H(p) \le E$ は積分範囲の指定で，それぞれ，座標 q が体積 V の箱の中にある範囲，$H(p) \le E$ である範囲，という意味である．被積分関数は 1 だ．

この多重積分の中の座標積分の部分は，単純に各粒子ごとに V を与えるから，

$$\Omega(E,V,N) = \frac{V^N}{N!(2\pi\hbar)^{3N}} \int \cdots \int_{\frac{1}{2m}\sum_j p_j^2 \le E} dp_1 \cdots dp_{3N}. \tag{8.17}$$

物理では，積分変数が無次元の（つまり単位がない）変数になるようにしておいた方が何かと便利なので，

$$x_j \equiv p_j / \sqrt{2mE} \tag{8.18}$$

という無次元の変数で書き直しておこう：

$$\Omega(E,V,N) = \frac{V^N (2mE)^{3N/2}}{N!(2\pi\hbar)^{3N}} \int \cdots \int_{\sum_j x_j^2 \le 1} dx_1 \cdots dx_{3N}. \tag{8.19}$$

8.4.2　球の体積

(8.19) の積分を計算しよう．積分範囲である

$$\sum_{j=1}^{3N} x_j^2 \le 1 \tag{8.20}$$

は，$3N$ 次元の単位球であるから [11]，この積分は $3N$ 次元単位球の体積を与える．

---

11)　n 次元の単位球とは，$\sum_{j=1}^{n} x_j^2 \le 1$ という領域である．たとえば 2 次元なら単位円のことだ．

一般に，n 次元単位球の体積を C_n と書くと，

$$C_n = \frac{\pi^{n/2}}{\Gamma(n/2+1)} \tag{8.21}$$

であることが示せる．ここで，$\Gamma(x)$ は**ガンマ関数**と呼ばれる関数で，次の性質を持っている [12)]：

$$\Gamma(1) = 1, \tag{8.22}$$

$$\Gamma(1/2) = \sqrt{\pi}, \tag{8.23}$$

$$\Gamma(x+1) = x\Gamma(x), \tag{8.24}$$

$$\Gamma(x+1) \sim \sqrt{2\pi}e^{-x}x^{x+1/2} \text{ as } x \to \infty. \tag{8.25}$$

たとえば x を正整数 n にとって，(8.24) を繰り返し使って $\Gamma(n+1) = n\Gamma(n) = n(n-1)\Gamma(n-1) = \cdots$ と引数を小さくしてゆき，$\Gamma(1)$ まで行き着いたところで式 (8.22) を用いれば，

$$\Gamma(n+1) = n! \tag{8.26}$$

を得る．このことからわかるように，$\Gamma(x+1)$ は，$n!$ を実数 x に拡張した関数である．そして，式 (8.25) は，前に紹介した式 (7.11) を実数 x に拡張した，本家本元の**スターリングの公式** (Stirling's formula) である．ただし，統計力学では，対数をとって $o(x)$ の項をひとまとめにした，次の形で十分である：

$$\ln\Gamma(x+1) \sim x\ln x - x + o(x) \quad \text{as } x \to \infty. \tag{8.27}$$

例 8.1 単位球の体積の公式 (8.21) を 3 次元単位球に用いると，

$$C_3 = \frac{\pi^{3/2}}{\Gamma\left(\frac{3}{2}+1\right)} = \frac{\pi^{3/2}}{\frac{3}{2}\cdot\frac{1}{2}\Gamma\left(\frac{1}{2}\right)} = \frac{4\pi}{3} \tag{8.28}$$

という見慣れた結果を得る．

公式 (8.21) を (8.19) に用いると，

$$\Omega(E,V,N) = \frac{V^N(2mE)^{3N/2}}{N!(2\pi\hbar)^{3N}}C_{3N} \tag{8.29}$$

$$= \frac{V^N(2\pi mE)^{3N/2}}{N!(2\pi\hbar)^{3N}\Gamma(3N/2+1)} \tag{8.30}$$

12) 本書ではこれで十分だが，詳しく知りたい読者は，物理数学や応用数学の教科書を参照せよ．

と計算でき，対数をとってスターリングの公式を用いると，次の結果を得る．

$$\ln \Omega(E, V, N) = N \left[\ln \left(V E^{3/2} / N^{5/2} \right) + \text{定数} \right] + o(N). \tag{8.31}$$

8.4.3　状態数と総状態数の関係

ところで，我々が欲しいのは W であった．その定義に出てくる $\Delta E_{\pm}$ の大きさだが，まずは (7.5) の範囲に選んでみよう．その場合，$\Delta E_{\pm}$ の少なくとも一方は $\Theta(V^0)$（つまり $\Theta(N^0)$）に選ぶことになる．そこで，たとえば

$$\Delta E_{-} = \Theta(N^0), \ \Delta E_{+} = 0 \tag{8.32}$$

に選んでみよう．すると，W と Ω の関係は，それぞれの定義から明らかに，

$$\begin{aligned} W(E, V, N) &= \Omega(E, V, N) - \Omega(E - \Delta E_{-}, V, N) \\ &= \Omega(E, V, N) \left[1 - \frac{\Omega(E - \Delta E_{-}, V, N)}{\Omega(E, V, N)} \right] \end{aligned} \tag{8.33}$$

である．これに (8.29) を代入し，熱力学極限を見やすいように $E = Nu$ などとおくと [13]，

$$W(E, V, N) = \Omega(E, V, N) \left[1 - \left(1 - \frac{\Delta E_{-}}{Nu} \right)^{3N/2} \right]. \tag{8.34}$$

ここで，$\lim_{N \to \infty} (1 + x/N)^N = e^x$ と $u > 0$ より，熱力学極限で

$$1 - \left(1 - \frac{\Delta E_{-}}{Nu} \right)^{3N/2} \to 1 - e^{-3\Delta E_{-}/2u} = \Theta(N^0) \tag{8.35}$$

となるので，これを上式に代入して対数をとれば，$\ln W = \ln \Omega + O(N^0)$ を得る．この結果を $\ln \Omega$ で割り算してみると，(8.31) より $\ln \Omega = \Theta(N)$ であることから，$O(N^0) / \ln \Omega \to 0$ である．ゆえに，

$$\boxed{\ln W(E, V, N) \sim \ln \Omega(E, V, N)} \tag{8.36}$$

という，意外に感じるかもしれない結果を得る．

13)　2 章では E/V と区別するために $E/N = \tilde{u}$ と書いていたが，紛れる恐れがないときには，どちらも単に u と書くことにする．

この結果から何がわかるか考えよう．まず，右辺は ΔE_- には依らないから，$\ln W$ の漸近形は ΔE_- の具体的な値に依らないことがわかる．つまり，$\Delta E_- = \Theta(N^0)$ でありさえすればどんな値に選んでも，$\ln W$ の値は $o(V)$ 以下しか変化しない．これは，7.7 節で $\Delta E_\pm$ の選び方の基準として述べた「(7.5) の範囲で $\Delta E_\pm$ を大きくしても $\ln W$ の値が $o(V)$ 以下しか増えなければ合格」が，$\Delta E_- = \Theta(N^0)$ でありさえすれば満たされることを示している[14]．次に，ΔE_- をもっと大きく，$\Theta(V)$ にとった場合を考えると，(8.35) より $\ln W$ はますます $\ln \Omega$ に近づくので，やはり (8.36) が成り立つ．右辺は ΔE_- には依らないから，左辺の $\ln W$ の値は $\Delta E_- = \Theta(N^0)$ に選んだときと $o(V)$ 以内の違いしかないことがわかる．これが，7.7 節で述べた「ΔE_- は $\Delta E_- = \Theta(V)$ まで大きくしてしまっても，熱力学極限での結果は変わらない」の実例である．さらに，ΔE_- を最大限に大きくして $\Delta E_- = E$ にしてしてみると，定義より $W = \Omega$ になるから，(8.36) は自明に成り立つ．以上のことから，$\Delta E_- \geq \Theta(N^0)$ でありさえすれば，ΔE_- の値をいくつにとっても，Boltzmann の公式から得られるエントロピーの結果は変わらないことがわかる．

このような意外な結果を与える (8.36) だが，次のように簡単に理解することができるので，説明しておこう．n 次元単位球の体積が C_n だから，半径 r の n 次元球の体積は $C_n r^n$ である．ϵ を微小な正数とすると，半径 r の n 次元球のうち，中心からの距離が $(1-\epsilon)r$ 以内の部分の体積は $C_n[(1-\epsilon)r]^n$ で，残りの，表面から厚さ ϵr の薄皮部分の体積は，$C_n r^n - C_n[(1-\epsilon)r]^n$ である．両者の比をとると，

$$\frac{C_n r^n - C_n[(1-\epsilon)r]^n}{C_n[(1-\epsilon)r]^n} = \frac{1}{(1-\epsilon)^n} - 1. \tag{8.37}$$

この比は，ϵ が一定でも $\epsilon \propto 1/\sqrt{n}$ でも，球の次元 n が増えるほど急激に大きくなる（下の問題 8.3 参照）．1 mol の原子では，$n = 3N \simeq 2 \times 10^{24}$ にもなるので，たとえ ϵ を 1 億分の 1 に選んでも，この比はとてつもなく（電卓で計算したらエラーになるほど）大きくなる．つまり，次元が高くなるほど，球の体積に占める表面付近の寄与が大きくなり，次元が高い球では，その体積のほとんどは，表面付近に集中しているのだ．ところで，(8.17) は半径 $\propto \sqrt{E}$ の $3N$ 次元球の体積を計算していることになる．すると，上記のことより，(8.17) の積分は，原子数 N が多いほど，表面付近の状態からの寄与が大きくなる．つまり，原子数 N が多いほど，表面付近のエネルギーの大きな状態からの寄与が大

14) ΔE_+ については 9.3 節で述べる．

きくなり，マクロ系では，エネルギーの小さい状態たちの寄与は，ほとんど無くなってしまう．このために，(8.36) のような関係が成り立つのである．

この説明を読むと，これは理想気体の特殊性だろうと思うかもしれない．しかし，そうではない．その点を見るために，前章で扱った系について同様のことを調べてみると，下の問題 8.4 で示されるように，やはり (8.36) が成り立つことがわかる．つまり，エネルギー E 以下のミクロ状態のうちの圧倒的多数は，やはり $E_\lambda \simeq E$ 付近に集中しており，それよりエネルギーが低い状態は無視できるほど（相対的に）少ない．そのため，エネルギー殻やミクロカノニカル集団の定義に用いたエネルギー範囲指定は，わかりやすく，

$$[\text{系の基底エネルギー}, E] \tag{8.38}$$

にしてしまっても構わない．

こうして，少なくともこれまでに分析した 2 つの例では，エネルギー殻の幅はきわめて適当でよいことがわかった．このことが広く一般のマクロ系について言えることを，9 章で説明する．なお，この節の議論からもわかるように，これは巨大な自由度を持つマクロ系ならではの特徴である．「エネルギー殻」という概念自体は少数自由度系でも使われるが，その場合には幅の設定にこのような自由度はない．

問題 8.3　n 次元における，饅頭（まんじゅう）のあんこと皮の量を比較せよ．その結果をうけて，我々が住む 3 次元空間におけるロールケーキについても考察し，ロールケーキのスポンジの方が饅頭の皮よりも厚い理由を論ぜよ．

そんな甘い（物の）話にはごまかされないぞ，という読者は，次の問題も解いてみよ：

問題 8.4　前章で扱った系について

$$\Omega(E,V) = \frac{(E/\epsilon + V/\gamma)!}{(E/\epsilon)!(V/\gamma)!} \tag{8.39}$$

となることを示し，これを Boltzmann の公式の W として用いて基本関係式を求め，(7.14) と同じ結果が得られることを確認せよ．

8.5　古典理想気体の基本関係式

必要な計算が終わったので，基本関係式を求め，その結果を様々な角度から吟味しよう．

8.5.1　単原子古典理想気体の基本関係式

(8.36) を Boltzmann の公式に代入し，スターリングの公式を用いて $\Theta(V)$ の項を抜き出せば基本関係式が得られる：

$$S(E,V,N) = k_\mathrm{B} N \left[\ln \left(V E^{3/2} / N^{5/2} \right) + \text{定数} \right]. \tag{8.40}$$

最後の定数は $m, \hbar$ を含む定数だが，対数の中の量の次元（単位）をキャンセルしてくれる以外にはたいした意味はない[15]．この定数は，適当に選んだ基準値 E_0, V_0, N_0 におけるエントロピーの値 $S_0 \equiv S(E_0, V_0, N_0)$ を基準値にしてこの式を書き直せば[16]基準値たちに吸収されるので，すっきりした結果になる：

$$S = \frac{N}{N_0} S_0 + k_\mathrm{B} N \ln \left[\left(\frac{E}{E_0} \right)^{3/2} \left(\frac{V}{V_0} \right) \left(\frac{N_0}{N} \right)^{5/2} \right]. \tag{8.41}$$

この結果は，熱力学で知られた単原子理想気体の基本関係式（拙著 [1] の 6.4 節）に一致し，これから理想気体の熱力学的性質が全て導ける．

この基本関係式は，熱力学では，理論体系の外（実験など）から与えられるものであった．それに対して，ここでは，ミクロなモデルから統計力学を用いて基本関係式を得ることができた．これが統計力学の御利益の一つである．

また，前の章で，Boltzmann の関係式を推測する際に，(6.19) の比例係数を k_B に選べば熱力学と単位まで一致する，と述べたが，上記の計算でそれも実証されたことになる．

ちなみに，上記の結果は，2 章で述べた熱力学の要請を全て満たしている．それに対して，もしも下の問題 8.5 にあるように，(8.6) の分子の $N!$ を忘れてしまったら，このような綺麗な結果にはならず，熱力学の要請と矛盾する結果が

15)　この定数の値はエントロピー密度の原点の値に影響するだけなので，それが効くとしたら熱力学第三法則が絡む問題だけだが，今は古典粒子という近似が有効な高温低密度領域を考えているので熱力学第三法則とは無縁だ．

16)　単に，E_0, V_0, N_0 を代入した式との差をとればよい．

得られてしまう．8.2.2 項で述べたように，「状態」とは何かを正しく理解して状態数を勘定することが重要なのだ．

なお，k_{B} よりも**気体定数** (gas constant) と呼ばれる定数 R ($\simeq 8.31$ J/K·mol) の方がなじみがある読者は，

$$R = N_{\mathrm{A}} k_{\mathrm{B}} \tag{8.42}$$

なる関係を用いればよい．ただし N_{A} は (2.2) のアボガドロ定数である．我々は原子数 N を「個」で数えているから，原子の**物質量**は (N/N_{A})mol である．

問題 8.5　(8.6) の分子の $N!$ を忘れてしまったら，熱力学の要請と矛盾する基本関係式が得られてしまうことを示せ．これが 8.2.2 項で述べた **Gibbs のパラドックス**である．

8.5.2　分子の理想気体

こうして我々は，単原子古典理想気体の基本関係式を統計力学で求めることができた．この結果は，単原子より成る気体については，不等式 (8.7) と不等式 (8.10) がともに満たされる高温低密度領域であれば，実験結果とよく一致する．では，複数の原子が結合した分子より成る**分子気体** (molecular gas) でも，高温低密度領域では実験結果と一致するだろうか？ 残念ながら，古典力学の限界が現れて，うまく行かない．

分子気体でも，不等式 (8.10) が満たされれば，分子の間の相互作用を無視する近似は正当化されるので理想気体として扱える．さらに，不等式 (8.7) が満たされれば，分子の重心運動は古典力学で近似できる．しかし，単原子気体とは異なり，分子には，内部運動，すなわち，分子を構成する原子たちの相対運動もある．この相対運動は，これらの不等式が満たされていても無視するわけにはいかない．

たとえば，2 つの原子より成る 2 原子分子では，原子の相対運動は，重心のまわりをぐるぐる回る回転運動と，互いの距離を縮めたり伸ばしたりする振動運動に分解できる．このような分子内の相対運動は，原子サイズの運動なので，基本的に，量子力学で扱うべき運動である．それを無理やり古典力学で扱うと，量子力学の結果とはずれが生ずる．そのずれは，温度が高くなるほど小さくなる傾向がある．つまり，ずれの大きさは温度に依存して変わる．

それでも，便利のために，古典理想気体の基本関係式を採用することが少なくない．ただし，量子力学の結果とのずれをどこかで補正しないといけないので，温度に依存して値が変わるパラメータ c を導入して，

$$S = \frac{N}{N_0} S_0 + RN \ln \left[\left(\frac{E}{E_0} \right)^c \left(\frac{V}{V_0} \right) \left(\frac{N_0}{N} \right)^{c+1} \right]. \tag{8.43}$$

のように表す習慣である．(8.41) の単原子理想気体では $c = 3/2$ であったが，2 原子分子より成る理想気体では数百 K ぐらいまでは $c \simeq 5/2$ であり，高温になるともっと大きくなる[17]．多原子分子より成る理想気体では c はさらに大きくなる．

言うまでもなく，c が温度に依存するようでは，S を E, V, N だけの関数として表せていないことになるので，もはや (8.43) は基本関係式ではない．したがって，この表式は，c が一定と見なせる温度領域だけで基本関係式の近似式として使うべき式である．

なお，量子力学を用いて求めた正確な基本関係式は，当然ながら分子の種類により異なるので，個別に求める必要がある．

8.5.3　♠ 全ての粒子が区別できるケース

8.2.2 項の議論により，同種粒子の古典力学系の場合には，古典力学の範囲内でも $N!$ の因子が必要であることがわかり，8.5.1 項では，それが熱力学と整合する基本関係式を与えることがわかった．それでは，次のようなケースではどうだろう？

少なくとも古典粒子では，粒子の質量などの性質は変えずに通し番号を刻印することも，原理的にはできるであろう．すると，同じ性質を持つ粒子でも刻印を見れば区別が付くようになるので，図 8.1 の (a) と (b) の状態は区別できるようになる．したがって，このケースでは，前項の論理は当てはまらず，$N!$ の因子は出てこないはずだ．しかしそうなると，熱力学関数が示量的にならないなど，おかしくなってしまうのではないか？　一方で，粒子の性質は変わっていないのだから，熱力学的性質が同種粒子系のときと変わるとは思えない．これは新たなパラドックスだろうか？

---

17)　これは，量子力学による準位間隔 $\Delta\epsilon$ が，室温程度では [回転運動の $\Delta\epsilon$] $\ll k_{\mathrm{B}}T <$ [振動運動の $\Delta\epsilon$] であるために回転運動だけが効き，高温になると振動運動も効くようになるためだ．

実は，期待通りにまったく同じ基本関係式が得られ，何の問題も発生しない．それを説明しよう[18]．

熱力学では，少なくとも考えている範囲内ではいくらでも粒子の数を増やせる，ということを仮定している．（そうでなければ，示量性などの概念が意味を失ってしまう．）したがって，今考えているような，区別できる粒子たちの系の場合には，粒子の種類 M は，具体的な数値はわからなくても，とにかく

$$M \gg N \tag{8.44}$$

を満たす定数ということになる[19]．番号がふられた莫大な個数の玉から，$N/2$ 個，N 個，$2N$ 個，$\cdots$ などを選んできては実験する，ということだ．

すると，M 個の粒子の中から N 個を選ぶ選び方は $M!/N!(M-N)!$ 通りだ（これは 6.1.5 項で述べた「可能性の広さ」だ！）から，状態数は，

$$\text{古典異種粒子系の状態数} = \frac{M!}{N!(M-N)!} \frac{\text{相空間での体積}}{(2\pi\hbar)^f} \tag{8.45}$$

となる．これを Boltzmann の公式に代入し，$N \ll M$ を考慮すると，きちんと示量的なエントロピーを与えることが判る．

「粒子が M 種類ある」という効果は，$N \ln M$ だけの付加項がエントロピーに付くだけで，エントロピー密度には定数項 $\ln M$ が付くだけだ（たしかめてみよ）．この定数項は系の熱力学的性質にいっさい影響しないので，同種粒子の系とまったく同じ熱力学的性質を示す．

このように，古典論の範囲内でも，状態とは何かをきちんと考えれば，いかなる矛盾も生じないのである．

8.6　♠ 可積分系に統計力学を適用することの正当化

3.5 節において，可積分系は平衡緩和しないために熱力学の全ての要請は満たせないことを説明した．ところがこの章では，我々は理想気体に統計力学を

18)　これと等価な結果を得る説明は他にもあるが，どれか一つを説明すれば十分なので，筆者オリジナルの説明（物理教育メーリングリスト, 2000 年 6 月）を書いておく．

19)　古典近似が有効な領域では M はいっさい実験結果に現れないので，M が未知の量であろうが手で入れた人工的な量であろうが，結果は十分に物理的である．なお，$N > M$ になる場合などの別のケースでも，計算が長くなるだけで，結局はエントロピー密度に定数項が付くだけだと確認できる．

適用した．理想気体は相互作用がない粒子よりなる気体なので，それが可積分系であることは自明である．となれば，前節の計算はどう正当化できるのか？ 3.6 節ではさらに，実在する物理系はどれも可積分系ではないと述べた．であれば，理想気体なんぞを考えても仕方がないのではないか？ 本節ではこれらの問題を論じよう．

8.6.1 ♠ 相互作用が弱い場合

古典粒子系のもっともらしいハミルトニアンは，(8.8) のように，粒子間の相互作用 $v_{\rm int}$ を持つ．3.6 節で述べたように，系が平衡状態に緩和するためには，ごく小さくてもいいから $v_{\rm int}$ が必要である．ただ，一旦平衡状態に緩和した後では，(8.9) が成り立つ高温低密度領域においては，$v_{\rm int}$ は気体の熱力学的性質にはほとんど寄与しないであろう．つまり，平衡統計力学の範囲内では，$v_{\rm int}$ が十分に小さい実在気体を $v_{\rm int}=0$ の理想気体で近似しても，高温低密度領域では誤差は大きくないだろうと期待できる．そして，理想気体であれば，前節で行ったように，あらゆる量が顕わに求まり計算も簡単だから，実在気体を考える際の出発点として便利である．これが，理想気体に統計力学を適用することの正当化と，理想気体を実在気体の近似とすることの意義である．

同様に，一般の可積分系のモデルを採用することの正当性と意義も，次のように考えることができる．可積分系になるのは，線形振動子系や特別に高い対称性を持つ系に限られる．実在系は，線形振動子系でもないし，（p.74 補足 3.5 で述べた外的要因もあるので）特別に高い対称性を持つわけでもないので，可積分系ではない．たとえば，エネルギーが低い極限とか磁場が強い極限などを考えると特別に高い対称性を持ったりするが，それは理想気体のような理想極限であり，実験では「極限」は不可能だから実在系とはゼロではないずれがある．しかし，そういった線形性や対称性を失わせる項が小さい場合には，その項は平衡状態に緩和するまでは必要だが，一旦平衡状態に緩和した後で平衡統計力学の公式を使う限りは，その項がない可積分系のモデルで近似しても，誤差は大きくないようなケースも少なくないだろう，と期待できる．

ただし，気体の場合であれば高温低密度領域では実際にこの期待通りになっているわけだが，一般の場合については，このケースに当てはまるかどうかは個別に検討するしかない[20]．そのため，実際の運用では，とりあえず可積分系

20) たとえば，相互作用がない電子系にごくわずかでも引力相互作用を入れると，低温では超伝導状態に転移すると考えられるので，たとえ相互作用が弱くても，低温での振る舞いは相互作用

のモデルで計算しておくにしても，そこからのずれを後から「摂動論」と呼ばれる方法などで見積もったり，実験と比較したりして判断する必要がある．

そういう注意は要るものの，理想気体の場合もそうだったように，理想極限を押さえておくことは何かと有用なので，それが可積分系のモデルで計算する動機になる[21]．たとえば，実在系のある種の側面が理想極限から見えてきたりする．これらの理由から，可積分系のモデルはよく用いられている[22]．

なお，当然ながら，線形性や対称性を失わせる項が小さくない系もたくさんある．そういう系は，相互作用がないモデルや可積分系のモデルではどうしても近似できないので，他の近似を用いるなどして分析することになる．

8.6.2　♠ 環境系により平衡化する場合

通常の実在気体では，上述のように，粒子間の相互作用のおかげで平衡緩和が起こる．実際，粒子が衝突せずに走れる平均距離である**平均自由行程** (mean free path) は，大気の場合で 10^{-7} m 以下しかなく，直径 1 cm の試験管の中の大気の分子でも壁に当たるまでに他の分子と膨大な数の衝突を繰り返す．それにもかかわらずその熱力学的性質は，(8.9) が成り立つ高温低密度領域においてはまったく衝突のないモデルである理想気体でよく近似できるのだ．

それに対して，15.2 節で扱う**光子気体** (photon gas) の場合には，真空中であれば光子同士の相互作用はほぼ完全に無視できて，1 個の光子が衝突せずに走れる平均距離は，通常の容器（空洞）のサイズよりもずっと長い．このため，容器を成す物質が電磁波を吸収・放射することで初めて，「空洞中の電磁波＋容器を成す物質」という系の平衡状態に緩和できる．（そのため，**空洞放射** (cavity radiation) とも呼ばれる．）つまり，このときの光子系の平衡緩和は，3.5 節で述べた 2 種類の平衡緩和のうちの，開放系の平衡緩和である．言うまでもなく，物質の種類によって，どんな波長の電磁波を吸収・放出しやすいかは異なる．それにもかかわらず，空洞中の電磁場である光子気体は，容器の物質の種類に依らずに同じ平衡状態になる（拙著 [1] の 6.5 節）．この場合にも，明らかに，光子系の平衡状態は相互作用がないモデルでよく近似できる．

の有無で大きく変わってしまう．

21)　ただ，最近の物理学では，むしろ実験系を理想極限に合わせる努力がなされる場合もある．

22)　もちろん，可積分系なら厳密に計算できるから嬉しいとか，純粋に数学的な興味で，などの理由で可積分モデルを採用する人もいる．

第 9 章
熱統計力学がミクロ物理学に要求すること

統計力学はミクロとマクロを繋ぐ理論だが，ここまでに挙げた統計力学の応用例は，いずれも，ミクロ物理学である力学からマクロ物理学である熱力学の基本関係式を導くという，ミクロからマクロという向きの応用例だった．この章では，逆向きに，マクロ物理学からミクロ物理学に関する知見を導く．すなわち，熱力学と統計力学に整合する実在のマクロ系を記述するミクロモデルは全て，以下で導く性質を持っていなければならない，ということを示す．これらの性質は，ミクロモデルの相互作用が 5.1.2 項で述べたように実効的に短距離相互作用になっていれば，満たされるであろうと考えられているが [1]，この章では，それとは逆向きに，熱力学と統計力学から，個別のモデルやモデル群にとらわれない普遍的な結果を導くわけだ．なお，このような基礎的な議論をするには SI 単位系は不便なので，この章では $k_{\mathrm{B}} = 1$ であるような，つまり $S \sim \ln W$ となる単位系を用いることにする．

9.1 ミクロ状態の数を熱力学で表す

まず，具体例として，平衡状態が E, V で指定できる系を考えよう．2.6 節で述べたように，熱力学によると S はエントロピー密度で書ける：

$$S(E, V) = V s(u), \quad u = E/V. \tag{9.1}$$

これを Boltzmann の公式 [2]

1) 様々なクラスのミクロモデルについて，これらが確かに満たされていることを示した厳密な結果については，文献 [8]，[9] などを参照せよ．

2) 7.7 節で述べたように，$\Delta E_{\pm}$ は適切な値に選んであるとする．

$$S(E,V) = \ln W(E,V) + o(V) \quad (k_{\rm B} = 1) \tag{9.2}$$

に代入し，W について解くと，

$$\boxed{W(E,V) = \exp\left[Vs(u) + o(V)\right] \quad (k_{\rm B} = 1)} \tag{9.3}$$

となる．元の式 (9.2) がミクロ物理学からマクロ物理学のエントロピーを求める式という形だったのに対し，ひっくり返した式 (9.3) は，マクロ物理学からミクロ物理学の状態数を求める式になっている．

このような簡単な式の書き換えは誰でもできるが，そこに内包された意味を読み取るとなると難しい．その点においてずば抜けた力量を持つ Einstein は，この式を用いてゆらぎの理論を作った．本章では，Einstein に倣って，この式と熱力学の知見を組み合わせて様々な結果を導く．

その際に，体積 V を増すときの振る舞いを見るのだが，それは熱力学極限に向かうときの振る舞いを見ている．したがって，4.2 節で述べたように，温度 T は系のサイズとは無関係に固定される．つまり，T を V の値とは無関係な正の値 $T = \Theta(V^0)$ に固定して V を増すケースを考えているわけだ．

9.2　W の振る舞い

まず，W の大きさや振る舞いについて，およその感覚をつかもう．熱力学極限に向かうに従い，(9.3) の指数関数の中は，$Vs(u)$ の方が $o(V)$ よりずっと大きくなっていくので，$s(u)$ が $W(E,V)$ の振る舞いを支配するようになる．その $s(u)$ は，熱力学の要請 II-(iii) によると，

$$\frac{\partial}{\partial u} s(u) = B > 0 \tag{9.4}$$

である強増加関数で，しかも，上に凸な滑らかな関数である．（イメージしやすいように，7.3 節で扱った系の $s(u)$ を図 9.1 に示す．）したがって $\ln W(E,V)$ も，熱力学極限で相対的に無視できる項を除くと，$E = Vu$ について滑らかな強増加関数である．

また，定義から $W \geq 1$ であるから，(9.2) より $S \geq 0$ であり，したがって $s \geq 0$ である．さらに，$T = \Theta(V^0)$ のケースを考えているので，u はその最小値より $\Theta(V^0)$ だけ大きい．すると，s は強増加関数なのだから，$s(u)$ もその最小値より $\Theta(V^0)$ だけ増して，$s(u) = \Theta(V^0)$ である．ゆえに (9.3) より，

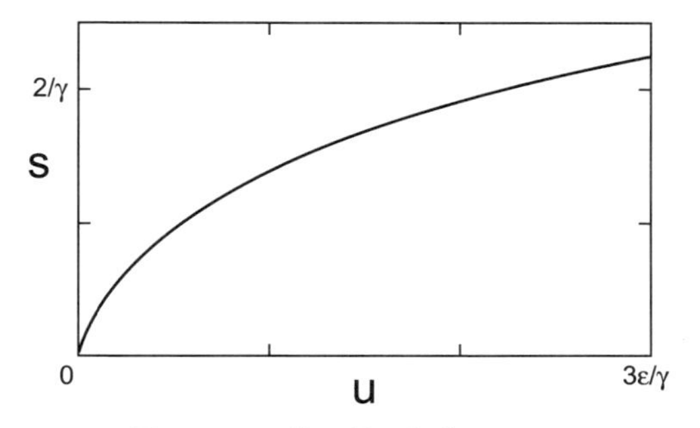

図 9.1　7.3 節で扱った系の $s(u)$.

$$W(E, V) = \exp[\Theta(V) + o(V)] \tag{9.5}$$

だとわかる[3]．つまり，(E, V) で指定されるミクロ状態の数は，マクロ系のサイズの指数関数という莫大な個数である．

また，u を少し増加させると，上に凸で連続的微分可能な強増加関数 $s(u)$ も少し増加するが，それが V 倍された $Vs(u)$ はマクロに強増加する．それがまた指数関数の肩に乗るので，u を少し増加させただけで $W(E, V)$ はとてつもな

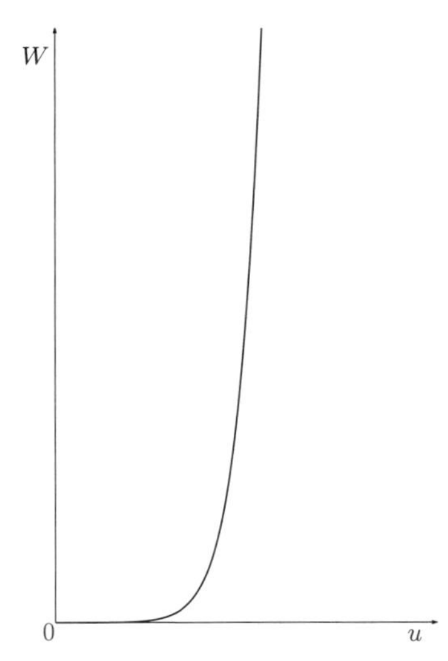

図 9.2　7.3 節で扱った系の $W(E, V) = W(Vu, V)$．パラメータの値をかなり控えめな値に選んで，変化の仕方がわかるようにしてある．

3)　この式の意味がとりづらい読者は，下の補足 9.1 を参照してほしい．

く増加する．このような凄まじく変化する関数 $W(E,V)$ は，縦軸を対数スケールにして図示するべきであるが，あえて普通の（リニアー）スケールでプロットすると図 9.2 のようになる．パラメータの値をかなり控えめな値にして，変化の仕方がわかるようにしたが，それでも，急激に増加することがわかると思う．もしも現実的なパラメータの値を使ったら，完全に直角に折れ曲がっているようにみえるだろう．

このようにマクロ系は，自由度の巨大さのために，ミクロ物理学で記述すると，その状態数 W が極めて異常な振る舞いを示すのである．

問題 9.1　太陽の表面温度は 5800 K 程度である．温度が 5000 K のときと 6000 K のときの $1\,\mathrm{m}^3$ の光子気体（その基本関係式は 15.2 節）のとりうるミクロ状態数 W の大きさをそれぞれ見積もり，この節の結論を確認せよ．

補足 9.1　次元がある量が関数の引数になっているように見える式の見方

慣れていない読者のために，(9.5) のような表式の見方を説明する．V は指数関数の中に無次元量（単位のない量）としてしか入れないから，同じ次元を持つミクロ物理学のパラメータ（の組み合わせ）で割り算されて指数関数に入る．（たとえば 7.3 節の例では V/γ という形で入っていた．）つまり，$\exp[\Theta(V)]$ の $\Theta(V)$ は，

$$\Theta(V) \sim \text{正定数} \times \left| \frac{V\ \text{に比例する物理量}}{V\ \text{に依らない正定数}} \right| \tag{9.6}$$

のように振る舞う量を表している．これは熱力学極限に向かうにつれて V に比例していくらでも大きくなるから，それが指数関数の肩に乗った $W(E,V)$ は，とてつもなく巨大な値になる．このことを，「系のサイズの指数関数という巨大な値」などと表現する．

9.3　エネルギー幅の任意性

次に，7.7 節で述べたエネルギー幅 $\Delta E_{\pm}$ の任意性について調べよう．既に 2 つの具体例については 8.4.3 項で調べたが，そのときはそれぞれの系の具体的な計算結果を用いていた．しかし今や我々は W の普遍的な振る舞いを知った

ので，普遍的な結論を簡単に得ることができる．なお，先を急ぐ読者は，定理9.1 と定理 9.2 だけ読んで次節に飛んでも構わない．

9.3.1 エネルギー幅の下端の任意性

式が見やすくなるように，エネルギー E の原点を E の最小値に選んでおこう．つまり，

$$E \geq 0, \ \min E = 0 \tag{9.7}$$

となるように選んでおく．

まず，W の定義に出てくる $\Delta E_{\pm}$ の大きさを，(7.5) を満たすように，

$$\Delta E_{-} = \Theta(N^0), \ \Delta E_{+} = 0 \tag{9.8}$$

に選んで，エネルギー幅の下端を定める ΔE_{-} をどこまで増やせるか調べよう．区間 $[0, E]$ を，幅 ΔE_{-} の小区間たち $i = 1, 2, \cdots$ に分割すると [4]，全ての小区間の W を足せば Ω になる．つまり，各小区間の上端を E_i とすると，

$$\Omega(E, V) = \sum_i W(E_i, V) \tag{9.9}$$

である．9.2 節で述べたように，$W(E, V)$ は（$\ln W$ において熱力学極限で相対的に無視できる項を除くと）E の強増加関数なので，上式から明らかに

$$W(E, V) \leq \Omega(E, V) \leq \frac{E}{\Delta E_{-}} W(E, V). \tag{9.10}$$

この式の対数をとると，$E/\Delta E_{-} = \Theta(V)$ だから，

$$\ln W(E, V) \leq \ln \Omega(E, V) \leq \ln W(E, V) + o(V). \tag{9.11}$$

$\ln W(E, V) = \Theta(V)$ であるから，この式は，

$$\ln W(E, V) \sim \ln \Omega(E, V) \tag{9.12}$$

を与える．これから，Boltzmann の公式 (9.2) から求まる S は，$W(E, V)$ から求めようが，$\Omega(E, V)$ から求めようが，変わらないことがわかる．つまり，(9.2) の代わりに，

---

4) ちょうど整数個には分割できなくても，エネルギーが低い側にはみ出すように分割しておけば，$E < 0$ には状態はないから，以下の勘定は変わらない．

$$S(E,V) = \ln \Omega(E,V) + o(V) \quad (k_{\mathrm{B}} = 1) \tag{9.13}$$

を Boltzmann の公式としてしまっても構わないのだ．

以上の議論は，エントロピーの自然な変数がもっと一般の場合でも同様だから，8.4 節で具体例について見たことが一般に成り立つことがわかった．

9.3.2 ミクロカノニカル集団のエネルギー区間の下端

こうして，ミクロ状態の数を勘定するときのエネルギー区間の下端は，エネルギーの下限まで下げてしまっても熱力学極限の結果は変わらないことが示せた．そうであれば，ミクロカノニカル集団 $\mathrm{me}(E,V)$ を構成するときのエネルギー区間の下端も，エネルギーの下限まで下げてしまってもいいのだろうか？以下のように，答えはイエスである．

まず，(9.13) より，Ω についても W の (9.3) と同じ式，

$$\boxed{\Omega(E,V) = \exp[Vs(u) + o(V)] \quad (k_{\mathrm{B}} = 1)} \tag{9.14}$$

が成り立つ．これを用いて，エネルギー区間を広げたために新たに $\mathrm{me}(E,V)$ に参加してくるミクロ状態の数を見積もろう．

新たに参加してくる状態のうち，E から $o(V)$ 以内のエネルギーを持つミクロ状態は，平衡状態の典型性により，そのほとんど全てがエネルギーが（マクロに無視できる誤差で）E であるような平衡状態であるから，それらを $\mathrm{me}(E,V)$ に加えても $\mathrm{me}(E,V)$ が平衡状態を表すことに変わりはなく，問題ない．

心配なのは，E から $\Theta(V)$ 以上離れたエネルギーを持つミクロ状態たちである．そういう状態の総数は $\Omega(E-\Theta(V),V)$ 個である．それが，元の $\mathrm{me}(E,V)$ におけるミクロ状態の数 $W(E,V)$ と比べてどのくらいの数であるかは，(9.3) と (9.14) を使えば，

$$\begin{aligned}
\frac{\Omega(E-\Theta(V),V)}{W(E,V)} &= \frac{\exp\left[Vs(u-\Theta(V^0)) + o(V)\right]}{\exp[Vs(u) + o(V)]} \\
&= \frac{1}{\exp[V\{s(u) - s(u-\Theta(V^0))\} + o(V)]} \\
&= \frac{1}{\exp[V \times \Theta(V^0) + o(V)]}
\end{aligned} \tag{9.15}$$

と見積もれる．これから，エネルギーが $E-\Theta(V)$ 以下の状態たちの総数は，$W(E,V)$ と比べると指数関数的に少なく，その割合は熱力学極限でゼロになる

ことがわかる．したがって，それらの状態を $\mathrm{me}(E,V)$ に含めたミクロカノニカル集団を作って物理量の期待値を計算しても，もとの $\mathrm{me}(E,V)$ で計算した結果とマクロには同じである．つまり，$\mathrm{me}(E,V)$ を（与えられた V における）$E_\lambda \leq E$ なる全てのミクロ状態に等確率を与えた集合に置き換えても構わないわけだ．

また，ここまでの結果は，V を固定してエネルギーの幅を変えるケースについて導いたが，V に幅を付けた場合も同様で，V の下限をゼロまで下げても構わないことが示せる．すなわち，Ω を定義する E,V の区間を $(0,E]$ とか $(0,V]$ のように明記して書けば，

$$\ln W(E,V) \sim \ln \Omega\left((0,E],V\right) \sim \ln \Omega\left((0,E],(0,V]\right) \tag{9.16}$$

であり，$\mathrm{me}(E,V)$ も $((0,E],(0,V])$ の範囲内の全てのミクロ状態に等確率を与えたものに置き換えて構わない．

9.3.3 一般の場合

以上の結果は，平衡状態がもっと一般の相加変数の組 $E,\boldsymbol{X}$ で指定される系にも容易に一般化できる．一般化の際にただ一つ注意すべき点は，物理量によっては，上端と下端がひっくり返ることである．

たとえば，平衡状態が E,N,M で指定される強磁性体の全磁化 M を考えよう．強磁性体が N 個のスピンの集まりと見なせるとき，スピン 1 個当たりの磁気モーメントを単位にした M の大きさは，$-N \leq M \leq N$ の範囲の値をとることになる．そして，エントロピーは $M=0$ で最大になり，$M>0$ なる領域では，M が減るほどエントロピーが増える．これは，上記の計算で E が増えるほどエントロピーが増えたのと逆向きであるから，上端と下端がひっくり返った結論になる．すなわち，Ω を使うのであれば，

$$\ln W(E,N,M) \sim \begin{cases} \ln \Omega\left((0,E],N,(-N,M]\right) & (M<0) \\ \ln \Omega\left((0,E],N,(-N,N)\right) & (M=0) \\ \ln \Omega\left((0,E],N,[M,N)\right) & (M>0) \end{cases} \tag{9.17}$$

と，M の正負によって M の範囲の指定を変えれば同様の結果が成り立つ [5]．

5) $M=0$ のケースは，上記と同じ議論が $\Delta M_+, \Delta M_-$ の両方に成り立つので，このような結果が成り立つ．

要するに，変数の値がどちら向きに進めばエントロピーが増えるかをチェックしてから，変数の範囲を決めればよい[6)]．ミクロカノニカル集団の構成についても同様である．

こうして，一般の系について，我々は次の結論を得た：

定理 9.1　エネルギー幅の任意性

熱力学と統計力学に整合するミクロモデルでは，

$$\boxed{\ln W \sim \ln \Omega} \tag{9.18}$$

が成り立ち，Boltzmann の公式を

$$\boxed{S \sim \ln \Omega \quad (\text{SI 単位系では } S \sim k_{\mathrm{B}} \ln \Omega)} \tag{9.19}$$

に置き換えても構わない．さらに，ミクロカノニカル集団も（与えられた V などにおける）エネルギーが E 以下の全てのミクロ状態に等確率を与えた集合に置き換えても構わない．

9.3.4　エネルギー幅の上端の任意性

この節の最後に，エネルギー幅の上端を定める（上記の議論では 0 に選んでいた）ΔE_+ の任意性を調べよう．

下端を定める ΔE_- が $\Theta(V)$ まで大きくできたことに勇気を得て，試しに

$$\Delta E_+ = \epsilon V \quad (\epsilon > 0) \tag{9.20}$$

としてみよう．ここで，ϵ は適当な正定数である．下端を定める ΔE_- は好きなだけ大きくとろう．このようにしたときの W を $W_\epsilon(E, V)$ と書き，前項までのように $\Delta E_+ = 0$ に選んだときの W を単に $W(E, V)$ と書くと，両者のエネルギー区間の上端を比較すれば，明らかに

$$\ln W_\epsilon(E, V) \sim \ln W(E + \epsilon V, V) \tag{9.21}$$

6)　エネルギーについても，理論モデルの中には，実際の物理系とは異なり，スペクトルに上限があって，スペクトルの中心付近でエントロピーが最大になる（ゆえにスペクトルの上半分では温度が負になる）ものが少なからずある．そのようなモデルを使う場合には，スペクトルの下半分を使うのが通例である．そうすれば，エネルギーについてはこのような気遣いは不要になる．

である．両辺を V で割って右辺には Boltzmann の公式を用いると，

$$\lim_{V\to\infty}\frac{1}{V}\ln W_\epsilon(Vu,V)=\lim_{V\to\infty}\frac{1}{V}\ln W(V(u+\epsilon),V)=s(u+\epsilon) \tag{9.22}$$

を得る．つまり，$(1/V)\ln W_\epsilon$ は，$s(u)$ ではなく $s(u+\epsilon)$ を与えてしまう．したがって，(9.20) のように $\Delta E_+=\Theta(V)$ の大きさにするわけにはいかない．

ただし，熱力学極限をとった後で $\epsilon\downarrow 0$ とすれば，正しく $s(u)$ が得られる：

$$s(u)=\lim_{\epsilon\downarrow 0}s(u+\epsilon)=\lim_{\epsilon\downarrow 0}\lim_{V\to\infty}\frac{1}{V}\ln W_\epsilon(Vu,V). \tag{9.23}$$

つまり，最後に $\epsilon\downarrow 0$ の極限をとるならば $\Delta E_+=\epsilon V$ と選んでもよい．また，この結果から，$\Delta E_+=o(V)$ 以内であれば（それは，十分大きな V では ϵV より小さいので）いくら ΔE_+ を増やしても同じ $s(u)$ が得られることもわかる．こうして，7.7 節で述べておいた次のことも示せた：

定理 9.2 エネルギー幅の上端の任意性
熱力学と統計力学に整合するミクロモデルでは，上端を定める ΔE_+ は，$\Delta E_+=o(V)$ 以内であればいくらでも増やせるし，さらに大きく $\Delta E_+=\epsilon V$ と選んで，熱力学極限をとった後で $\epsilon\to +0$ とする，というところまでは増やせる．

9.4 状態数の漸近的振る舞い

この節では，総状態数 $\Omega(E,V)$ の対数 $\ln\Omega(E,V)$ が，漸近的にどのような関数として振る舞うかを調べる．(9.18) より，得られる結論は，そのまま $\ln W(E,V)$ についても成り立つ．

まず，(9.1) と (9.18) から，$\ln\Omega(E,V)$ は

$$\boxed{\ln\Omega(E,V)=Vs(u)+o(V)} \tag{9.24}$$

という漸近的振る舞いを示すべし，とわかる [7]．これは，以下のように，$\Omega(E,V)$ に対する強い制限になっている．

まず，2 変数関数である $\ln\Omega(E,V)$ が，V 倍されるという単純なことを除くと 1 変数関数 $s(u)$ に漸近するというのだ．さらに，$s(u)$ は熱力学のエントロ

7) 本書とは異なる筋道でこの結果を得る議論については，下の補足 9.2 を参照してほしい．

ピー密度の満たすべき性質を全て持たねばならない．したがって，不等式 (9.4) より

$$\frac{1}{V}\frac{\partial}{\partial u}\ln\Omega(Vu,V)\sim\frac{\partial}{\partial u}s(u)>0 \tag{9.25}$$

でなければならない．さらに，2.6 節で述べたように $s(u)$ は上に凸だから，$s(u)$ が 2 階微分可能な領域では，

$$\frac{1}{V}\frac{\partial^2}{\partial u^2}\ln\Omega(Vu,V)\sim\frac{\partial^2}{\partial u^2}s(u)\leq 0 \tag{9.26}$$

でなければならない．この不等式の等号は，一次相転移の相境界でのみ成立する（拙著 [1] の 17 章）．

Ω は，ミクロ物理学で，系のモデルを決めれば定まるものであるから，ここで導いた条件式 (9.24), (9.25), (9.26) は，ミクロ物理学のモデルに対する制限になっている．ミクロ系の物理学のモデルは勝手なものでは駄目で，少なくとも，これらの条件を満たしているものでないといけないのだ．これらの条件を満たすミクロモデルを，文献 [7] では**統計熱力学的に正常な**モデルと呼んでいる．（ただし，この用語は，あまり浸透しているわけではない．）

ミクロ物理学においては，どんなモデルを採用するかの選択にかなり大きな自由度があり，目的や計算の都合などに応じて，実に様々なモデルが用いられる（下の補足 9.3 参照）．しかし，それらが自然界をきちんと記述できるモデルなのかどうかは，それほど自明ではない．一方で，我々は，マクロレベルでは，熱力学・統計力学が普遍的に成り立つことを経験的に知っている．したがって，マクロレベルで熱力学・統計力学に矛盾するようなミクロモデルは，自然界を記述できないことになる．とかく，「まずミクロモデルがあって，マクロな物質の性質は，そこから統計力学を使って計算すべきものだ」と考えがちであるが，うかつなミクロモデルを採用してしまったら，熱力学に（したがって，実験に）矛盾する結果すら出てきてしまうのだ．そうならないために最低限チェックすべきポイントが，上記の結果である．

補足 9.2　♠ 大偏差原理

(9.24) のような結果は，しばしば，上記のような論理ではなく，確率論と結びつけて，たとえば離れた地点の確率分布には相関がないという仮定の下に導かれる．そのようにして導いたときは，**大偏差原理** (large deviation principle) と言い，s は rate function と呼ばれる．この導出は示唆に富んでおり，味わ

い深い．しかし，本書の導出からわかるように，本節の結果の本質は，基本原理 B だけから導かれる，状態数に関する結果である．そこに確率を持ち込んでしまうのは，本質を見失う恐れがあるし，「離れた地点には相関がない」という付加的な要請を入れることは，必要最低限の仮定（基本原理）で済ませる本書の方針にもそぐわない．そこで本書では，大偏差原理とは無関係に，基本原理 B だけから導出した．

補足 9.3　♠ 様々なミクロモデルが使われる理由

実は，身の回りの通常の物質を通常のエネルギースケールでよい精度で記述できるミクロモデルは，一つに定まっている．それは，電子・原子核・電磁場が互いに相互作用しながら運動する，という量子論のモデルである．しかし，そのモデルで，量子論や統計力学を用いて物質の性質を計算することは，限られた事項を除いては，著しく困難であり，遠回りでもある．さらに，たとえ計算できたとしても，モデルが複雑すぎて，本質が見えにくいという面もある．そこで，通常は，著しく簡単化したモデルを採用する．

9.5　境界条件などに対する鈍感性

ミクロ物理学では，古典振動子系や量子力学のエネルギー固有状態などで確認できるように，境界条件や系の形状によって解が異なるのが普通である．マクロ物理学でも，流体力学のように非平衡状態が対象であれば，境界条件や形状は本質的に重要である．ところが，平衡状態はまったく事情が異なる．

たとえば，エントロピーの自然な変数が E, V, N である単純系の固体の，相共存がないような平衡状態を考えよう [8]．熱力学によると，この固体が真空中に孤立していようが，水中に沈められて（水と接して）いようが，油に浸かって（油と接して）いようが，E, V, N の値さえ（マクロに）同じであれば，マクロに見て同じ状態になる．なぜなら，熱力学の要請 I-(ii) によると，平衡状態にある系の部分系はどれも平衡状態にあり，その状態は，その部分系をそのまま

8)　複合系や相共存が有る場合も同様だ．たとえば，相共存があっても，相配置が同じ平衡状態同士を比較することで，同じ結論が得られる．

孤立させたときの平衡状態と，マクロに見て同じだからだ．また，基本関係式もまったく同じである．なぜなら，要請 II-(i) によると，S は平衡状態ごとに一意的に値が定まるからだ．さらに，単純系の全体的な形状も（極端に潰れて厚さがミクロサイズになるなどの無茶なものでない限り [9]）重要でない．なぜなら，基本関係式は形状に依らないし，任意のマクロな部分系に着目したとき，その部分系の平衡状態は（したがって，その部分系の相加物理量の値も）その部分系の E, V, N だけで定まり，系全体の形状には依らないからだ．

このように，熱力学によると，基本関係式や平衡状態は，境界条件や系全体の形状に鈍感である．したがって，統計力学の計算結果も，そうなっていないといけない．たとえば，ミクロモデルに課す境界条件などを様々に変えて計算しても，同じ基本関係式が得られなければならない．言い換えれば，ミクロモデルは，この鈍感性の条件を満たすような，物理的に適切なモデルでなければならないわけだ [10)11)]．

この鈍感性は，ミクロ物理学の範囲内では，次のように説明できる [12)]．系の差し渡し長を L とすると，d 次元の系の**表面** (surface) は $\Theta(L^{d-1})$ の体積を持ち，表面を除いた残り，すなわち**バルク** (bulk) な部分は $\Theta(L^d)$ の体積を持つ．その体積比は，$\Theta(L^{d-1})/\Theta(L^d) = 1/\Theta(L)$ であるから，熱力学極限でゼロになる．したがって，熱力学極限をとって求める基本関係式や平衡状態の性質（相加物理量密度の値など）は，**表面の影響** (surface effects) をとり除いた**バルクな性質** (bulk properties) を抽出したものである．このため，基本関係式や平衡状態の性質は，表面の影響の一つである境界条件には依らない．

以上のことから，次のようにすればよいとわかる：

境界条件など

物理的に適切なモデルを用いる限りは，統計力学の計算を行う際には，境界条件も形状も，適当な計算しやすいものを採用しておけばよい．

---

9) 厚さがミクロサイズになったらもはや 3 次元系ではなく，2 次元系になってしまうので，別の系になる．

10) 簡単な実例は，15.2.4 項や 15.3.3 項の，$\boldsymbol{k} \to 0$ のモードの扱いの適切なモデル化だ．

11) もしもこの鈍感性の条件を満たさないミクロモデルがあったら，まっさきに疑うべきは，そのモデルの限界が露呈したのではないかということだ．より基本的なモデルから個別のモデルを導くプロセスは，大胆な近似と仮定に満ちているので，その可能性が最も高い．

12) これは説明であって証明ではない．もちろん，いくつかのモデル系については証明されているが，ここでは一般論を説明している．

ちなみに，もっとも多用される境界条件は，3.4.2 項で用いた**周期境界条件** (periodic boundary condition) である．そのような計算しやすい境界条件のもとで計算しておけば，別の境界条件が課された場合の基本関係式も平衡状態の性質も求めることができていることになるわけだ．

なお，絶対零度極限が気になる読者は下の補足 9.4 を参照されたい．

補足 9.4　♠ 平衡状態の絶対零度極限

量子系の基底状態は境界条件に敏感であるが，本書では基底状態は（平衡状態は必ず $T > 0$ であるから）平衡状態には含めないので，上記の結論に反しない．しばしば平衡状態の絶対零度極限を基底状態と同一視するのを見かけるが，あまりよいことではない．続巻で説明するように，熱力学極限 $V \uparrow \infty$ をとった後で絶対零度極限 $T \downarrow 0$ をとるという正しい絶対零度極限の平衡状態と，絶対零度極限 $T \downarrow 0$ をとった後で熱力学極限 $V \uparrow \infty$ をとるという基底状態を抜き出した状態は，一般には異なるからだ．

なお，基底状態がパラメータの値に依存して変わることを**量子相転移** (quantum phase transition) と呼んで研究する分野もあるが，それは後者の極限に相当し，前者の本来の意味の量子系の相転移ではないので本書では扱わない．

9.6　基本原理の整合性

最後に，この章の本題とは外れるのだが，この章の結果を用いて，5 章と 6 章で述べた統計力学の基本原理の整合性をチェックしてみよう．

9.6.1　局所平衡状態のミクロ状態数

まず，局所平衡状態のミクロ状態数を Boltzmann の公式を用いて見積もってみよう．その結果は，平衡状態の典型性に対する一つのサポートになる．

2 つの単純系を部分系とする複合系を考える．部分系 1，2 それぞれのエネルギー E_1, E_2 の平衡値を E_1^*, E_2^* と書き，E 以外の変数は書くのを略す．E_1, E_2 が E_1^*, E_2^* とはマクロに異なる値を持つような，つまり，複合系は局所平衡状態ではあるが平衡状態ではないような，そういうミクロ状態の個数を見積もる．

E_1, E_2 が，E_1^*, E_2^* から，（$E_1 + E_2$ を一定に保ったまま）$\pm\Theta(V)$ だけマクロ

にずれると，熱力学の要請 II-(v)（エントロピー最大の原理）より，$\boldsymbol{\mathcal{S}}$ は平衡値 $S = \boldsymbol{\mathcal{S}}(E_1^*, E_2^*)$ から $\Theta(V)$ だけ減少する [13]．つまり，

$$\begin{aligned}\Theta(V) &= \boldsymbol{\mathcal{S}}(E_1^*, E_2^*) - \boldsymbol{\mathcal{S}}(E_1, E_2) \\ &= S_1(E_1^*) + S_2(E_2^*) - S_1(E_1) - S_2(E_2). \end{aligned} \tag{9.27}$$

この式に $S \sim k_{\mathrm{B}} \ln W$ を代入して，(6.13) も用いれば，

$$\frac{W(E_1, E_2)}{W(E_1^*, E_2^*)} \sim \frac{1}{\exp[\Theta(V)]} \to 0 \quad \text{as} \quad V \to \infty. \tag{9.28}$$

ゆえに，複合系の（平衡か非平衡かを問わない）ミクロ状態のうち，エネルギーが平衡値 E_1^*, E_2^* からマクロにずれている何らかの値 E_1, E_2 を持つミクロ状態の数は，圧倒的に（指数関数的に）少ない．

ここにさらに，E_1, E_2 の値の選択がいろいろあるという分を足し上げても，条件 $E_1 + E_2 = E$ の下で E_1, E_2 が E_1^*, E_2^* から $\Theta(V)$ だけずれるのはせいぜい $\Theta(V)$ 通りだから，それを全部合わせても，

$$\frac{\Theta(V) \times W(E_1, E_2)}{W(E_1^*, E_2^*)} \sim \frac{\Theta(V)}{\exp[\Theta(V)]} \to 0 \quad \text{as} \quad V \to \infty \tag{9.29}$$

と，焼け石に水だ．こうして，(a) E_1, E_2 が E_1^*, E_2^* とマクロに等しいミクロ状態の個数 $W(E_1^*, E_2^*)$ に比べて，(b) E_1, E_2 が平衡値 E_1^*, E_2^* とはマクロに異なる値を持つようなミクロ状態の個数 $\Theta(V) \times W(E_1, E_2)$ は，指数関数的に少ないことがわかった．

(a) に含まれる状態は，そのほとんど全てが複合系の平衡状態である．それに対して (b) に含まれる状態は，複合系の状態としては全て非平衡状態である．(b) の状態は非平衡状態とは言っても局所平衡状態なので粒子の流れがあるような非平衡状態は勘定されていないが，少なくとも一部の非平衡状態の数ではある．

また，この結果は，間の壁が実際にはなくても，つまり，こちらが勝手に仮想的な壁を想定して考えているのであっても成り立つ．その場合には，(b) の状態は，エネルギーが E（$= E_1 + E_2 = E_1^* + E_2^*$）の単純系の中でエネルギーの偏りが生じている非平衡状態の数になる．

---

13)　4.2 節で述べたように，特に注意しない限りは，熱力学極限をとるときには複合系を相似形に大きくしてゆくので，$\Theta(V_1) = \Theta(V_2) = \Theta(V)$ である．

つまり，(9.29) が言っているのは，少なくともこれらの類いの非平衡状態について言えば，その個数は平衡状態に比べて指数関数的に少ない圧倒的少数である，ということだ．この事実は，平衡状態の典型性を支持する一つのサポートにはなっている．

9.6.2 ♠ 平衡状態の典型性：単純系から複合系へ

本書では複合系の平衡状態の典型性を基本原理 A に採用したが，単純系の典型性と Boltzmann の公式から，複合系の典型性を導くこともできる．これも，基本原理の整合性を示す，ひとつのサポートになる．

まず，E_1, E_2 が平衡値 E_1^*, E_2^* とマクロに同じ値を持つようなミクロ状態の個数を調べる．それは，Boltzmann の公式と熱力学から，対数をとったときに

$$\ln W(E_1^*, E_2^*) \sim \ln W_1(E_1^*) + \ln W_2(E_2^*) \tag{9.30}$$

という個数だけある．単純系の典型性だけを仮定した場合でも，部分系 1, 2 はどちらも単純系だから，部分系には典型性が適用できる．したがって，それぞれの部分系の，$W_1(E_1^*), W_2(E_2^*)$ だけの個数があるミクロ状態のほとんど全てが平衡状態である．また，部分系 1, 2 がそれぞれ平衡状態にあって $E_1 = E_1^*$，$E_2 = E_2^*$ である状態は，複合系としても平衡状態である．この 2 つの事実を合わせると，複合系の $W(E_1^*, E_2^*)$ 個のミクロ状態のほとんど全ては複合系の平衡状態であることがわかる．

さらに，複合系のエネルギーが E とマクロに同じ値であるが E_1, E_2 は必ずしも平衡値とは限らないようなミクロ状態の数を $W(E)$ と書くことにすると，(9.29) より，

$$W(E) \sim W(E_1^*, E_2^*) \tag{9.31}$$

である．したがって，$W(E)$ 個のミクロ状態のうちのほとんど全てが，複合系の平衡状態である．

こうして単純系の典型性と Boltzmann の公式から，複合系についての平衡状態の典型性も導けることが示せた．

第10章
カノニカル集団

2章で述べたように，熱力学は原理的には「エントロピー表示」だけで必要十分なのだが，実用上の便利さから，むしろ他の表示の方がよく使われる．同様に，統計力学も，原理的にはミクロカノニカル集団だけで（正確には続巻で述べるその改良版で）必要十分なのだが，実用上の便利さから，実は他の集団の方がよく使われる．本章と11章ではそれらの集団を紹介する．熱力学における様々な表示に不慣れな読者は，2.9節と2.10節を一読してから本章を読んでほしい．

10.1　カノニカル集団の導出

ミクロカノニカル集団とは異なる統計集団の最初の例として，熱力学のTVN表示に対応する「カノニカル集団」という統計集団を導出する．

10.1.1　導出の便利のための設定

導出の仕方だが，ここでは，伝統に従って，平衡状態にある大きな環境系と**熱接触** (thermal contact) している（熱だけ通す壁を介して接触している）ケースを考察する．

この導出が，しばしば「カノニカル集団は熱浴と熱接触しているときしか使えない」という誤解を招いているが，これは導出の便利のための設定にすぎない．9.5節で強調したように平衡状態は孤立していようがいまいが同じだから，環境系と粒子をやりとりしていても使えるし，熱も粒子もやりとりできない完全な孤立系にも使える．単にE, V, Nの代わりにT, V, Nで平衡状態を指定して作ったアンサンブルであり，同じ平衡状態の一つの表現に過ぎない．

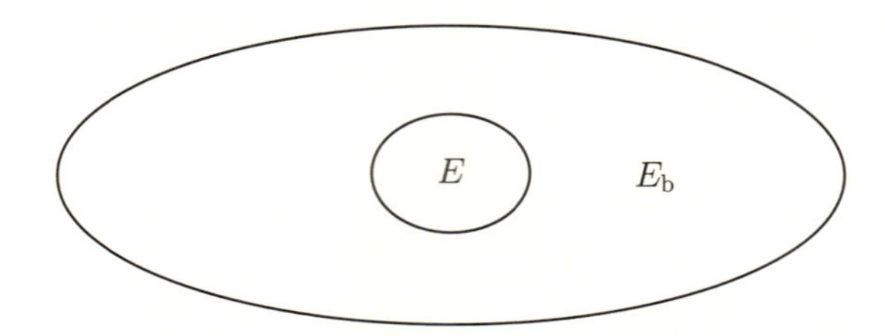

図 10.1　エネルギー E の着目系が，エネルギー $E_{\rm b}$ の大きな環境系と，熱だけ通す壁を介して接触している．

その導出のための設定は，次のような設定である．着目系は単純系で，そのエントロピーの自然な変数は E, V, N だとする．この着目系（そのエネルギーを E とする）が，図 10.1 のように，実験室の空気や水槽の水のような大きな環境系（エネルギー $E_{\rm b}$）と，熱だけ通す壁を介して，接触しているケースを考える．着目系＋環境系は孤立系と見なせるとする．

そして，わかりやすいように，環境系の体積 V_b は着目系よりもずっと大きいとする [1)]：

$$V \ll V_b. \tag{10.1}$$

したがって，熱力学極限をとるときも「o」などの漸近記号を使うときも，この関係を保つように，<u>先に $V_b \to \infty$ としてから $V \to \infty$ とする</u>．つまり，

$$\text{ここで考えたい熱力学極限の順序：} \lim_{V\to\infty} \lim_{V_b\to\infty} \tag{10.2}$$

である [2)]．上述のように，<u>最後の結果は環境系のサイズとは無関係な</u>（そもそも環境系など無くてもよい）のだが，それを逆手にとって，導出に都合のよい極限を考えよう，ということである．

補足 10.1　二重の極限における順序の重要性

(10.2) のようにすれば，$V_b \to \infty$ を行うときは V は有限にとどめておくので，$V \ll V_b$ が保たれる．その後で $V \to \infty$ を行っても，V が V_b を追い越す

---

1)　着目系と環境系の物質が異なる場合のことなどを考えると，体積の間の不等式だけでは心許ないようだが，V_b は以下の導出を正当化するのに必要なだけいくらでも大きくしてよいとする．要するに (10.2) の極限を考えるわけだ．

2)　二重の極限に慣れていない読者は，下の補足 10.1 を参照してほしい．

ことはない．p.81 の例 4.2.2 でみたように，極限の順序をひっくり返したら，まったく異なる状況を調べることになってしまうので，注意して欲しい．

10.1.2 カノニカル分布

これからやることは，環境系と接触している着目系の平衡状態が，どんなミクロ状態と同一視できるかを導くことである．そのために，着目系＋環境系という複合系が孤立系と見なせるケースを考える．

7.2 節で述べたように，着目系のミクロ状態は，V, N と適当なラベル λ の組 (V, N, λ) で指定でき，そのエネルギーを $E_{VN\lambda}$ と書くことにしているのであった．ただ，上記の状況設定では，着目系も環境系も，エントロピーの自然な変数のうちエネルギー以外の変数の値は，最初に与えた値から変化しえない．そこで，しばらくの間は 7.2 節と同様に，ミクロ状態 (V, N, λ) をミクロ状態 λ と，$E_{VN\lambda}$ を E_λ と略記する．さらに，式を見やすくために $k_{\rm B} = 1$ の単位系を用いる．これらはいずれも，計算結果 (10.15) 以降は元に戻す．また，環境系の基本関係式や状態数は，$S_{\rm b}(E_{\rm b})$ や $W_{\rm b}(E_{\rm b})$ と略記する．

さて，着目系のエネルギーが E で，環境系のエネルギーが $E_{\rm b}$ だから，着目系＋環境系という複合系のエネルギー $E_{\rm t}$ は，

$$E_{\rm t} = E + E_{\rm b} + o(V) \tag{10.3}$$

である．最後の $o(V)$ は透熱壁を介しての相互作用エネルギーで，壁の近傍でのみ働くことから $o(V)$ の大きさであるので，$\Theta(V)$ の量に着目する以下の計算では省くことにする [3]．

7 章で述べたように，この複合系の平衡状態は，エネルギー $E_{\rm t}$ を持つミクロカノニカル集団で表すことができる．つまり，複合系のエネルギー殻にある $W_{\rm t}(E_{\rm t})$ 個のミクロ状態に等確率を割り当てた混合状態で表すことができる．そんな複合系の状態における，着目系のミクロ状態に注目しよう．

---

3) 正確に言えば，そうして求めた (10.17) をカノニカル分布の定義として採用する．これは，熱伝導が非常に悪い（$o(V)$ の項が非常に小さい）ケースを考えていると思えば，納得できるであろう．それでよい理由は，熱力学によると，複合系が到達する平衡状態は，透熱壁が平衡に達するのに必要な量の熱を着目する時間スケール内に流しさえすれば，透熱壁の熱伝導の良し悪しには左右されずに同じ平衡状態に達するからだ．

着目系の一つのミクロ状態 λ について，環境系では $W_{\rm b}(E_{\rm t}-E_\lambda)$ 個の状態がありうる．したがって，着目系のミクロ状態 λ に割り当てられた確率 $\mathcal{P}_\lambda$ は

$$\mathcal{P}_\lambda = \frac{\text{着目系の状態 1 個} \times \text{環境系の状態 } W_{\rm b}(E_{\rm t}-E_\lambda) \text{ 個}}{\text{エネルギー殻にあるミクロ状態の数 } W_{\rm t}(E_{\rm t})} = \frac{W_{\rm b}(E_{\rm t}-E_\lambda)}{W_{\rm t}(E_{\rm t})} \tag{10.4}$$

だとわかる．我々は，$\mathcal{P}_\lambda$ の λ 依存性に興味があるので，λ と無関係な分母は忘れて，

$$\mathcal{P}_\lambda \propto W_{\rm b}(E_{\rm t}-E_\lambda) \tag{10.5}$$

という事実だけを使って議論を進めよう．その方が式が見やすい．

この式に環境系の Boltzmann の公式 $S_{\rm b} = \ln W_{\rm b} + o(V_{\rm b})$ を代入し，相対的に無視できる $o(V_{\rm b})$ を省くと [4]，

$$\mathcal{P}_\lambda \propto \exp\left[S_{\rm b}(E_{\rm t}-E_\lambda)\right]. \tag{10.6}$$

この指数関数の中の関数を，熱力学極限が見やすいように，

$$S_{\rm b}(E_{\rm b}) = V_{\rm b} s_{\rm b}(u_{\rm b}), \tag{10.7}$$

$$E_{\rm b} = V_{\rm b} u_{\rm b},\ E_\lambda = V u_\lambda, \tag{10.8}$$

$$E_{\rm t} = V_{\rm t} u_{\rm t} = V_{\rm b} u_{\rm b} + V u_\lambda \tag{10.9}$$

と密度で表すと，

$$S_{\rm b}(E_{\rm t}-E_\lambda) = V_{\rm b} s_{\rm b}\left(\frac{V_{\rm t}}{V_{\rm b}}u_{\rm t} - \frac{V}{V_{\rm b}}u_\lambda\right). \tag{10.10}$$

右辺括弧内の $\dfrac{V}{V_{\rm b}}u_\lambda$ は，$V_{\rm b} \gg V$ であるから，小さい量である．そこで，右辺の関数をテイラー展開しよう：

$$V_{\rm b} s_{\rm b}\left(\frac{V_{\rm t}}{V_{\rm b}}u_{\rm t} - \frac{V}{V_{\rm b}}u_\lambda\right) = V_{\rm b} s_{\rm b}\left(\frac{V_{\rm t}}{V_{\rm b}}u_{\rm t}\right) - s_{\rm b}'\left(\frac{V_{\rm t}}{V_{\rm b}}u_{\rm t}\right) V_{\rm b}\frac{V}{V_{\rm b}}u_\lambda + \frac{1}{2}s_{\rm b}''\left(\frac{V_{\rm t}}{V_{\rm b}}u_{\rm t}\right) V_{\rm b}\left(\frac{V}{V_{\rm b}}u_\lambda\right)^2 + \cdots. \tag{10.11}$$

---

4)　この項は熱力学極限でのマクロな精度の結果には影響しないので省いた．つまり，ここでは，その精度で正しい統計集団のひとつを導出している．

この関数の，$u_{\rm t}$ を固定したときの u_λ 依存性を調べる．その際に，10.1.1 項で説明したように，$V_{\rm b} \gg V$ を保って（つまり V を有限に固定して）$V_{\rm b} \to \infty$ とする極限をとりたい．その極限では，(10.11) の 2 行目は「$\cdots$」で表した高次項も含めて，

$$V_{\rm b}\left(\frac{V}{V_{\rm b}}u_\lambda\right)^n = \frac{V^n}{V_{\rm b}^{n-1}}u_\lambda^n \to 0 \quad (n \geq 2) \tag{10.12}$$

となるので，極限をとる前から落としておいてよい．すると，u_λ に依存するのは (10.11) の 1 行目の最後の項だけになる．その係数 $s'_{\rm b}$ は，

$$s'_{\rm b}\left(\frac{V_{\rm t}}{V_{\rm b}}u_{\rm t}\right) = s'_{\rm b}\left(\frac{V_{\rm b}u_{\rm b} + Vu_\lambda}{V_{\rm b}}\right) \to s'_{\rm b}(u_{\rm b}) = \frac{1}{T_{\rm b}} \tag{10.13}$$

となるので，極限をとる前から，環境系の逆温度 $1/T_{\rm b}$ に置き換えてよい．結局，

$$S_{\rm b}(E_{\rm t} - E_\lambda) = S_{\rm b}(E_{\rm t}) - BE_\lambda \tag{10.14}$$

と，$S_{\rm b}(E_{\rm t} - E_\lambda)$ をテイラー展開して E_λ の 1 次まで残した結果になる．ただし，熱力学より平衡状態では $T_{\rm b} = T$（着目系の温度）であるから，$1/T_{\rm b}$ を着目系の逆温度 $B = 1/T$ に置き換えた．(10.14) を (10.6) に代入して，λ に依存する部分だけ顕わに書くと，$\mathcal{P}_\lambda \propto e^{-BE_\lambda}$ を得る．この結果を補足 10.2 を使って SI 単位系に戻し，ついでに略記 E_λ を元の $E_{VN\lambda}$ に戻せば，$\mathcal{P}_\lambda$ が比例定数を除いて求まる：

$$\mathcal{P}_\lambda \propto e^{-\frac{1}{k_{\rm B}}BE_{VN\lambda}} = e^{-\beta E_{VN\lambda}}. \tag{10.15}$$

比例定数を求めるには，計算をやり直すのではなく，$\mathcal{P}_\lambda$ が確率であることから $\displaystyle\sum_\lambda \mathcal{P}_\lambda = 1$ を満たすことを利用するのがよい．すなわち，

$$\boxed{Z(\beta, V, N) \equiv \sum_\lambda e^{-\beta E_{VN\lambda}}} \tag{10.16}$$

とおくと，

$$\boxed{\mathcal{P}_\lambda(\beta, V, N) = \frac{1}{Z}e^{-\beta E_{VN\lambda}}} \tag{10.17}$$

でなければならない．ここで，規格化定数の役割を担う Z は，β に依存するだけでなく，$E_{VN\lambda}$ を通じて V, N にも依存する [5]．つまり Z は β, V, N の

5) λ については総和をとっているので依存性は消える．

関数 $Z(\beta, V, N)$ であるから，**分配関数** (partition function) と呼ばれる．同様に，確率 $\mathcal{P}_\lambda$ も β, V, N の関数であるので，そのことを明示するために上式では $\mathcal{P}_\lambda(\beta, V, N)$ と書いた．これは，パラメータである β, V, N の値を一組与えたときの，ミクロ状態 (V, N, λ) の確率分布である．この確率分布を**カノニカル分布** (canonical distribution) と呼び，そこに現れた因子 $e^{-\beta E_{VN\lambda}}$ を **Boltzmann 因子** (Boltzmann factor) と呼ぶ．

ちなみに，古典粒子系では，8章で示した対応規則により，相空間におけるミクロ状態の重複数を $\mathcal{M}$（1種類の同種古典粒子では $\mathcal{M} = N!$）とすると，

$$\boxed{Z(\beta, V, N) = \frac{1}{\mathcal{M}} \int_{q \in V} e^{-\beta H(q,p)} \frac{dqdp}{(2\pi\hbar)^f}} \tag{10.18}$$

である．この右辺のどこに V, N への依存性が入っているかというと，V は q の積分範囲に，N は正準変数の組の数である自由度 $f = 3N$ と $\mathcal{M}$ に入っている．

補足 10.2　$k_\mathrm{B} = 1$ の単位系と SI 単位系の換算

しばしば本書に登場する $k_\mathrm{B} = 1$ の単位系（温度の単位が J になる）における式を，通常の SI 系（温度の単位が K になる）における式に変換するには，どちらもエネルギーの単位（J）は同じであることに着目すればよい．つまり，温度に Boltzmann 定数をかけた $k_\mathrm{B}T = 1/\beta$ が SI 単位系でもエネルギーの単位になることに注意して，次元を合わせればよい．

10.1.3　カノニカル集団

ミクロカノニカル集団のときの真似をして，与えられた V, N を持つ（着目系の）全てのミクロ状態が，それぞれ (10.17) の確率 $\mathcal{P}_\lambda$ で含まれる統計集団を考えよう．言い換えると，ミクロ状態 λ と，それに割り振られた確率 $\mathcal{P}_\lambda$ の組 $(\lambda, \mathcal{P}_\lambda)$ を，全ての λ について集めた図 10.2 のような集合である．ミクロカノニカル集団とは異なり，全ての状態を集めた統計集団であることに注意してほしい．これを**カノニカル集団** (canonical ensemble) と呼ぶ [6]．

確率 $\mathcal{P}_\lambda$ には，温度 T も（β を通じて）パラメータとして入っているので，カノニカル集団を指定するパラメータは T, V, N である．そこで本書では，カノ

6)　p.135 の脚注 11 でも述べたように，伝統的な用語ではカノニカル分布とカノニカル集団は同義語になるが，わかりやすいように本書では呼び分ける．

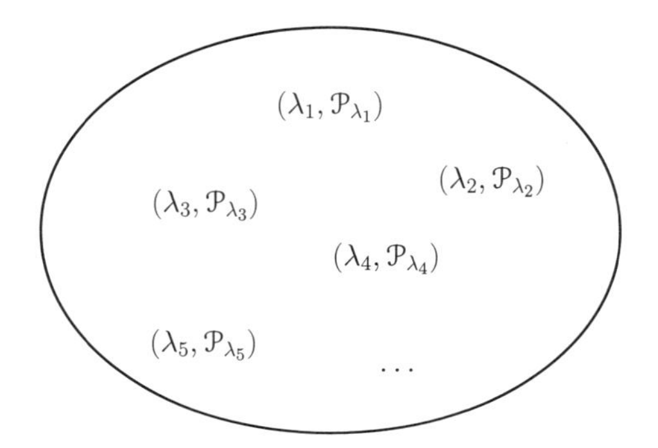

図 10.2 カノニカル集団の模式図.

ニカル集団を $\mathbf{ce}(\boldsymbol{T}, \boldsymbol{V}, \boldsymbol{N})$ と書くことにする.

この集団は，ミクロカノニカル集団がそうだったように，ミクロ状態としては混合状態を表す．この混合状態は，平衡状態にある複合系の部分系の状態として求めたのだから，熱力学の要請 I-(ii) より，やはり平衡状態である．したがって，次のことが言える：

定理 10.1　$\boldsymbol{T}, \boldsymbol{V}, \boldsymbol{N}$ で指定される平衡状態の一つの表現
単純系の平衡状態が T, V, N で指定されるとき，カノニカル集団 $\mathrm{ce}(T, V, N)$ で表される混合状態は，その平衡状態に p.101 図 5.3 のように一対多対応する様々なミクロ状態のうちの一つである.

ここで，10.1.1 項で強調したように，環境系と熱接触させたのは導出の便利のためにすぎないので，この結論からは環境系という言葉は排除した.

以上の結果を，エントロピーの自然な変数が $E, \boldsymbol{X}$ であるような一般の単純系に拡張すると，次のようにまとめられる：

カノニカル集団

定義 10.1　着目系は単純系で，そのエントロピーの自然な変数は $E, \boldsymbol{X}$ だとする（$\boldsymbol{X} \equiv X_1, \cdots, X_t$）. E 以外の変数 $\boldsymbol{X}$ の値を（マクロな精度で）定めたときの，着目系のミクロ状態が，適当なラベル（あるいはラベルたちの組）λ で指定できるとする．そして，

$$E_{\boldsymbol{X}\lambda} \equiv [(\boldsymbol{X}, \lambda) \text{ で指定されるミクロ状態のエネルギー}] \tag{10.19}$$

とする．これを用いて，**分配関数** (partition function) を

$$Z(T, \boldsymbol{X}) \equiv \sum_{\lambda} \exp\left(-\beta E_{\boldsymbol{X}\lambda}\right) \qquad (\beta \equiv 1/k_{\mathrm{B}}T) \tag{10.20}$$

と定義する．全てのミクロ状態 $(\boldsymbol{X}, \lambda)$ が

$$\mathcal{P}_{\lambda}(T, \boldsymbol{X}) = \frac{1}{Z(T, \boldsymbol{X})} \exp\left(-\beta E_{\boldsymbol{X}\lambda}\right) \tag{10.21}$$

なる確率で含まれる集団を**カノニカル集団** (canonical ensemble) と呼び，この確率分布を**カノニカル分布** (canonical distribution) と呼ぶ．この集団を指定するパラメータは $T, \boldsymbol{X}$ であるから，本書ではこの集団を **ce($\boldsymbol{T}, \boldsymbol{X}$)** と書くことにする．

定理 10.2　$\boldsymbol{T}, \boldsymbol{X}$ で指定される平衡状態の一つの表現
単純系の平衡状態が $T, \boldsymbol{X}$ で指定されるとき，カノニカル集団 ce$(T, \boldsymbol{X})$ で表される混合状態は，その平衡状態に p.101 図 5.3 のように一対多対応する様々なミクロ状態のうちの一つである．

この定理において，「$T, \boldsymbol{X}$ で指定されるとき」という微妙な言い方をしたのは，2.13 節で説明したように（詳しくは拙著 [1] の 17 章），相共存があると平衡状態が $T, \boldsymbol{X}$ では指定しきれないことがあるためだ．その場合については，続巻で論ずる．

なお，ce$(T, \boldsymbol{X})$ で表される混合状態も，ミクロカノニカル集団 me$(E, \boldsymbol{X})$ で表される混合状態と同様に，**Gibbs 状態** (Gibbs state) と呼ばれる．

10.2　カノニカル集団のエネルギー密度分布

カノニカル集団は，ミクロカノニカル集団とは違って，全てのミクロ状態を集めている．それで本当に，指定した温度におけるエネルギーの平衡値を持つ状態になるのだろうか？ その点を調べてみよう．

10.2.1 エネルギー密度の分布関数 $\mathcal{P}(u)$

式を見やすくするために，平衡状態が E, V だけで指定できる単純系を考える．ただし，以下の式は，一般の場合にもほとんどそのまま使える[7]．

この系のミクロ状態のエネルギーを $E_{V\lambda}$ と書こう．カノニカル集団では，個々のミクロ状態の確率 $\mathcal{P}_\lambda = e^{-\beta E_{V\lambda}}/Z$ は，$E_{V\lambda}$ が大きい状態ほど急激に小さくなる．では，エネルギーが E のミクロ状態たちに割り当てられた確率はどうか？ つまり，$E\ (= Vu)$ の値を一つ与えたとき，その値とマクロに等しい $E_{V\lambda}$ を持つようなミクロ状態たちの確率を足し上げた合計確率はどうであろうか？

その合計確率を $\mathcal{P}(u)\ (= \mathcal{P}(E/V))$ と書くと[8]，足し上げるミクロ状態は $W(E, V)$ 個あるから，

$$\mathcal{P}(u) = \frac{1}{Z} e^{-\beta\{E+o(V)\}} W(E, V) \tag{10.22}$$

である．9.4 節で述べたように，$W(E, V)$ は E の関数として急激に増加する．その $W(E, V)$ と，E の関数として急激に減少する Boltzmann 因子 $e^{-\beta E}$ がかけ算された結果，$\mathcal{P}(u)$ は，ある u の値で鋭いピークを持つことになる．その様子を調べてみる．

10.2.2 $\mathcal{P}(u)$ のピークの位置

例によって，計算には $k_\mathrm{B} = 1$ となる単位系を用いて式を見やすくするが，得られる結果である (10.29) や定理 10.3，10.4 は単位系とは無関係なので，SI 単位系でも同じである．

まず，(10.22) に (9.3) を用いると，

$$\boxed{\mathcal{P}(u) = \frac{1}{Z} \exp\left(V\left[s(u) - \beta u\right] + o(V)\right)} \tag{10.23}$$

と書ける．右辺の指数関数の中にある関数 $s(u) - \beta u$ に注目しよう．熱力学によると，2.6 節で述べたように，$s(u)$ は上に凸で連続的微分可能な強増加関数である．そこに右下がりの直線（強減少関数）である $-\beta u$ を加えた $s(u) - \beta u$

7) たとえばエントロピーの自然な変数が E, V, N のときは，$E = Vu, N = nV$ とおいて，n を固定して $\mathcal{P}(u)$ の u, V 依存性を調べているのが以下の計算に相当する．

8) 熱力学極限で E は発散してしまうので，u の関数として考える．これにより，$\mathcal{P}(u)$ の熱力学極限を分析できる．

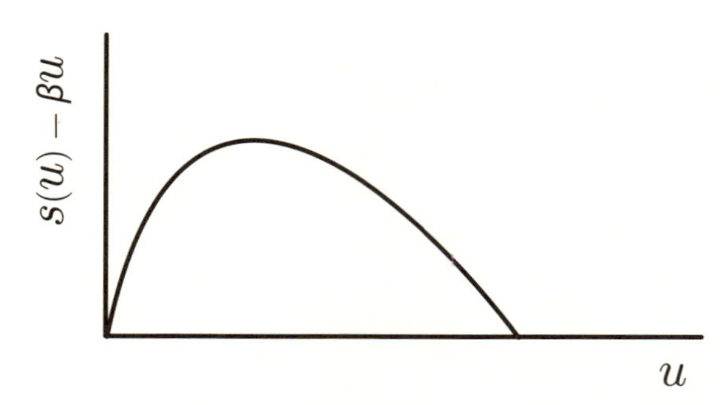

図 10.3　$s(u)-\beta u$ のグラフの概念図．このグラフの頂点の u 座標を u_β とする．

は，上に凸で連続的微分可能な，山のような関数になる．たとえば図 10.3 のような関数だ．

したがって，$s(u)-\beta u$ が最大になるのは，その微係数がゼロになるところ，すなわち

$$\frac{\partial}{\partial u}[s(u)-\beta u]=\beta(u)-\beta=0 \tag{10.24}$$

を満たす u の値においてである．ただし，u の関数

$$\beta(u)\equiv\frac{\partial s(u)}{\partial u} \tag{10.25}$$

は，エネルギー密度が u のときの着目系の逆温度である．

(10.24) を満たす u の値は β の値次第で変わる（つまり β の関数である）ので，u_β と書くことにする．つまり，u_β は

$$\beta(u_\beta)=\beta \tag{10.26}$$

で決まる u の値である [9)]．右辺の β は，着目系の平衡状態を指定するために我々が与えた逆温度の値であったから，この式は

$$u_\beta=[\beta\ \text{で指定された平衡状態における}\ u\ \text{の平衡値}] \tag{10.27}$$

と言っている．つまり，u の平衡値である u_β において，$s(u)-\beta u$ は最大値をとるわけだ．

9)　熱力学の要請 II-(iii) より，左辺の関数 $\beta(u)$ も右辺の β も，下限は 0 で上限はない．さらに，定理 2.5 より，$\beta(u)$ は連続な減少関数である．したがって，(10.26) を満たす u_β は必ず存在する．

これを $\mathcal{P}(u)$ のピーク位置に翻訳すると，(10.23) の指数関数の ( ) 内には $s(u)-\beta u$ だけではなく $o(V^0)$ の項もあるから，

$$[\mathcal{P}(u)\text{ のピークの位置}] = u_\beta + o(V^0) \tag{10.28}$$

だとわかる．つまり，$\mathcal{P}(u)$ の頂点は u の平衡値 u_β のごく近くにあり，熱力学極限では（$o(V^0)\to 0$ だから）ちょうど重なる：

$$\boxed{\lim_{V\to\infty}[\mathcal{P}(u)\text{ のピークの位置}] = u_\beta = [u\text{ の平衡値}]} \tag{10.29}$$

このように，u_β は物理的意味がはっきりしている量なので，それを前面に出して，(10.23) を次のように書き直しておくと，以後の議論が見やすくなる：

$$\mathcal{P}(u) = \frac{1}{Z}e^{V[s(u_\beta)-\beta u_\beta]}\exp\left[-V\delta(u,\beta)+o(V)\right]. \tag{10.30}$$

ここで $\delta(u,\beta)$ は，$s(u)-\beta u$ の，最大値からの減少量である：

$$\delta(u,\beta) \equiv [s(u_\beta)-\beta u_\beta] - [s(u)-\beta u] \geq 0. \tag{10.31}$$

10.2.3 ピーク近辺での $\mathcal{P}(u)$ の振る舞い

$\mathcal{P}(u)$ が，そのピーク近辺でどのように振る舞うかを調べよう．ただし，この項では相転移がないケースを考える．そうすれば，$s(u)$ は何階でも微分可能だし，2 次微係数がゼロになることもないので，わかりやすいからだ．相転移がある場合については，次の 10.2.4 項で説明する．

これから見るように，$\mathcal{P}(u)$ の振る舞いを決定づけるのは，(10.30) の指数関数の中にある $\delta(u,\beta)$ である．ここでは，上記のように $s(u)$ が何階でも微分可能なケースを考えているのだから，この関数は $u=u_\beta$ のまわりでテイラー展開できる．すると，u_β における微係数が展開係数に現れるが，まず，u_β を決める式 (10.24) から 1 次微係数 $=0$ である．2 次微係数については，どの単位系でも成り立つ便利な公式

$$\boxed{T\frac{\partial}{\partial T} = -\beta\frac{\partial}{\partial\beta}} \tag{10.32}$$

を使えば，

$$\frac{\partial^2 \delta(u,\beta)}{\partial u^2} = -\frac{\partial^2 s(u)}{\partial u^2} = -\frac{\partial \beta}{\partial u}$$
$$= -1\Big/\frac{\partial u}{\partial \beta} = 1\Big/T^2\frac{\partial u}{\partial T} = \frac{1}{T^2 c_V} \quad (k_\mathrm{B}=1) \tag{10.33}$$

と計算できる．ここで，

$$c_V \equiv \frac{1}{V}\left(\frac{\partial E}{\partial T}\right)_V = \frac{\partial u}{\partial T} \tag{10.34}$$

は，単位体積当たりの[10]定積比熱であり，ここでは相転移がないとしているから，正で有限（$0 < c_V < +\infty$）である[11]．ゆえに，c_V の $u = u_\beta$ における値を単に c_V と書けば，

$$\delta(u,\beta) = \frac{1}{2T^2 c_V}(u-u_\beta)^2 + \cdots \tag{10.35}$$

とテイラー展開できた．これを (10.30) に代入すれば，

$$\mathcal{P}(u) = \frac{1}{Z}e^{V[s(u_\beta)-\beta u_\beta]}\exp\left[-\frac{V}{2T^2 c_V}(u-u_\beta)^2 + \cdots + o(V)\right] \tag{10.36}$$

となる．

　この式の振る舞いを見るには，

$$u = u_\beta \pm \epsilon \qquad (\epsilon > 0) \tag{10.37}$$

とおいて，熱力学極限を考えるのがわかりやすい．すなわち，上式から ϵ に依存する部分だけを抜き出した，

$$\exp\left[-V\delta(u,\beta) + o(V)\right] = \exp\left[-\frac{V}{2T^2 c_V}\epsilon^2 + \cdots + o(V)\right] \tag{10.38}$$

の ϵ 依存性が熱力学極限でどうなるかを見よう．

　V の様々な値について，(10.38) をグラフ用紙に描くことを想像してほしい．グラフの横軸は密度 u なので，V とは無関係である．そこで，ϵ を V とは無関

---

10)　平衡状態が E, V, N で指定される系では $c_V = \dfrac{1}{V}\left(\dfrac{\partial E}{\partial T}\right)_{V,N}$ となるが，熱力学極限をとるときは N も V に比例して増やすから，この c_V は化学でよく使われる定積モル比熱 $\dfrac{N_\mathrm{A}}{N}\left(\dfrac{\partial E}{\partial T}\right)_{V,N}$（本書では N は分子数だからモル数に直すのに N_A が要る）に比例する．

11)　(10.33) は $-s(u)$ の 2 階微分に他ならないが，それは相転移がなければ有限かつゼロにはならないし，定理 2.5 により $s(u)$ は上に凸だから (10.33) は負にもならない．したがって c_V は正で有限である．

係な（つまり $\Theta(V^0)$ の）小さな値に固定して，V を大きくしてみる．ϵ はいくら小さくても固定しているのだから，V をどんどん大きくすれば，やがて必ず，(10.38) の指数関数の中の最初の項の方が最後の $o(V)$ よりも圧倒的に（絶対値が）大きくなる．すると，指数関数の中は V に比例した巨大な負の値になるから，指数関数はとてつもなく小さな値になり，熱力学極限ではゼロになってしまう [12]．これは，熱力学極限で $\mathcal{P}(u)$ のピークの幅がゼロになることを意味する [13]．一方，確率の総和は 1 でないといけないので，((10.38) にはない係数もかかった) (10.36) の $\mathcal{P}(u)$ のピークの高さは V とともに大きくなり，熱力学極限で無限大になることもわかる．

この結果と (10.29) を合わせると，次のようにまとめられる：

定理 10.3　カノニカル集団のエネルギー密度分布
平衡状態が E, V で指定できる単純系を考える．（一般の場合でも，p.185 の脚注 7 により同様である．）u_β が β から 1 点に定まらなくなるような（つまり 10.2.4 項で述べるような）相共存はないとする．すると，カノニカル集団のエネルギー密度分布 $\mathcal{P}(u)$ は，熱力学極限では，その平衡状態における u の平衡値 u_β の所にピークが来る．そのピークは，V を増していくと細く（鋭く）高くなってゆき，熱力学極限では，$\mathcal{P}(u)$ は，$u = u_\beta$ で無限に高く他の u ではゼロ，という特異な振る舞いになる．

これにより我々は，この節の冒頭で述べた疑問に答えることができる：

定理 10.4　カノニカル集団に寄与するミクロ状態
定理 10.3 と同じ状況を考える．その場合，ミクロ状態のエネルギーを $E_{V\lambda} = V u_{V\lambda}$ とすると，カノニカル集団は，

$$u_{V\lambda} = [u \text{ の平衡値}] + o(V^0) \tag{10.39}$$

すなわち

$$E_{V\lambda} = [E \text{ の平衡値}] + o(V) \tag{10.40}$$

12)　指数関数の中の「$\cdots$」で示した高次の項については，10.2.4 項を参照せよ．
13)　ピークの頂点の $1/e$ まで $\mathcal{P}(u)$ が下がった所の間隔を「ピークの幅」と定義すると，(10.38) の指数関数の中の最初の項だけが効くという単純な状況では，それは $2\sqrt{2T^2 c_V / V}$ になる．

なるミクロ状態の（その状態たちの間に特段のバイアスをかけずに集めた）集団であり，これ以外のミクロ状態の寄与は指数関数的に小さい．したがって，平衡状態の典型性より，カノニカル集団は正しい平衡状態を与え，ゆえに E 以外の物理量についても平衡値をマクロな精度で与える．

10.2.4　♠ 相転移がある場合などの $\mathcal{P}(u)$ の振る舞い

この項では，上記の議論で略した事項を説明するが，まだ統計力学や相転移に慣れていない読者は，とりあえず次の節に飛び，ある程度慣れてからこの項を読むことを勧める．

まず，相転移がない場合に，(10.38) の指数関数の中の「$\cdots$」で示した高次の項の影響を考えよう．それには，テイラー展開する前の (10.30) に戻って考えればよい．u が u_β から $\epsilon = \Theta(V^0)$ だけ左右どちらかに離れれば，$\delta(u, \beta)$ はその最小値である 0 から $\Theta(V^0)$ だけ増える．そのため，$\mathcal{P}(u)$ はそのピーク値の $\exp\bigl[-V\Theta(V^0) + o(V)\bigr]$ 倍になるが，これは $V \to \infty$ でゼロになるので，定理 10.3 と定理 10.4 として記した結論は変わらない．

次に，相転移がある場合である．拙著 [1] の 17 章で解説したように，相転移があると，$s(u)$ の 2 次微係数がゼロになることがある．とくに，長さがゼロでない区間にわたって $s(u)$ が直線になる場合には，β がその直線の傾きに等しいときに相共存が起こるので，次の 2 つのケースに分けて考える：

- たとえ $s(u)$ の 2 次微係数がゼロになっても，それが線分上ではなく 1 点だけのことであれば，相共存は起こらず，u_β は 1 点に定まるので，高次の項の影響の議論と同様になる．すなわち，u が u_β から $\epsilon = \Theta(V^0)$ だけ左右どちらかに離れれば，$\delta(u, \beta)$ はその最小値である 0 から $\Theta(V^0)$ だけ増え，$\mathcal{P}(u)$ はそのピーク値の $\exp\bigl[-V\Theta(V^0) + o(V)\bigr]$ 倍になるので，やはり結論は変わらない[14]．
- 長さがゼロでない区間にわたって $s(u)$ が直線になる場合には，β がその直線の傾きに等しいとき，u_β が 1 点ではなく線分になる[15]．つまり，

14)　たとえば，$\delta(u, \beta) \propto -\epsilon^3$ $(\epsilon > 0)$ などとしてやってみると納得できるであろう．

15)　♠ 実はこのケースでは，続巻で説明するように，カノニカル集団は正しい平衡状態を表せなくなり，相共存がない単相の状態の（16.1.3 項で説明する一般的な意味での）混合状態になってしまう．その問題にどう対処すべきかは続巻で述べる．

$\delta(u,\beta)$ はその線分上でずっと最小値 0 をとる．ただ，u が u_β の線分から $\epsilon = \Theta(V^0)$ だけ左右どちらかに離れれば，やはり $\delta(u,\beta)$ は $\Theta(V^0)$ だけ増えるので，$\mathcal{P}(u)$ はそのピーク値の $\exp\left[-V\Theta(V^0)+o(V)\right]$ 倍になり，熱力学極限でゼロになる．つまり，熱力学極限では $u = u_\beta$ 以外からの寄与がゼロになる，という点は同じである．

なお，この項の議論からわかるように，本当は，10.2.3 項のテイラー展開などしなくても，熱力学による $s(u)$ の振る舞いの知識から全ての結論が導ける．わざわざテイラー展開したのは，その方がわかりやすいかと思ったのと，そうしている文献が多い [16] ので読者が便利だろうと考えたからである．

10.3　熱力学関数とアンサンブルの等価性

分配関数 Z は，ただの規格化定数に見えるかもしれないが，実は重要な物理的意味を持つ．この節では，そのことを平衡状態が E, V で指定できる単純系を例にとって説明し，最後に一般化する．

10.3.1　分配関数の評価

W を定めるときに用いるエネルギーの幅 $\Delta E_\pm$ が，

$$\Theta(V^0) \le \Delta E_- + \Delta E_+ = o(V) \quad \text{ただし} \quad \Delta E_\pm \ge 0 \tag{10.41}$$

を満たす，ある適切な（つまり Boltzmann の公式が成り立つような）値に設定してあるとしよう．すると，

$$\Delta u \equiv (\Delta E_- + \Delta E_+)/V \tag{10.42}$$

の大きさは

$$\Theta(1/V) \le \Delta u = o(V^0) \tag{10.43}$$

となる．u 軸を，幅 Δu の区間たちに区切り，$\displaystyle\sum_u$ と書いたらそれらの区間すべてにわたって和をとることであるとしよう．すると，Z を

16)　ただし，$o(V)$ の項を考えていなかったり，c_V が発散する場合の考察をしていなかったりする文献が少なくない．

$$Z(\beta, V) = \sum_\lambda e^{-\beta E_{V\lambda}} = \sum_u e^{-\beta V u + o(V)} W(Vu, V) \tag{10.44}$$

と表すことができる．この式の W に (9.3) を代入し，(10.43) より $V \to \infty$ で $\Delta u \to 0$ になることに着目して積分に直す [17]：

$$\begin{aligned} Z(\beta, V) &= \sum_u \exp\left(V\left[s(u) - \beta u\right] + o(V)\right) \\ &= \frac{1}{\Delta u} \sum_u \exp\left(V\left[s(u) - \beta u\right] + o(V)\right) \Delta u \\ &= \frac{1}{\Delta u} \int \exp\left(V\left[s(u) - \beta u\right] + o(V)\right) du. \end{aligned} \tag{10.45}$$

この積分の被積分関数は (10.23) の Z 倍なので，その計算結果である (10.30) の Z 倍を被積分関数に代入する：

$$Z(\beta, V) = e^{V[s(u_\beta) - \beta u_\beta]} \frac{1}{\Delta u} \int \exp\left[-V\delta(u, \beta) + o(V)\right] du. \tag{10.46}$$

この積分の被積分関数は (10.38) に他ならないが，相転移がなければ，これが熱力学極限で無限に鋭く細くなることを 10.2.3 項で見た．一方，この被積分関数の最大値は，せいぜい $\exp[o(V)]$ である．ゆえに，（次項でも確認するように）この積分の値は $\exp[o(V)]$ である．また，(10.43) より $1/\Delta u$ も $\exp[o(V)]$ である．したがって，次のことが示せた：

$$\boxed{Z(\beta, V) = e^{V[s(u_\beta) - \beta u_\beta] + o(V)}} \tag{10.47}$$

なお，ここでは相転移がない場合を想定したが，下の補足 10.3 で述べるように，実は相転移がある場合にも，議論の途中が若干修正されるだけで，この結果自体は正しい．

10.3.2　ガウス積分による見積もり

(10.47) を導く上記の議論がわかりにくいと感じた読者のために，よく見かける議論も書いておく．すでに納得した読者は 10.3.3 項に飛んでよい．

まず，(10.46) の積分の被積分関数は熱力学極限で無限に鋭く細くなるので，積分の下限を $-\infty$ に延ばす．（それによる誤差は熱力学極限で無視できる．）さらに，

---

17)　和と積分の違いは指数関数の中の $o(V)$ に吸収できる．

指数関数の中の 2 次の項により，積分は $|u-u_\beta| \lesssim O(1/\sqrt{V})$ までが効くと思われる．すると，指数関数の中の n 次の高次項 $(n \geq 3)$ は，$V \times O(1) \times O([1/\sqrt{V}]^n) = O([1/\sqrt{V}]^{n-2})$ という大きさだと見積もれるので，熱力学極限で無視できる．また，指数関数の中の $o(V)$ の項は，これまでの実例で見たように，u の素直な関数（たとえば u に依存しない定数）だと期待できるので，これも無視していいだろう．すると，(10.46) は (10.38) を用いて

$$Z(\beta, V) = e^{V[s(u_\beta) - \beta u_\beta]} \frac{1}{\Delta u} \int \exp\left[-\frac{V}{2T^2 c_V} (u - u_\beta)^2 \right] du \tag{10.48}$$

となるが，これには**ガウス積分**の公式

$$\boxed{\int_{-\infty}^{\infty} e^{-ax^2} dx = \sqrt{\frac{\pi}{a}} \qquad (a > 0)} \tag{10.49}$$

が使えて直ちに積分値が計算でき，やはり (10.47) が得られる：

$$Z(\beta, V) = e^{V[s(u_\beta) - \beta u_\beta]} \frac{T}{\Delta u} \sqrt{\frac{2\pi c_V}{V}} = e^{V[s(u_\beta) - \beta u_\beta] + o(V)}. \tag{10.50}$$

ただしこの導出は，相転移により c_V が発散するケースには適用できないという欠点がある．

補足 10.3　♠ 相転移がある場合

相転移があって c_V が発散する場合には，c_V が有限の場合よりも積分値が大きくなりうるが，10.2.4 項で見たように，最悪の場合でも u_β が区間になるだけで，その区間の幅はせいぜい $\Theta(V^0)$（E で言うとせいぜい $\Theta(V)$）だから，(10.46) の積分の値はせいぜい，区間幅 $\times \exp[o(V)] = \exp[o(V)]$ であり，やはり同じ結果 (10.47) を得る．

10.3.3　Massieu 関数

さて，分配関数 Z が (10.47) のように評価できたわけだが，指数関数に乗ったままでは不便なので，その対数をとろう：

$$\ln Z(\beta, V) = V[s(u_\beta) - \beta u_\beta] + o(V). \tag{10.51}$$

ここに現れた $s(u_\beta)-\beta u_\beta$ は，u_β が (10.26) で定義された値なので，

$$s(u)-\beta u \text{ with any } u \text{ such that } \frac{\partial s(u)}{\partial u}=\beta \tag{10.52}$$

という量である．これは，微分可能な関数 $s(u)$ のルジャンドル変換 (B.8) そのものであるから，本書におけるルジャンドル変換の表記法（(2.45) や付録 B の (B.11)）を使うと

$$s(u_\beta)-\beta u_\beta=[s(u)-\beta u](\beta) \tag{10.53}$$

である．熱力学関数の密度には不慣れな読者もいるだろうから，V をかけて通常の熱力学関数に直せば，右辺は，

$$V[s(u)-\beta u](\beta)=[S(E,V)-EB](B,V) \tag{10.54}$$

ということだ[18]．ここに現れた熱力学関数

$$\boxed{\mathcal{F}(B,V)\equiv[S(E,V)-EB](B,V)} \tag{10.55}$$

を，**Massieu**（マシュー）**関数**と呼ぶ．すぐ後に出てくる (10.59) で，これが Helmholtz エネルギー F と実質的には同じものだとわかるので，本書では $\mathcal{F}$（花文字の F）と記した．したがって (10.51) は，左右の辺を入れ替えて書けば，

$$\boxed{\mathcal{F}(B,V)=\ln Z(\beta,V)+o(V)\quad(k_{\rm B}=1)} \tag{10.56}$$

となる．この式は，Massieu 関数が $\ln Z$ から求まると言っている．

もとはと言えば，Z は確率 $\mathcal{P}_\lambda\propto e^{-\beta E_\lambda}$ の総和を 1 に保つための規格化定数として導入したのであった．ミクロカノニカル集団の場合にそれに相当するのは，ミクロカノニカル分布の等重率による確率 $\mathcal{P}_\lambda\propto 1$（$\lambda$ に依らない）の総和を 1 に保つための規格化定数 W である．その対応関係に気づけば，上式は，Boltzmann の公式

$$S(E,V)=\ln W(E,V)+o(V)\quad(k_{\rm B}=1) \tag{10.57}$$

にそっくり対応していることがわかる．

---

18) 今使っている $k_{\rm B}=1$ の単位系では $\beta=B$ である．定理 10.6 で SI 単位系に戻すが，そのときに $\mathcal{F}$ の定義式が変わらないように，ここでは B を使った．

10.3.4 熱力学関数についてのアンサンブルの等価性

拙著 [1] の 12 章で詳しく解説したように，(10.52) は，たとえ $s(u)$ に直線の部分があって u_β が β から 1 点に定まらなくなる（つまり相共存がある）ケースであっても，きちんと定まった関数を与える．したがって，(10.55) も (10.56) も，たとえ相転移があっても有効である．

そして，Massieu 関数 $\mathcal{F}(B,V)$ は $S(E,V)$ のルジャンドル変換なのだから，$S(E,V)$ と等価であり，したがって完全な熱力学関数の一つである．つまり，基本関係式であり，系の熱力学的性質を完全に決めることができる．その $\mathcal{F}(B,V)$ が，カノニカル集団を用いて $\ln Z(\beta,V)$ を計算すれば，その漸近形として求まると (10.56) は言っているわけだ．

こうして，極めて重要な結果が得られた：

定理 10.5 アンサンブルの等価性 – 熱力学関数
カノニカル集団を用いて $\mathcal{F}(B,V)$ を求めても，ミクロカノニカル集団を用いて $S(E,V)$ を求めても，あるいは後述の他の集団を用いても，互いに等価な基本関係式が得られる．したがって，系の熱力学的性質を求めるのだけが目的ならば，どの統計集団で計算してもよい．この事実を，（熱力学関数についての）**アンサンブルの等価性** (equivalence of ensembles) と言う．

次節で見るように，Z を計算するのは W を計算するよりも簡単なことが多いので，アンサンブルの等価性は，実用上も有用である．

ただし．相共存の有無にかかわらずに成り立つこの等価性は，熱力学関数（基本関係式）に限定されていることに注意しよう．10.4 節で述べるように，状態の等価性については，相共存が無ければ成り立つが，相共存があれば破れることがある．

10.3.5 Helmholtz エネルギー

Massieu 関数 $\mathcal{F}$ の定義式 (10.55) が言っているのは，要するに「$S - BE$ の値を B,V の関数として表せ」ということだ．一方，この系の Helmholtz エネルギー F の定義式

$$F(T,V) \equiv [E(S,V) - ST](T,V) \tag{10.58}$$

が言っているのは，「$E - ST$ の値を T, V の関数として表せ」だ．$E - ST = -T(S - EB)$ だから，

$$F(T, V) = -T\mathcal{F}(1/T, V) \tag{10.59}$$

である．つまり，F と $\mathcal{F}$ はこの単純な関係で結ばれる，本質的に同じ関数なのだ．したがって，この式の右辺に (10.56) を代入すれば，F の計算公式を得る：

$$F(T, V) = -T \ln Z(T, V) + o(V) \quad (k_{\rm B} = 1). \tag{10.60}$$

ここで，$Z(\beta, V)$ が $T = 1/\beta$ $(= 1/k_{\rm B}\beta)$ の関数であることを明示したいとき，わざわざ $Z(1/T, V)$ と書くのは煩わしいので $Z(T, V)$ と書いた．

これらの結果を一般化して，SI 単位系に戻して $k_{\rm B}$ を復活させれば，次のようにまとめられる：

定理 10.6　Massieu 関数と Helmholtz エネルギーの計算公式
単純系の **Massieu**（マシュー）**関数**と **Helmholtz**（ヘルムホルツ）**エネルギー**を，それぞれ次のルジャンドル変換で定義する：

$$\mathcal{F}(B, \boldsymbol{X}) \equiv [S(E, \boldsymbol{X}) - EB](B, \boldsymbol{X}), \tag{10.61}$$
$$F(T, \boldsymbol{X}) \equiv [E(S, \boldsymbol{X}) - ST](T, \boldsymbol{X}). \tag{10.62}$$

これらの関数は，分配関数 $Z(B, \boldsymbol{X})$ の対数の漸近形として求めることができる：

$$\mathcal{F}(B, \boldsymbol{X}) = k_{\rm B} \ln Z(\beta, \boldsymbol{X}) + o(V), \tag{10.63}$$
$$F(T, \boldsymbol{X}) = -k_{\rm B}T \ln Z(T, \boldsymbol{X}) + o(V). \tag{10.64}$$

分配関数 $Z(B, \boldsymbol{X})$ が求まれば，この公式により TVN 表示の基本関係式が得られ，系の全ての熱力学的性質を知ることができる．他の全ての表示の基本関係式も逆ルジャンドル変換などで得られるので，（熱力学関数についての）**アンサンブルの等価性** (equivalence of ensembles) が成り立つ．

なお，公式 (10.64) を用いると，カノニカル分布 (10.21) の規格化定数として Z の代わりに F を用いることもできる：

$$\mathcal{P}_\lambda(T,\boldsymbol{X}) = \exp\left(-\beta[E_{\boldsymbol{X}\lambda} - F(T,\boldsymbol{X}) + o(V)]\right). \quad (10.65)$$

この式の指数関数の中の $o(V)$ を省いた式をよく見かけるが，その場合の F は熱力学の Helmholtz エネルギーではなく $-k_\mathrm{B}T\ln Z$ のつもりであろう [19]．

10.3.6 ♠ 統計力学における積分の評価

積分である (10.45) と，その計算結果である (10.47) や (10.50) を見比べると，

$$\int \exp\left(V\left[s(u) - \beta u\right] + o(V)\right) du = \exp\left(V\left[s(u_\beta) - \beta u_\beta\right] + o(V)\right) \quad (10.66)$$

となっていることがわかる．つまり，統計力学では，この左辺のような積分は，その対数の漸近値を見るのが目的であれば，単に被積分関数の最大値で置き換えてよいのだ．

その理由を大雑把に言うと，積分値 = 最大値 × 実効的な積分幅であるが，最大値が $e^{\Theta(V)}$ であるのに対して実効的な積分幅は $e^{o(V)}$ と相対的には小さいために，最大値だけ正しく計算しておけば，実効的な積分幅の詳しい値は熱力学極限では効かないためである．

統計力学では，(10.66) に似た形の積分がよく出てくる．その被積分関数である指数関数の中にある関数は，完全な熱力学関数またはそこに 1 次式などが加わった関数である．その関数は，完全な熱力学関数がそれぞれの変数について凸関数である（定理 2.9）ために，通常はやはり（積分変数について）凸関数になっている．そのため，積分値を被積分関数のピーク値で置き換えてしまっても，誤差は熱力学極限で無視できる．そういう積分が統計力学では頻出する．その事実を覚えておくと，統計力学の理論構造が理解しやすくなると思う．

10.4 状態についてのアンサンブルの等価性

定理 10.5 と定理 10.6 が主張するアンサンブルの等価性は，基本関係式の等価性に限定されていた．つまり，カノニカル集団が与えるミクロ状態（平衡状態のミクロな表現）が，ミクロカノニカル集団が与えるミクロ状態と，4.3.3 項に述べた意味でマクロに同じ状態であるかどうかについては [20]，上記の定理た

19) そうでないと確率の総和が 1 から $e^{o(V)}$ 倍も（たとえば $e^{\sqrt{V}}$ 倍も）ずれてしまう．

20) ♠ より詳しく言うと，18.1.1 項に述べた意味でマクロに同じ平衡状態を与えるかどうか，である．

ちは何も言っていない．したがって，これらの統計集団のミクロ状態を用いて，5.4.2 項で述べたようにしてミクロ物理学の相加物理量を計算したときに，両統計集団の結果が一致するかどうかについては何も言っていない．もし，それも一致することまで言えたならば，2 つの統計集団は，いわば**状態についての等価性**も有することになる．これについては，相転移の有無と種類がこの意味の等価性を左右する．端的に言うと，相共存がなければ状態についての等価性も成り立つ．そのことを説明しよう．

10.4.1　相共存がないときの等価性

エントロピーの自然な変数が E, V, N であるケースを例にとって説明しよう．E, V, N で張られる熱力学的状態空間の一つの点において，異なるアンサンブルを採用した場合を考察する．ただし，その点においては相共存状態はないとする．その場合には，熱力学によると，平衡状態は E, V, N でも T, V, N でも一意的に定まる．つまり，EVN 表示と TVN 表示では，平衡状態を異なる変数の組で指定しているだけで，指定された平衡状態は（T の値を E, V, N で指定される平衡状態の温度にとれば）同じものである．一方，統計力学によると，ミクロカノニカル集団は E, V, N で指定される平衡状態を，カノニカル集団は T, V, N で指定される平衡状態を，それぞれ正しく表している．これらの事実から [21] 直ちに状態についての等価性が結論できる．すなわち，エントロピーの自然な変数が E, V, N でない一般の場合も同様だからまとめて書くと：

定理 10.7　アンサンブルの等価性 – 状態
熱力学的状態空間の一つの点について，その点においては相共存状態がない場合には，どのアンサンブルもマクロに同じ状態を与える．つまり，どのアンサンブルのミクロ状態も，全ての相加物理量とその関数について，マクロに（すなわち，それぞれについてのマクロに無視できる大きさの差異を無視すれば）同じ値を与える．この事実を，状態についての**アンサンブルの等価性** (equivalence of ensembles) と呼ぶことにする．

この定理により，相共存がない領域では，どの統計集団のミクロ状態を用いても，ミクロ物理学の相加物理量の値はマクロに同じ値が得られることが保証

21)　♠ 詳しく言うと，18.1.1 項の定理 18.1 を用いている．

される．そのおかげで，p.108 の図 5.7 の右側に広がった領域に属する，通常の熱力学では求めない（求まらない）ような相加物理量の値も，相共存がない領域では，どの統計集団のミクロ状態を用いても求めることができることが保証される．

なお，上記の定理について，4.4 節の最後で述べた事と同様の注意をしておく．すなわち，この等価性は，あくまでマクロな精度での等価性であるので，それを超えた精度での等価性は保証していない．

たとえば，p.88 補足 4.4 で述べたように，全系の粒子数 N の分散 $\langle(N-\langle N\rangle)^2\rangle$ に対するマクロに無視できる大きさは $o(V^2)$ なので，この大きさ以内の違いは異なるアンサンブルの間で生じうる．実際，カノニカル集団と（次章で説明する）グランドカノニカル集団では，$\langle(N-\langle N\rangle)^2\rangle$ の値が $o(V^2)$ 以内の大きさで異なっている [22]．そのことは上記の定理とはまったく矛盾していないのだが，アンサンブルの等価性が破れたかのごとく誤認されてしまうこともあるので，注意して欲しい．

同様に，全系のエネルギー E の分散 $\langle(E-\langle E\rangle)^2\rangle$ は，ミクロカノニカル集団とカノニカル集団で異なる値になるが，それも $o(V^2)$ 以内の違いに過ぎないので，等価性は守られている．マクロな精度よりも高い精度で見たときに違いがあっても同じ平衡状態であることには変わりはなく，この定理が成り立つわけだ．

10.4.2 ♠ 状態についての等価性の相共存による破綻

定理 10.7 に明記してあるように，状態についてのアンサンブルの等価性は，相共存がない場合には保証されているが，相共存があると破れることがある．つまり，相共存がありうるような場合には，異なるアンサンブルは異なるマクロ状態を与えることがある．そこが基本関係式の等価性とは大きく異なる点だ．その点を説明するが，初学者や相共存に興味がない読者は次節に飛んでよい．

たとえば，2.13 節で説明した，固相，液相，気相が共存する三重点を考えよう．熱力学によると，EVN 表示の相図である図 2.3 では三重点は斜線の領域に相当し，その中のどれか 1 点を指定すれば平衡状態が定まり，たとえば固相，液相，気相のモル分率も定まる．したがって，EVN 表示のアンサンブルである

---

22) 補足 4.4 で述べたように，部分系の N のゆらぎを，多数の部分系にわたって平均した量であれば十分な精度で予言できて，どの集団でも同じ予言値が得られる．詳しくは続巻で説明する．

ミクロカノニカル集団も，この定まった平衡状態を与える．ところが，その平衡状態を TVN 表示で扱おうとすると，図 2.4 のように三重点の領域が横に潰れて線分になってしまうので，温度は同じだがエネルギーは異なるような平衡状態たちを区別できない．そのため，TVN 表示のアンサンブルであるカノニカル集団は，エネルギーや各相のモル比がマクロに定まっていないような，平衡状態の資格を十分には満たしていない状態を与えてしまう．

このように，相共存があると，状態についてのアンサンブルの等価性は一般には成り立たなくなる．それでも基本関係式については等価である，というのが定理 10.5 と定理 10.6 の主張である．このあたりのことは，混乱も見られるので，続巻で詳しく説明する．

10.5　分配関数が簡単に計算できる例

一般に，現実的なハミルトニアンを持つモデルについて Z を計算するのは，（W の計算よりは楽なものの）きわめて難しい．そこで通常は，何らかの近似計算を行う．近似計算の中でいちばん簡単なのは，モデル設定の段階で簡単化してしまうことである．そうすれば，Z（や W）が厳密に計算できるようになる[23]．そのようなモデルたちのうち，もっとも簡単なモデルの「クラス」を説明する．ここで，モデルの**クラス** (class) というのは，一つの共通な特徴を持つモデルたちの集まりのことである．同じクラスのモデルを一網打尽に議論することで，個別のモデルについて似たような議論を繰り返す手間が省ける．

10.5.1　モデルの特質と計算公式

これから述べるクラスは，7.3 節で述べた相互作用のないユニットが集まった系も，8 章で述べた単原子理想気体も含み，それらを少しばかり一般化したものである．

系のミクロ状態が，ある変数の組，

$$n_1, n_2, \cdots, n_{\mathcal{N}} \equiv \boldsymbol{n} \tag{10.67}$$

で指定できるとする．この $\boldsymbol{n}$ は，10.1 節で述べた，状態を指定するラベル λ に相当する．n_j の値は離散的でも連続的でもよいが，n_j に付けた添え字 j は離

23) モデルの簡略化という大胆な近似を行った後はその後の計算は厳密に遂行できる，ということであり，現実の物理系に対しては，もちろん大胆な近似にすぎない．

散的であるとする．j は離散的でありさえすればどんな値をとってもよいのだが，ここでは

$$j = 1, 2, \cdots, \mathcal{N} \tag{10.68}$$

として説明する．（j がこれとは異なる場合への翻訳は容易である．）たとえば7.3節のモデルでは，ユニットの番号が j に相当し，ユニットの総数 V/γ が $\mathcal{N}$ に相当する．

このような $\boldsymbol{n}$ でミクロ状態が指定される，というだけであれば，実は十分に一般的であり，なんら簡略化とは言えない．（たとえば，有限体積の量子系であれば，常にそれが可能である．）そこで，エネルギーについて大胆な近似をする．それは，エネルギーが単純に，

$$E_{\boldsymbol{n}} = \sum_j \varepsilon_j(n_j) \tag{10.69}$$

のように，各 j に付随した何らかの形のエネルギー ε_j の和になっており，しかもその ε_j は n_j だけの関数 $\varepsilon_j(n_j)$ である（$j' \neq j$ であるような $n_{j'}$ には依存しない）としてしまうのだ．これは物理的には，j が異なる部分の間には，いっさい相互作用が働かない（無視する），と言っていることになる．

このようなモデルを採用すると，和の指数関数が指数関数の積になることから，次のように分解できる[24)25)]：

$$Z = \sum_{\boldsymbol{n}} e^{-\beta E_{\boldsymbol{n}}} \tag{10.70}$$

$$= \sum_{n_1} \sum_{n_2} \cdots \sum_{n_{\mathcal{N}}} e^{-\beta[\varepsilon_1(n_1) + \varepsilon_2(n_2) + \cdots + \varepsilon_{\mathcal{N}}(n_{\mathcal{N}})]} \tag{10.71}$$

$$= \left\{ \sum_{n_1} e^{-\beta\varepsilon_1(n_1)} \right\} \left\{ \sum_{n_2} e^{-\beta\varepsilon_2(n_2)} \right\} \cdots \left\{ \sum_{n_{\mathcal{N}}} e^{-\beta\varepsilon_{\mathcal{N}}(n_{\mathcal{N}})} \right\}. \tag{10.72}$$

したがって，それぞれの｛　｝内を，

$$z_j \equiv \sum_{n_j} e^{-\beta\varepsilon_j(n_j)} \tag{10.73}$$

---

24)　n_j が連続変数のときは，たとえば8.2節でやったようにして $\sum_{n_j}$ を適当な積分に置き換えた式を，同様に分解して計算できる．

25)　♠ まともな物理系であれば，この和は十分速く収束するので，2行目から3行目への変形は問題ない．

とおくと，

$$\boxed{Z = \prod_j z_j, \quad \ln Z = \sum_j \ln z_j \quad \text{for (10.69)}} \tag{10.74}$$

という計算公式を得る．z_j は，各 j ごとに計算できるので，いわば，「各 j ごとの分配関数」とでも見なせるような量である．系の分配関数 Z は，単純にそれらの積になるというのである．特に，$z_1 = z_2 = \cdots$ $(\equiv z)$ であるような場合には，

$$Z = z^{\mathcal{N}}, \quad \ln Z = \mathcal{N} \ln z \quad \text{for (10.69)} \tag{10.75}$$

という極めて簡単な公式になる．

ただし，古典粒子系のとき（そのときは10.5.3項で説明するように n_j は各正準変数に対応する）のように，$\boldsymbol{n}$ が異なるのに同じ状態があるときには，それを考慮せずに計算した上記の Z を，その重複数 $\mathcal{M}$（同種古典粒子では $\mathcal{M} = N!$）で割り算する必要がある．つまり，たとえば (10.75) は，

$$\boxed{Z = \frac{1}{\mathcal{M}} z^{\mathcal{N}}, \quad \ln Z = \mathcal{N} \ln z - \ln \mathcal{M} \quad \text{for (10.69)}} \tag{10.76}$$

と修正される．

これらの公式が役立つ実例として，以下で，7.3節と8章の例に適用してみよう．その2つの例を通じて，ミクロカノニカル集団を使うよりもカノニカル集団を使う方が計算が楽になることも，実感してもらえると思う．

10.5.2　相互作用のないユニットが集まった系の分配関数

上の公式 (10.75) を，7.3節で述べた，相互作用のないユニットが集まった系に適用する．j はユニットの番号に相当し，

$$\varepsilon_j(n_j) = \varepsilon n_j \tag{10.77}$$

だから，$z_1 = z_2 = \cdots$ $(\equiv z)$ となり，

$$z = \sum_{n=0}^{\infty} e^{-\beta\varepsilon n} = \frac{1}{1 - e^{-\beta\varepsilon}}. \tag{10.78}$$

そして $\mathcal{N} = V/\gamma$ だから，公式 (10.75) により

$$\ln Z = \frac{V}{\gamma} \ln \frac{1}{1 - e^{-\beta\varepsilon}} = -\frac{V}{\gamma} \ln \left(1 - e^{-\beta\varepsilon}\right) \tag{10.79}$$

と計算できた．これから，

$$F(T,V) = \frac{k_{\mathrm{B}}TV}{\gamma}\ln\left(1 - e^{-\varepsilon/k_{\mathrm{B}}T}\right) \tag{10.80}$$

$$= \frac{k_{\mathrm{B}}TV}{\gamma}\ln\left(e^{\varepsilon/k_{\mathrm{B}}T} - 1\right) - \frac{\varepsilon V}{\gamma}. \tag{10.81}$$

これは，7.3 節で得た基本関係式を逆に解いた $E = E(S,V)$ を，S についてルジャンドル変換して得られる Helmholtz エネルギー $F(T,V)$（拙著 [1] の問題 13.5）と確かに一致する．

10.5.3　単原子理想気体の分配関数

8 章で単原子理想気体の $S(E,V,N)$ を求めたが，ここでは，公式 (10.76) を使って Z を計算することにより $F(T,V,N)$ を求めてみる．その際，j は，各自由度ごとにふった通し番号（正準変数の組 q_j, p_j に振った番号 $j = 1, 2, \cdots, 3N$）だと思ってもいいし，原子にふった番号だと思ってもよい（その場合は，j のままだと紛らわしいので $k = 1, 2, \cdots, N$ と書こう [26]）．慣れれば前者の方が簡単だが，ここでは後者でやってみよう．

各原子の位置座標 $\boldsymbol{r}_k$ と運動量 $\boldsymbol{p}_k$ を用いると，理想気体なのでハミルトニアンは $\boldsymbol{r}_k$ に依らず，

$$H = \sum_{k=1}^{N} \frac{\boldsymbol{p}_k^2}{2m} \tag{10.82}$$

である．すると，公式 (10.76) と重複数が $\mathcal{M} = N!$ であることより直ちに，

$$Z = \frac{1}{N!} z^N, \tag{10.83}$$

$$z = \int_{\boldsymbol{r}\in V}\int \exp\left[-\beta\frac{\boldsymbol{p}^2}{2m}\right]\frac{d^3\boldsymbol{r}d^3\boldsymbol{p}}{(2\pi\hbar)^3} \tag{10.84}$$

$$= \frac{V}{(2\pi\hbar)^3}\int e^{-\beta p_x^2/2m}dp_x \int e^{-\beta p_y^2/2m}dp_y \int e^{-\beta p_z^2/2m}dp_z. \tag{10.85}$$

最後の積分は，それぞれガウス積分の公式 (10.49) を使って直ちに遂行できて，

$$z = \frac{V}{(2\pi\hbar)^3}\left(\sqrt{\frac{2m\pi}{\beta}}\right)^3. \tag{10.86}$$

ゆえに，

---

26)　つまり，$\boldsymbol{r}_1 = (q_1, q_2, q_3)$, $\boldsymbol{r}_2 = (q_4, q_5, q_6), \cdots$ である．

$$F(T,V,N) = -k_{\mathrm{B}}T\,(N\ln z - \ln N!) \text{ から } o(V) \text{ の項を落としたもの} \tag{10.87}$$

$$= -k_{\mathrm{B}}TN\left[\ln\frac{V}{N} + \frac{3}{2}\ln(2\pi k_{\mathrm{B}}mT) + 1 - 3\ln(2\pi\hbar)\right]. \tag{10.88}$$

このままでもいいのだが，見かけを綺麗にするために，適当な基準状態 T_0, V_0, N_0 を選んで，そのときの F の値 $F_0 = F(T_0, V_0, N_0)$ と引き算して整理すると，

$$F(T,V,N) = \frac{NT}{N_0T_0}F_0 - k_{\mathrm{B}}TN\ln\left[\left(\frac{T}{T_0}\right)^{3/2}\left(\frac{V}{V_0}\right)\left(\frac{N_0}{N}\right)\right]. \tag{10.89}$$

これは，8 章で得た基本関係式を逆に解いた $E = E(S,V,N)$ を，S についてルジャンドル変換して得られる Helmholtz エネルギー $F(T,V,N)$（拙著 [1] の 13.2 節）と確かに一致する．

10.6　平衡値と期待値

最後に，統計力学を用いて物理量の平衡値を求める具体的な方法について説明を加えておこう．

たとえば，エネルギーの平衡値 E を T, V, N の関数として求めたいとする．具体的な求め方はいろいろあるが，一つのやり方は，Massieu 関数 $\mathcal{F}$ を微分することである．すなわち，ルジャンドル変換の性質から直ちに [27]，

$$E(B,V,N) = -\frac{\partial\mathcal{F}(B,V,N)}{\partial B}. \tag{10.90}$$

同じ量を Helmholtz エネルギー $F(T,V,N)$ から求めるのであれば，

$$S(T,V,N) = -\frac{\partial F(T,V,N)}{\partial T} \tag{10.91}$$

から $S(T,V,N)$ を求め，

$$E(T,V,N) = F(T,V,N) + S(T,V,N)T \tag{10.92}$$

により $E(T,V,N)$ を求める，という手続きになるので，上のように $\mathcal{F}$ から直接求める方が近道である．

もっと近道なのは，カノニカル集団におけるエネルギーの期待値

27) ♠ 相転移のために微分可能でなくなるケースについては，下の補足 10.4 を参照せよ．

$$\langle E\rangle = \sum_\lambda \mathcal{P}_\lambda E_\lambda = \frac{1}{Z}\sum_\lambda E_\lambda e^{-\beta E_\lambda} \tag{10.93}$$

と Z の定義式 (10.16) を比べれば得られる，

$$\boxed{\langle E\rangle = -\frac{\partial}{\partial\beta}\ln Z(\beta,V,N)} \tag{10.94}$$

という便利な（よく使われる）公式を使うことだ[28]．(10.63) と (10.90) よりこれは，

$$\langle E\rangle = E(B,V,N) + o(V) \tag{10.95}$$

を意味する．すなわち，10.2 節で述べたことから（あるいは 10.4 節で述べたことからも）当然ではあるが，

$$\boxed{\text{期待値 } \langle E\rangle \sim \text{平衡値 } E(B,V,N)} \tag{10.96}$$

と，熱力学極限で漸近する．あるいは，同じことだが，u の期待値 $\langle u\rangle$ について，

$$\boxed{\text{期待値 } \langle u\rangle \to \text{平衡値 } u(B,V,N)} \tag{10.97}$$

そのため，期待値である $\langle E\rangle$ や $\langle u\rangle$ を「平衡値」と呼んでしまう文献も少なくない．そのような呼び方をする場合には，本書における**平衡値** (equilibrium value) (≡ 熱力学の意味の平衡値）のことは，「無限系での平衡値」などと言ったりする．

なお，言うまでもないが，$\mathcal{F}(B,V,N)$ は完全な熱力学関数だから，E 以外の熱力学量も $\mathcal{F}(B,V,N)$ から（したがって $Z(\beta,V,N)$ から）直接計算できる．たとえば，(2.32) の Π_V $(= P/T)$ を求めるには，ルジャンドル変換の性質から，

$$\Pi_V(B,V,N) = \frac{\partial\mathcal{F}(B,V,N)}{\partial V} = \frac{\partial\ln Z(\beta,V,N)}{\partial V} + o(V^0) \tag{10.98}$$

となる．

---

28)　♠ この公式を導出するにあたり，Z の定義式 (10.16) の無限和 $\sum_\lambda$ と微分演算 $\partial/\partial\beta$ の順序を交換して各項微分を行ったが，この級数は，指数関数 $e^{-\beta E_\lambda}$ のおかげで良好な収束性を持つから，有限サイズの系である限りは問題ない．

補足 10.4　♠ 相転移のために $\boldsymbol{E(B, V, N)}$ が不連続になる場合

相転移のために $E(B, V, N)$ が不連続になる場合には，拙著 [1] の 13 章や 17 章で説明したように，(10.90) は左右の極限値に置き換える必要がある：

$$E(B \pm 0, V, N) = -\frac{\partial \mathcal{F}(B \pm 0, V, N)}{\partial B}. \tag{10.99}$$

ここで，関数やその微係数の極限値を，附録 B.1 の (B.1), (B.2) のように略記した．同様に，(10.91) と (10.92) も次のようになる：

$$S(T \pm 0, V, N) = -\frac{\partial F(T \pm 0, V, N)}{\partial T}, \tag{10.100}$$

$$E(T \pm 0, V, N) = F(T, V, N) + S(T \pm 0, V, N)T. \tag{10.101}$$

この最後の式では，$F(T, V, N)$ が連続関数であることから $F(T \pm 0, V, N) = F(T, V, N)$ であることを用いた．

第11章 グランドカノニカル集団と一般のGibbs集団

前章でカノニカル集団について詳しく論じたが，その議論をなぞれば，伝統的な統計集団はどれも直ちに導出できるし理解もできる．それらを本章でまとめて紹介しよう．

11.1 グランドカノニカル集団

手始めに，非常によく使われるアンサンブルである**グランドカノニカル集団** (grand canonical ensemble) を説明する．これは「T, V, μ で指定されるアンサンブル」であり，熱力学でいうと（熱力学ではあまり使わない表示だが）$\boldsymbol{TV\mu}$ **表示**に対応する．その導出の際には，大きな環境系との間で熱と粒子をやりとりするケースを考えるが，カノニカル集団のときと同様に，それは導出の便利のためにすぎない．平衡状態のマクロな性質は系が孤立していようがいまいが同じだから，孤立系にも使える．

11.1.1 グランドカノニカル分布の導出

着目系は単純系で，そのエントロピーの自然な変数は E, V, N だとする．導出の便利のために，その着目系が，同じ物質より成る大きな環境系との間で熱と粒子をやりとりできる状況を考える．これは，着目系と環境系の間には，何も仕切り壁がないか，粒子が自由に出入りできる網のような仕切りしかない，ということを意味する．前者の場合には，何もないところに仮想的に境界があると思って解析する，ということである．したがって，着目系を見ると，V は固定されているが，カノニカル集団のときと違って N は固定されていない．

着目系の個々のミクロ状態は統計集団とは無関係だから，ミクロカノニカル集団やカノニカル集団のときと同じであり，7.2.1 項で述べたように，(V, N, λ) で一意的に指定される．いままでと違うのは，N を固定せずに V だけを固定したときのミクロ状態 (V, N, λ) の確率 $\mathcal{P}_{N\lambda}$ を求めたい，という点だ．つまり，N と λ の（同時）確率分布 [1)] を求めたい．この確率分布も，カノニカル集団の導出のときと同様に考えれば，次のようにして求まる．

まず，(10.4) に対応するのは，E_λ と略記していたのを元の $E_{VN\lambda}$ と書けば，

$$\mathcal{P}_{N\lambda} = \frac{W_{\rm b}(E_{\rm t} - E_{VN\lambda}, N_{\rm t} - N)}{W_{\rm t}(E_{\rm t}, N_{\rm t})} \tag{11.1}$$

となる [2)]．したがって，(10.14) に対応する式は，エントロピー表示の狭義示強変数 $\Pi_N = \dfrac{\partial S}{\partial N}$ を用いて，

$$S_{\rm b}(E_{\rm t} - E_{VN\lambda}, N_{\rm t} - N) = S_{\rm b}(E_{\rm t}, N_{\rm t}) - BE_{VN\lambda} - \Pi_N N \tag{11.2}$$

となる．これと $\Pi_N = -\mu/T$ を用いれば，(10.15) に対応する式は

$$\mathcal{P}_{N\lambda} \propto e^{-\frac{1}{k_{\rm B}}BE_{VN\lambda} - \frac{1}{k_{\rm B}}\Pi_N N} = e^{-\beta(E_{VN\lambda} - \mu N)} \tag{11.3}$$

だとわかる．あとは規格化定数をかければよい．すなわち，(10.16) に対応して

$$\boxed{\Xi(\beta, V, \mu) \equiv \sum_{N,\lambda} e^{-\beta(E_{VN\lambda} - \mu N)}} \tag{11.4}$$

とおけば，

$$\boxed{\mathcal{P}_{N\lambda}(\beta, V, \mu) = \frac{1}{\Xi} e^{-\beta(E_{VN\lambda} - \mu N)}} \tag{11.5}$$

と求まる．ここで，規格化定数の役割を担う Ξ は，パラメータとして入っている β, μ に依存し，$E_{VN\lambda}$ を通じて V にも依存する [3)]．つまり Ξ は β, V, μ の関数 $\Xi(\beta, V, \mu)$ であるから，**大分配関数** (grand partition function) と呼ばれる．同様に，確率 $\mathcal{P}_{N\lambda}$ も β, V, μ の関数であるので，そのことを明示するために上式では $\mathcal{P}_{N\lambda}(\beta, V, \mu)$ と書いた．これは，パラメータである β, V, μ の値を一組与えたときの，ミクロ状態 (V, N, λ) の確率分布である．この確率分布を**グランドカノニカル分布** (grand canonical distribution) と呼ぶ．

---

1)　2 つ以上の変数の確率分布を**同時確率分布**と言う．

2)　体積は固定されているので $W_{\rm b}$ と $W_{\rm t}$ の引数から省いた．以下の $S_{\rm b}$ についても同様だ．

3)　N と λ については総和をとっているので依存性は消える．

11.1.2 グランドカノニカル集団

引き続き，カノニカル集団のときの議論を真似る．すなわち，体積 V の単純系の全てのミクロ状態が，それぞれ (11.5) の確率 $\mathcal{P}_{N\lambda}$ で含まれる集団を考え，**グランドカノニカル集団** (grand canonical ensemble) と名付ける[4]．$\mathcal{P}_{N\lambda}$ には，温度 T と化学ポテンシャル μ もパラメータとして入っているので，グランドカノニカル集団を指定するパラメータは T, V, μ である．そこで本書では，グランドカノニカル集団を $\mathbf{ge}(\boldsymbol{T}, \boldsymbol{V}, \boldsymbol{\mu})$ と書くことにする．

この集団は，ミクロカノニカル集団やカノニカル集団がそうだったように，ミクロ状態としては混合状態を表す．この混合状態は，平衡状態にある複合系の部分系の状態として求めたのだから，熱力学の要請 I-(ii) より，やはり平衡状態である．したがって，次のことが言える：

定理 11.1　$\boldsymbol{T}, \boldsymbol{V}, \boldsymbol{\mu}$ で指定される平衡状態の一つの表現
単純系の平衡状態が T, V, μ で指定されるとき，グランドカノニカル集団 $\mathrm{ge}(T, V, \mu)$ で表される混合状態は，その平衡状態に p.101 図 5.3 のように一対多対応する様々なミクロ状態のうちの一つである．

ここで，本節の冒頭で強調したように，環境系と熱接触させたのは導出の便利のためにすぎないので，この結論からは「環境系」という言葉は排除した．つまり，単に「T, V, μ で指定されるアンサンブル」というだけのことなので，たとえば孤立系でも使える．

11.1.3 エネルギー密度と粒子密度の分布

グランドカノニカル集団における $u = E/V$ と $n = N/V$ の確率分布（同時確率分布）を $\mathcal{P}(u, n)$ とすると，その振る舞いも，カノニカル集団における u の確率分布 $\mathcal{P}(u)$ と同様である．

すなわち，相転移領域以外では，$\mathcal{P}(u, n)$ のピークの頂点は

$$\boxed{\lim_{V \to \infty} [\mathcal{P}(u, n) \text{ のピークの頂点}] = [(u, n) \text{ の平衡値}]} \tag{11.6}$$

4) p.135 の脚注 11 でも述べたように，伝統的な用語ではグランドカノニカル分布とグランドカノニカル集団は同義語になるが，わかりやすいように本書では呼び分ける．

となるような位置にあり，ピークは V を増すほど鋭くなり，熱力学極限では無限に鋭くなる．つまり $\mathrm{ge}(T,V,\mu)$ は，エネルギー密度 $u_{VN\lambda}=E_{VN\lambda}/V$ が

$$(u_{VN\lambda},n)=[(u,n)\text{ の平衡値}]+o(V^0) \tag{11.7}$$

であるようなミクロ状態の集団である．すなわち

$$(E_{VN\lambda},N)=[(E,N)\text{ の平衡値}]+o(V) \tag{11.8}$$

なるミクロ状態の集団であり，これ以外のミクロ状態の寄与は指数関数的に小さい．

なお，以上の結果は，エントロピーの自然な変数が $E,V,N,X_3\cdots,X_t$ であるような一般の単純系にも容易に拡張できて，平衡状態を $T,V,\mu,X_3\cdots,X_t$ で指定する集団が作れる．ただ，それも「グランドカノニカル集団」と呼ぶかどうかは，人に依る [5]．

11.1.4　アンサンブルの等価性

カノニカル分布の分配関数 Z が完全な熱力学関数を与えたのと同様に，大分配関数 Ξ も完全な熱力学関数を与える．すなわち，$S(E,V,N)$ を E,N についてルジャンドル変換した関数

$$\mathcal{J}(B,V,\Pi_N)\equiv[S(E,V,N)-EB-N\Pi_N](B,V,\Pi_N) \tag{11.9}$$

$$=[\mathcal{F}(B,V,N)-N\Pi_N](B,V,\Pi_N) \tag{11.10}$$

を考えると [6]，$\ln\Xi$ はこの関数に漸近する：

$$\mathcal{J}(B,V,\Pi_N)=k_{\mathrm{B}}\ln\Xi(\beta,V,\mu)+o(V). \tag{11.11}$$

あるいは，$E(S,V,N)$ を S,N についてルジャンドル変換した

$$J(T,V,\mu)\equiv[E(S,V,N)-ST-N\mu](T,V,\mu) \tag{11.12}$$

$$=[F(T,V,N)-N\mu](T,V,\mu) \tag{11.13}$$

を考えると，$E-ST-N\mu=-T(S-EB-N\Pi_N)$ だから，

5)　学術論文では，個々の論文中での言葉遣いがわかるように書くので呼び名は問題にならない．
6)　1 行目と 2 行目が等しいことは，附録 B.4 や，拙著 [1] の 12 章を参照せよ．

$$J(T,V,\mu) = -k_{\rm B}T\ln\Xi(\beta,V,\mu) + o(V) \tag{11.14}$$

である．$\mathcal{J}$ や J は，逆ルジャンドル変換などで他のどの完全な熱力学関数にも変換できるから，それらと等価な情報を持つわけで，これらも完全な熱力学関数である．したがって上記の結果は，グランドカノニカル集団についても，熱力学関数についての**アンサンブルの等価性** (equivalence of ensembles) が成り立っていることを示している．

さらに，すでに定理 10.7 で述べたとおり，相共存がなければ，10.4 項で述べた，状態についての**アンサンブルの等価性** (equivalence of ensembles) も成り立つ．（だから，定理 10.7 は特定の統計集団を仮定しない書き方にしておいた．）

なお，関数 $\mathcal{J}(B,V,\Pi_N)$ のことも，カノニカル集団のときに出てきた $\mathcal{F}$ と同様に，**Massieu**（マシュー）**関数**と呼ぶ．一方，$J(T,V,\mu)$ は，**グランド・ポテンシャル** (grand potential) と呼ばれることがある．

11.1.5　大分配関数と分配関数の関係

λ というラベルは，7.2.1 項で述べたように，与えられた全体積 V と全粒子数 N の下で許されるミクロ状態たちを区別するために付けたラベルであった．したがって，V を与えられた値に固定した (11.4) の和 $\displaystyle\sum_{N,\lambda}$ は，N のそれぞれの値ごとに λ の和をとってから N の和をとる．つまり，丁寧に書くと，

$$\begin{aligned}\sum_{N,\lambda} e^{-\beta(E_{VN\lambda}-\mu N)} &= \sum_{\substack{N \\ \text{(for given } V)}} \sum_{\substack{\lambda \\ \text{(for given } V,N)}} e^{-\beta(E_{VN\lambda}-\mu N)} \\ &= \sum_{\substack{N \\ \text{(for given } V)}} e^{\beta\mu N} \sum_{\substack{\lambda \\ \text{(for given } V,N)}} e^{-\beta E_{VN\lambda}} \end{aligned} \tag{11.15}$$

である．右辺の $\displaystyle\sum_{\lambda}$ だけ実行した結果は (10.16) の分配関数 Z になるから，

$$\boxed{\Xi(\beta,V,\mu) = \sum_N e^{\beta\mu N} Z(\beta,V,N)} \tag{11.16}$$

という関係式で Ξ と Z が結びついていることがわかる．この関係式は，しばしば具体的な計算に応用される．

ところで，右辺の和を，$\Delta N = 1$（$\ll \langle N \rangle$）ごとの和であることに注意して積分に直せば，誤差はせいぜい $e^{o(V)}$ がかかるぐらいだから，

$$\Xi(\beta, V, \mu) = e^{o(V)} \int e^{\beta\mu N} Z(\beta, V, N) dN \tag{11.17}$$

とも書ける．ここに現れた積分は，応用数学で**ラプラス変換** (Laplace transform) と呼ばれているものである．$k_{\rm B} \ln Z$ が，N について上に凸な [7] 関数 $\mathcal{F}$ に (10.56) のように漸近することを使って，この積分を 10.3.6 項で述べたようにして評価すれば，$k_{\rm B} \ln \Xi$ の漸近形 $\mathcal{J}$ と $\mathcal{F}$ がルジャンドル変換で結びついていることがわかる．つまり，Ξ と Z はラプラス変換で結ばれ，その結果，その対数である熱力学関数がルジャンドル変換で結ばれる．これが，カノニカル集団とグランドカノニカル集団の等価性の数学的な仕組みである．

11.1.6　大分配関数が簡単に計算できるケース

グランドカノニカル集団は，カノニカル集団と並んで，統計力学で最も多用されるアンサンブルである．もちろん，Z と同様に，現実的なハミルトニアンを持つモデルを仮定して Ξ を計算するのは，きわめて難しい．しかし，10.5.1 項で述べたような簡略化されたモデルのクラスであれば，Z と同様に Ξ も容易に計算できる．そのことは (11.16) から自明ではあるが，念のため確認しよう．

たとえば，相互作用がない N 個の同種粒子より成る古典粒子系を考える．与えられた全体積 V と全粒子数 N の下で許されるミクロ状態は，それぞれの粒子の位置座標と運動量の組を N 組集めた

$$\lambda = ((\boldsymbol{r}_1, \boldsymbol{p}_1), (\boldsymbol{r}_2, \boldsymbol{p}_2), \cdots, (\boldsymbol{r}_N, \boldsymbol{p}_N)) \tag{11.18}$$

でラベルできる．ここで，$(\boldsymbol{r}_k, \boldsymbol{p}_k)$ は連続変数だが，8.2 節で述べたように勘定するので問題ない．粒子間に相互作用がないのであれば，ミクロ状態 (V, N, λ) のエネルギーは

$$E_{VN\lambda} = \sum_{k=1}^{N} \varepsilon(\boldsymbol{r}_k, \boldsymbol{p}_k) \tag{11.19}$$

という形をしている．ここで，$\varepsilon(\boldsymbol{r}_k, \boldsymbol{p}_k)$ は $\boldsymbol{r}_k$ と $\boldsymbol{p}_k$ の両方の関数であっても構わないので，一体のポテンシャル（一粒子ポテンシャル）や外部磁場があってもよい．状態の重複数 $N!$ も考慮して，これらの式を (11.4) に代入すると，10.5.3 項と同様に，

---

7)　ルジャンドル変換の一般的性質から明らかではあるが，p.45 の脚注 46 参照．

$$\Xi = \sum_N \frac{1}{N!} \int_{\boldsymbol{r}_1 \in V} \int \frac{d^3\boldsymbol{r}_1 d^3\boldsymbol{p}_1}{(2\pi\hbar)^3} \cdots \int_{\boldsymbol{r}_N \in V} \int \frac{d^3\boldsymbol{r}_N d^3\boldsymbol{p}_N}{(2\pi\hbar)^3} e^{-\beta(\sum_k \varepsilon(\boldsymbol{r}_k, \boldsymbol{p}_k) - \mu N)}$$
$$= \sum_N \frac{1}{N!} \left[\int_{\boldsymbol{r} \in V} \int \frac{d^3\boldsymbol{r} d^3\boldsymbol{p}}{(2\pi\hbar)^3} e^{-\beta(\varepsilon(\boldsymbol{r}, \boldsymbol{p}) - \mu)} \right]^N \tag{11.20}$$

となる．したがって，

$$\xi \equiv \int_{\boldsymbol{r} \in V} \int \frac{d^3\boldsymbol{r} d^3\boldsymbol{p}}{(2\pi\hbar)^3} e^{-\beta(\varepsilon(\boldsymbol{r}, \boldsymbol{p}) - \mu)} \tag{11.21}$$

だけ計算すれば（これは簡単だ），

$$\boxed{\Xi = \sum_N \frac{1}{N!} \xi^N \quad \text{for (11.19)}} \tag{11.22}$$

と Ξ が求まる．

ちなみに，(11.21) とカノニカル集団のときの z の表式 (10.84) を比べると，両者の間には

$$\xi = e^{\beta\mu} z \tag{11.23}$$

という，(11.16) と似た関係があることがわかる．したがって，どちらかの集団で計算しておけば，もう一方の集団の結果も直ちにわかる．

これらの結果を利用して，下の問題 11.1 を解き，熱力学関数に関するアンサンブルの等価性を確認してみるとよいだろう．

問題 11.1　単原子古典理想気体の大分配関数を求め，$J(T, V, \mu)$ を求めよ．また，$J(T, V, \mu)$ を逆ルジャンドル変換することにより，$F(T, V, N)$, $U(S, V, N)$ を求め，前章までの結果と一致することを確かめよ．**ヒント**：指数関数のテイラー展開を思い出せば，N に関する和が容易にとれる．

11.2 ♠Gibbs 集団の総まとめ

カノニカル集団やグランドカノニカル集団のケースをなぞれば，別のパラメータを持つ統計集団も直ちに構成できる．それを一般的な形で統合して紹介しよう．ただし，続巻で述べる「拡張アンサンブル」については別の考察が必要に

なるので，ここでは，伝統的な統計集団に限定する．裏を返せば，伝統的な統計集団は，この節に書くことに集約できてしまう．これらの伝統的なアンサンブル（ミクロカノニカル集団を含む）は，Gibbs により与えられたので，**Gibbs 集団** (Gibbs ensemble) とも呼ばれる．

11.2.1 ♠ 統合に便利な表現

まず，統合と量子系などでの計算に便利なように，グランドカノニカル集団を少し別の形に表現しよう．

前節では，エントロピーの自然な変数が E, V, N である単純系を考え，V を固定したときに (V, N, λ) で指定されるミクロ状態の確率 $\mathcal{P}_{N\lambda}(\beta, V, \mu)$ を導いたのであった．ここで，$\Lambda \equiv (N, \lambda)$ とおくと，

$$\text{ミクロ状態は } (V, \Lambda) \text{ で指定される} \tag{11.24}$$

ということになり，$E_{VN\lambda} = E_{V\Lambda}$，$\mathcal{P}_{N\lambda} = \mathcal{P}_\Lambda$ となるので，少しだけ見やすくなる．たとえば (11.4) と (11.5) は，それぞれ，

$$\Xi(\beta, V, \mu) = \sum_\Lambda e^{-\beta(E_{V\Lambda} - \mu N)}, \tag{11.25}$$

$$\mathcal{P}_\Lambda(\beta, V, \mu) = \frac{1}{\Xi} e^{-\beta(E_{V\Lambda} - \mu N)} \tag{11.26}$$

という具合である．これらの式を，さらに次のように書き換える．

まず，右辺の指数関数の括弧内の量は，エネルギー（つまりハミルトニアン H）に，余分な項 $-\mu N$ が付け加わったものに見える．これを，「統計力学における実効的なハミルトニアンのようなもの」と見なし，statistical mechanics の頭文字「st」を付けて $H^{\rm st}$ と書こう：

$$H^{\rm st} \equiv H - \mu N. \tag{11.27}$$

ここで，「のようなもの」と言ったわけは，μ のような狭義示強変数はミクロ物理学には登場しない量であるから，一般には $H^{\rm st}$ はミクロ物理学のダイナミクスを統べるハミルトニアンではありえないからである．ただし例外もあって，たとえば磁性体の場合には，17.5 節で述べる例のように，外部磁場との相互作用を付け加えたミクロ物理学のハミルトニアンに一致することもある．

この $H^{\rm st}$ は，ミクロ状態ごとに様々な値をとるであろうから，個々のミクロ状態における値を

$$H^{\rm st}_{V\Lambda} \equiv \text{ミクロ状態}\,(V,\Lambda)\,\text{における}\,H^{\rm st}\,\text{の値} \tag{11.28}$$

と書こう．すると，(11.25) と (11.26) は，

$$\Xi(\beta, V, \mu) = \sum_{\Lambda} e^{-\beta H^{\rm st}_{V\Lambda}}, \tag{11.29}$$

$$\mathcal{P}_\Lambda(\beta, V, \mu) = \frac{1}{\Xi} e^{-\beta H^{\rm st}_{V\Lambda}} \tag{11.30}$$

と書ける．この形に表しておけば，以下に述べるように直ちに一般化できる．

11.2.2 ♠Gibbs 集団を統合する公式

エントロピーの自然な変数が，$t+1$ 個の相加変数

$$E, X_1, \cdots, X_t \tag{11.31}$$

であるような単純系を考える．t 個の $X_1, \cdots, X_t$ から，任意に m $(< t)$ 個を選ぶ．式が見やすいように，これらを最初の m 個

$$X_1, \cdots, X_m \quad (m < t) \tag{11.32}$$

に選んだ場合について書くが，他の場合も同様である．これらに共役なエネルギー表示の示強変数を

$$P_1, \cdots, P_m \quad (m < t) \tag{11.33}$$

とする．平衡状態を指定するパラメータとして，$E, X_1, \cdots, X_t$ の代わりに，

$$T, P_1, \cdots, P_m, X_{m+1}, \cdots, X_t \tag{11.34}$$

を用いた統計集団は，次のように構成すればよい．

相加変数 $X_{m+1}, \cdots, X_t$ を固定したときのミクロ状態が，適当なパラメータ（の組）Λ で指定できるとする．つまり，

$$\text{ミクロ状態は}\,(X_{m+1}, \cdots, X_t, \Lambda)\,\text{で指定される．} \tag{11.35}$$

また，(11.27) の真似をして，

$$\boxed{H^{\rm st} \equiv H - \sum_{k=1}^{m} P_k X_k} \tag{11.36}$$

とおく．そして，(11.28) の真似をして，

$$H^{\mathrm{st}}_{X_{m+1},\cdots,X_t,\Lambda} \equiv [\text{ミクロ状態} \ (X_{m+1},\cdots,X_t,\Lambda) \ \text{における} \ H^{\mathrm{st}} \ \text{の値}] \quad (11.37)$$

とする．これらを用いて，次のような統計集団を構築する：

$T, P_1, \cdots, P_m, X_{m+1}, \cdots, X_t$ で指定される統計集団

定義 11.1　$T, P_1, \cdots, P_m, X_{m+1}, \cdots, X_t$ をパラメータとする統計集団の分配関数を，

$$\Upsilon(T, P_1, \cdots, P_m, X_{m+1}, \cdots, X_t) \equiv \sum_{\Lambda} \exp\left(-\beta H^{\mathrm{st}}_{X_{m+1},\cdots,X_t,\Lambda}\right) \quad (11.38)$$

と定義する（連続変数については和を積分に置き換える）．$X_{m+1}, \cdots, X_t$ が指定された値を持つ全てのミクロ状態 $(X_{m+1}, \cdots, X_t, \Lambda)$ が，それぞれ

$$\mathcal{P}_{\Lambda}((T, P_1, \cdots, P_m, X_{m+1}, \cdots, X_t)) = \frac{1}{\Upsilon} \exp\left(-\beta H^{\mathrm{st}}_{X_{m+1},\cdots,X_t,\Lambda}\right) \quad (11.39)$$

なる確率で含まれる統計集団を考える．この統計集団を，本書では $\mathbf{ens}(\boldsymbol{T}, \boldsymbol{P_1}, \cdots, \boldsymbol{P_m}, \boldsymbol{X_{m+1}}, \cdots, \boldsymbol{X_t})$ と書くことにする．

たとえば，$X_1, \cdots, X_t = V, N$ の場合，グランドカノニカル集団は $\Lambda = (N, \lambda)$，$\Upsilon = \Xi$，$\mathrm{ens}(T, V, \mu) = \mathrm{ge}(T, V, \mu)$ であり，カノニカル集団は $\Lambda = \lambda$，$\Upsilon = Z$，$\mathrm{ens}(T, V, N) = \mathrm{ce}(T, V, N)$ である．

この統計集団は，平衡状態を表す：

定理 11.2　$\boldsymbol{T, P_1, \cdots, P_m, X_{m+1}, \cdots, X_t}$ で指定される平衡状態
単純系の平衡状態が $T, P_1, \cdots, P_m, X_{m+1}, \cdots, X_t$ で指定されるとき，$\mathrm{ens}(T, P_1, \cdots, P_m, X_{m+1}, \cdots, X_t)$ で表される混合状態は，その平衡状態に p.101 図 5.3 のように一対多対応する様々なミクロ状態のうちの一つである．

ここで，「指定されるとき」という微妙な言い方をしたのは，カノニカル集団やグランドカノニカル集団と同様に，相共存があると平衡状態が $T, P_1, \cdots, P_m, X_{m+1}, \cdots, X_t$ では指定しきれないことがあるためだ．（その場合については続巻で論

ずる.）それにもかかわらず，相共存がある場合も含めて，完全な熱力学関数を与える：

定理 11.3 完全な熱力学関数の計算公式
$T, P_1, \cdots, P_m, X_{m+1}, \ \cdots, X_t$ を自然な変数とする完全な熱力学関数を $Y(T, P_1, \cdots, P_m, X_{m+1}, \cdots, X_t)$ とする．また，Y に対応するエントロピー表示，すなわち，$B, \Pi_1, \cdots, \Pi_m, X_{m+1}, \cdots, X_t$ を自然な変数とする完全な熱力学関数を $\mathcal{Y}(B, \Pi_1, \cdots, \Pi_m, X_{m+1}, \cdots, X_t)$ とする．Υ の対数は，これらの関数に漸近する：

$$Y(T, P_1, \cdots, P_m, X_{m+1}, \cdots, X_t) = -k_{\mathrm{B}} T \ln \Upsilon + o(V), \tag{11.40}$$

$$\mathcal{Y}(B, \Pi_1, \cdots, \Pi_m, X_{m+1}, \cdots, X_t) = k_{\mathrm{B}} \ln \Upsilon + o(V). \tag{11.41}$$

ここで，エントロピー表示の示強変数 $B, \Pi_1, \cdots, \Pi_m$ （2.12.2 項参照）を用いた場合についても述べておいた．その場合の完全な熱力学関数 $\mathcal{Y}$ のことも，$\mathcal{F}$ や $\mathcal{J}$ と同様に，**Massieu**（マシュー）**関数**と呼ぶ．一方，Y については，一般に通用するような呼び名を筆者は聞いたことがない．ただ，上式から明らかなように，Y と $\mathcal{Y}$ は単純な関係で結ばれた本質的に同じ関数である．

$\mathcal{Y}$ や Y は, 逆ルジャンドル変換などで, 他のどの完全な熱力学関数にも変換できるから，それらと等価な情報を持つ．つまり，$\mathrm{ens}(T, P_1, \cdots, P_m, X_{m+1}, \cdots, X_t)$ についても熱力学関数についての**アンサンブルの等価性** (equivalence of ensembles) が成り立っていることをこの定理は示している．さらに，すでに定理 10.7 で述べたとおり，相共存がなければ，10.4 項で述べた状態についての**アンサンブルの等価性** (equivalence of ensembles) も成り立つ．

また，念のため注意しておくと，カノニカル集団やグランドカノニカル集団と同様に，この集団も孤立系でも使える．熱力学によると，平衡状態は孤立していようがいまいが同じだからだ．単に「$T, P_1, \cdots, P_m, X_{m+1}, \cdots, X_t$ で指定されるアンサンブル」というだけのことである．実際, あらゆる相加変数と狭義示強変数の平衡値について, この集団は（相転移のために $T, P_1, \cdots, P_m, X_{m+1}, \cdots, X_t$ による表示が不完全になる領域を除くと）ミクロカノニカル集団とマクロに同じ結果を与える．

例 11.1　エントロピーの自然な変数が E, V, N であるような単純系について，化学でよく使われる Gibbs エネルギー $G(T, P, N)$ を与える公式を作ろう．それには $\mathrm{ens}(T, P, N)$ を使えばよい．まず，$P_V = -P$ より (11.36) は

$$H^{\mathrm{st}} = H + PV \tag{11.42}$$

となる．また，ミクロ状態は (V, N, λ) で指定されるから，N を指定したときにミクロ状態を指定するパラメータ Λ は $\Lambda = (V, \lambda)$ である．したがって，(11.38) より，V が連続変数であることに注意して和を積分におきかえて，

$$\Upsilon(T, P, N) = \int dV \sum_{\lambda} e^{-\beta(E_{VN\lambda} + PV)}. \tag{11.43}$$

これを ***T*-*P* 分配関数**と呼ぶ．(11.40) により，これが G を与える：

$$G(T, P, N) = -k_{\mathrm{B}} T \ln \Upsilon(T, P, N) + o(N). \tag{11.44}$$

ここで，いつもは V を指定しているので熱力学極限での振る舞いを $o(V)$ のように書いているが，ここでは N を指定しているので $o(N)$ と書いた．（熱力学極限への移行は $V \propto N$ で行われるから同じことであるが，見やすくした．）

11.2.3　♠ エントロピー表示の自然さ

ここまでの議論を振り返ると，統計力学は，エントロピー表示の基本関係式と，そのルジャンドル変換である Massieu 関数で見た方が美しいことがわかる．たとえばエントロピーの自然な変数が E, V, N である系では，

$$\begin{aligned}
&S(E, V, N) \sim k_{\mathrm{B}} \ln W(E, V, N) \;\;：\text{ミクロカノニカル集団}\\
&\text{ルジャンドル変換} \downarrow\uparrow \text{逆ルジャンドル変換}\\
&\mathcal{F}(B, V, N) \sim k_{\mathrm{B}} \ln Z(B, V, N) \;\;：\text{カノニカル集団}\\
&\text{ルジャンドル変換} \downarrow\uparrow \text{逆ルジャンドル変換}\\
&\mathcal{J}(B, V, \Pi_N) \sim k_{\mathrm{B}} \ln \Xi(B, V, \Pi_N) \;\;：\text{グランドカノニカル集団}
\end{aligned} \tag{11.45}$$

と，まったく同じ綺麗な形になっている．

実は，分配関数と確率分布の公式 (11.38) と (11.39) も，エントロピー表示で表す方が綺麗になる．実際，「エントロピー表示の $\mathcal{H}^{\mathrm{st}}$」を

$$\mathcal{H}^{\mathrm{st}} \equiv BH + \sum_{k=1}^{m} \Pi_k X_k \tag{11.46}$$

と，エントロピー表示の示強変数 $B, \Pi_1, \cdots, \Pi_m$ を使って定義すれば，

$$\beta H^{\mathrm{st}} = \mathcal{H}^{\mathrm{st}} / k_{\mathrm{B}} \tag{11.47}$$

であるから，(11.38) と (11.39) の指数関数は，

$$\exp\left(-\frac{1}{k_{\mathrm{B}}} \mathcal{H}^{\mathrm{st}}_{X_{m+1}, \cdots, X_t, \Lambda}\right) \tag{11.48}$$

となる．H^{st} では，$E, X_1, \cdots, X_m$ のうち $E\ (= H)$ だけが特別扱いされていたが，$\mathcal{H}^{\mathrm{st}}$ では，どの相加変数も特別扱いされずに完全に対称な美しい形で入っている．このことからも，理論的にはエントロピー表示の方が美しいし，端的に言えば統計力学はエントロピー表示で作られていることがわかる．

そうであるにもかかわらずエネルギー表示の結果を説明したのは，伝統的にそれが使われることが多いからである．ついでに言うと，$k_{\mathrm{B}} = 1$ の単位系を使えば上記の表式から k_{B} が消えて，いっそう簡潔になる．それにもかかわらず $k_{\mathrm{B}} \neq 1$ の単位系が使われているのも，それが伝統だからである．

物理では，理論の美しい構造を理解することが重要であるが，その点を理解しようとする際には，エントロピー表示と $k_{\mathrm{B}} = 1$ の単位系を使うことをお勧めしたい．

第12章 相互作用する古典粒子系および局所物理量の分布関数

前章までの定式化を用いて，古典力学に従う粒子の系に共通の性質をいくつか導く．具体的には，エネルギー等分配則，単原子理想古典気体の比熱，Maxwellの速度分布，ビリアル定理とその応用を紹介する．また，古典系でも量子系でも，一粒子量などの局所物理量の空間平均や分布関数が，統計力学で正しく求まることも説明する．

12.1 エネルギー等分配則

古典力学に従う N 個の粒子（質点）が3次元空間を運動するマクロ系，すなわち自由度 $f = 3N$ の古典粒子系を考える．3次元空間とは限らない，d 次元空間（$d = 1, 2, 3, \cdots$）を運動する場合も，$f = Nd$ となること以外は以下の結果がそのまま成り立つ．

この古典粒子系のハミルトニアンは，(8.8) をさらに拡張した，

$$H(q,p) = \sum_{j=1}^{f} \frac{p_j^2}{2m_j} + U(q) \tag{12.1}$$

だとする．ここで，$U(q)$ は位置座標 $q = q_1, \cdots, q_f$ の関数

$$U(q) = U(q_1, \cdots, q_f) \tag{12.2}$$

であり，粒子間に働く任意の短距離相互作用のポテンシャルエネルギーと，壁などから粒子が受ける任意の短距離力のポテンシャルエネルギーの総和を表している[1)]．また，番号 j は連続した3つの番号が同じ粒子に割り振られるから，

1)　「短距離」を強調していることからわかるように，$U(q)$ として重力相互作用しかない（と

普通は $m_1 = m_2 = m_3$, $m_4 = m_5 = m_6$, $\cdots$ であるが，ここではそれも一般化してある [2)]．この系が平衡状態にあるとする．

系の（全）エネルギーが相加物理量であったのと同様に，この系の（全）運動エネルギー $\sum_j p_j^2/2m_j$ も，5.4.1 節で述べた「ミクロ物理学の相加物理量」であるから，相加物理量である．したがって，5.4.1 節の定理 5.2 により（詳しくは定理 18.1 により），その値は平衡状態だけで決まる値（平衡値）にマクロに定まっている．さらに，10 章や 11 章で述べたように，どの統計集団における期待値も，熱力学極限で平衡値に一致する．そこでここでは，計算が楽なカノニカル集団における期待値を計算することにする．

相加物理量 $\sum_j p_j^2/2m_j$ は，運動量だけの関数であるから，まず，古典粒子系において運動量だけの関数 $g(p)$ の期待値がどうなるかを一般的に調べることから始めよう．

同種粒子が多数個含まれる場合にも適用できるように，8.2 節で述べた，相空間の積分において同じ状態が現れる回数 $\mathcal{M}$ での割り算も施しておくと，

$$\langle g(p) \rangle = \frac{\dfrac{1}{\mathcal{M}} \displaystyle\int_{q \in V} \int g(p) e^{-\beta \sum_j p_j^2/2m_j} e^{-\beta U(q)} \frac{dq dp}{(2\pi\hbar)^f}}{\dfrac{1}{\mathcal{M}} \displaystyle\int_{q \in V} \int e^{-\beta \sum_j p_j^2/2m_j} e^{-\beta U(q)} \frac{dq dp}{(2\pi\hbar)^f}} \tag{12.3}$$

となるが，結局，$\mathcal{M}$ は分母分子でキャンセルして効かない．ここに現れた積分は，p の積分と q の積分に分けることができて，

$$\langle g(p) \rangle = \frac{\displaystyle\int g(p) e^{-\beta \sum_j p_j^2/2m_j} dp \int_{q \in V} e^{-\beta U(q)} dq}{\displaystyle\int e^{-\beta \sum_j p_j^2/2m_j} dp \int_{q \in V} e^{-\beta U(q)} dq} \tag{12.4}$$

となる．これを見ると，q の積分も分母分子でキャンセルして効かないので，

$$\boxed{\langle g(p) \rangle = \frac{\displaystyle\int g(p) e^{-\beta \sum_j p_j^2/2m_j} dp}{\displaystyle\int e^{-\beta \sum_j p_j^2/2m_j} dp} \quad \text{（古典粒子系）}} \tag{12.5}$$

みなせる）ような天体系など，熱力学・統計力学の対象になるかどうか怪しいケースは除く．

2)　実は，もっと一般的なハミルトニアンについても，古典粒子系でありさえすれば証明できるのだが（たとえば文献 [6]），「粒子が古典力学に従う」という根本的な仮定が，後述のようにさほど汎用性がある仮定ではないことを考えると，上記のハミルトニアンについて示せば十分だろう．

を得る．この結果を見ると，粒子間に働くポテンシャルエネルギー $U(q)$ が $\langle g(p) \rangle$ にはまったく効かない．したがって，$\langle g(p) \rangle$ は $U(q)=0$ のときと同じになる．つまり，

定理 12.1　古典粒子系における運動量だけの関数の平衡値
古典粒子系においては（どんな強い相互作用があろうが，その系の状態が気体だろうが液体だろうが固体だろうが），運動量だけの関数の期待値は（したがって平衡値も），理想古典気体と同じになる．

この結果の意義を説明しよう．1.3 節や 3.6 節で述べたように，相互作用があるマクロ系の運動方程式は，特殊なケース以外は，原理的に解けない．それにもかかわらず，統計力学を用いることで，どんな強い相互作用があろうが（古典粒子系である限りは）成り立つという，強い結果を得ることができたのだ．そして，この結果を利用すれば，以下で述べる「エネルギー等分配則」や「Maxwell の速度分布」などの，さらに具体的な結果も得ることができる．これらは，本書でたびたび述べてきた，統計力学の大きな御利益の例である．

上記の結果を，本節の目的である $g(p)=\sum_j p_j^2/2m_j$ の場合に適用しよう．すると，$x_j \equiv \sqrt{\beta/2m_j}\, p_j$ などとおいて計算してみればわかるように，

$$\left\langle \sum_{j=1}^{f} \frac{p_j^2}{2m_j} \right\rangle = \left\langle \frac{p_1^2}{2m_1} \right\rangle f \tag{12.6}$$

となるから，$\left\langle \frac{p_1^2}{2m_1} \right\rangle$ を計算すれば十分だ．それは次のように計算できる：

$$\begin{aligned}
\left\langle \frac{p_1^2}{2m_1} \right\rangle &= \frac{\displaystyle\int \frac{p_1^2}{2m_1} e^{-\beta \sum_j p_j^2/2m_j} dp}{\displaystyle\int e^{-\beta \sum_j p_j^2/2m_j} dp} \\
&= \frac{\displaystyle\int \frac{p_1^2}{2m_1} e^{-\beta p_1^2/2m_1} dp_1 \int \cdots \int e^{-\beta \sum_{j=2}^{f} p_j^2/2m_j} dp_2 \cdots dp_f}{\displaystyle\int e^{-\beta p_1^2/2m_1} dp_1 \int \cdots \int e^{-\beta \sum_{j=2}^{f} p_j^2/2m_j} dp_2 \cdots dp_f} \\
&= \frac{\displaystyle\int \frac{p_1^2}{2m_1} e^{-\beta p_1^2/2m_1} dp_1}{\displaystyle\int e^{-\beta p_1^2/2m_1} dp_1}.
\end{aligned} \tag{12.7}$$

この式の分母はガウス積分の公式 (10.49) で計算できるし，分子は (10.49) の両辺を a で微分して得られる [3]，

$$\int_{-\infty}^{\infty} x^2 e^{-ax^2} dx = \frac{1}{2a}\sqrt{\frac{\pi}{a}} \qquad (a > 0) \tag{12.8}$$

で計算できる．そのようにして計算した結果を (12.6) に代入すれば，

$$\left\langle \sum_j \frac{p_j^2}{2m_j} \right\rangle = \frac{1}{2\beta} f = \frac{k_{\mathrm{B}}T}{2} f \tag{12.9}$$

を得る．この式の両辺を自由度 f で割り算することで，次の定理を得る：

定理 12.2　エネルギー等分配則
古典力学に従う粒子（質点）の系の平衡状態では，

$$\boxed{\langle 1 \text{ 自由度当たりの運動エネルギー} \rangle = \frac{1}{2}k_{\mathrm{B}}T} \tag{12.10}$$

である．これを**エネルギー等分配則**と言う．

この定理は有名かつ有用なのだが，その一方で，「温度とは運動エネルギーの期待値である」という誤解を招く原因にもなっている．この定理はあくまで，粒子が古典力学に従う場合にだけ成り立つ定理であって，量子系では，14.5 節で示すように破綻することに注意してほしい．したがって，エネルギー等分配則は，系の運動をどのぐらいの精度で古典力学で近似できるかを見極めた上で使う必要がある（それについては，次節で少し議論する）．要するに，温度というのは，運動エネルギーのことではなく，あくまで，エントロピー S の内部エネルギー E に関する敏感度（偏微分係数）の逆数なのである．それでこそ，量子系であろうが時空が曲がろうが（拙著 [1] の 20.2 節），「熱の流れを司るポテンシャルのような量」（拙著 [1] の 9.2 節）になるのである．

3)　この指数関数は $|x|$ の大きいところで速やかに減衰するので，微分と積分の順序が交換できる．

12.2 単原子理想古典気体の比熱

エネルギー等分配則の応用例として，単原子理想古典気体の比熱を求めよう．もちろん，我々は既に基本関係式を求めてあるので，それを微分すれば比熱は直ちに求まるのだが，ここでは，あえてエネルギー等分配則を使って求めてみる．

10 章で述べたようにエネルギー E の期待値は熱力学極限で E の平衡値と見なせるので，ここでは期待値も単に E と書こう．理想気体を考えているので，相互作用はなく，$U(q) = 0$ である．そのおかげで，E の期待値は運動エネルギーの期待値に等しい．ゆえに，エネルギー等分配則より，

$$E = \left\langle \sum_j \frac{p_j^2}{2m_j} \right\rangle = \frac{3N}{2} k_{\mathrm{B}} T. \tag{12.11}$$

したがって，定積熱容量 C_V は，

$$C_V = \left(\frac{\partial E}{\partial T} \right)_{V,N} = \frac{3}{2} k_{\mathrm{B}} N \tag{12.12}$$

となり，定積モル比熱 $c_V = C_V/(N/N_{\mathrm{A}})$ についてよく知られた結果

$$\boxed{c_V = \frac{3}{2} k_{\mathrm{B}} N_{\mathrm{A}} = \frac{3}{2} R} \tag{12.13}$$

を得る．ここで，R は (8.42) の気体定数である．

この c_V は温度に依らない．一方，いわゆる「熱力学第三法則」が成り立つ系ならば，$T \to +0$ では $c_V \to 0$ になることが結論される（拙著 [1] の 14.7.4 項）．実在のほとんどの気体もこれに従うようだ．ところが，上の計算では，これと矛盾する結果が出てしまった．これは，単原子気体を相互作用のない古典粒子系と見なした近似が低温では破綻することを示している．実際，14.5 節で示すように，たとえ「相互作用がない」という近似を保持したままでも，原子が量子力学に従うとするだけで，この矛盾は解消する．これは，量子系ではエネルギー等分配則が成り立たないことを如実に示している．8.6 節で述べたように，単原子気体を古典粒子系と見なす近似が良いのは，高温低密度領域だけなのである．

なお，**分子気体** (molecular gas) の場合には，8.5.2 項で述べたように，分子を構成する原子が古典粒子であるという近似が良いための条件は，高温低密度というだけでは足りない．そのため，あくまでエネルギー等分配則を使おうとすると，あたかも温度によって自由度 f が変わる（そのために (8.43) の c が変わる）かのように見えてしまう．したがって，単原子理想気体の高温低密度領域のように古典近似が良いことが明白なケース以外は，量子論で計算する方が正確だし楽である．

12.3　Maxwell の速度分布

続いて，J. C. Maxwell（マクスウェル）によって与えられた「Maxwell の速度分布」というものを導出する．計算を短くするために前節で使った式を再利用して導出するが，そのようにすると，とかく等重率を仮定しているという誤解を与えがちである．その誤解は次節で解くことにして，この節ではともかく導出しよう．

運動量 p $(= p_1, \cdots, p_f)$ の確率密度 $\mathfrak{p}(p)$ を

$$\begin{aligned}\mathfrak{p}(p)dp &\equiv \mathfrak{p}(p_1, \cdots, p_f)dp_1 \cdots dp_f \\ &\equiv \mathrm{Prob}[p \in [p_1, p_1 + dp_1), \cdots, [p_f, p_f + dp_f)]\end{aligned} \tag{12.14}$$

と定義しよう．ここで，Prob[•] は，1.5.3 項で述べたように，• が起こる確率または相対頻度である．

結果 (12.5) において，$g(p)$ は p の任意の関数であった．したがってこの結果は，p が

$$\mathfrak{p}(p) = \frac{e^{-\beta \sum_j p_j^2/2m_j}}{\displaystyle\int e^{-\beta \sum_j p_j^2/2m_j} dp} = \prod_j \sqrt{\frac{\beta}{2\pi m_j}} e^{-\beta p_j^2/2m_j} \tag{12.15}$$

なる確率密度で分布していると見なしてよいことを意味する．これは，各 p_j だけを含む項の積になっているから，各運動量成分 p_j が，互いに独立に

$$\mathfrak{p}_j(p_j) = \sqrt{\frac{\beta}{2\pi m_j}} e^{-\beta p_j^2/2m_j} = \frac{1}{\sqrt{2\pi m_j k_{\mathrm{B}} T}} e^{-p_j^2/2m_j k_{\mathrm{B}} T} \tag{12.16}$$

という確率密度を持つということだ．これを，慣習に従って速度成分 $v_j = p_j/m_j$ の確率密度 $\mathfrak{p}_j^v(v_j)$ に直すには，v_j と p_j の対応する範囲の確率が同じこと（$\mathfrak{p}_j^v(v_j)dv_j = \mathfrak{p}_j(p_j)dp_j$）より，

$$\mathfrak{p}_j^v(v_j) = m_j \mathfrak{p}_j(p_j) = \sqrt{\frac{m_j}{2\pi k_{\mathrm{B}} T}} e^{-m_j v_j^2/2k_{\mathrm{B}}T} \tag{12.17}$$

という確率密度になる．

特に，全ての粒子が同種のときは，m_j は全て同じ値なので添え字 j を略し，どの粒子も同じ確率分布になるので v_x, v_y, v_z に付けるべき粒子の番号も略し，さらに，各粒子について 3 方向の速度成分の分布をひとまとめにした，

$$\begin{aligned}&\mathfrak{p}^v(\boldsymbol{v})dv_x dv_y dv_z \\ &\qquad \equiv \mathrm{Prob}[\boldsymbol{v} \in [v_x, v_x + dv_x), [v_y, v_y + dv_y), [v_z, v_z + dv_z)]\end{aligned} \tag{12.18}$$

で定義される確率密度 $\mathfrak{p}^v(\boldsymbol{v})$ で表すことにすると，

$$\boxed{\mathfrak{p}^v(\boldsymbol{v}) = \left(\frac{m}{2\pi k_{\mathrm{B}} T}\right)^{3/2} e^{-\frac{1}{2}m|\boldsymbol{v}|^2/k_{\mathrm{B}}T}} \tag{12.19}$$

となる（$|\boldsymbol{v}|^2 = v_x^2 + v_y^2 + v_z^2$）．この結果は $\boldsymbol{v}$ の向きには依らないので，$v = |\boldsymbol{v}|$ だけで書ける．すなわち，$d^3\boldsymbol{v} = 4\pi v^2 dv$ を用いて，v の分布関数

$$\mathfrak{p}^v(v)dv \equiv \mathrm{Prob}[v \in [v, v + dv)] \tag{12.20}$$

に翻訳すると，次の定理を得る：

定理 12.3　Maxwell の速度分布

質量 m の古典粒子から成る系の，温度 T の平衡状態における構成粒子の速度分布は，粒子間の相互作用の強さには無関係に，

$$\mathfrak{p}^v(v) = 4\pi \left(\frac{m}{2\pi k_{\mathrm{B}} T}\right)^{3/2} v^2 e^{-\frac{1}{2}m|\boldsymbol{v}|^2/k_{\mathrm{B}}T}. \tag{12.21}$$

これや (12.19) を **Maxwell**（マクスウェル）**の速度分布**と呼ぶ．

J. C. Maxwell は，巧みな考察によりこの分布を導出し，統計力学の前身である**気体分子運動論**（気体はランダムに運動する分子より成る，という理論）の発展に大きく貢献した．

エネルギー等分配則と同様に，Maxwell の速度分布は，古典粒子系と見なせさえすれば，どんな強い相互作用があろうが，その系の状態が気体だろうが液体だろうが固体だろうが，成り立つ．それは，上の導き方から明らかだろう．それゆえ，広く利用されている．また，分子動力学シミュレーションによる実例は，すでに 5.3 節の図 5.6 (b), (c) で与えてある．

12.4 局所物理量の空間平均や分布関数が求まること

1 個の粒子やスピンが持つ物理量を**一粒子量** (single-particle quantity) とか**一体物理量** (single-body quantity) と言う [4]．一粒子量は，個々の粒子が居る領域に局在している物理量である．このような，体積が $O(V^0)$ である局所的な空間領域内の物理量を**局所物理量** (local quantity) と言う（詳しくは 5.4.3 項）．以下で述べるように，局所物理量の平衡値は，一般には統計力学で正しく予言できる保証はない．となると，個々の粒子の速度という一粒子量の分布である Maxwell の速度分布が，統計力学の予言の対象であるかどうか心配になる．また，「分布」なのだから，Gibbs 状態のような確率を伴う統計集団に限定された結果に思えるかもしれない．そこで，この節では，一粒子量に限らない一般の局所物理量について，その空間平均や分布関数であれば，これらが杞憂にすぎないことを説明する．

12.4.1 局所物理量の平衡値

まず，統計力学が保証するマクロな精度は，（空間平均や分布関数ではない）個々の局所物理量の平衡値を求めるには，一般には精度が足りないことを説明しておく．（条件によっては足りる場合もあることは 12.4.4 項で説明する．）

これは，平衡状態がマクロに見て定義されているために，同じ平衡状態でもミクロに見ると異なりうるからである [5]．それは 5.3 節に挙げた実例を見れば明らかで，p.106 の図 5.5 の状態 (b), (c) は同じ平衡状態だが，一粒子量である個々の粒子の位置 $\boldsymbol{r}_k$ $(k = 1, \cdots, N)$ はまったく異なっている．したがって，

---

4) 粒子については「一粒子量」とも「一体物理量」とも言うが，スピンについては「一体物理量」と言うのが普通である．

5) かと言って，特定のミクロ状態で平衡状態を定義してしまったら，5.2.4 項や 18.3.2 項で述べたように困ったことになるし，いちいちミクロ状態を調べないと熱力学が使えないということにもなりかねない．

個々の $\boldsymbol{r}_k$ を統計力学で予言しても，当たるとは限らないわけだ．

もう一つ例を挙げよう．p.109 の例 5.2 で挙げた，スピン系の 3 つの局所物理量 (5.10) を考える．これらについて，特定の格子点の $\boldsymbol{s}_j$ も，特定の格子点ペアの $s_j^z - s_{j+1}^z$, $\boldsymbol{s}_j \cdot \boldsymbol{s}_{j+1}$ も，統計力学で正しく予言できる保証は，一般にはない．実際，このスピン系が平衡状態にあるときに，1 つの格子点 j の $\boldsymbol{s}_j$ だけを，何らかの手段で意図的に向きを逆転させると，これらの局所物理量の値は変わってしまうが，マクロに見れば相変わらず同じ平衡状態にある．したがって，これらの値を統計力学で予言しても，当たるとは限らない．

要するに，平衡状態に対応するミクロ状態は，ミクロカノニカル集団やカノニカル集団などの Gibbs 状態とは限らず，p.101 図 5.3 のように無数のミクロ状態がありうる．そのうちのどのミクロ状態が実現しているかは，実験条件次第で様々に変わる．したがって，個々の局所物理量の値も様々に異なりうるから，統計力学で十分な精度で予言できる保証は一般にはないわけだ．

12.4.2 局所物理量の空間平均

次に，局所物理量の空間平均や分布を求めるのであれば，平衡状態を表すミクロ状態として何を採用しようが，統計力学で十分な精度で求まる（したがって速度分布も求まる）ことを示そう．

たとえば，$q=$ 任意の有理数 $\times 2\pi$ として，$e^{iqj}\boldsymbol{s}_j$ や $e^{iqj}\boldsymbol{s}_j \cdot \boldsymbol{s}_{j+1}$ という量を考えると，これらは局所物理量であるから，それを足し合わせた

$$\boldsymbol{M}_q \equiv \sum_j e^{iqj}\boldsymbol{s}_j \tag{12.22}$$

$$D_q \equiv \sum_j e^{iqj}\boldsymbol{s}_j \cdot \boldsymbol{s}_{j+1} \tag{12.23}$$

は相加物理量である[6]．したがって，平衡状態に対応するミクロ状態として何を採用しようが，$o(V)$ 以内の差異しか出ず，その差異を無視するマクロな精度で統計力学で求めることができる．

これらの密度（相加物理量密度）である $\boldsymbol{M}_q/N$ や D_q/N も，平衡状態に対応するミクロ状態として何を採用しようが，$o(V^0)$ 以内の（つまり熱力学極限

6) ♠ 実際，$q = 2\pi m/n$（m は整数，n は正整数）のとき，$e^{iq1}\boldsymbol{s}_1 + \cdots + e^{iqn}\boldsymbol{s}_n$ は 5.4.3 項の局所物理量の定義を満たし，$\boldsymbol{M}_q$ はそれを $\pm n$ ずつ空間並進しながら足し上げた量になっているので，ミクロ物理学の相加物理量である．D_q ついても同様だ．ちなみに，p.110 の例 5.4 の $\boldsymbol{M}$ と H は，これらの $q=0$ のケースに相当する．

でゼロになる！）差異しか出ず，その差異を無視するマクロな精度で統計力学で求めることができる．これらの相加物理量密度は，$e^{iqj}\boldsymbol{s}_j$ や $e^{iqj}\boldsymbol{s}_j \cdot \boldsymbol{s}_{j+1}$ という局所物理量の**空間平均**とも言えるので，局所物理量の空間平均ならば統計力学で十分な精度で予言できる，と言ってもよい．

この結果は，古典系に限らず量子系でも同様である．さらに，4.3 節などで強調したように，この議論における着目系は孤立したマクロ系でもいいし，そのマクロな部分系でもよい．したがって，次のようにまとめることができる：

定理 12.4　局所物理量の空間平均
古典系でも量子系でも，局所物理量をマクロな領域内で足したり平均した量であれば，十分な精度で求めることができる．

これは結局「相加物理量や相加物理量密度を十分な精度で求めることができる」と言っているだけなので新しい結果ではではないが，「空間平均は相加物理量密度と同じだ」ということを強調するために，あえて新たな定理として掲げておいた．

補足 12.1　♠ 相加物理量を求めて個々の局所物理量の値が求まるか？

上述の $\boldsymbol{M}_q$ のうち，q が $2\pi/N$ の整数倍 $(0 \leq q \leq (N-1)2\pi/N)$ になっているものは，$\boldsymbol{s}_j$ の離散フーリエ変換に他ならない．「その逆変換をしたら $\boldsymbol{s}_j$ が求まるのではないか？」と気になる読者のために補足しておこう．

(12.22) の逆離散フーリエ変換

$$\boldsymbol{s}_j = \frac{1}{N} \sum_{q=0}^{(N-1)2\pi/N} e^{-iqj} \boldsymbol{M}_q \tag{12.24}$$

を見ると，相加物理量である $\boldsymbol{M}_q$ たちを統計力学で求めれば，局所物理量である $\boldsymbol{s}_j$ も求まるかのようにも見える．もしもそうだとしたら，個々の $\boldsymbol{s}_j$ の値も統計力学で必ず予言できることになってしまう．しかし，そうはならない．統計力学が保証するのはマクロな精度までであり，マクロには無視できる大きさの誤差がある．$\Theta(N)$ 個の $\boldsymbol{M}_q$ たちをたとえば $\Theta(\sqrt{N})$ の誤差で求め，上式に代入して $\boldsymbol{s}_j$ を求めようとすると，総合した (誤差)^2 は，(誤差)^2 が $\Theta(\sqrt{N})^2 = \Theta(N)$ である量を N 個足し合わせて N^2 で割り算するから，

$$(\boldsymbol{s}_j \text{ の誤差})^2 \propto \frac{1}{N^2} \times N \times \Theta(N) = \Theta(N^0) \tag{12.25}$$

となる．これは $\boldsymbol{s}_j = O(N^0)$ と同じ程度の誤差であるから，求めた $\boldsymbol{s}_j$ の値はまったく信用できない．したがって，この方法で $\boldsymbol{s}_j$ の値を十分な精度で求めることはできない．

12.4.3 局所物理量の分布関数

次に，Maxwell の速度分布を考えよう．実は，このような局所物理量の分布関数（今の場合は速度分布関数）は，相加物理量密度の平衡値として表せる．そのため，平衡状態に対応するミクロ状態として何を採用しようが，統計力学で十分な精度で求まるのだ．

このことを見るには，次の量を考えればよい：

$$f[\boldsymbol{v}, \boldsymbol{v} + d\boldsymbol{v}) \equiv \frac{1}{N} \sum_{k=1}^{N} \mathbf{1}\left(\boldsymbol{v}_k \in [\boldsymbol{v}, \boldsymbol{v} + d\boldsymbol{v})\right). \tag{12.26}$$

ただし $\mathbf{1}(\bullet)$ は，(1.13) で定義された指示関数（特性関数）である．$f[\boldsymbol{v}, \boldsymbol{v} + d\boldsymbol{v})$ を様々な $\boldsymbol{v}$ の値についてプロットすれば，その平衡状態における，粒子の速度の分布（度数分布）を粒子数 N（総度数）で割り算して規格化した**相対度数** (relative frequency) 分布が得られる．その相対度数分布を

$$f[\boldsymbol{v}, \boldsymbol{v} + d\boldsymbol{v}) \;\propto\; \mathfrak{p}^v(\boldsymbol{v}) dv_x dv_y dv_z \tag{12.27}$$

のように表して，積分値が 1 になるように比例定数を選んだ量が $\mathfrak{p}^v(\boldsymbol{v})$ だ．

ところで，$\boldsymbol{v}$ と $d\boldsymbol{v}$ の値の組を一組与えたとき，$\mathbf{1}\left(\boldsymbol{v}_k \in [\boldsymbol{v}, \boldsymbol{v} + d\boldsymbol{v})\right)$ は k 番目の粒子のミクロ状態だけで決まる量であるから，それを全粒子について足し合わせて N で割った $f[\boldsymbol{v}, \boldsymbol{v} + d\boldsymbol{v})$ は相加物理量密度である．つまり，Maxwell の速度分布とは，$f[\boldsymbol{v}, \boldsymbol{v} + d\boldsymbol{v})$ という相加物理量密度の平衡値を様々な $\boldsymbol{v}$ の値についてプロットした量なのだ．相加物理量密度は，同じ平衡状態を表すどんなミクロ状態でも，熱力学極限で同じ平衡値を持つのであったから，$f[\boldsymbol{v}, \boldsymbol{v} + d\boldsymbol{v})$ もそうである．つまり，どのミクロ状態を採用しても，熱力学極限で，上でカノニカル集団を用いて得られた Maxwell の速度分布と同じ結果を得る．そして，

それが実験とよく一致するのだ[7].

実際，p.106 の図 5.6 の (b), (c) は，カノニカル集団とはかけ離れた，それぞれ相空間のたった1点における速度分布であるが，Maxwell の速度分布に一致している．わざと少ない粒子数で計算してもらったのでばらつきも見えるが，この数千倍の粒子数にすれば，図ではばらつきが見えないぐらいに一致する．平衡状態の典型性により，相空間の中の1つの代表点で計算しても，等重率を課して計算しても，熱力学極限で同じ結果になるわけだ．つまりこの結果は，等重率や統計集団には依存しない普遍的な結果なのである．

以上の結果は，速度分布に限らず一粒子量の分布であれば同様だし，一粒子量の分布に限らず局所物理量の分布であれば同様だ．さらに，古典系に限らず量子系でも同様だ．つまり，量子系では結果自体は古典系とは異なるが，その結果が平衡状態を表すミクロ状態の選択に依らずに統計力学で正しく求まる，という点では同じだ．証明は上記と同様である．したがって，次のように一般化した形にまとめることができる：

定理 12.5　局所物理量の分布関数
古典系でも量子系でも，局所物理量の分布関数は，平衡状態に対応するミクロ状態の中のどれを採用しようが熱力学極限で同じであり，統計力学で十分な精度で求めることができる．

したがって，どのミクロ状態を採用するかは，計算しやすさなどの判断基準で勝手に選んでよい．たとえば前節で (12.19) を導く際にカノニカル分布を用いたのは，単に計算の便のためであり，それ以上の意味はない．

最後に，まだ等重率が気になる人のために一言指摘しておこう．そもそも，Maxwell の速度分布は個々の粒子の持つ速度という一粒子量の分布であり，ミクロカノニカル分布やカノニカル分布の多粒子状態の分布とは，まったく異なる．多粒子状態の分布（後者）から一粒子量の分布（前者）は一意的に決まるが，逆は成り立たない．一粒子量の分布が同じになるような多粒子状態の分布は無数にあるからだ．どちらも「分布」だからと同等に考えてしまってはいけない．この意味でも，人為的に導入した多粒子状態の分布である等重率と，Maxwell の速度分布は無関係である．

7)　もちろん，式 (12.19) のそもそもの仮定である，系が古典粒子系と見なせるという仮定が満たされている必要はある．

12.4.4　局所物理量が求まる（ように見える）ケース

12.4.1 項で述べたように，局所物理量は一般には統計力学の予言の対象ではなく，その空間平均などが確かな予言の対象である．それにもかかわらず，局所物理量を統計力学で計算した文献はとても多い．その理由を説明しておく．

マクロに見て（空間的に）均一な平衡状態について考察しよう[8]．そういう平衡状態であっても，p.106 の図 5.5 の状態 (b), (c) のように，ミクロには均一とは限らない[9]．しかし，平衡状態のミクロな表現として Gibbs 状態を採用した場合には，ミクロにも均一な状態を採用したことになる．空間並進対称性を持つハミルトニアンの Gibbs 状態は，どこにも空間並進対称性を崩す要因がないので，マクロに見て均一なだけでなく，ミクロに見ても均一な状態になるのだ．実際，図 5.5 のケースでも，たとえばミクロカノニカル集団をそのミクロな表現として採用すると，それは，図 5.5 の (a), (b), (c) のミクロ状態も，これらと同じ E, V, N を持つ他の全てのミクロ状態も，等確率で含む混合状態である．その状態は，マクロに見て均一なだけでなく，ミクロに見ても均一な（空間並進対称性を持つ）状態になる．

そのようなミクロに見ても均一な状態では，たとえば $\boldsymbol{s}_j$ の値は，j に依らなくなるので，その空間平均と一致する．だから，1 カ所で $\boldsymbol{s}_j$ を計算すれば，それは空間平均を計算したのと同じことなので，統計力学で正しく予言できる．要するに，平衡状態を表すミクロ状態を選ぶ段階で空間平均を施してあるわけだ．

このように，統計力学では，マクロに見て均一な平衡状態のミクロな表現として，ミクロにも均一な状態を選ぶことが多い．すると，局所物理量の平衡値が求まっているかのように見えるのだが，実態は，平衡値の空間平均を計算しているのである．

ただ，条件によっては，ミクロにも（少なくとも局所物理量に関しては）均一な平衡状態が実現することもある．つまり，実験的に平衡状態を用意するときに，系のミクロな構造や初期状態の選択など次第で，（少なくとも局所物理量

---

8)　続巻で説明するように，相転移が起こって自発的に対称性が破れる（ハミルトニアンが持つ対称性を平衡状態がマクロに破っている）場合もあるのだが，ここではそういうことが起こらないケースを考える，ということだ．

9)　この事実は，**ゲル**（高分子ゲル）のように，ある位置における長時間平均と，ある時刻における空間平均が，一致しない系でとくに重要になる．

に関しては）ミクロにも空間並進対称な状態が実際にできる場合がある [10)11)].
そういう場合であれば，局所物理量の実際の平衡値の確率分布も，その空間平均と一致するので，統計力学で予言できる.

なお，研究などの現場では，この節で述べた量に限らず，様々な量が統計力学を用いて計算されている．統計力学により何がどこまで予言できるかについては，続巻でさらに説明する.

12.5 ♠ ビリアル定理

力学で知られている「ビリアル定理」という定理を，統計力学と組み合わせた結果を紹介する．ただし，12.5.2 項の最後で指摘するように，統計力学としてはやや変則的な計算をする部分もあるので，統計力学の応用の可能性を示した例と見なすのが無難であり，初学者や先を急ぐ読者は次章に飛んでよい.

12.5.1 ♠ 力学のビリアル定理

容器に閉じ込められた古典粒子たちの平衡状態を考える．その場合，ハミルトニアン (12.1) のポテンシャルエネルギー (12.2) は，粒子間の相互作用ポテンシャル $U_{\rm int}(q)$ と，容器の壁からのポテンシャル $U_{\rm wall}(q)$ の和であろう：

$$U(q) = U_{\rm int}(q) + U_{\rm wall}(q). \tag{12.28}$$

容器に閉じ込められているという仮定から，$q\ (= q_1, \cdots, q_f)$ は有界だ．さらに，有限温度の平衡状態では，Maxwell の速度分布から，$p\ (= p_1, \cdots, p_f)$ も圧倒的確率で有界だ．したがって，**ビリアル** (virial) と呼ばれる次の量 $\mathcal{V}$ も圧倒的確率で有界だ：

$$\mathcal{V}(t) \equiv \sum_{j=1}^{f} q_j(t) p_j(t). \tag{12.29}$$

この量の時間微分は，ハミルトンの運動方程式 (3.5), (3.6) を用いて，

10) 冷却原子系の場合には，実験も理論もこのようなケースを扱うことが多いようだ．脚注 9) のゲル（高分子ゲル）の場合とは好対照である.

11) ♠ このような状態は，古典粒子系では混合状態しかないが，量子系では純粋状態でも作れる．ただ，どちらの場合も，図 5.5 の系についての上述のミクロカノニカル集団における個々の粒子の位置分布を考えればわかるように，個々の局所物理量の測定値は確率的にばらつくので，確率分布を議論することになるという点では一緒である.

$$\begin{aligned}\frac{d\mathcal{V}}{dt} &= \sum_j \dot{q}_j p_j + \sum_j q_j \dot{p}_j \\ &= \sum_j \frac{p_j}{m_j} p_j - \sum_j q_j \frac{\partial U}{\partial q_j} \end{aligned} \tag{12.30}$$

と変形でき，(12.28) 式を代入すれば，

$$\frac{d\mathcal{V}}{dt} = 2\sum_j \frac{p_j^2}{2m_j} - \sum_j q_j \frac{\partial U_{\text{int}}}{\partial q_j} - \sum_j q_j \frac{\partial U_{\text{wall}}}{\partial q_j} \tag{12.31}$$

となる．この式の各項は時間変化するが，次のような「長時間平均」を考えてみよう：

長時間平均

定義 12.1　時間の関数 $f(t)$ の**長時間平均** (long-time average) とは，

$$\overline{f} \equiv \lim_{\mathcal{T}\to\infty} \frac{1}{\mathcal{T}} \int_0^{\mathcal{T}} f(t)\, dt \tag{12.32}$$

という無限に長い時間にわたる平均値のことであり，本節では（この式の $\overline{f}$ のように）$\overline{\cdots}$ で表す．

(12.31) の左辺の長時間平均は，

$$\begin{aligned}\overline{\frac{d\mathcal{V}}{dt}} &= \lim_{\mathcal{T}\to\infty} \frac{1}{\mathcal{T}} \int_0^{\mathcal{T}} \frac{d\mathcal{V}}{dt}\, dt \\ &= \lim_{\mathcal{T}\to\infty} \frac{\mathcal{V}(\mathcal{T}) - \mathcal{V}(0)}{\mathcal{T}} \\ &= 0 \quad (\because \mathcal{V} \text{ は有界}) \end{aligned} \tag{12.33}$$

となる．したがって，(12.31) の右辺の長時間平均もゼロであり，適当に移項すれば次の定理を得る：

定理 12.6　力学のビリアル定理

(12.1) の形のハミルトニアンを持つ古典粒子系において，ビリアル $\mathcal{V}$ が有界であれば，

$$2\overline{\sum_j \frac{p_j^2}{2m_j}} = \overline{\sum_j q_j \frac{\partial U_{\rm int}}{\partial q_j}} + \overline{\sum_j q_j \frac{\partial U_{\rm wall}}{\partial q_j}}. \tag{12.34}$$

これを，（力学の）**ビリアル定理** (virial theorem) と呼ぶ.

この定理は，導出を振り返ればわかるように，統計力学とは無関係な力学の定理である．導出の過程で平衡状態云々と述べたのは，平衡状態に適用するのであれば「$\mathcal{V}$ が有界」という条件が自然に満たされる，ということを言うためだけであった.

12.5.2 ♠ 統計力学のビリアル定理

一般に，平衡状態においては，相加物理量はマクロな精度では時間変化せずにずっと平衡値のままであるから，その長時間平均 $\overline{\cdots}$ と平衡値 $\langle \cdots \rangle$ は一致する [12)13)]：

$$\boxed{\overline{\text{任意の相加物理量}} = \langle \text{その相加物理量} \rangle + o(V)} \tag{12.35}$$

ここで，最後の $o(V)$ は，この等式がマクロな精度の等式であることを示しているが，見やすくするために以下の式では省略する．また，10 章で述べたように平衡値は期待値に熱力学極限で一致するので，平衡値をカノニカル集団などにおける期待値 $\langle \cdots \rangle$ で代用した.

容器に閉じ込められた古典粒子たちの平衡状態を考え，公式 (12.35) を力学の定理 12.6 と組み合わせてみよう．(12.34) の 3 つの項は，いずれも相加物理量の平衡値であるから [14)]，公式 (12.35) により長時間平均に置き換えられる：

$$2\left\langle \sum_j \frac{p_j^2}{2m_j} \right\rangle = \left\langle \sum_j q_j \frac{\partial U_{\rm int}}{\partial q_j} \right\rangle + \left\langle \sum_j q_j \frac{\partial U_{\rm wall}}{\partial q_j} \right\rangle. \tag{12.36}$$

ところで，k 番目の粒子の位置座標を $\boldsymbol{r}_k$ とすると，$\boldsymbol{r}_1 = (q_1, q_2, q_3)$ などであったから，

12)　平衡値のまわりのゆらぎは，もともとマクロには無視できる大きさだが，長時間平均すると正負がキャンセルし合ってさらに小さくなるので，右辺の $o(V)$ はかなり小さいと期待できる.

13)　♠ これを**エルゴード性** (ergodic property) と呼ぶことがある．ただし，この用語には，物理量の範囲や時間平均の長さなどについて，様々なバリエーションがある．呼び名はともかく，便利な等式なのでよく利用される.

14)　最後の項が相加物理量なのか気になると思うが，(12.47) のように相加物理量になる.

$$\text{上式の最後の項} = \left\langle \sum_{k=1}^{N} \boldsymbol{r}_k \cdot \frac{\partial U_{\mathrm{wall}}}{\partial \boldsymbol{r}_k} \right\rangle = -\left\langle \sum_{k=1}^{N} \boldsymbol{r}_k \cdot \boldsymbol{f}_k^{\mathrm{wall}} \right\rangle \tag{12.37}$$

と書ける．ここで，

$$\boldsymbol{f}_k^{\mathrm{wall}} \equiv -\frac{\partial U_{\mathrm{wall}}}{\partial \boldsymbol{r}_k} \tag{12.38}$$

は，k 番目の粒子が壁から受ける力である．壁から力を受けるのは，たまたま壁のすぐ近くに来た粒子だけであるから，上記の和を，壁の表面（それを ∂V と記そう）の近くの粒子だけに制限しても和の値は変わらない．すなわち，そのように制限した和を $\displaystyle\sum_{k\ (\in \partial V)}$ と記すと，

$$(12.37)\text{ の右辺} = -\left\langle \sum_{k\ (\in \partial V)} \boldsymbol{r}_k \cdot \boldsymbol{f}_k^{\mathrm{wall}} \right\rangle. \tag{12.39}$$

さて，壁の表面 ∂V を，小さいがマクロな微小面たちに分割し，そのうちの一つの微小面の，中心座標を $\boldsymbol{r}$，面積を dA とし，長さ dA の法線ベクトル（容器の内側から外側へ向かう向き）を $d\boldsymbol{A}$ とする（図 12.1）．(12.39) の右辺の和の中で，この一つの微小面の間近にある粒子からの寄与だけを集めた部分和を調べよう．その部分和の中のどの項においても $\boldsymbol{r}_k \simeq \boldsymbol{r}$ であるから，

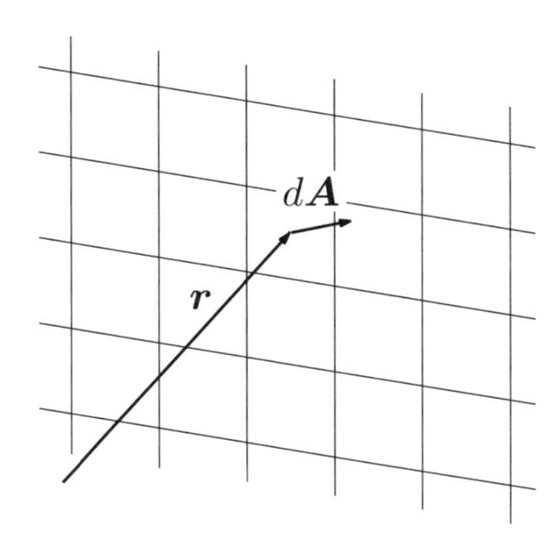

図 12.1 壁の表面を，小さいがマクロな微小面たちに分割し，そのうちの一つの微小面の，中心座標を $\boldsymbol{r}$，面積を dA，長さ dA の法線ベクトル（容器の外側へ向かう向き）を $d\boldsymbol{A}$ とする．

$$部分和 = -\boldsymbol{r} \cdot \left\langle \sum_{k\ (\in dA)} \boldsymbol{f}_k^{\mathrm{wall}} \right\rangle = -\boldsymbol{r} \cdot d\boldsymbol{f} \tag{12.40}$$

ここで，

$$d\boldsymbol{f} \equiv \left\langle \sum_{k\ (\in dA)} \boldsymbol{f}_k^{\mathrm{wall}} \right\rangle \tag{12.41}$$

は，微小面が，着目系（の粒子たち）に及ぼす力の平均値（平衡値）である．着目系が普通の気体や流体の場合には，$d\boldsymbol{f}$ は $d\boldsymbol{A}$ に平行で，着目系が容器の壁に及ぼす圧力 P を用いて，

$$d\boldsymbol{f} = -P d\boldsymbol{A} \tag{12.42}$$

と書け，しかも P の値は微小面の位置 $\boldsymbol{r}$ に依らない．以下ではそのような系を考える（一般の場合は下の補足）．この $d\boldsymbol{f}$ の表式を (12.40) に代入して，

$$部分和 = P\boldsymbol{r} \cdot d\boldsymbol{A}. \tag{12.43}$$

これを全ての微小面について足し合わせれば，(12.39) の右辺になる．dA は微小だから，和を積分に置き換えることができるので，

$$(12.39)\ の右辺 = P \int_{\partial V} \boldsymbol{r} \cdot d\boldsymbol{A}. \tag{12.44}$$

右辺の表面積分を，ガウスの定理[15)]で体積積分に置き換えると，3 次元空間では $\nabla \cdot \boldsymbol{r} = 3$ だから，

$$P \int_{\partial V} \boldsymbol{r} \cdot d\boldsymbol{A} = P \int_V (\nabla \cdot \boldsymbol{r}) d^3\boldsymbol{r} = 3P \int_V d^3\boldsymbol{r} = 3PV. \tag{12.46}$$

これが (12.37) の右辺の値であるから，結局，

$$(12.36)\ の最後の項 = 3PV. \tag{12.47}$$

一方，(12.36) の左辺は，エネルギー等分配則から $3Nk_{\mathrm{B}}T$ に等しい．したがって，(12.36) は次の定理を与える：

---

15)　微分可能な任意のベクトル場 $\boldsymbol{a}(\boldsymbol{r})$ に対して，

$$\int_{\partial V} \boldsymbol{a}(\boldsymbol{r}) \cdot d\boldsymbol{A} = \int_V (\nabla \cdot \boldsymbol{a}(\boldsymbol{r})) d^3\boldsymbol{r} \tag{12.45}$$

定理 12.7 統計力学のビリアル定理
(12.1), (12.28) の形のハミルトニアンを持つ古典粒子系を考える. ビリアル $\mathcal{V}$ が有界であるような通常の平衡状態では,

$$PV = Nk_{\mathrm{B}}T - \frac{1}{3}\left\langle \sum_j q_j \frac{\partial U_{\mathrm{int}}}{\partial q_j} \right\rangle \tag{12.48}$$

が成り立つ. これや (12.36) を（統計力学の）**ビリアル定理** (virial theorem) と呼ぶ.

なお, この節の計算は, 統計力学の計算としては, 少し異様な計算をしていることを注意しておく. 何度も強調しているように, 統計力学の通常の計算では, 壁との相互作用 U_{wall} を考える必要はない. たとえば, 一辺が L の立方体容器のエネルギーを求めるとき, U_{wall} の寄与は $O(L^2) = o(V)$ の大きさになり無視できるからだ[16]. この節では, あえて U_{wall} の微分に q_j という $O(L)$ の量をかけることにより, 壁から $O(L) \times O(L^2) = O(V)$ の寄与（具体的には $3PV$）が出てくるようにしてビリアル定理を導いたのである[17].

補足 12.2 ♠ 応力テンソル

一般の物質では, $\boldsymbol{df}$ は $\boldsymbol{dA}$ と平行になるとは限らず, そのため (12.42) は, より一般の

$$-df_i = \sigma_{ix} dA_x + \sigma_{iy} dA_y + \sigma_{iz} dA_z \quad (i = x, y, z) \tag{12.49}$$

に置き換える必要がある. ここに現れた 3×3 の行列 $\sigma_{ii'}$ は, それが結びつける $\boldsymbol{df}$ と $\boldsymbol{dA}$ がともにベクトルであることから, 2 階のテンソルであり, **応力テンソル** (stress tensor) と呼ばれる. (12.42) は, $\sigma_{ii'}$ が単純に

$$\sigma_{ii'} = P\delta_{ii'} \tag{12.50}$$

となっている場合に相当する.

---

16) U_{wall} や U_{int} の関数形は, 当然ながら L には依らない.
17) ここでは深入りしないが, $q_j = O(L)$ ということは, そもそも q_j が 5.4.3 項で述べた局所物理量の条件を満たしているのかさえ危ぶまれる. こういう問題は, p.112 の補足 5.4 でも述べたように, 局所性が明確な場の理論では解消する. 統計力学は, 場の理論が自然だとも主張しているのだ.

12.6　♠ ビリアル定理の簡単な応用例

ビリアル定理は様々な問題で利用される．ここでは，簡単な応用例を紹介する．

12.6.1　♠ 状態方程式

一般に，P, V, N, T の間の関係式を**状態方程式** (equation of state) と呼ぶ．ビリアル定理 (12.48) は，系の状態方程式が，理想気体の状態方程式 $PV = Nk_{\rm B}T$ からどれくらいずれているかを表していると見ることができる．その点を調べてみよう．

まず気体に適用してみよう．理想気体の場合には，$U_{\rm int} = 0$ であるから直ちにその状態方程式 $PV = Nk_{\rm B}T$ を得る．一方，実在の気体では，$U_{\rm int} \neq 0$ だから，(12.48) の最後の項が補正を与えることがわかる．ただ，そうは言っても，このままでは，ほとんど役に立たない．この補正項を P, T などの熱力学量（と既知の定数）の関数として具体的に求める必要がある．それは一般には難しいのだが，簡単にできてしまう場合がある．しかも，気体である必要もない．それを紹介しよう．

$U_{\rm int}(q)$ が ℓ 次の**同次関数**であるケースを考える．つまり，任意の正数 λ について，

$$U_{\rm int}(\lambda q_1, \cdots, \lambda q_f) = \lambda^\ell U_{\rm int}(q_1, \cdots, q_f) \tag{12.51}$$

が，任意の $q_1, \cdots, q_f$ について成り立つ場合を考える．たとえば，相互作用が粒子の間の距離の冪（べき）乗に比例して，

$$U_{\rm int} \propto \sum_{k,k'} |\boldsymbol{r}_k - \boldsymbol{r}_{k'}|^\ell \tag{12.52}$$

のようになっている場合などである．ただし，5.1.2 項で述べたように [18]，統計力学が適用できるためには，空間次元を d として，

$$\ell < -d \tag{12.53}$$

が必要であるので，これを満たさないケースに本節の結果を適用するのは要注意である（たとえば 12.6.2 項の例を参照せよ）．

---

18)　ℓ は 5.1.2 項の $-\nu$ に相当する．

ここでは，具体的な物理系が何かはおいておいて，ともかく (12.51) と (12.53) を満たすような相互作用をする古典粒子たちがあるとして，その粒子たちを箱に閉じ込めた系を考える．すると，同次関数について成り立つ**オイラーの関係式**（拙著 [1] の 12.5 節参照）

$$\sum_j q_j \frac{\partial U_{\rm int}}{\partial q_j} = \ell U_{\rm int} \tag{12.54}$$

を利用すれば，左辺の平衡値が右辺の平衡値に置き換えられる．それをビリアル定理 (12.48) に代入して，

$$PV = Nk_{\rm B}T - \frac{\ell}{3}\langle U_{\rm int}\rangle. \tag{12.55}$$

これを，エネルギーの平衡値 [19)]

$$E = \left\langle \sum_j \frac{p_j^2}{2m_j} \right\rangle + \langle U_{\rm int}\rangle = \frac{3}{2}Nk_{\rm B}T + \langle U_{\rm int}\rangle \tag{12.56}$$

を用いて書き換えれば，次の定理を得る：

定理 12.8　相互作用が同次関数である古典粒子系の状態方程式

(12.1)，(12.28) の形のハミルトニアンを持つ古典粒子系において，$U_{\rm int}(q)$ が ℓ 次の同次関数だとする．ビリアル $\mathcal{V}$ が有界であれば，次式が成り立つ：

$$PV = Nk_{\rm B}T - \frac{\ell}{3}\left(E - \frac{3}{2}Nk_{\rm B}T\right). \tag{12.57}$$

この表式に登場する量は，熱力学量である P, V, N, T, E 以外は全て既知の定数なので，これは熱力学的に有用な表式である．とくに，右辺の E を T, P, N で表すことができれば，この式はこの系の状態方程式になる．

この結果は，状態方程式の理想気体からのずれを，E の理想気体からのずれ $(E-(3/2)Nk_{\rm B}T)$ で表すという，わかりやすい式になっている．

---

19)　何度も注意しているように，着目系のエネルギー E には，壁との相互作用エネルギー $U_{\rm wall}$ を入れる必要はない．入れても $o(V)$ であり無視できるからだ．一方，ビリアルの計算では，前節の終わりで述べたように，あえて q_j を $U_{\rm wall}$ の微分にかけて，$O(V)$ の寄与をするようにしたのであった．

12.6.2 ♠ 古典力学による格子比熱

次に，比熱への応用例を説明する．固体などの振動のモデルとしてよく使われる，互いに力を及ぼし合いながら格子を成す質点系を考えよう．

力学的な平衡点のまわりでテイラー展開して 2 次までとれば，$U_{\rm int}(q)$ は 2 次式になることから，いきなり (12.63) を結論づける教科書もあるが，ここでは，もう少し慎重な議論をしてみよう．

短絡的な議論の何が問題かというと，まず，$U_{\rm int}(q)$ は 2 次式ではあるが，q の 1 次の項もあるので同次関数ではない．それを座標変換して 2 次同次関数にしたいのだが，その際に用いる力学的平衡の位置は，$U_{\rm int}(q)$ だけではなく $U_{\rm wall}(q)$ にも依存する．さらに，そもそも $\ell = 2$ では，統計力学に必要な不等式 (12.53) を満たさない．これらの要素を的確に処理する必要がある．

この質点系は堅い箱に入れられていて，壁際の質点と壁は $U_{\rm wall}(q)$ で相互作用しているとしよう．この状況で $U(q) = U_{\rm int}(q) + U_{\rm wall}(q)$ が最小になるときの座標を $q_1^0, \cdots, q_f^0$ とすると，それは力学的平衡点であり，格子点の位置を表す．その平衡点からのずれである

$$Q_j \equiv q_j - q_j^0 \tag{12.58}$$

という変数で U を表し，テイラー展開して 2 次までとると，U の最小値を U^0 として，

$$U = Q_1, \cdots, Q_f \text{ の 2 次同次式} + U^0 \tag{12.59}$$

となる．実際，この表式から $U(q)$ が最小になる力学的平衡点を求めると $Q_1 = \cdots = Q_f = 0$ となるが，これはまさに $q_1 = q_1^0, \cdots, q_f = q_f^0$ が力学的平衡点であるという仮定と一致している．U^0 は定数なので，U の原点をそこに選べばゼロになる．すると，U は $Q_1, \cdots, Q_f$ の 2 次同次関数になる．ただし，$q_1^0, \cdots, q_f^0$ は $U_{\rm wall}(q)$ もあるときの力学的平衡点だから，$U_{\rm int}(q)$ が単独で 2 次同次関数になったわけではなく，前節の結果は直接は使えない．そこで，(12.36) 式まで戻って考える．

(12.36) 式の右辺は，$\dfrac{\partial}{\partial q_j} = \dfrac{\partial}{\partial Q_j}$ より，

$$\left\langle \sum_j q_j \frac{\partial U}{\partial q_j} \right\rangle = \left\langle \sum_j Q_j \frac{\partial U}{\partial Q_j} \right\rangle + \sum_j q_j^0 \left\langle \frac{\partial U}{\partial Q_j} \right\rangle \tag{12.60}$$

である．右辺第 1 項は，U が Q_j の 2 次同次関数だから，(12.54) より $2\langle U\rangle$ に等しい．一方，右辺第 2 項に現れる $\left\langle \frac{\partial U}{\partial Q_j} \right\rangle$ は，平衡状態において q_j の方向に働く合力の平均値を表している．それは（平均しなければゼロにはならないが，平均だから）ゼロである．平衡状態における粒子は，それぞれの格子点 $(Q_j = 0)$ を中心にして振動しているが，平均としては格子点にあって動かないからだ．（そうでないと，系全体が動いていることになり，「平衡状態にある」という仮定に反する [20]）．ゆえに，

$$\left\langle \sum_j q_j \frac{\partial U}{\partial q_j} \right\rangle = 2\langle U\rangle . \tag{12.61}$$

これを (12.36) に代入して，さらにエネルギー等分配則を使うと，

$$\langle U\rangle = \left\langle \sum_j \frac{p_j^2}{2m_j} \right\rangle = \frac{3N}{2} k_{\mathrm{B}} T. \tag{12.62}$$

したがって，

$$E = 3N k_{\mathrm{B}} T. \tag{12.63}$$

これは単原子理想気体のちょうど 2 倍になっているが，その理由は，(12.62) からわかるように，理想気体には無かったポテンシャルエネルギーの寄与が，ちょうど運動エネルギーの寄与と同じだけあるからだ．

この結果が適用できる具体的な系としては，たとえば，絶縁体の固体がある．そのような固体を成す原子は，共有結合などで互いに結びついて格子を成し，格子点のまわりで振動している．量子効果が顕著になるような低温ではない，などの条件のもとでは，原子が古典力学に従う質点であって，互いに，また壁とも，適当な相互作用をしている，と見なせる．この相互作用は，遠距離では，十分速やかに減衰して条件 (12.53) を満たすので，熱力学・統計力学を適用することは問題ない．一方，原子の振動の振幅が大きくない近距離では，$U(q)$ を力学的平衡点のまわりでテイラー展開すれば 2 次式で近似できる．実際問題として，熱振動の振幅が大きくなりすぎると固体が融けてしまうので，固体でいられる範囲内の温度であれば，$U(q)$ は 2 次式でよく近似できる．したがって，量子効果が目立たないほど高温だがまだ固体でいられる範囲内の温度であれば，上記

20)　5.1.3 項で述べたように，平衡統計力学の議論では，特に断らない限りは，着目系が静止した座標系で議論している．

の結果 (12.63) が成り立つ．この結果の導出では，壁は固定して考えていたから，V を固定したときの E が $3Nk_{\mathrm{B}}T$ になる，ということだ．したがって，定積モル比熱

$$c_V = \frac{N_A}{N}\left(\frac{\partial E}{\partial T}\right)_{V,N} \tag{12.64}$$

が，次のように求まる：

$$\boxed{c_V = 3k_{\mathrm{B}}N_A = 3R} \tag{12.65}$$

これは単原子理想気体のちょうど2倍になっているが，その理由は，上述のように，理想気体には無かったポテンシャルエネルギーの寄与が，ちょうど運動エネルギーの寄与と同じだけあるためだ．

この結果は，統計力学が誕生する以前に実験的に発見されたので，発見者の名にちなんで **Dulong-Petit**（デュロン・プティ）**の法則**と呼ばれている．その事実からわかるように，多くの固体において，室温付近では概ねこの結果と一致している [21)]．「高温領域では，固体の定積モル比熱は温度にも固体の種類にも依らない」という著しい結果である．

なお，後の15.3節で，上記とはまったく異なる方法で c_V を求め，さらに，低温ではどのように変わるかも論じる．

---

21)　金属では電子系も比熱に寄与するものの，14.5節で説明するように，室温では「フェルミ縮退」のために電子系の寄与は小さくなるので，格子比熱が支配的になり，金属にも適用できる．

第13章 量子論の復習

この章では，量子論について，本書の議論にどうしても必要な事項に絞って説明する．そのように絞った解説なので，量子論そのものをきちんと学びたい読者は量子論の教科書で学んで欲しい [1]．量子論について，スペクトル分解（13.5.5 項）や多体（多粒子）量子系の Fock 表現（13.7 節）も含めて既習の読者は，次章に飛んで構わない．

13.1 ヒルベルト空間

量子論には様々な形式があるが，ここでは基本である**演算子形式**を説明する．そのために，まず「ヒルベルト空間」を説明する．

13.1.1 複素線形空間

演算子形式では，**ヒルベルト空間** (Hilbert space) というものを用いる．これは，次項で述べる「内積」が定義されている，**完備** (complete) な [2]「複素線形空間」のことである．

ここで，**複素線形空間**とは，「空間」とは言っても我々が住む空間のことではなく，**線形結合** (linear combination)（複素数倍や加算減算）が定義されている

1) その際，座標表示（Schrödinger の波動関数）しか出てこないような教科書では，15.2 節で扱う光子気体ですら困ってしまうために統計力学には支障が出るので，量子論の一般論が書いてある教科書を選ぶことをお勧めする．拙著 [10] のように，一般論が書かれているからといって必ずしも座標表示よりも難しいわけではない（…と筆者は思う）．

2) ♠ ベクトルのコーシー列の収束先が線形空間に含まれていること．直感的に言えば，実数のように隙間がないということ．

などの条件を満たす要素（元）の集合のことである．たとえば：[3]

例 13.1　n 個（$n \geq 1$）の複素数 $z_1, z_2, \cdots, z_n$ $(\in \mathbb{C})$ を縦に並べて括弧でくくった縦ベクトル

$$\begin{pmatrix} z_1 \\ z_2 \\ \vdots \\ z_n \end{pmatrix} \tag{13.1}$$

の集合を $\mathbb{C}^n$ と表記する．この集合の要素である縦ベクトルの間に，複素数倍や加法を，通常のように

$$c \begin{pmatrix} z_1 \\ z_2 \\ \vdots \\ z_n \end{pmatrix} + c' \begin{pmatrix} z'_1 \\ z'_2 \\ \vdots \\ z'_n \end{pmatrix} = \begin{pmatrix} cz_1 + c'z'_1 \\ cz_2 + c'z'_2 \\ \vdots \\ cz_n + c'z'_n \end{pmatrix} \quad (c, c' \in \mathbb{C}) \tag{13.2}$$

と定義すれば，$\mathbb{C}^n$ は複素線形空間を成す．さらに，すぐ後の例 13.4 で述べるように内積を定義すれば，$\mathbb{C}^n$ はヒルベルト空間を成す．

この例の縦ベクトルに限らず一般に，ヒルベルト空間の要素を，**ベクトル** (vector) と呼ぶ．つまり，ヒルベルト空間はベクトル（と呼ぶことにした要素）の集合である．

物理学では，ヒルベルト空間のベクトルを $|\psi\rangle$ とか $|n\rangle$ のような具合に，$|\ \ \rangle$ で囲んで表す習わしである．$|\ \ \rangle$ の中に書く文字は，異なるベクトルを区別するために書いている文字なので，自分がわかりやすいように（どんな意味かが自分や読み手にとってわかりやすいように）文字を決めればよい．たとえば 2 つのベクトルを区別したいときは，$|\psi\rangle$, $|\psi'\rangle$ でも，$|1\rangle$, $|2\rangle$ でも，|-_-⟩, |^o^⟩ でも，何でもいいから区別できればよい．

---

3)　本書では，整数の集合を $\mathbb{Z}$，実数の集合を $\mathbb{R}$，複素数の集合を $\mathbb{C}$ と表す．

13.1.2 内積

ヒルベルト空間には，3 次元実空間のベクトルと同様に，2 つのベクトルの間の「内積」が定義されている．ここで，**内積** (inner product) とは，一般に，内積の公理（下の (13.5), (13.6), (13.9) の 3 つの性質）を満たす量のことである．たとえば：

例 13.2 $\mathbb{C}^n$ の場合には，2 つのベクトル

$$|\psi\rangle = \begin{pmatrix} z_1 \\ z_2 \\ \vdots \\ z_n \end{pmatrix},\ |\psi'\rangle = \begin{pmatrix} z'_1 \\ z'_2 \\ \vdots \\ z'_n \end{pmatrix} \tag{13.3}$$

の内積 $\langle\psi|\psi'\rangle$ を

$$\langle\psi|\psi'\rangle = \sum_{k=1}^{n} z_k^* z'_k = \begin{pmatrix} z_1^* & z_2^* & \cdots & z_n^* \end{pmatrix} \begin{pmatrix} z'_1 \\ z'_2 \\ \vdots \\ z'_n \end{pmatrix} \tag{13.4}$$

と定義すれば，内積の公理を満たす．すなわち，内積になる．

実ベクトルの内積は実数値をとったが，ヒルベルト空間の内積は，上記の例でもわかるように一般には複素数値をとり，その複素共役は

$$\langle\psi|\psi'\rangle^* = \langle\psi'|\psi\rangle \tag{13.5}$$

を満たす．ただし，自分自身との内積 $\langle\psi|\psi\rangle$ は，たとえば上記の例では $\langle\psi|\psi\rangle = \sum_k |z_k|^2 \geq 0$ という具合に，非負実数になる：

$$\langle\psi|\psi\rangle \geq 0. \tag{13.6}$$

このことを利用して，$|\psi\rangle$ の**ノルム** (norm)

$$\|\,|\psi\rangle\,\| \equiv \sqrt{\langle\psi|\psi\rangle} \tag{13.7}$$

を，実ベクトルにならって，$|\psi\rangle$ の**長さ** (length) と呼ぶ．たとえば，ゼロベクトルは長さが 0 のベクトルである．また，長さ $=1$ のベクトルのことを**単位ベクトル** (unit vector) と言う．

さらに，ゼロベクトルでない 2 つのベクトル $|\psi\rangle$ と $|\psi'\rangle$ の内積がゼロ

$$\langle\psi|\psi'\rangle = 0 \tag{13.8}$$

である場合には，やはり実ベクトルにならって「この 2 つのベクトルは**直交する**」と言う．また，任意のベクトル $|\psi\rangle$ と，任意のベクトルたち $|\phi\rangle, |\phi'\rangle$ の線形結合 $c|\phi\rangle + c'|\phi'\rangle$ の内積は，

$$\langle\psi|\left(c|\phi\rangle + c'|\phi'\rangle\right) = c\langle\psi|\phi\rangle + c'\langle\psi|\phi'\rangle \tag{13.9}$$

のように，内積の線形結合に等しい．

13.1.3　基底

あるヒルベルト空間 $\mathcal{H}$ の，一組のベクトルたち

$$|\varphi_1\rangle, |\varphi_2\rangle, \cdots \equiv \{\varphi_\nu\} \tag{13.10}$$

を考える．$\mathcal{H}$ のどんなベクトルもこのベクトルたちの線形結合として表せるとき，このベクトルたちの組を**基底** (basis) とか**完全系** (complete set) と言い，基底を成すベクトルたちを**基底ベクトル**と呼ぶ．

基底ベクトルたちは，その適当な線形結合をとってやることで，互いに直交するように選び直すことができるし，**規格化する** (normalize)（単位ベクトルになるように長さを調整する）こともできる．そのようにして，基底ベクトルたちが互いに直交する単位ベクトルになるようにした基底を**正規直交基底** (orthonormal basis) または**正規直交完全系** (complete orthonormal set) と呼び，**CONS** と略称する．そして，一組の CONS を成す基底ベクトルの数を，$\mathcal{H}$ の**次元** (dimension) と呼び $\dim\mathcal{H}$ と書く．たとえば：

例 13.3　$\mathbb{C}^2$ の場合，たとえば，2 つのベクトル

$$\begin{pmatrix}1\\0\end{pmatrix},\quad \begin{pmatrix}0\\1\end{pmatrix} \tag{13.11}$$

は，互いに直交する単位ベクトルで，$\mathbb{C}^2$ のどんなベクトルもこれらの線形結合として表せる：

$$\begin{pmatrix} z_1 \\ z_2 \end{pmatrix} = z_1 \begin{pmatrix} 1 \\ 0 \end{pmatrix} + z_2 \begin{pmatrix} 0 \\ 1 \end{pmatrix} \quad \text{for all } z_1, z_2 \in \mathbb{C}. \tag{13.12}$$

つまり，上記の 2 つのベクトルは一組の CONS を成す基底ベクトルである．ゆえに $\dim \mathbb{C}^2 = 2$ である．

この $\mathbb{C}^2$ の例で，CONS は (13.11) の一組に限られるわけではない．たとえば，

$$\begin{pmatrix} 1/\sqrt{2} \\ i/\sqrt{2} \end{pmatrix}, \quad \begin{pmatrix} i/\sqrt{2} \\ 1/\sqrt{2} \end{pmatrix} \tag{13.13}$$

も CONS である（確かめてみよ）．このように，CONS の選び方には任意性があるものの，どんな選び方をしても，個々の CONS に含まれる基底ベクトルの数は同じになり，それがヒルベルト空間の次元である．

$\mathbb{C}^n$ 以外にも様々なヒルベルト空間が考えられるが，$\dim \mathcal{H}$ が有限である限りは $\mathbb{C}^n$ のことだと見なしてよい．なぜなら，次の定理があるからだ [4)]：

数学の定理 13.1 有限次元のヒルベルト空間 $\mathcal{H}$ は，同じ次元の（つまり $n = \dim \mathcal{H}$ の）$\mathbb{C}^n$ と同一視できる．

したがって，有限次元のヒルベルト空間で済む場合には，$\mathbb{C}^n$ についておなじみの，ベクトルと行列の単純な線形代数で量子論が展開できる．

一組の CONS を与えれば，その様々な線形結合のうちで，ノルムが有限になるような線形結合（この制限の理由は下の補足 13.1）だけを集めた集合が $\mathcal{H}$ である，とも言える．このことを，「$\mathcal{H}$ はその CONS が**張る** (span) ヒルベルト空間である」と言う．

4) 実例と解説は，拙著 [10] の 3.2 節の例 3.2 など．なお，この定理における「同一視できる」というのは，数学的に言うと，同型（ユニタリー変換で結ばれる）ということだ．

補足 13.1　どんな線形結合を許すか

$\dim \mathcal{H}$ が無限大の場合には，CONS の勝手な線形結合をとると，ノルムが有限にならない（だからノルムが定義できない）こともありうる．そういう線形結合まで $\mathcal{H}$ に含めてしまうと，もはや $\mathcal{H}$ は内積空間にはならなくなってしまうので，ノルムが有限になるような線形結合に限定する．ただし物理では，この制限から外れるような計算を行うことも少なくない．それは，拙著 [10] の 3.16.1 項で触れたような様々な方法で正当化できるだろうと楽観的に考えているためだ．

13.2　無限次元のヒルベルト空間と物理学

量子論では，対象とする量子系に応じて，様々な大きさの次元を持つヒルベルト空間を用いる．数学の定理 13.1 のところで述べたように，有限次元のヒルベルト空間で済む場合には単純な線形代数で量子論が展開できる．しかし，無限次元のヒルベルト空間を使わねばならない場合もある．そういうケースは 2 種類に大別できるので，それぞれについて簡単に説明しておく．

13.2.1　有限自由度系だが $\dim \mathcal{H}$ が無限になるケース

一つ目のケースは，自由度が有限であるにもかかわらず $\mathcal{H}$ が無限次元になるケースである．通常の空間（連続空間）を運動する粒子の系が，その典型だ．たとえば：

例 13.4　初等量子力学で出てくる，直線（1 次元空間）上を運動する 1 個の粒子の量子力学では，値が複素数になるような関数をベクトルとするヒルベルト空間を使う．その場合，ベクトル $\psi(x)$ と $\psi'(x)$ の内積は

$$\langle \psi | \psi' \rangle = \int_{-\infty}^{\infty} \psi^*(x) \psi'(x) dx \tag{13.14}$$

とする．任意のベクトルを線形結合として表せる CONS は，無限個の基底ベクトルより成るので，この場合のヒルベルト空間は無限次元である．

上記の内積 (13.14) は，$\mathbb{C}^n$ の内積 (13.4) に対して，k を x に，z_k を $\psi(x)$ に，和を積分に置き換えた形になっている．そこで物理学者は，あたかも $\mathbb{C}^n$ のときの定義や結果が全て使えるかのようにして素朴に計算してしまうのが通例だ．

しかし本当は（拙著 [10] のスペードマークを付けた項目や下の補足 13.3 などの）様々な数学的注意が必要になる．それにもかかわらず，上記の例のように自由度が有限の量子系では，物理学者の素朴な計算でも，ほとんど常に正しい最終結果が得られる．

そんな素朴な計算がうまくいく理由は，たとえば拙著 [10] の 3.16.1 項で触れたような方法により正当化することができるからである．さらに，本書では 4.2.1 項で述べたように有限体積系から出発するので，13.5.3 項で述べるように数学的な煩雑さが緩和される．

これらに加えて，次のように考えると，後の議論に（また実用上も）便利である [5]：

cutoff による有限化：物理的に意味があるのは，エネルギー密度などの相加物理量密度が有限な状態である．したがって，ヒルベルト空間全体を全て使って計算しなくても，相加物理量密度が大きいが有限であるような状態たちだけが含まれるような部分空間に制限して計算しても，（下の補足 13.2 で述べるように制限した影響をパラメータの値に「くり込め」ば）物理的結果には影響しないだろう．そのような制限を課すことを「**cutoff を入れる**」と言う．cutoff により得られた部分空間の次元を**実効的な次元** (effective dimension) と呼ぶことにすると，それは下の問題 13.1 で例示するように有限になる．このように考えれば，$\dim \mathcal{H}$ が有限であるときのような計算をしても正しい結果が得られることが納得できる．

実際，数値計算では適当な cutoff を入れて有限次元空間に近似してから計算するが，（1 次元空間の 1 粒子の問題のように）その有限次元空間の次元が計算機で計算可能な程度の大きさであれば [6]，十分に正確な結果が得られている．

---

5) ただし，この議論をきちんと正当化するのは難しいので，厳密さを要求される分野では，cutoff を入れた後のモデルを議論の出発点にすることで正当化の問題を避けることが多い．そして，そういうモデルはスピン系と等価になるので，**量子スピン系** (quantum spin system) と呼ぶ．

6) 残念ながら（古典計算機で）計算可能な程度の大きさに収まる問題は非常に限られている．たとえば，3 次元空間の広い範囲を相互作用しながら動き回る粒子たちの量子系は，たとえ粒子が数個しかなくても，もはや正確に計算するのは困難になる．

問題 13.1　長さ L の 1 次元空間を運動する 1 個の自由粒子を考える．粒子が 1 個しかないから，粒子 1 個当たりのエネルギー密度 E/N はエネルギー ε に等しい．そこで，エネルギーに cutoff を入れることを考える．エネルギーが適当な有限値 $\varepsilon_{\rm cutoff}$ 以下の状態たちで張られる部分空間の次元が，有限で L に比例することを示せ．

補足 13.2　くり込み

cutoff を入れたモデルが，cutoff を入れる前のモデルと同じ結果を与えるようにするためには，一般には「くり込み」という操作をする必要がある．たとえば，結晶内の電子と光の相互作用を扱うとき，電子系を特定のバンドだけに制限したい（それ以外のバンドの状態を励起するには高いエネルギーが必要だから cutoff していいだろう）という場合，cutoff を入れる前のモデルでは，電子間相互作用などに現れる誘電率は真空誘電率だが，cutoff を入れたモデルでは，直感的にも想像できると思うが，切り捨てたバンドからの寄与で決まる誘電率に変える必要がある．

このように，cutoff の効果がパラメータの値を変更する形で現れることなどを，**くり込み** (renormalization) と言い，くり込みにより変更された値を**くり込まれた値** (renormalized value) と言う．このような物理機構を，英語の renormalization は上手く表現できていないが，日本語では創始者である朝永振一郎のおかげで上手く表現できている．

なお，くり込みによる「値の変更」には，0 だった相互作用定数が有限の値になることも含まれる．その場合には，cutoff のせいで新しい種類の相互作用が生じたように見える．物理学でよく使われるモデルたちの相互作用は，実はそういう由来のものが少なくない．

補足 13.3　♠ 異なる関数の同一視

例 13.4 のような，関数をベクトルとする無限次元のヒルベルト空間では，関数 $\phi(x)$ がゼロベクトルであっても，それは長さ $\displaystyle\int |\phi(x)|^2 dx = 0$ というだけなので，必ずしも $\phi(x) = 0$ for all x を意味しない．他にもいろいろな関数がこれを満たしうる．しかし，ゼロベクトルが複数個あるようでは線形空間にならないので，長さがゼロの関数を全て同一視して 1 個のゼロベクトルと

する．すると，任意のベクトルにゼロベクトルを加えても同じベクトルにとどまらないと線形空間にならないので，そのようなベクトルたちも同一視をすることになる．このようなことは物理ではあまり気にしないことが多いが，詳しく知りたい読者は，参考文献 [11], [12] などを参照のこと．

13.2.2　熱力学極限で $\dim \mathcal{H}$ が無限になるケース

$\mathcal{H}$ が無限次元になるもう一つのケースは，以下の 2 つの例のように，熱力学極限をとることによって自由度が無限大になり 7)，その結果 $\dim \mathcal{H}$ が無限になるケースである．

例 13.5　立方格子などの格子点のそれぞれに，1 個ずつ**スピン** (spin) が配置された量子系を**量子スピン系** (quantum spin system) と呼ぶ．格子点の数を N とし，それぞれのスピンの長さが $\hbar/2$ であるとすると，$\dim \mathcal{H} = 2^N$ であり，N が有限である限りは有限次元である．しかし，熱力学極限をとったら $N \to \infty$ となるので無限次元になる．

例 13.6　粒子系の場合には，13.2.1 項で述べたように，熱力学極限をとる前から（それどころか，たとえ一粒子系でも）$\mathcal{H}$ は無限次元である．ただ，cutoff を入れておけば，粒子数 N が有限である限りは，物理的な結果を変えないまま $\mathcal{H}$ を有限にできると考えられるのだった．しかし，たとえそうして有限化しておいたとしても，熱力学極限をとったら $N \to \infty$ により無限次元になる．

続巻で説明するが，これらの例のように熱力学極限をとったために無限次元になるケースは，物理学でも要注意であり，相転移などを扱う際に極めて重要になる．

しかし，いきなりそういうことまで考慮すると難しくなるので，この章の以下の節では，$\mathcal{H}$ が無限次元になることに伴う注意を（いずれのケースについて

7)　一般には「自由度」の定義には任意性がある．たとえば，複数個のスピンを一つの大きなスピンにまとめてしまうこともできる．そうだとしても，そのまとめるスピンの数を系のサイズと無関係にすべし，という条件さえ守れば，自由度が有限か無限かは決まる．

も）特に払わなくても済むような状況を扱っていると仮定して，量子論の復習をする．つまり，通常の初等量子力学の教科書と同じように，あたかも有限次元のときの定義や結果が全て使えるかのようにして説明を行う．そうすれば，p.249 の定理 13.1 によりヒルベルト空間を $\mathbb{C}^n$ と同一視できるので，ベクトルと行列の単純な線形代数で済むからだ．無限次元のケースについては，簡単な補足を加えるか，後の章にゆずるかにする．

13.3　ブラとケット

ある行列が与えられたとき，それを**転置** (transpose)（j 行 k 列の要素と k 行 j 列の要素を入れ替えること）して，さらに，全ての要素をその複素共役で置き換えて得られる行列を，もとの行列の**エルミート共役** (hermitian conjugate) と言う．そして，複素共役，エルミート共役は，それぞれ，行列の右肩に $*, \dagger$ を付けて表す．

たとえば，2 行 1 列の行列である 2 次元縦ベクトル

$$|\phi\rangle = \begin{pmatrix} \phi_1 \\ \phi_2 \end{pmatrix} \tag{13.15}$$

のエルミート共役は，

$$(|\phi\rangle)^\dagger = \begin{pmatrix} \phi_1 & \phi_2 \end{pmatrix}^* = \begin{pmatrix} \phi_1^* & \phi_2^* \end{pmatrix} \tag{13.16}$$

である．これを用いると，内積 (13.4) を行列のかけ算として表せる：

$$\langle\phi|\psi\rangle = \begin{pmatrix} \phi_1^* & \phi_2^* \end{pmatrix} \begin{pmatrix} \psi_1 \\ \psi_2 \end{pmatrix} = (|\phi\rangle)^\dagger \, |\psi\rangle \tag{13.17}$$

そこで，「$|\phi\rangle$ に共役な**ブラベクトル** (bra vector)」を

$$\langle\phi| \equiv (|\phi\rangle)^\dagger \tag{13.18}$$

にて定義すれば [8]，

$$\langle\phi|\psi\rangle = \langle\phi| \, |\psi\rangle \tag{13.19}$$

8)　無限次元空間の場合のことが気になる読者は，下の補足 13.4 を参照せよ．

となるので,「|| を略して | としたのが内積だ」と読めるようになってわかりやすい．また，$\langle\phi|$ をブラベクトルと呼ぶのに対抗して，元のベクトル $|\phi\rangle$ を「$\langle\phi|$ に共役な**ケットベクトル** (ket vector)」とも呼ぶことにすると，内積が「bra(c)ket」になってますますわかりやすい，というのがこの記法を編み出した P. A. M. Dirac の洒落で，それが物理学に定着した．

なお，明らかに，ブラベクトルの集合も複素線形空間を成す（だからこそ「ベクトル」と呼べるわけだ）．

補足 13.4　ヒルベルト空間が無限次元の場合のブラベクトル

上記のブラベクトルの説明は，13.2 節の末尾で宣言したように，ヒルベルト空間が有限次元であると想定した．無限次元の場合には，正確には，拙著 [10] の 3.8 節の補足に書いたように,「任意の $|\psi\rangle$ に作用して内積 $\langle\phi|\psi\rangle$ を与える線形写像」としてブラベクトル $\langle\phi|$ を定義する．ただ，物理では上記の説明で済ませることが多い．

13.4　量子論における純粋状態の表現

古典力学系の状態に，純粋状態と混合状態があることを 5.2.3 項で説明した．同様に，量子系の状態にも純粋状態と混合状態がある．その正確な定義などは 16 章で述べるので，とりあえずここでは，直感的に「原理的に許される最大限のところまで状態を指定し尽くした状態が，純粋状態だ」と考えておいて欲しい．本節では，量子論における純粋状態の表現を説明する．混合状態の表現は 16.2 節で説明する．

13.4.1　状態ベクトルや射線による純粋状態の表現

まず，与えられた量子系を記述するのに適切なヒルベルト空間を採用する [9]．すると，純粋状態は，そのヒルベルト空間の単位ベクトルで表すことができる [10]．

9)　そういうヒルベルト空間の具体的な構成法は，拙著 [10] の 3.22 節や，その具体例である 5.16 節などを参照されたい．

10)　続巻で述べる thermal pure quantum state のように,「長さがゼロでないベクトル」と条件を緩めてもよい．その場合には，長さが異なっても同じ状態なので，下記の射線の定義の $e^{i\theta}$ をゼロでない任意の複素数に置き換え，可観測量の期待値を計算するときは $\langle A\rangle = \langle\psi|A|\psi\rangle \,/\, \langle\psi|\psi\rangle$ のように，$\langle\psi|\psi\rangle$ で割り算する．

そのベクトルを**状態ベクトル** (state vector) と呼び，$|\psi\rangle$ とか $|\varphi\rangle$ などと書くことが多い．

状態ベクトル $|\psi\rangle$ で表される状態における物理量の測定値の確率分布は後述の (13.49) で与えられるが，それを見ると，$|\psi\rangle$ に**位相因子** (phase factor) $e^{i\theta}$（θ は任意の実数）をかけたベクトル

$$e^{i\theta}|\psi\rangle \tag{13.20}$$

も，まったく同じ確率分布を与えることがわかる．そのため，どんな実験を行っても，決して $|\psi\rangle$ と $e^{i\theta}|\psi\rangle$ を区別することはできない．したがって，8.2.2 項で古典系について述べ，後の 16.1.1 項で量子系を含む一般の系について述べるように，これらは同じ状態である．つまり，この 2 つのベクトルは，ベクトルとしては異なるものの，物理状態としては同じ状態として同一視する必要がある[11]．したがって，正確に言うと，様々な位相因子をかけたベクトルを全て集めた集合

$$\left\{ e^{i\theta}|\psi\rangle \;\middle|\; \theta \in \mathbb{R} \right\} \quad (\mathbb{R}\text{ は実数全体の集合}) \tag{13.21}$$

が純粋状態を表すわけだ．このような集合を**射線** (ray) と呼ぶので，結局，次のようになる：

> **量子論の要請 (1)：純粋状態**
>
> 量子系の純粋状態は，適切に選ばれたヒルベルト空間の，規格化された射線で表すことができる．

ただ，通常は，射線の中の一つの要素である状態ベクトル $|\psi\rangle$ で代表させて済ませることが多い．後の 16.2.1 項では，「密度演算子」という，もう少し便利な表現法も説明する．

13.4.2　波動関数による純粋状態の表現

$\mathcal{H}$ の任意のベクトルは CONS $\{|\varphi_\nu\rangle\}$ の線形結合で表せるのだから，状態ベクトル $|\psi\rangle$ も

11)　♠ 補足 13.3 で述べた同一視は，「線形空間にしたい」という数学的な動機による同一視だったが，ここでの同一視は「実験で区別できない状態は同じ状態であるべきだ」という物理的な必要性による同一視である．

$$|\psi\rangle = \sum_{\nu} \psi_{\nu} |\varphi_{\nu}\rangle \tag{13.22}$$

のように表せる．ここで，ψ_{ν} は

$$\psi_{\nu} = \langle \varphi_{\nu} | \psi \rangle \tag{13.23}$$

で与えられる複素数である．物理では，線形結合のことを**重ね合わせ** (superposition) とも言い，ψ_{ν} を**重ね合わせ係数**と呼ぶ．

状態ベクトル $|\psi\rangle$ と CONS を与えれば，(13.23) により重ね合わせ係数 ψ_{ν} が定まる．逆に，ψ_{ν} の組 $\{\psi_{\nu}\}$ を与えれば，(13.22) により状態ベクトル $|\psi\rangle$ が定まる．つまり，$|\psi\rangle$ と $\{\psi_{\nu}\}$ は等価な情報を持っているわけで，$\{\psi_{\nu}\}$ でも純粋状態を表すことができる．この $\{\psi_{\nu}\}$ を**波動関数** (wavefunction) と呼ぶ．

ただし，13.1.3 項で述べたように，CONS は一組に限られるわけではない．そのため，同じ $|\psi\rangle$ を異なる CONS の重ね合わせで表すこともでき，異なる波動関数が得られる．このように，同じ状態でも波動関数は CONS の選択次第で変わるので，そのことを明示したいときには，「CONS $\{ |\varphi_{\nu}\rangle \}$ で**表示** (represent) した波動関数」と言う．

なお，状態ベクトルと同様に，$\{\psi_{\nu}\}$ という波動関数の状態と，その位相因子倍である $\{e^{i\theta}\psi_{\nu}\}$ という波動関数（θ は ν に依らない定数であることに注意）の状態は，まったく同じ状態である．

13.5 量子論における可観測量の表現

3 章で述べたように，古典力学では，位置 q と運動量 p の組の値が決まれば，あらゆる物理量の値が決まるので系の状態も決まることになる．つまり，物理量の値と系の状態は一体化していた．それに対して量子論では，位置 q と運動量 p の値が同時に定まることは不確定性原理よりありえないので，物理量と物理状態は，別個に考えるしかなくなる．そうすると，何を物理量と呼ぶべきかも自明ではなくなるので，量子論における物理量を，とくに**可観測量** (observable) と呼ぶことがある．個々の量子系において何が可観測量であるかについては，本書では深入りせずに，既知であるとして説明をする [12]．

12) ほとんどの物理の議論は，この前提で行われるか，あるいは，全ての自己共役演算子が可観測量であると仮定してしまって議論する．それについて気になる読者は，拙著 [10] の 7.4 節を参照せよ．

13.5.1 演算子

13.1 節の例 13.1 で取り上げた縦ベクトルより成るヒルベルト空間 $\mathbb{C}^n$ では，$n \times n$ の（つまり n 行 n 列の）正方行列をベクトルにかけると，別のベクトルに変わる：

例 13.7　たとえば $\mathbb{C}^2$ の場合，

$$\begin{pmatrix} 0 & i \\ -i & 0 \end{pmatrix} \begin{pmatrix} 1 \\ 1 \end{pmatrix} = \begin{pmatrix} i \\ -i \end{pmatrix}. \tag{13.24}$$

この例の正方行列のように，ヒルベルト空間のベクトルに作用して他のベクトルに変えるもののうちで，行列をかけるのと同様に**線形性**[13)]と呼ばれる性質を持つものを，一般に，「ヒルベルト空間の上の**線形作用素** (linear operator)」と呼ぶ．物理では，それを**演算子** (operator) と略称し，$\hat{A}$ とか $\hat{B}$ という具合に，頭に帽子のようなハット記号「ˆ」を付けて演算子であることを明示する習慣がある．本書でも以後はそうする．たとえば，(13.24) の正方行列を $\hat{Y}$，左辺のベクトルを $|\phi\rangle$，右辺のベクトルを $|\phi'\rangle$ と書くと，(13.24) を

$$\hat{Y}\,|\phi\rangle = |\phi'\rangle \tag{13.25}$$

と表記するわけだ．

とくに，どんなベクトルも変えない演算子を**恒等演算子** (identity operator) と呼び，本書では $\hat{1}$ と書く：

$$\hat{1}\,|\phi\rangle = |\phi\rangle \quad \text{for all } |\phi\rangle. \tag{13.26}$$

行列の場合にはこれは単位行列である．また，恒等演算子に複素数 c をかけた $c\hat{1}$ をベクトルに作用させると，$c\hat{1}\,|\phi\rangle = c\,|\phi\rangle$ のように c をかけたのと同じになるので，しばしば $c\hat{1}$ を c と略記する．

さて，物理ではあまり見かけない記法であるが，拙著 [10] で導入した，物理と数学の折衷案の記法を導入しよう：

---

13)　任意の複素数 c, c' と任意のベクトル $|\phi\rangle, |\phi'\rangle$ について，$\hat{A}\left(c\,|\phi\rangle + c'\,|\phi'\rangle\right) = c\hat{A}\,|\phi\rangle + c'\hat{A}\,|\phi'\rangle$ という性質のこと．

$$|\hat{A}\phi\rangle \equiv \hat{A}\,|\phi\rangle\,,\ \ \langle\hat{A}\phi| \equiv \Big(|\hat{A}\phi\rangle\Big)^\dagger = \Big(\hat{A}\,|\phi\rangle\Big)^\dagger. \tag{13.27}$$

ヒルベルト空間が有限次元の場合には，13.1 節の定理 13.1 によりヒルベルト空間を $\mathbb{C}^n$ と見なすことができ，(13.24) のように線形演算子を行列と同一視できる．その場合に $\langle\hat{A}^\dagger\phi|$ を計算してみると，

$$(\hat{A}^\dagger)^\dagger = \hat{A} \tag{13.28}$$

$$(\hat{A}\hat{B})^\dagger = \hat{B}^\dagger\hat{A}^\dagger \quad (\hat{B}\text{ は行数が }\hat{A}\text{ の列数に等しい任意の行列}) \tag{13.29}$$

などを用いて，

$$\langle\hat{A}^\dagger\phi| = \Big(|\hat{A}^\dagger\phi\rangle\Big)^\dagger = \Big(\hat{A}^\dagger\,|\phi\rangle\Big)^\dagger = \langle\phi|\,\hat{A} \tag{13.30}$$

と変形できる．したがって，(13.19) を思い出せば，任意の 2 つのベクトル $|\phi\rangle$ と $|\psi\rangle$ について，

$$\langle\hat{A}^\dagger\phi|\psi\rangle = \langle\phi|\hat{A}|\psi\rangle = \langle\phi|\hat{A}\psi\rangle \tag{13.31}$$

が成り立つことがわかる．この計算では，$\dagger$ は $\mathbb{C}^n$ における**エルミート共役** (hermitian conjugate) であった．これを一般のヒルベルト空間に拡張し，演算子 $\hat{A}^\dagger$ を「(13.31) が成り立つ演算子のことである」と定義し，$\hat{A}$ の**共役演算子** (adjoint operator) と呼ぶ．（それは $\mathbb{C}^n$ では $\hat{A}$ のエルミート共役だったことから，同じ記号 $\dagger$ を用いる．）

さて，行列の中には，そのエルミート共役が，自分自身と同じになる行列がある．そのような行列を**エルミート行列** (hermitian matrix) とか**エルミート演算子** (hermitian operator) と呼ぶ．たとえば：

例 13.8 (13.24) の左辺にある行列はエルミート行列である．実際，そのエルミート共役は，

$$\begin{pmatrix} 0 & -i \\ i & 0 \end{pmatrix}^\dagger = \begin{pmatrix} 0 & i \\ -i & 0 \end{pmatrix}^* = \begin{pmatrix} 0 & -i \\ i & 0 \end{pmatrix} \tag{13.32}$$

のように，元の行列と一致する．

この例からもわかるように，エルミート行列は，

$$[jk \text{ 要素}] = [kj \text{ 要素}]^* \quad \text{for all } j, k \tag{13.33}$$

を満たす行列である．単位行列 $\hat{1}$ も明らかにエルミート行列だ．

これを一般のヒルベルト空間に拡張し，$\hat{A}^\dagger = \hat{A}$ であるような演算子を**自己共役演算子** (self-adjoint operator) と呼ぶ [14]．ただし，上記のようにヒルベルト空間が有限次元の場合には自己共役演算子をエルミート演算子と同一視できることから，物理では，無限次元であろうと，自己共役演算子のことも（数学者には叱られるのだが）エルミート演算子と呼んでしまうことが多い [15]．本書では必要な所ではできるだけ呼び分けるが，有限次元の場合には同一視できるので呼び分けることはしない．

13.5.2 可観測量

拙著 [10] の 3.12.2 項で述べたように，可観測量は，その測定値が実数になるように（再）定義しておくことにする．すると，

量子論の要請 (2)：可観測量

量子系の可観測量は，自己共役演算子で表される．

そして，いちいち「可観測量 A を表す自己共役演算子 $\hat{A}$」とか「自己共役演算子 $\hat{A}$ で表される可観測量 A」と書くのは面倒なので，これを縮めて「可観測量 $\hat{A}$」とか「物理量 $\hat{A}$」と書く習慣になっている．

たとえば，系のエネルギーである**ハミルトニアン** (Hamiltonian) H を表す自己共役演算子が $\hat{H}$ であるとき，単に「ハミルトニアン $\hat{H}$」と書くわけだ．また，統計力学ではスピン系をよく例に用いるので，次の例は重要だ：

例 13.9 電子のスピンの 3 成分 $\hat{s}_x, \hat{s}_y, \hat{s}_z$ は，**パウリ行列** (Pauli matrix)

$$\hat{X} = \begin{pmatrix} 0 & 1 \\ 1 & 0 \end{pmatrix}, \ \hat{Y} = \begin{pmatrix} 0 & -i \\ i & 0 \end{pmatrix}, \ \hat{Z} = \begin{pmatrix} 1 & 0 \\ 0 & -1 \end{pmatrix} \tag{13.34}$$

を用いて，

---

14) 等号だから，定義域も含めて一致しなければならない．

15) 筆者も，論文を書くときには，物理学の習慣に合わせて「エルミート演算子」と書くようにしている．

$$\hat{s}_x = \frac{\hbar}{2}\hat{X},\ \hat{s}_y = \frac{\hbar}{2}\hat{Y},\ \hat{s}_z = \frac{\hbar}{2}\hat{Z} \tag{13.35}$$

という行列として表せる．

一般に，エルミート行列は，実数倍してもエルミート行列である．したがって，下の問題の結果より，上記の $\hat{s}_x, \hat{s}_y, \hat{s}_z$ はエルミート行列であることがわかる．ただし，これらはPauli行列と定数倍の違いしかないので，しばしば（とくに量子情報理論では）Pauli行列で代用してしまい，「スピンの3成分 $\hat{X}, \hat{Y}, \hat{Z}$」などと言う．

問題 13.2　Pauli行列がどれもエルミート行列であることを確かめよ．

13.5.3　固有値と固有ベクトル

ある演算子 $\hat{A}$ について，それをある（ゼロベクトルではない）ベクトル $|\phi\rangle$ に作用したら $|\phi\rangle$ の複素数倍になるとき，すなわち

$$\hat{A}\,|\phi\rangle = a\,|\phi\rangle \quad (a \text{ は複素数}) \tag{13.36}$$

のようになるとき，a を $\hat{A}$ の**固有値** (eigenvalue)，$|\phi\rangle$ を $\hat{A}$ の固有値 a に属する（対応する）**固有ベクトル** (eigenvector) とか**固有状態** (eigenstate) と呼ぶ[16)]．また，固有ベクトルは，定数倍しても同じ固有値に属する固有ベクトルであるので，定数倍の不定性がある．そのため，長さは好きに選べる．

量子論では，可観測量が自己共役演算子で表されるので，$\hat{A}$ が自己共役演算子であるケースがとくに重要である．たとえば次の問題のケースだ：

問題 13.3　スピンを表す (13.34) の $\hat{X}, \hat{Y}, \hat{Z}$ のそれぞれについて，固有値と固有ベクトルを全て求めよ．ただし，固有ベクトルは単位ベクトルにすること．（求め方などは，拙著 [10] の 3.7 節参照．）

この例からもわかるように，それぞれの演算子について，その固有値は1個だけとは限らず，通常は複数個（最大でヒルベルト空間の次元と同じ個数まで）ある．一方，一つの固有値に対応する固有ベクトルは，（上記の定数倍の不定性を

16)　英語らしくない「eigen」は，ドイツ語から来ている．

除くと）この例のように 1 本だけのこともあれば，互いに線形独立なものが[17] 複数本あることもある．後者のケースを，「**縮退** (degeneracy) がある」と言い，最大で何本の線形独立な固有ベクトルがあるかを**縮退度**と言う．縮退度 $= 1$ なら縮退がないということだ．

自己共役演算子の固有値は全て実数になることが容易に示せる．その固有値たちを実数軸（数直線）の上に並べたとしよう．そのとき，隣り合う固有値との間の間隔がゼロでないような固有値を**離散固有値** (discrete eigenvalue) と言い，離散固有値の集合を**離散スペクトル** (discrete spectrum) と言う．そうでない場合には，**連続固有値** (continuous eigenvalue)，**連続スペクトル** (continuous spectrum) と言う．

実は，連続スペクトルの場合には拙著 [10] の 3.16 節で述べたような様々な数学的注意が必要になる．しかし本書では，4.2.1 項で述べた方針である有限体積系から出発するおかげで，統計力学で重要な物理量たちが離散固有値だけをとるようになる．そのおかげで，Boltzmann の公式などでミクロ状態の数を数えることも，古典力学系のように状態が連続的であることに伴う悩みが生じず，自明に勘定できる[18]．したがって，連続スペクトルについては深入りしないことにする．

そういうわけで，離散スペクトルだけを持つ自己共役演算子を考えることにしよう．まず，次のことが言える：

数学の定理 13.2　自己共役演算子の，異なる離散固有値に対応する固有ベクトルは直交する．

この定理は，縮退がある場合の同じ固有値に対応する固有ベクトルが直交することは保証してくれない．しかし，それらの固有ベクトルの適当な線形結合をとってやれば，必ず直交化することができるし，規格化もできる：

---

17)　「互いに直交するものが」と言い換えてもいい．

18)　♠7.2.3 項で注意したように，この第 I 巻では，量子系のミクロ状態を勘定するときにはエネルギー固有状態で勘定すればいいケースを扱う．エネルギー固有状態では済まない一般の場合については続巻で説明する．

数学の定理 13.3 離散スペクトルだけを持つ自己共役演算子の固有ベクトルは全て，互いに直交する単位ベクトルたちに選ぶことができる．そのように選ぶと，その固有ベクトルたちは，ヒルベルト空間の CONS を成す．

以後は，離散スペクトルだけを持つ自己共役演算子の固有ベクトルは，規格直交化してヒルベルト空間の CONS を成すように選ぶ（選んである）と約束する．

13.5.4 ハミルトニアン

熱力学ではエネルギーが重要な役割を演じていたので，統計力学でも同様である．

量子論では，系のエネルギーを表す自己共役演算子を**ハミルトニアン** (Hamiltonian) と呼び，$\hat{H}$ と書く習慣である．本書では，4.2.1 項で述べた方針に従って有限体積系から出発するので，$\hat{H}$ は離散スペクトルだけを持つようになる．$\hat{H}$ の固有値をとくに**エネルギー固有値** (energy eigenvalue) と呼び，固有ベクトルを**エネルギー固有状態** (energy eigenstate) と呼ぶ．

例 13.10 ある量子系のハミルトニアンが，J を正の定数として

$$\hat{H} = J\hat{X} \tag{13.37}$$

であったとすると，p.261 の問題 13.3 の結果から，エネルギー固有値は $\pm J$ であり，エネルギー固有状態は問題で求めた固有ベクトルだとわかる．

また，エネルギー固有状態のうちで，エネルギー固有値がいちばん低い状態を**基底状態** (ground state) と呼び，それ以外の状態を**励起状態** (excited state) と呼ぶ．上記の例 13.10 では，エネルギー固有値 $= -J$ に対応するエネルギー固有状態が基底状態で，エネルギー固有値 $= +J$ に対応するエネルギー固有状態が励起状態である．

この例では，基底状態も励起状態も 1 個ずつしかないが，一般にはそうではない．とくにマクロ系では，9.2 節で述べたように，励起状態は系のサイズの指数関数に比例するような莫大な個数だけ（あるいは無数に）ある．そして，数学の定理 13.3 により，基底状態も励起状態も全て集めたエネルギー固有状態たちは，適当な線形結合をとることによって，ヒルベルト空間の CONS を成すよ

うに選ぶことができる．13.5.3 項の終わりで述べたように，本書では常にそのように選んであるとする．

13.5.5　固有空間への射影演算子とスペクトル分解

$\hat{A}$ を，離散スペクトルだけを持つ自己共役演算子とする．その固有値 a に対応する固有ベクトルを，

$$|\phi_a^1\rangle\,,\, |\phi_a^2\rangle\,, \cdots\,,\, |\phi_a^{m_a}\rangle \tag{13.38}$$

とする．ここで，m_a は固有値 a の縮退度である．13.5.3 項の末尾で述べたように，これらは規格直交化してあるとする：

$$\langle \phi_a^\ell | \phi_{a'}^{\ell'} \rangle = \delta_{a,a'} \delta_{\ell,\ell'}. \tag{13.39}$$

すると，数学の定理 13.3 により，全ての固有値 a に属する固有ベクトルたちを集めればヒルベルト空間 $\mathcal{H}$ の CONS を成すので，任意のベクトル $|\phi\rangle$ は，その線形結合

$$|\phi\rangle = \sum_a \sum_{\ell=1}^{m_a} c_a^\ell \, |\phi_a^\ell\rangle \tag{13.40}$$

として表せる．

さて，一つの固有値 a に属する固有ベクトルたち (13.38) だけを使って，

$$\hat{\mathcal{P}}(a) \equiv \sum_{\ell=1}^{m_a} |\phi_a^\ell\rangle\langle\phi_a^\ell| \tag{13.41}$$

という演算子（行列）を定義する [19]．この演算子を，任意のベクトルである (13.40) にかけてみると，(13.39) より，

$$\hat{\mathcal{P}}(a)\, |\phi\rangle = \sum_{\ell=1}^{m_a} c_a^\ell \, |\phi_a^\ell\rangle \tag{13.42}$$

のように，元のベクトルから，固有値 a に属する固有ベクトルたちの重ね合わせになっている部分だけを，係数を変えずにそのまま抜き出したベクトルになる．

---

19)　同じ固有値に属する固有ベクトルには，それらの間で線形結合をとる任意性があるが，その任意性に依らずに同じ $\hat{\mathcal{P}}(a)$ が得られる（拙著 [10] の 3.9 節）．

そこで，固有値 a に属する固有ベクトルたち (13.38) だけを CONS とする（したがって次元 $= m_a$ の）小さなヒルベルト空間 $\mathcal{H}_a$ を考える．これは $\mathcal{H}$ の部分線形空間を成し，固有値 a に対応する（属する）**固有空間** (eigenspace) と呼ばれる．(13.42) によると，$\hat{\mathcal{P}}(a)$ は，元のベクトルから，この固有空間 $\mathcal{H}_a$ 内にある成分だけを抜き出す演算子になっている．これは，$\mathcal{H}_a$ を平面に喩えると，その平面に垂直な光を当てたときに平面に映る影を見ることに相当するので，$\hat{\mathcal{P}}(a)$ を「固有値 a に属する $\hat{A}$ の固有空間への**射影演算子** (projection operator)」と呼ぶ．

この射影演算子を用いると，$\hat{A}$ を

$$\hat{A} = \sum_a a\hat{\mathcal{P}}(a) \left(= \sum_a \sum_{\ell=1}^{m_a} a\,|\phi_a^\ell\rangle\langle\phi_a^\ell| \right) \tag{13.43}$$

と表すことができる [20]．これを $\hat{A}$ の**スペクトル分解** (spectral resolution) と言う．量子系の統計力学には，自己共役演算子の様々な「関数」が登場するが，それはスペクトル分解を用いて定義される．すなわち，$f(x)$ が実数 x を変数とする通常の関数であるとき，自己共役演算子 $\hat{A}$ の関数 $f(\hat{A})$ は，(13.43) を利用して，

$$f(\hat{A}) \equiv \sum_a f(a)\hat{\mathcal{P}}(a) \left(= \sum_a \sum_{\ell=1}^{m_a} f(a)\,|\phi_a^\ell\rangle\langle\phi_a^\ell| \right) \tag{13.44}$$

にて定義される [21]．

ちなみに，$f(x)$ が多項式の場合には，たとえば $f(x) = 3x^2$ なら $f(\hat{A}) = 3\hat{A}^2$ という具合に，その多項式の x を $\hat{A}$ に置き換えたものが $f(\hat{A})$ の自然な定義であるが，それは上記の定義の $f(\hat{A})$ に一致する [22]．つまり上記の定義は，多項式の場合の自然な定義を拡張したものになっている．

問題 13.4 Pauli 行列 $\hat{X}, \hat{Y}, \hat{Z}$ の，固有値 ± 1 に属する固有空間への射影演算子を，それぞれ $\hat{\mathcal{P}}^X(\pm 1), \hat{\mathcal{P}}^Y(\pm 1), \hat{\mathcal{P}}^Z(\pm 1)$ とする．これらが次式で与えられることを示せ．

$$\hat{\mathcal{P}}^X(\pm 1) = \frac{\hat{1} \pm \hat{X}}{2},\ \hat{\mathcal{P}}^Y(\pm 1) = \frac{\hat{1} \pm \hat{Y}}{2},\ \hat{\mathcal{P}}^Z(\pm 1) = \frac{\hat{1} \pm \hat{Z}}{2}. \tag{13.45}$$

また，この表式を (13.43) の右辺に代入し，(13.43) が成り立つことを確認せよ．

20) 詳しくは，拙著 [10] の 3.9 節．
21) もちろん，$\hat{A}$ の固有値はどれも $f(x)$ の定義域の中にある必要がある．
22) 詳しくは，拙著 [10] の 3.10 節．普通の数と同様に，演算子についても $\hat{A}\hat{A}$ を $\hat{A}^2$ と書く．

問題 13.5　$\delta_{a,a'}$ をクロネッカーのデルタとする．次式を示し，その幾何学的意味を，固有空間を平面に例えて考えよ．

$$\hat{\mathcal{P}}(a)\hat{\mathcal{P}}(a') = \delta_{a,a'}\hat{\mathcal{P}}(a). \tag{13.46}$$

問題 13.6　固有空間の次元 $\dim \mathcal{H}_a$ が次式で与えられることを示せ．

$$\mathrm{Tr}\left[\hat{\mathcal{P}}(a)\right] = m_a = \dim \mathcal{H}_a. \tag{13.47}$$

13.6　実験との対応

ここまでで，量子論における純粋状態と可観測量の表現の仕方を説明したが，物理学は実証科学であるから，それらが（少なくとも原理的には実行可能な）実験の結果とどのように結びつくかを規定する必要がある．それではじめて物理学の理論になる．これに関する要請を説明しよう．

13.6.1　Born の確率規則

自己共役演算子 $\hat{A}$ で表されるような可観測量 A を測定するケースを考える．ただし，$\hat{A}$ は離散スペクトルだけを持つとする [23)]．

具体的な実験の手順としては，量子系を状態ベクトル $|\psi\rangle$ で表される状態に用意して，$\hat{A}$ を何回も測定する [24)]．つまり，

想定する実験の手順：同じ状態 $|\psi\rangle$ を用意して同じ物理量 $\hat{A}$ の測定を行う実験を，独立に（つまり，一つの実験が別の実験の結果に影響しないように）N 回行う．

このときの実験結果について，量子論は次のことを主張する [25)]：

---

23)　この制限に不満な読者のために，実用上はともかく，原理的にはそれで十分であることを 13.6.3 項で説明しておいた．

24)　文献 [13] で解説したように，時間相関関数の測定などの，これに当てはまらない手順の実験の結果も，時間発展に関する量子論の基本原理と組み合わせれば導ける．したがって，この基本的な手順の実験だけ考えておけば，基本原理としては十分である．

25)　相対頻度は**相対度数** (relative frequency) とも言う．

量子論の要請 (3)：実験との対応

上記の実験における測定の誤差が無視できるほど小さい場合，以下の結果が得られる．

(i) 個々の測定値は，$\hat{A}$ の固有値のいずれかに限られる．

(ii) どの固有値が測定値として得られるかは，一般には測定のたびにランダムにばらつく．

(iii) しかし，それぞれの測定値が得られる**相対頻度** (relative frequency) は，$N \to \infty$ で一定値に収束する．

(iv) その相対頻度の収束値である

$$\mathcal{P}(a) \equiv \lim_{N\to\infty} \frac{N \text{ 回のうちで，測定値} = a \text{ であった回数}}{N} \tag{13.48}$$

は，次の値になる：

$$\mathcal{P}(a) = \langle\psi|\hat{\mathcal{P}}(a)|\psi\rangle\,. \tag{13.49}$$

ここで $\hat{\mathcal{P}}(a)$ は，固有値 a に属する $\hat{A}$ の固有空間への射影演算子である．この等式を **Born**（ボルン）**の確率規則**と呼ぶ．

この要請に現れた (13.48) の相対頻度 $\mathcal{P}(a)$ のことを，量子論では（下の補足 13.5 で述べるように注意を要する呼び名なのだが）**確率** (probability) と呼ぶ．Born の確率規則 (13.49) は，その確率の実験値である左辺が，量子論で計算される右辺に等しいことを主張している．

補足 13.5 ♠ 量子論における「確率」

「確率」と言うと，経済学や工学などで広く使われている確率論がそのまま当てはまるという印象を抱きがちだ．しかし，複数個の可観測量の測定を総合して考えると，量子論で予言される測定値の相対頻度は，少なくとも通常の確率論には従わない．たとえば，4 つの可観測量 $\hat{A}, \hat{A}', \hat{B}, \hat{B}'$ の測定値

を a, a', b, b' として，$[\hat{A}, \hat{A}'] \neq 0$ かつ $[\hat{B}, \hat{B}'] \neq 0$ だが他の組み合わせは可換だとする．このとき，可換な（したがって誤差なく同時測定できる）組の測定値の相対頻度 $\mathcal{P}(a,b), \mathcal{P}(a,b'), \mathcal{P}(a',b), \mathcal{P}(a',b')$ は，（拙著 [10] で述べたように可換な可観測量は一つの可観測量と等価なので）Born の確率規則で与えられる．これらについて，通常の確率論では，4 つの確率変数 a, a', b, b' 全体を記述する結合確率分布があって，それが $\mathcal{P}(a,b), \mathcal{P}(a,b'), \mathcal{P}(a',b), \mathcal{P}(a',b')$ と整合すると期待するだろう．しかし，そうはならないということが，J. S. Bell が示した「quantum contextuality」や（拙著 [10] で詳説した）「Bell の不等式の破れ」から直ちに言える．しかし，そういうことが理解される前に「確率」と呼ぶ習慣が根付いてしまったのである．この類いのことが少なからず見受けられるので，物理学では，言葉の意味から内容を推測することはしない方が無難である．

13.6.2 測定値の平均値

上記の要請により，測定値の平均値や分散など，様々な量が予言できる．たとえば，測定値の平均値

$$\langle A \rangle \equiv \lim_{N \to \infty} \frac{1\text{ 回目の測定値} + \cdots + N\text{ 回目の測定値}}{N} \tag{13.50}$$

を見たい場合には [26]，これに対する量子論の予言値は，(13.43) と (13.49) から，

$$\begin{aligned} \langle A \rangle &= \sum_a a\mathcal{P}(a) = \sum_a a \langle \psi | \hat{\mathcal{P}}(a) | \psi \rangle = \langle \psi | \sum_a a\hat{\mathcal{P}}(a) | \psi \rangle \\ &= \langle \psi | \hat{A} | \psi \rangle \end{aligned} \tag{13.51}$$

となることがわかる．この予言値を，確率から期待される平均値という意味で，**期待値** (expectation value) とも言う．

p.261 の問題 13.3 にて，Pauli 行列 $\hat{X}, \hat{Y}, \hat{Z}$ の固有値はどれも ± 1 であることがわかったから，量子論の要請 (3)-(i) より，$\hat{X}, \hat{Y}, \hat{Z}$ のいずれを測っても，個々の測定値は ± 1 のいずれかである．一方，測定値の平均値は，(13.51) からわかるように，状態によって異なる．たとえば：

26) ♠(13.48) の $\mathcal{P}(a)$ とは異なり，(13.50) は収束しないこともある．その場合には，$\mathcal{P}(a)$ を見るか，関数 $f(x)$ を上手に選んで $\hat{A}$ の代わりに $\langle f(A) \rangle = \langle \psi | f(\hat{A}) | \psi \rangle$ を見ればよい．

例 13.11 状態ベクトル $|\psi\rangle$ が，$\hat{Z}$ の固有値 $+1$ に属する固有ベクトル $|\phi^Z_{+1}\rangle$ だったとしよう：

$$|\psi\rangle = |\phi^Z_{+1}\rangle = \begin{pmatrix} 1 \\ 0 \end{pmatrix} \quad \text{（の任意の位相因子倍）}. \tag{13.52}$$

この状態において，$\hat{Z}$ を誤差なく測ると，

$$\langle Z \rangle = \langle \psi | \hat{Z} | \psi \rangle = \langle \phi^Z_{+1} | \hat{Z} | \phi^Z_{+1} \rangle = \langle \phi^Z_{+1} | \phi^Z_{+1} \rangle = 1. \tag{13.53}$$

測定値は ± 1 のいずれかなのだから，この結果は，100%の確率で $Z = +1$ という測定値を得ることを示している．ゆえに，この $|\psi\rangle$ は「$\hat{Z}$ の値が $+1$ に定まった状態」と言える．他方，同じ状態において，$\hat{X}$ を誤差なく測ると，

$$\langle X \rangle = \langle \psi | \hat{X} | \psi \rangle = \begin{pmatrix} 1 & 0 \end{pmatrix} \begin{pmatrix} 0 & 1 \\ 1 & 0 \end{pmatrix} \begin{pmatrix} 1 \\ 0 \end{pmatrix} = 0. \tag{13.54}$$

これは，$X = +1$ が出るか $X = -1$ が出るかは半々であり，まったく予測がつかないことを示している．つまり，この状態では，$\hat{X}$ は定まった値を持っていない．

この例で見たように，一般に，

一つの可観測量の値が定まった状態：可観測量 $\hat{A}$ の一つの固有値 a に属する固有ベクトルは，$\hat{A}$ の値が a に定まった状態である．一方，その状態において，他の可観測量は一般には定まった値を持たない．

これは，**不確定性原理** (uncertainty principle) の一例である．一般に，2 つの可観測量 A と B を表す演算子をかけ算したときに，かける順番を変えても $\hat{A}\hat{B} = \hat{B}\hat{A}$ のように同じであれば**可換** (commutative) と言い，異なれば**非可換** (noncommutative) と言う．不確定性原理は，2 つ（以上）の可観測量が非可換であるときに見られる現象である．たとえば上記の例では，$\hat{Z}$ と $\hat{X}$ の非可換性の度合いを表す**交換関係** (commutation relation)

$$[\hat{Z}, \hat{X}] \equiv \hat{Z}\hat{X} - \hat{X}\hat{Z} \tag{13.55}$$

を計算してみると，

$$[\hat{Z}, \hat{X}] = 2i\hat{Y} \tag{13.56}$$

のようにゼロでないから非可換であることが確認できる．この事実が，上述のものに限らない，様々なタイプの不確定性原理をもたらすのである 27)．

問題 13.7　状態ベクトル $|\psi\rangle$ が，問題 13.3 で求めた $\hat{X}$ の固有ベクトル $|\phi^X_{\pm 1}\rangle$，$\hat{Y}$ の固有ベクトル $|\phi^Y_{\pm 1}\rangle$，$\hat{Z}$ の固有ベクトル $|\phi^Z_{\pm 1}\rangle$ であるそれぞれのケースについて，$\langle X \rangle$，$\langle Y \rangle$，$\langle Z \rangle$ を求め，上記のことを確かめよ．

13.6.3　♠ 一般化測定や連続スペクトルについて

文献 [13] の 4 節で詳述したように，正確には，上記の要請は，理想測定と見なせるような可観測量が見つかるまで [着目系] + [測定器の一部] という合成系を拡大して，その拡大した量子系における可観測量に対して適用するべきだ．そのようにすると，着目系の可観測量に対しては，誤差もあるし測定後の状態も単純ではないような，**一般化測定** (generalized measurement) になることが示せる．

この原理原則に従えば，誤差なく測定して記録できるのは明らかに（たとえば有限桁で打ち切って離散的にしたなどの）離散的なデータだけだから，上記の要請を適用すべき可観測量は離散スペクトルだけを持つ．したがって，基本原理としては，上記の離散スペクトルのケースだけで十分である．

ただ，原理的にはそれで十分であっても実用上は不便なので，そこから導かれる一般化測定（連続スペクトルの時を含む）の公式を基本原理であるかのように与えることが多い．（拙著 [10] でもそういう理由で，連続スペクトルの公式を要請に格上げしておいた．）本書でも，そのような便利な公式を用いることがある．

13.7　同種粒子より成る多粒子系の量子論

統計力学の対象はマクロ系であるから，統計力学に必要な量子論は，マクロな数の粒子やスピン（などのミクロな構成要素）を含む多自由度系の量子論で

27)　詳しくは，拙著 [10] の 3.19 節，3.20 節を参照のこと．

ある．したがってそれは，初等量子力学で習う粒子 1 個やスピン 1 個といった少数自由度系の量子論よりは難しい面がある．しかし，前節で説明した量子論の一般的な枠組みに沿って考えれば，（13.2 節で述べたように，この章では $\mathcal{H}$ が無限次元になることに伴う注意を特に払わなくても済むような状況を扱っていることもあって）自由度の大小にかかわらずに同様に扱えることを説明しよう[28]．なお，8.4 節でも述べたように，N は物質量ではなく粒子数とする．

13.7.1 設定

マクロな数の粒子の中には，同種の粒子が多数個含まれているのが普通だから，ここでは，1 種類の同種粒子より成る系の量子論を概説する．それを，2 種類以上の同種粒子より成る系に拡張するのは容易である[29]．

古典力学と同様に，量子力学においても，個々の粒子やスピンの状態である**一粒子状態** (single-particle state) または**一体状態** (single-body state) と，多数の粒子やスピン全体の状態である**多粒子状態** (many-particle state) または**多体状態** (many-body state) の区別は重要である．どちらを意味しているかを常に意識しながら読んで欲しい．3.1 節でも注意したように，本書で単に「ミクロ状態」と書いたら，通常は後者の意味である．

ある量子系の，一粒子状態のヒルベルト空間を $\mathcal{H}_1$，多粒子状態のヒルベルト空間を $\mathcal{H}_{\rm many}$ としよう．それぞれについて，必要最小限の次元のヒルベルト空間を採用し[30]，もしもその次元が無限大なら 13.2.1 項で述べた cutoff を入れて実効的な次元で比較すれば，$\mathcal{H}_{\rm many}$ の次元は $\mathcal{H}_1$ の次元よりも圧倒的に大きいことがわかる（13.7.3 項）．

そのような必要最小限の大きさの次元を持つヒルベルト空間の一般的な構成法は拙著 [10] で解説したが，本節では，$\mathcal{H}_1$ についてはそういうヒルベルト空間がすでに構成できているとして，それを利用して $\mathcal{H}_{\rm many}$ を易しく構成する．

28) 伝統的には「第二量子化」という論理的には意味不明の説明の仕方をするので，学生は混乱する．ここでは，混乱を生じない最短距離を行く．これは，拙著 [10] 7.2 節に書いた「場の量子化」をした後で，それを記述するヒルベルト空間を具体的に構成したことに相当する．

29) 単に「直積」と呼ばれる数学的操作をすればよい．

30) ♠ そのことを，数学的には「既約表現」という．

13.7.2　一粒子状態

まず，有限体積 V の系の中に粒子が 1 個しかない場合のハミルトニアン $\hat{H}_1$ を考える [31]．その固有ベクトル（エネルギー固有状態）を

$$|\varphi_0\rangle\,,\,|\varphi_1\rangle\,,\,|\varphi_2\rangle\,,\cdots \tag{13.57}$$

とし，まとめて $\{\,|\varphi_\nu\rangle\}$ と略記する．このラベル $\nu = 0, 1, 2, \cdots$ は，実際にはたとえば粒子の波数 $\boldsymbol{k}$ とスピンの z 成分の値（を $\hbar/2$ を単位に測った）[32] σ の組 $(\boldsymbol{k}, \sigma)$ だったりするが，様々な $(\boldsymbol{k}, \sigma)$ の値に適当に番号 $0, 1, 2, \cdots$ を割り振ったと思えばよい．σ は離散的だし，4.2.1 項で述べたように（具体例は 14.2 節で見るように）有限体積系から出発するので $\boldsymbol{k}$ も離散的になり，番号をふることができる．必要になったらいつでも元の $(\boldsymbol{k}, \sigma)$ に戻せる．

13.5.4 項で述べたように，これらの固有ベクトル $\{\,|\varphi_\nu\rangle\}$ は，適当な線形結合をとれば，一粒子系のヒルベルト空間 $\mathcal{H}_1$ の CONS を成す（ゆえに，その個数は $\dim \mathcal{H}_1$ に等しい）．したがって，任意の一粒子状態 $|\psi\rangle$ は，

$$|\psi\rangle = \sum_\nu \psi_\nu \,|\varphi_\nu\rangle \tag{13.58}$$

のように $\{\,|\varphi_\nu\rangle\}$ の重ね合わせとして表せる．

連続空間を動き回る粒子の場合，$\mathcal{H}_1$ は無限次元になるが，（1 粒子の）エネルギーが適当な有限値 $\varepsilon_{\mathrm{cutoff}}$ 以下の状態たち（物理的に意味があるのはそういう状態たちだけである！）に制限して見てやれば，13.2 節の問題 13.1 で見たように，

$$\dim[\text{エネルギー} \le \varepsilon_{\mathrm{cutoff}}\ \text{に制限した}\ \mathcal{H}_1\ \text{の部分空間}] \propto V \tag{13.59}$$

と見なせることがわかる．着目してほしいのは，この実質的な次元が V の指数関数で増えるようなことはない，という点だ．後述のように，そこが多粒子系のヒルベルト空間との大きな違いである．

なお，13.4.2 項で述べたように，(13.58) の重ね合わせ係数 $\{\psi_\nu\}$ が，$\{\,|\varphi_\nu\rangle\}$ で表示した一粒子状態の波動関数であるが，もちろん波動関数を使わなくても

---

31)　♠ 要するに，初等量子力学で習うハミルトニアンなのだが，相互作用のある多粒子系の場合には，$\hat{H}_1$ を具体的にどのようなものにするかについて，後述の 13.7.6 項の注意が要る．

32)　つまり，13.9 節の $\hat{Z}$ のこと．その固有値を量子情報理論などでは Z と書くことが多く，それ以外の分野では σ と書くことが多い．ここでは σ と書いておいた．

$|\psi\rangle$ を用いれば十分だ．とくに，これから説明する多粒子状態は，波動関数を使わない方がわかりやすいと思う．

13.7.3　多粒子状態

いよいよ，同種粒子より成る系の多粒子状態を考える．まず，多粒子状態を記述するためのヒルベルト空間 $\mathcal{H}_{\rm many}$ を構成する．そのためには，CONS を決めればよい．その CONS が張る内積空間，つまり，その CONS の（ノルムが有限になるような）線形結合であるベクトルたちの成す内積空間が $\mathcal{H}_{\rm many}$ になる．

その CONS を成す基底ベクトルとして，一粒子状態 $|\varphi_0\rangle, |\varphi_1\rangle, |\varphi_2\rangle, \cdots$ のそれぞれが $n_0, n_1, n_2, \cdots$ 個の粒子に占められている，という多粒子状態を採用しよう．その状態ベクトルを $|n_0, n_1, n_2, \cdots\rangle$ と書くことにする．この数 n_ν $(= 0, 1, 2, \cdots)$ を，状態 $|\varphi_\nu\rangle$ の**占有数** (occupation number) と呼ぶ．

占有数の組を

$$\boldsymbol{n} = (n_0, n_1, n_2, \cdots) \tag{13.60}$$

と略記することにすれば，状態ベクトルも

$$|\boldsymbol{n}\rangle = |n_0, n_1, n_2, \cdots\rangle \tag{13.61}$$

と略記できる．この多粒子状態 $|\boldsymbol{n}\rangle$ のことを「一粒子状態 $|\varphi_0\rangle, |\varphi_1\rangle, |\varphi_2\rangle, \cdots$ を $n_0, n_1, n_2, \cdots$ 個の粒子が**占有** (occupy) した状態」などと言い表す．たとえば：

例 13.12　占有数が

ν	0	1	2	3	4	5	$\cdots$
n_ν	9	7	4	1	0	0	$\cdots$

(13.62)

であれば $\boldsymbol{n} = (9, 7, 4, 1, 0, 0, \cdots)$ であり，$|\boldsymbol{n}\rangle = |9, 7, 4, 1, 0, 0, \cdots\rangle$ である．数字を並べただけではどの状態が占有されているのかわかりづらいときは，たとえば $|n_0 = 9, n_1 = 7, \cdots\rangle$ と書くなど，臨機応変に表記法は工夫する．

また，多粒子状態 (13.61) の粒子数 N は，明らかに

$$N = \sum_{\nu} n_\nu \tag{13.63}$$

である．たとえば，上記の例の多粒子状態 $|9,7,4,1,0,0,\cdots\rangle$ の粒子数は $N = 9+7+4+1 = 21$ である．

さて，状態 $|n_0, n_1, n_2, \cdots\rangle$ と状態 $|n'_0, n'_1, n'_2, \cdots\rangle$ とは，$n_0 = n'_0, n_1 = n'_1, n_2 = n'_2, \cdots$ という具合に対応する数字が全て一致しない限りは，直交する．なぜなら，n_ν のうちの一つでも異なれば，可観測量である $\hat{n}_\nu$ の異なる固有値に属する固有状態になるから，p.262 の数学の定理 13.2 により直交するからだ．

そのように互いに直交する $|n_0, n_1, n_2, \cdots\rangle$ たちを，可能な全ての $n_0, n_1, n_2, \cdots$ の値の組み合わせについて集めてくる．その中には，粒子が 1 個もない状態である**真空** (vacuum) 状態

$$|\mathbf{0}\rangle \equiv |0,0,0,\cdots\rangle \tag{13.64}$$

も含める．全粒子数 N の値は $N=0$ から始まるから，$|\mathbf{0}\rangle$ も物理状態に含めるのが自然だからだ．こうして集めた $|n_0, n_1, n_2, \cdots\rangle$ たちを，まとめて

$$\{\,|\boldsymbol{n}\rangle\} \equiv \{\,|n_0, n_1, n_2, \cdots\rangle\} \tag{13.65}$$

と略記しよう．この $\{|\boldsymbol{n}\rangle\}$ を CONS とするヒルベルト空間を，この多粒子系を記述するヒルベルト空間 $\mathcal{H}_{\rm many}$ として採用することにする [33]．この $\mathcal{H}_{\rm many}$ を **Fock**（フォック）**空間**と呼び，CONS に採用した $\{\,|\boldsymbol{n}\rangle\}$ を **Fock 基底**と呼ぶ．また，Fock 空間を使って具体的に量子論を展開することを，**Fock 表現**とか**数表示** (number representation) と呼ぶ [34]．

Fock 表現を用いれば，任意の多粒子状態の状態ベクトル $|\Psi\rangle$ [35]は，Fock 基底の重ね合わせ

$$|\Psi\rangle = \sum_{\boldsymbol{n}} \Psi_{\boldsymbol{n}}\,|\boldsymbol{n}\rangle = \sum_{n_0, n_1, n_2, \cdots} \Psi_{n_0 n_1 n_2 \cdots}\,|n_0, n_1, n_2, \cdots\rangle \tag{13.66}$$

33)　♠ もしも熱力学極限をとる予定がないようだったら，基底は $\hat{H}_1$ の固有ベクトルである必要はなく $\mathcal{H}_1$ の CONS なら何でもよいし，ましてや 13.7.6 項のような注意も要らなくなるのだが，ここでは，熱力学極限をとるときの手間が少なくなるように，このようにしている．

34)　通常は，自由場（正確には漸近場）の固有状態で場を展開して，その展開係数である生成消滅演算子を使って Fock 空間を構成するのだが，少なくとも本書の第 I 巻の内容を理解するためには，このような構成法が，必要十分かつ最短である．

35)　一粒子系ではなく多粒子系の状態ベクトルだ，という気分を出すために大文字 Ψ を用いた．

で表せる．Fock 表現は，電子のような静止質量を持つ非相対論的粒子に対してては多粒子系の座標表示（シュレディンガー表示）と同値（ユニタリー同値）でありながら，光子のような座標表示ができない相対論的粒子（附録 D 参照）に対しても有効という，便利な表現である．

上記の多粒子状態 $|\Psi\rangle$ の中には，粒子数 N の値が確定した状態もあれば，確定していない状態もある．前者は $\sum_\nu n_\nu$ の値がその確定値に等しくなるような $\Psi_{\boldsymbol{n}}$ だけがゼロでない状態である．（CONS を成すベクトル $|\boldsymbol{n}\rangle$ もその一つだ．）そのような状態の中には，$N=1$ に確定した状態，すなわち一粒子状態もある．たとえば，

$$|1,0,0,\cdots\rangle \quad や \quad \frac{1}{\sqrt{2}}|1,0,0,\cdots\rangle+\frac{1}{\sqrt{2}}|0,1,0,\cdots\rangle \tag{13.67}$$

は一粒子状態である．これは，$\mathcal{H}_1$ のベクトルで表せば

$$|\varphi_0\rangle \quad や \quad \frac{1}{\sqrt{2}}|\varphi_0\rangle+\frac{1}{\sqrt{2}}|\varphi_1\rangle \tag{13.68}$$

であるような一粒子状態を，$\mathcal{H}_{\rm many}$ のベクトルで表したものになっている．一粒子状態を表すための必要最低限の次元の空間は $\mathcal{H}_1$ であったが，このように，もっと大きな次元の空間である $\mathcal{H}_{\rm many}$ でも表すことができる．一方，複数個の粒子を含む状態は，$\mathcal{H}_1$ では表せない．空間が小さすぎるからだ．それに対して，$\mathcal{H}_{\rm many}$ であれば，粒子の数が何個の状態でも表すことができるわけだ．

なお，(13.66) の重ね合わせ係数の組 $\{\Psi_{\boldsymbol{n}}\}$ $(=\{\Psi_{n_0,n_1,n_2,\cdots}\})$ が，CONS $\{|\boldsymbol{n}\rangle\}$ で表示した多粒子状態の波動関数であるが [36]，もちろん波動関数を使わなくても $|\Psi\rangle$ を用いれば十分だ．

13.7.4 $\mathcal{H}_{\rm many}$ の次元

熱力学極限に向かうときに，$\mathcal{H}_{\rm many}$ の実効的な次元がどのように増えていくかを見ておこう．ここで，**実効的な次元** (effective dimension) というのは，13.2.1 項で述べたように，エネルギー密度が適当な有限値 $u_{\rm cutoff}$ 以下の状態たちが張る（基底になる）部分空間の次元を意味する [37]．

36) 場の理論を出発点として，本節で解説しているようにして $\mathcal{H}_{\rm many}$ を構成していけば，いわゆる波動関数の「反対称化」や「対称化」は，自動的になされる．たとえば，$|1,1,0,0,0,\cdots\rangle$ を座標表示すると，$[\varphi_0(\boldsymbol{r}_1)\varphi_1(\boldsymbol{r}_2)-\varphi_0(\boldsymbol{r}_2)\varphi_1(\boldsymbol{r}_1)]/\sqrt{2}$ という Slater determinant になる．詳しくは，出版予定の『量子論の発展（仮題）』で解説する．

37) 式が煩雑にならないようにエネルギー密度以外の相加物理量密度は省略した．それを入れても結果は同様である．

この部分空間は，具体的には，エネルギー固有値が $Vu_{\rm cutoff}$ 以下のエネルギー固有状態たちを CONS とする線形空間だとすればよい．だから，そのようなエネルギー固有状態たちの数が実効的な次元になる．それは，9 章で勘定した Ω を用いて $\Omega(Vu_{\rm cutoff}, V, Vn)$ と表せる．ここで，熱力学極限をとるには V とともに N も増やしてゆく必要があるから $N = Vn$ とした（n は一定）．すると，9 章の結果が使えるから，

$$
\begin{aligned}
&\dim[\text{エネルギー密度} \le u_{\rm cutoff} \text{ に制限した } \mathcal{H}_{\rm many} \text{ の部分空間}] \\
&\quad = \Omega(Vu_{\rm cutoff}, V, Vn) \\
&\quad \propto \exp(\text{正定数} \times V)
\end{aligned}
\tag{13.69}
$$

のように，実効的な次元は V の指数関数で大きくなることがわかる．マクロ系の多粒子状態を表現できるヒルベルト空間は，途方もなく大きいのだ．そのため，相互作用のない粒子系などの，特別な高い対称性を持つ，**可積分系** (integrable system) とか**可解モデル** (solvable model) と呼ばれる特殊なモデル群を除くと，多体量子状態を正確に求めるのは不可能である．

なお，多粒子状態のうちの，粒子数 N が特定の値の状態たちだけを考えれば済むケースがある．そのような状況のことを，しばしば「**超選択則** (super selection rule) がある」と言う．その場合には，$\sum_\nu n_\nu$ の値がその N の値になるような $|\boldsymbol{n}\rangle$ だけを CONS とする，もう少し小さな次元の空間を $\mathcal{H}_{\rm many}$ に採用することもできる [38]．それでも，熱力学極限をとるときには，その指定する N を V に比例させて増やしてゆく必要があるので，やはり実効的な次元は V の指数関数で急激に大きくなる．

13.7.5　フェルミ統計とボーズ統計

最後に，占有数 n_ν のとりうる値について述べる．我々が住んでいる世界は，空間が 3 次元で，時間が 1 次元の，$3+1$ 次元の時空（ミンコフスキー空間）であると，良い精度で見なせる．そのような時空の中では，ハミルトニアンの固有値に下限があるべし（さもないと，この世は不安定になってしまう）という

38)　たとえば量子化学では，そのような粒子数が確定した $\mathcal{H}_{\rm many}$ を採用し，状態を座標表示した（多粒子の）シュレディンガーの波動関数を用いる．量子化学の対象は，マクロ系よりはずっと小さい分子であるのが普通なので，$\dim \mathcal{H}_{\rm many}$ はマクロ系ほど莫大ではないのだが，それでも $\mathcal{H}_1$ よりはずっと大きいので，ある程度以上の大きさの分子の量子状態を正確に求めるのは，ほとんど不可能である．

要請と，座標変換に対して物理法則が不変であるべし（さもないと，人間が勝手に設定する座標軸の据え方で物理法則が変わってしまう）という要請とから，Pauli（パウリ）の**スピン統計定理**と呼ばれる次の定理が得られる：

量子論の定理：スピン統計定理

n_ν のとりうる値は，

$$n_\nu = 0, 1 \quad (\text{上限が }1) \tag{13.70}$$

または

$$n_\nu = 0, 1, 2, \cdots \quad (\text{上限がない}) \tag{13.71}$$

のいずれかに限られる．そして，粒子のスピンの大きさは，前者の場合は $\hbar$ の**半奇数**（奇数の 1/2 倍）倍で，後者の場合は整数倍である．

そして，$n_\nu = 0, 1$ となることを**フェルミ統計**と言い，それに従う粒子を**フェルミ粒子** (fermion) と呼ぶ．他方，$n_\nu = 0, 1, 2, \cdots$ となることを**ボーズ統計**と言い，それに従う粒子を**ボーズ粒子** (boson) と呼ぶ．

例 13.13　電子，陽子，中性子などはフェルミ粒子であり，光子，ヘリウム原子（ヘリウム 4)，(固体などの音波を量子論で扱うと得られる）フォノンなどは，ボーズ粒子である．スピンの大きさは，たとえばフェルミ粒子である電子は $\hbar/2$ で，ボーズ粒子である光子は $\hbar$ という具合に，確かに上記の定理に従っている．

フェルミ粒子の場合, 各一粒子状態は, 1 個の粒子に占有されているか ($n_\nu = 1$), まったく占有されていないか ($n_\nu = 0$) のどちらかしかないから，2 個以上の粒子に占有される ($n_\nu \geq 2$) ことはない [39]．$\mathcal{H}_1$ の CONS として採用した $|\varphi_\nu\rangle$ の線形結合をとると別の CONS が作れるが，その新しい CONS を成す状態についても同じことが示せる．つまり，どんな一粒子状態についても言える．この

39)　式の上で簡明にこれを見るには，脚注 34 で述べたように一粒子状態 $|\varphi_\nu\rangle$ にある粒子を生成する「生成演算子」を場の演算子から作って，それが 2 回かけるとゼロになることを見ればよい．それは，場の演算子の反交換関係から直ちに言える．詳しくは，出版予定の『量子論の発展（仮題)』で解説する．

ことを，1 個目の粒子が 2 個目の粒子が同じ状態に入ることを排除しているというイメージで，**Pauli**（パウリ）**の排他律**とか **Pauli**（パウリ）**原理**と言う．

これに対して，ボーズ粒子の場合は，一つの一粒子状態に何個でも入れるので，排他律は働かない．14 章と 15 章で見るように，このことが，フェルミ粒子系とボーズ粒子系の，低温における振る舞いに決定的な違いをもたらす．

13.7.6 ♠ くり込みの必要性

この節の議論の $\hat{H}_1$ は，相互作用のない多粒子系を扱うのが目的なら 1 個の粒子のハミルトニアンそのものでよい．

一方，相互作用のある多粒子系を扱うのが目的なら，多数の粒子があるモデルを 1 個の粒子しかないモデルに制限するのは，p.252 の補足 13.2 で述べた cutoff と同様に元のヒルベルト空間の小さな部分空間に制限することに相当するので，やはり**くり込み** (renormalization) が必要である．さもないと，有限体積の段階で状態を組み替えるなどしない限り，正しい熱力学極限がとれないからだ．つまり，$\hat{H}_1$ に含まれる質量などのパラメータは，多粒子系における 1 粒子励起の持つ**くり込まれた値** (renormalized value) に選ぶ必要がある．

実際の計算では，最初は値を決めない**自由パラメータ** (free parameter) にしておいて，多粒子系の問題を解くときに，適切な値に固定することが多い．あるいは，はじめから観測値を使うという手段もよく使われる．

このような量子系の熱力学極限にかかわる問題と，その物理的帰結や重要性については，続巻で説明する．

第14章 相互作用のない同種粒子系の量子統計力学

12章までに述べたことは，わざわざ「古典系では」と断ったこと以外は，全て古典系でも量子系でも成り立つ一般論であった．それに対して，対象を古典系に絞った統計力学を**古典統計力学** (classical statistical mechanics) と言う．その古典統計力学に特有の結果は12章などで論じた．同様に，対象を量子系に絞った統計力学を**量子統計力学** (quantum statistical mechanics) と言う．本章では，もっとも簡単な量子統計力学である，相互作用のない同種粒子系の量子統計力学を説明する．

14.1 相互作用のない同種粒子系

実際のマクロ系では，次章で述べる光子気体など一部の例外を除くと，粒子間に相互作用がある．そのために，多粒子状態のエネルギー固有値を求めることも，分配関数や大分配関数を計算することも，きわめて難しい．しかしながら，古典理想気体の例でもわかるように，相互作用がない理想極限を調べておくことは有用である．そこで本章では，**相互作用がない粒子** (non-interacting particles) の系を考えよう．したがって，以下の結果はあくまで相互作用がない場合にだけ成り立つ結果であることは忘れないでほしい．

粒子の間の相互作用はないとするが，**一粒子ポテンシャル**（一粒子系のハミルトニアン $\hat{H}_1$ の中のポテンシャル）はあっても構わない．ただし，この章では単純系を考えるので，一粒子ポテンシャルは，結晶中の電子が感じる周期ポテンシャルのようなミクロなポテンシャルであり，マクロには（マクロに見て）均一だとする．というのも，マクロに不均一な一粒子ポテンシャルがあると，平衡状態がマクロに不均一な状態になることがあるが，そのような系は，p.76

の定義 4.1 で明確化しておいたように（詳しくは拙著 [1] の 3.3.2 項と 20 章），たとえ内部束縛がなくても単純系ではなくなるからだ[1]．

また，系に含まれる粒子の種類は 1 種類だけだとする．すなわち，量子論に従う相互作用がない同種粒子より成る系を考える．そのヒルベルト空間としては，13.7 節で説明した Fock 空間を用いる．それは，一粒子状態を使って構築するのであった．

そこで，体積 V の空間を運動する一粒子系を考える．そのエネルギー固有値を ε_ν，それに属するエネルギー固有状態を $|\varphi_\nu\rangle$ と書くことにする．これらを求めるのは難しくないので，それを用いて 13.7 節に従って Fock 空間を構成すればよい．$|\varphi_\nu\rangle$ のラベル ν は何でもいいのだが，有限体積系から出発するおかげで離散ラベルになるので，常に番号に置き換えることができる．そのときは，

$$\varepsilon_0 \leq \varepsilon_1 \leq \varepsilon_2 \leq \varepsilon_3 \cdots \tag{14.1}$$

のように，ε_ν が小さい順に並ぶように番号をふることにする．ここで，縮退があるかもしれないので「$<$」ではなく「$\leq$」とした．

また，今考えているのは相互作用がない粒子系だから，いくら粒子を増やしても一粒子状態が他の粒子との相互作用で変わることはない．そのおかげで，Fock 基底に採用した多粒子状態である (13.61) の

$$|\boldsymbol{n}\rangle = |n_0, n_1, n_2, \cdots\rangle \tag{14.2}$$

が，ちょうど多粒子系のエネルギー固有状態になり，そのエネルギー固有値（$E_{\boldsymbol{n}}$ と書こう）も単純に

$$E_{\boldsymbol{n}} = \sum_\nu \varepsilon_\nu n_\nu \tag{14.3}$$

となる．そのため，一粒子系のエネルギー固有値と固有状態さえ求めれば，全てが求まってしまうのだ．本章では，いくつかの具体例について，それを実際にやってみる．

1)　なお，外場や外力によりマクロに不均一になる平衡状態の扱いは，熱力学だけを用いた拙著 [1] の 20 章の扱いよりも，統計力学を用いた方が計算が楽になる場合がある．それについては，続巻で外場があるときの統計力学を説明する一環として述べることにする．

14.2　自由粒子系の一粒子状態

粒子の間の相互作用がないだけでなく，一粒子ポテンシャルすら受けずに自由に運動する粒子のことを**自由粒子** (free particles) と言う．統計力学の計算を始める前に，具体的なイメージをつかんでもらうために，（非相対論的な）[2]自由粒子系の一粒子状態を計算しておこう．

自由粒子系の代表的な例は，8 章で扱った古典理想気体を量子化した系である．そのハミルトニアンは，古典のときのハミルトニアン (8.11) をそのまま量子化した，

$$\hat{H} = \sum_{j=1}^{f} \frac{\hat{p}_j^2}{2m} \qquad (f = 3N) \tag{14.4}$$

とする．量子的な粒子はスピンを持つことがあるが，この $\hat{H}$ はスピンに依存しない（エネルギーがスピン状態に依らない）としている．これは，たとえば自由電子であれば，外部磁場がないケースに相当する．また，空間次元は 3 次元であるとした．

一粒子系のハミルトニアンを 13.7.2 項と同様に $\hat{H}_1$ と書くことにすると，それは，上記の多粒子系のハミルトニアン $\hat{H}$ から一粒子分だけ抜き出したものである．抜き出した後では粒子にふった番号は不要になるので省くと，それは，

$$\hat{H}_1 = \frac{1}{2m}(\hat{p}_x^2 + \hat{p}_y^2 + \hat{p}_z^2) \tag{14.5}$$

である．この一粒子ハミルトニアンの固有値と固有状態を求めるために，初等量子力学や量子化学で用いられる表現法である「シュレディンガー表現」（拙著 [10] の 4.3 節）を採用しよう．この表現では，上記の $\hat{H}_1$ は，

$$\hat{H}_1 = -\frac{\hbar^2}{2m}\left(\frac{\partial^2}{\partial x^2} + \frac{\partial^2}{\partial y^2} + \frac{\partial^2}{\partial z^2}\right) \tag{14.6}$$

という微分演算子になる．これの固有値と固有関数，すなわち，

$$-\frac{\hbar^2}{2m}\left(\frac{\partial^2}{\partial x^2} + \frac{\partial^2}{\partial y^2} + \frac{\partial^2}{\partial z^2}\right)\varphi(\boldsymbol{r}) = \varepsilon\varphi(\boldsymbol{r}) \tag{14.7}$$

---

2) したがって，たとえば光子はこれに当てはまらない．光子については 15.2 節で述べる．

を満たすような $\varepsilon, \varphi(\boldsymbol{r})$ を全て求めればよい[3)].

これは微分方程式だから，容器の形や容器の端における境界条件によって，$\varepsilon, \varphi(\boldsymbol{r})$ は異なる．そのため，もしもミクロな性質を求めるのが目的であったならば，境界条件は極めて重要になる．しかし，我々の目的は，平衡状態のマクロな性質を求めることにある．その場合には，9.5 節で述べたように，計算しやすい境界条件で計算してよいのであった．そこで，計算が楽なように，容器を一辺 L の立方体にして，

$$\varphi(\boldsymbol{r}+(L,0,0)) = \varphi(\boldsymbol{r}+(0,L,0)) = \varphi(\boldsymbol{r}+(0,0,L)) = \varphi(\boldsymbol{r}) \quad \text{for all } \boldsymbol{r} \tag{14.8}$$

という境界条件を採用しよう．これは，「x, y, z のどの方向にも，L だけ進むと $\varphi(\boldsymbol{r})$ が元に戻る」と言っているので，**周期境界条件** (periodic boundary condition) と呼ばれる．すると直ちに，$\varepsilon, \varphi(\boldsymbol{r})$ が次のように求まる．

まず $\varphi(\boldsymbol{r})$ は，波数ベクトル

$$\boldsymbol{k} = (k_x, k_y, k_z) = \frac{2\pi}{L}(j_x, j_y, j_z) \quad (j_x, j_y, j_z \text{ は整数}) \tag{14.9}$$

でラベルできる．つまり $\nu = \boldsymbol{k}$ であり，$\varphi(\boldsymbol{r})$ にもこのラベルを付けて $\varphi_{\boldsymbol{k}}(\boldsymbol{r})$ と書くと，

$$\varphi_{\boldsymbol{k}}(\boldsymbol{r}) = \frac{1}{\sqrt{V}} e^{i\boldsymbol{k}\cdot\boldsymbol{r}} \quad (V = L^3) \tag{14.10}$$

と求まる．ただし，規格直交化

$$\int_0^L dx \int_0^L dy \int_0^L dz \; \varphi_{\boldsymbol{k}}(\boldsymbol{r}) \varphi_{\boldsymbol{k}'}(\boldsymbol{r}) = \delta_{\boldsymbol{k},\boldsymbol{k}'} \tag{14.11}$$

されるように，係数などを選んである．また，固有値 ε は，

$$\varepsilon_k = \frac{\hbar^2 k^2}{2m} \quad (k = |\boldsymbol{k}|) \tag{14.12}$$

である．ここで，ε は波数ベクトル $\boldsymbol{k}$ の大きさ k だけに依り，向きには依らないので，$\varepsilon_{\boldsymbol{k}}$ ではなく ε_k と書いた．

一般に，まともな物理系であれば，一粒子系のエネルギー固有値 ε_ν には最小値がある．そうでないと，不安定な量子系になってしまうからだ．その最小値を**一粒子基底エネルギー**と呼ぶが，それはこの系では $\varepsilon_0 = 0$ であることもわかる．

---

3)　実は，この章の範囲内では ε だけ全て求めれば足りる．

こうして，$\hat{H}_1$ の固有値 ε_k と固有状態 $\varphi_{\boldsymbol{k}}(\boldsymbol{r})$ が全て求まった．ただし，スピンを持つ粒子では，$\varphi_{\boldsymbol{k}}(\boldsymbol{r})$ のそれぞれに，$2s+1$ 個の異なるスピン状態が付随する．ここで，s は $\hbar$ を単位にしたスピンの大きさであり，たとえば電子の場合，$s=1/2$ だから $2s+1=2$ である[4]．したがって，一粒子状態のラベル ν は，$\boldsymbol{k}$ とスピンのとりうる状態のラベル σ の組

$$\nu = (\boldsymbol{k}, \sigma) \tag{14.13}$$

である[5]．そのため，以下の計算に出てくる一粒子状態に関する和は，σ に関する和を含む $\sum_\sigma \sum_{\boldsymbol{k}}$ になる．ただ，$\hat{H}_1$ がスピンに依存しないために，この章と次章で和をとる量は σ に依らない量ばかりになる．そのため，単純に，

$$\sum_\sigma \sum_{\boldsymbol{k}} = (2s+1) \sum_{\boldsymbol{k}} \tag{14.14}$$

となる[6]．

14.3 一粒子状態密度による無限和の計算

この章で行う統計力学の計算には，一粒子系のエネルギー固有値 ε_ν の何らかの関数 $q(\varepsilon_\nu)$ を，全ての一粒子状態 ν について足し上げる，

$$\frac{1}{V} \sum_\nu q(\varepsilon_\nu) \tag{14.15}$$

という形の計算が頻出する．しかし，通常の物理系では，一粒子状態の数（異なる ν の数）は $\Theta(V)$ 個以上もあるので[7]，この和をまともに計算するのは面倒なケースが少なくない．その場合に便利な計算手法を説明する．

14.3.1 一粒子状態密度

そもそも統計力学の結果はマクロな精度までしか保証されておらず，最後には熱力学極限をとる．したがって，上記の和を計算する際もマクロな精度まで正しく計算できれば必要十分である．つまり，

4) スピンがない粒子は $s=0$ とする．

5) 必要なら，ν は $\nu=0,1,\cdots$ という番号だと思ってもよい．$\boldsymbol{k}$ も σ も離散値をとるから，その組 $(\boldsymbol{k},\sigma)$ に番号 $\nu=0,1,\cdots$ をふるのは任意に実行できるからだ．

6) 外部磁場があるために $\hat{H}_1$ がスピンに依存するようになり，その結果，一粒子固有エネルギーが σ に依存するようになって (14.14) が成り立たない例は，後の 17.5.2 項で扱う．

7) たとえば，(14.19) を見るとそうなっている．

- $q(\varepsilon_\nu)$ は，上記の $(1/V)\sum_\nu q(\varepsilon_\nu)$ が熱力学極限を持つように，あらかじめ適切に選んでおくべきだ．（これから出てくる例は全てそうなっている．）
- すると，$(1/V)\sum_\nu q(\varepsilon_\nu) = O(V^0)$ である．
- $(1/V)\sum_\nu q(\varepsilon_\nu)$ の計算に $o(V^0)$ の誤差があっても，熱力学極限の結果には（$o(V^0) \to 0$ だから）影響しないので構わない．

この点に目を付けて，次のような量を導入する．

系の体積 V とは無関係な（つまり $\Theta(V^0)$ の大きさの）微小なエネルギー幅 $\Delta\varepsilon > 0$ を適当に選び，$\varepsilon - \Delta\varepsilon/2 \le \varepsilon_\nu < \varepsilon + \Delta\varepsilon/2$ の範囲内にある一粒子系のエネルギー固有状態 $|\varphi_\nu\rangle$ の数を $w[\varepsilon - \Delta\varepsilon/2, \varepsilon + \Delta\varepsilon/2)$ とする [8]．つまり，

$$w[\varepsilon - \Delta\varepsilon/2, \varepsilon + \Delta\varepsilon/2) \equiv \sum_\nu \mathbf{1}(\varepsilon - \Delta\varepsilon/2 \le \varepsilon_\nu < \varepsilon + \Delta\varepsilon/2). \tag{14.16}$$

ただし $\mathbf{1}(\bullet)$ は，(1.13) で定義された指示関数（特性関数）である．この w は，多くの物理系で，その体積 V に比例する値に漸近する [9]．そこで，その漸近形の比例係数を取り出そう：

$$\boxed{D(\varepsilon) \equiv \lim_{\Delta\varepsilon\downarrow 0} \frac{1}{\Delta\varepsilon} \lim_{V\to\infty} \frac{1}{V} w[\varepsilon - \Delta\varepsilon/2, \varepsilon + \Delta\varepsilon/2)} \tag{14.17}$$

ここで，$\Delta\varepsilon$ を大きくするほど w が大きくなると期待されるので，$\Delta\varepsilon$ 依存性を取り除くために，$\Delta\varepsilon$ で割り算してから $\Delta\varepsilon \downarrow 0$ の極限をとった [10]．この量 $D(\varepsilon)$ を**一粒子状態密度** (single-particle density of states) と呼ぶ [11]．

例 14.1　前節で例に挙げた 3 次元空間内の自由粒子の $D(\varepsilon)$ は，(14.9), (14.12), (14.14) を用いて，下の問題 14.1 のように，

---

8) 多粒子状態の数 W と混同しないように，小文字の w にした．また，W は E の関数として急激に（熱力学極限で無限に速く）増大するので E の幅 $\Delta E_\pm$ を上下で非対称にすることが多かったが，w はそういうことはないので，上下対称に $\Delta\varepsilon/2$ に選んでおいた．

9) この点においても，$e^{\Theta(V)}$ に漸近する多粒子系の状態数 W とはまるで異なる．

10) 2 重の極限の順序に注意．この順序にしてあるから，$\Delta\varepsilon = \Theta(V^0)$ が守られている．

11) 文献によっては，(14.17) の右辺から $\displaystyle\lim_{V\to\infty}\frac{1}{V}$ を落とした量を一粒子状態密度に採用している．それは，一旦は (14.17) により本書の $D(\varepsilon)$ を求めてから，それに任意の有限の V をかけたのだと解釈すべきだ．そうでないと，連続関数にはならないからだ．

$$D(\varepsilon) = (2s+1)\frac{m^{3/2}}{\sqrt{2}\,\pi^2\hbar^3}\sqrt{\varepsilon} \qquad (\varepsilon \geq 0) \tag{14.18}$$

と求まる．ただし，$\varepsilon < 0$ では $D(\varepsilon) = 0$ である．

この例のように，通常の物理系では $D(\varepsilon)$ は連続関数になり，不連続点は，あったとしても，問題 14.2 の例のように，たかだか有限個である．そうでない人工的な系については，この節の最後に触れる．

要するに $D(\varepsilon)$ は「一粒子エネルギー ε における，単位体積および単位エネルギー当たりの一粒子状態の数」であるから，実用的には，(14.17) をひっくり返した，

$$\boxed{w[\varepsilon - \Delta\varepsilon/2, \varepsilon + \Delta\varepsilon/2) \sim V D(\varepsilon)\Delta\varepsilon \quad \text{for sufficiently small } \Delta\varepsilon} \tag{14.19}$$

という形で使われる．この式の「$\sim$」も，計算の最後で漸近形だけ取り出すことを見越して，最初から $=$ にしてしまうことが多い．本書でも，しばしばそうするであろう．

問題 14.1　3 次元における自由粒子の一粒子状態密度 (14.18) を導出せよ．

問題 14.2　空間次元が 1 次元と 2 次元の場合の自由粒子の一粒子状態密度を導出せよ．

14.3.2　無限和を積分で計算する公式

さて，(14.15) の計算だが，多くの場合に $q(\varepsilon_\nu)$ は，何らかの連続関数 $q(\varepsilon)$ の $\varepsilon = \varepsilon_\nu$ における値になっている．その場合には，ε_ν の値が近いような $q(\varepsilon_\nu)$ の値はほとんど同じだから，もしも $D(\varepsilon)$ も連続関数であれば，

$$\frac{1}{V}\sum_\nu q(\varepsilon_\nu) \simeq \frac{1}{V}\sum_{\text{幅が }\Delta\varepsilon\text{ の区間たち}} q(\varepsilon) w(\varepsilon - \Delta\varepsilon/2, \varepsilon + \Delta\varepsilon/2] \tag{14.20}$$

$$\simeq \sum_{\text{幅が }\Delta\varepsilon\text{ の区間たち}} q(\varepsilon) D(\varepsilon)\Delta\varepsilon \tag{14.21}$$

となる．もしもこの式の熱力学極限が $\Delta\varepsilon \to 0$ の極限で収束すれば，計算したかった (14.15) の熱力学極限が，

$$\boxed{\lim_{V\to\infty}\frac{1}{V}\sum_{\nu} q(\varepsilon_\nu) = \int q(\varepsilon)D(\varepsilon)d\varepsilon} \tag{14.22}$$

という積分で表せたことになる．莫大な個数の項の和をとるよりは，積分する方が計算が楽なことが多いので，通常はこの公式を用いて計算する．

なお，自由粒子の場合には，状態が (14.9) の波数でラベルされるから，まず波数についての積分にしてから，必要に応じて (14.12) でエネルギーに変数変換するのが早道だ．それは下の問題でやってみてもらうことにして，ここはもっと一般の場合にも通用する仕方で書いておいた．

問題 14.3　波数 $\boldsymbol{k} = (k_x, k_y, k_z)$ を座標軸とする 3 次元空間を**波数空間**と呼ぶ．状態が (14.9) の波数でラベルされるケースについて，次の公式を導け：

$$\boxed{\lim_{V\to\infty}\frac{1}{V}\sum_{\boldsymbol{k}} q(\varepsilon_k) = \frac{1}{(2\pi)^3}\int q(\varepsilon_k)d^3\boldsymbol{k} = \frac{1}{2\pi^2}\int q(\varepsilon_k)k^2dk} \tag{14.23}$$

この積分を，$\varepsilon = \hbar^2k^2/2m$ についての積分に変数変換することにより，

$$\lim_{V\to\infty}\frac{1}{V}\sum_{\boldsymbol{k}} q(\varepsilon_k) = \frac{m^{3/2}}{\sqrt{2}\pi^2\hbar^3}\int q(\varepsilon)\sqrt{\varepsilon}d\varepsilon \tag{14.24}$$

という，(14.22) に (14.18) を代入したのと同じ結果になることを確認せよ．

14.3.3　公式の適用条件など

上記の公式 (14.22) は，$q(\varepsilon)$ も $D(\varepsilon)$ も連続関数であるとして導いたが，実際にはもう少し緩めた条件下でも有効である．

たとえば，$q(\varepsilon)$ や $D(\varepsilon)$ がたかだか有限個の不連続点を持つケースを考えよう．たとえ，その不連続点にいくつかの ε_ν が熱力学極限で不運にも一致してしまう場合でも，もしもその不連続点（ε_* としよう）を含む微小な区間 $(\varepsilon_* - \Delta\varepsilon/2, \varepsilon_* + \Delta\varepsilon/2]$ からの寄与が

$$\lim_{\Delta\varepsilon\downarrow 0}\lim_{V\to\infty}\frac{1}{V}\sum_{\substack{\nu \\ (\varepsilon_*-\Delta\varepsilon/2<\varepsilon_\nu\leq\varepsilon_*+\Delta\varepsilon/2)}} q(\varepsilon_\nu) = 0, \tag{14.25}$$

$$\lim_{\Delta\varepsilon\downarrow 0}\int_{\varepsilon_*-\Delta\varepsilon/2}^{\varepsilon_*+\Delta\varepsilon/2} q(\varepsilon)D(\varepsilon)d\varepsilon = 0 \tag{14.26}$$

という 2 つの条件を満たせば無視できるので，やはり公式 (14.22) が使える．

逆に，公式 (14.22) が使えない場合の例は，たとえば，$q(\varepsilon_\nu)$ たちの中に，熱力学極限で V に比例して発散するような項がある場合だ．その項は単独でも $q(\varepsilon_\nu)/V = \Theta(V^0)$ の寄与をする突出した大きさを持つので，均（なら）して積分にしてしまうのはまずい．その場合には，たとえば「積分で計算できたのはそれ以外の項の和だ」と解釈する [12] などの工夫をすることが多い．

要するに，公式の妥当性が疑われる状況では，その都度妥当性を判断し，まずい点が見つかったら適切な工夫をすべし，という常識的な結論になる．

なお，モデルによっては，そもそも $D(\varepsilon)$ を定義した (14.17) の極限が存在しない場合がある．その場合には，代わりに (14.22) を $D(\varepsilon)$ の定義に採用して [13]，（量子論などに登場する）デルタ関数を含むことを許して $D(\varepsilon)$ を書き下すことが多い（たとえば下の補足 14.1）．もちろんそれは通常の意味の関数ではなくなるので，利用にはそれなりの注意を要するようになるし，そうまでして和を積分に書き直すことにメリットがあるのかどうかも検討を要する．

補足 14.1　二準位系の集まり

エネルギー固有状態が 2 個しかない系を**二準位系** (two-level system) と呼ぶ．それを V 個 ($\gg 1$) 集めた系に粒子を 1 つだけ入れたときの一粒子状態の数は，二準位系のエネルギー固有値を $\varepsilon_a, \varepsilon_b$ とすると，

$$w[\varepsilon - \Delta\varepsilon/2, \varepsilon + \Delta\varepsilon/2) = \begin{cases} V & (\varepsilon = \varepsilon_a, \varepsilon_b) \\ 0 & (\text{otherwise}) \end{cases} \tag{14.27}$$

となるので，(14.17) が $\Delta\varepsilon \downarrow 0$ で発散してしまう．しかし，(14.22) を $D(\varepsilon)$ の定義に採用して，$D(\varepsilon)$ にデルタ関数を含むことを許せば，

$$D(\varepsilon) = \delta(\varepsilon - \varepsilon_a) + \delta(\varepsilon - \varepsilon_b) \tag{14.28}$$

となる．三準位系や四準位系を集めた系などについても同様である．

12)　15.1 節で説明する Bose-Einstein 凝縮をこの手法で扱う教科書が多い．ただ，すっきりしない点もあるので，本書 15.1 節では適切な統計集団を選び直して計算する．

13)　デルタ関数を含む式を定義に採用するケースも見かけるが，デルタ関数は適当な関数をかけて積分しないと意味がないので，実質的には (14.22) で定義したことになる．

14.4　グランドカノニカル集団

一粒子状態についての準備が終わったので，いよいよ統計力学の計算を始めよう．14.1 節で述べたように，多粒子系のヒルベルト空間には，一粒子状態を用いて構築した Fock 空間を採用する．

14.4.1　大分配関数

熱力学関数についてのアンサンブルの等価性（定理 10.5）のおかげで，どの統計集団で計算しても等価な熱力学関数が得られる．そこで，ここでは（もっとも計算が簡単だとすぐ後でわかる）グランドカノニカル集団を採用し，その大分配関数を計算することにする．

大分配関数を解説した 11.1 節では，体積が V で粒子数が N のときの着目系のミクロ状態を，適当なラベル（あるいはラベルの組）λ で指定して，そのエネルギーを $E_{VN\lambda}$ と記した．今考えている系では，体積 V が与えられたとき，あとは $\boldsymbol{n}$ だけ与えれば，粒子数 N $(=\sum_\nu n_\nu)$ を含めてミクロ状態 $|\boldsymbol{n}\rangle$ が完全に指定できる．したがって，11.1 節の (V,N,λ) は，ここでは $(V,\boldsymbol{n})$ である．エネルギー固有値を $E_{\boldsymbol{n}}$ と書いていることに合わせて，以下では V を書くのを省こう．こうして，$\sum_{N,\lambda}$ は

$$\sum_{N,\lambda} = \sum_{\boldsymbol{n}} = \sum_{n_0}\sum_{n_1}\sum_{n_2}\cdots \tag{14.29}$$

になるので，大分配関数 Ξ は

$$\Xi = \sum_{\boldsymbol{n}} e^{-\beta(E_{\boldsymbol{n}}-\mu N)} \tag{14.30}$$

で与えられる．今の場合，$E_{\boldsymbol{n}}$ が式 (14.3) のような単純な形をしているので，11.1.6 項で述べた，Ξ が簡単に計算できる場合に当てはまる．実は，グランドカノニカル集団を選んだのは，このように計算が簡単になるからである [14)]．

ここでは，確認の意味も込めて，一から計算を遂行してみよう．(14.30) に，(14.3) と (14.29) を用いると，

---

14)　たとえばカノニカル集団を選んでしまうと，$N=\sum_\nu n_\nu$ を固定して計算するのが面倒になる．詳しくは，15.1.4 項以下の議論を見よ．

$$\Xi = \sum_{n_0} \sum_{n_1} \cdots e^{-\beta(\varepsilon_0 - \mu)n_0} e^{-\beta(\varepsilon_1 - \mu)n_1} \cdots$$
$$= \left(\sum_{n_0} e^{-\beta(\varepsilon_0 - \mu)n_0} \right) \left(\sum_{n_1} e^{-\beta(\varepsilon_1 - \mu)n_1} \right) \cdots \quad (14.31)$$

と，$n_0, n_1, \cdots$ のそれぞれについて独立に和がとれ，それぞれの和を

$$\xi_\nu \equiv \sum_{n_\nu} e^{-\beta(\varepsilon_\nu - \mu)n_\nu} = \begin{cases} 1 + e^{-\beta(\varepsilon_\nu - \mu)} & \text{(fermion)} \\ \dfrac{1}{1 - e^{-\beta(\varepsilon_\nu - \mu)}} & \text{(boson)} \end{cases} \quad (14.32)$$

とおけば[15]，単純に，

$$\Xi = \prod_\nu \xi_\nu \quad (14.33)$$

となる．したがって，一粒子状態のエネルギー固有値 ε_ν さえ求めれば，ξ_ν が (14.32) により求まり，それを (14.33) に代入して Ξ が求まる．それにより基本関係式がわかるので，この系のあらゆる熱力学的性質が予言できるようになる．

ただ，実用的には，そのような本来の手続きは踏まずに，一粒子状態 $|\varphi_\nu\rangle$ の占有数 n_ν の期待値 $\langle n_\nu \rangle$ を求め，それを用いて熱力学量などを計算することが多い．なぜなら，粒子間相互作用がないという仮定のおかげで，それらの物理量が $\langle n_\nu \rangle$ から容易に計算できるからである．はたして $\langle n_\nu \rangle$ が統計力学の予言の対象だろうかと心配になるが，最終的には，熱力学量などのマクロな精度で求まればよい物理量を計算するので，大丈夫である．（それ以上の物理的意味については 15.4 節で説明する．）

14.4.2 フェルミ分布とボーズ分布

その $\langle n_\nu \rangle$ の計算だが，たとえば $\langle n_1 \rangle$ であれば，式 (14.31) の計算と同様にして，次のように計算できる：

15) ボーズ粒子の場合は，とりあえず $\mu < \varepsilon_0$ としておく．詳しくは 15.1 節で議論する．

$$\begin{aligned}
\langle n_1 \rangle &= \frac{1}{\Xi} \sum_{\boldsymbol{n}} n_1 e^{-\beta(E_{\boldsymbol{n}} - \mu N)} \\
&= \frac{1}{\prod_\nu \xi_\nu} \left(\sum_{n_0} e^{-\beta(\varepsilon_0 - \mu) n_0} \right) \left(\sum_{n_1} n_1 e^{-\beta(\varepsilon_1 - \mu) n_1} \right) \cdots \\
&= \frac{1}{\xi_1} \sum_{n_1} n_1 e^{-\beta(\varepsilon_1 - \mu) n_1} \\
&= \begin{cases} \dfrac{1}{1 + e^{-\beta(\varepsilon_1 - \mu)}} \displaystyle\sum_{n_1=0}^{1} n_1 e^{-\beta(\varepsilon_1 - \mu) n_1} & \text{(fermion)} \\ \left(1 - e^{-\beta(\varepsilon_1 - \mu)}\right) \displaystyle\sum_{n_1=0}^{\infty} n_1 e^{-\beta(\varepsilon_1 - \mu) n_1} & \text{(boson)} \end{cases}
\end{aligned} \tag{14.34}$$

ただし，2 行目から 3 行目に行くところでは，(14.31) を用いた．最後の和をとるのは，フェルミ粒子の場合は有限和なので自明だし，ボーズ粒子の場合も，等比級数の和の公式

$$\sum_{n=0}^{\infty} e^{-xn} = \frac{1}{1 - e^{-x}} \quad (x > 0) \tag{14.35}$$

の両辺を x で微分して得られる式を利用すれば [16]，直ちに和がとれる．$\nu \neq 1$ の $\langle n_\nu \rangle$ も同様に計算できる．そうして得られた結果をまとめて書くと，任意の ν に対して，

$$\boxed{\langle n_\nu \rangle = \frac{1}{e^{\beta(\varepsilon_\nu - \mu)} \pm 1} \quad (+\text{: fermion, } -\text{: boson})} \tag{14.36}$$

となる．占有数の期待値がこのような値になることを，フェルミ粒子の場合**フェルミ分布** (Fermi distribution)，ボーズ粒子の場合**ボーズ分布** (Bose distribution) と言う．ただし，導き方からわかるように，これは，フェルミ粒子やボーズ粒子に相互作用がない場合の占有数の分布であり，相互作用があればこうはならないことは覚えておいてほしい [17]．

また，これらの分布を

$$\langle n_\nu \rangle = f_\pm(\varepsilon_\nu) \tag{14.37}$$

と書いたときの関数

16)　♠ これは無限和ではあるが，収束は十分速いので，和と微分の順序を入れ替えてよい．
17)　たとえば，超伝導体の中の電子の $\langle n_\nu \rangle$ はフェルミ分布にはなっていない．

$$\boxed{f_\pm(\varepsilon) \equiv \frac{1}{e^{\beta(\varepsilon-\mu)} \pm 1} \quad (+\text{: fermion, } -\text{: boson}).} \tag{14.38}$$

を，（複号同順で）**フェルミ分布関数**，**ボーズ分布関数**と言う．これらは，T, μ をパラメータとする，ε の関数である．

ところで，フェルミ粒子の場合，$n_\nu = 0, 1$ しかとりえないから，どんな確率分布であろうが $0 \le \langle n_\nu \rangle \le 1$ である．フェルミ分布もこれを満たしていることは，$e^{\beta(\varepsilon_\nu - \mu)}$ が必ず正であることから直ちにわかる．

それに対してボーズ粒子の場合は，n_ν は 0 以上の任意の値をとりうる（上限がない）から，$\langle n_\nu \rangle \ge 0$ だけは直ちに言えるが，上限は注意を要する．μ が下から ε_ν に近づくにつれて，$e^{\beta(\varepsilon_\nu - \mu)}$ が上から 1 に近づくから，$\langle n_\nu \rangle$ はいくらでも大きくなりそうに見える（詳しくは 15.1 節で調べる）．ただし，もしも μ が ε_ν を追い越して $\varepsilon_\nu < \mu$ となることがあったとしたら，$\langle n_\nu \rangle < 0$ になってしまって，$\langle n_\nu \rangle \ge 0$ と矛盾する．したがって，$\varepsilon_\nu - \mu \ge 0$ for all ν である．つまり，相互作用のないボーズ粒子系の μ は，必ず

$$\boxed{\mu \le \varepsilon_0 \ (= \min_\nu \varepsilon_\nu) \quad \text{for non-interacting bosons}} \tag{14.39}$$

を満たすとわかる [18]．フェルミ粒子系の μ にはこの制限はない．（ボーズ粒子系でも，相互作用があれば変わってくる．）

このように，相互作用がないフェルミ粒子とボーズ粒子の違いは，一粒子分布関数で見ると式 (14.36) の分母の複号のどちらであるかに過ぎないのだが，それでずいぶんと違ってくる [19]．

14.4.3 E や N の平衡値

粒子間相互作用がなければ様々な熱力学量が $\langle n_\nu \rangle$ から容易に計算できると 14.4.1 項で述べた．その具体例として，E や N について，基本関係式からその平衡値を求めることをせずに，期待値（それは 10.6 節で述べたように平衡値に漸近する）を $\langle n_\nu \rangle$ から計算してみよう．

まず，E については，

---

18)　文献によっては「$\le$」を「$<$」にしているが，正確に書くと $\mu \le \varepsilon_0 - |o(V^0)|$ であり，いずれにせよ熱力学極限では $\mu \le \varepsilon_0$ である．本書ではとくに注意しない限りは μ のような熱力学量は熱力学極限での値を用いているから，$\mu \le \varepsilon_0$（とくに $\varepsilon_0 \to 0$ なら $\mu \le 0$）で正しい．

19)　ときどきどちらの符号が正しいのか混乱する学生さんがいるが，$\langle n_\nu \rangle$ が 1 を超えるかどうかを考えればすぐに正解がわかるから，「覚える」必要はまったくない（筆者も覚えていない）．

$$u \equiv \frac{\langle E \rangle}{V} = \frac{1}{V} \langle (14.3) \text{ の } E_{\boldsymbol{n}} \rangle = \frac{1}{V} \sum_\nu \varepsilon_\nu \langle n_\nu \rangle$$
$$= \frac{1}{V} \sum_\nu \frac{\varepsilon_\nu}{e^{\beta(\varepsilon_\nu - \mu)} \pm 1} \quad (+\text{: fermion, } -\text{: boson}) \tag{14.40}$$

と計算できる．ここで，統計力学では最後には熱力学極限をとるから，発散しないように，V で割り算してエネルギー密度 u にした．熱力学極限をとって u の平衡値を求めた後，任意の大きさの体積 V をかければ，それが熱力学における E の平衡値である．この結果を使えば，以下の節でやってみせるように，比熱なども容易に計算できる．

N についても，同様に熱力学極限で発散しないように粒子密度にすると [20]，

$$n \equiv \frac{\langle N \rangle}{V} = \frac{1}{V} \langle (13.63) \text{ の } N \rangle = \frac{1}{V} \sum_\nu \langle n_\nu \rangle$$
$$= \frac{1}{V} \sum_\nu \frac{1}{e^{\beta(\varepsilon_\nu - \mu)} \pm 1} \quad (+\text{: fermion, } -\text{: boson}). \tag{14.41}$$

これから，n の平衡値が T, μ の関数として求まる．一見すると，n は T, V, μ の関数ではないかと思うかもしれないが，p.39 の定理 2.6 より，相加変数密度である n は，熱力学極限では T, μ だけの関数 $n(T, \mu)$ である．

14.4.4 Boltzmann 分布

(14.36) をみると，もしも

$$e^{\beta(\varepsilon_\nu - \mu)} \gg 1 \text{ for all } \nu \tag{14.42}$$

であれば，

$$\langle n_\nu \rangle \ll 1 \text{ for all } \nu \tag{14.43}$$

となるので，n_ν の上限がいくつであるかは効かなくなる．つまり，フェルミ粒子とボーズ粒子の違いは効かなくなる．そして，フェルミ分布もボーズ分布も，

$$\boxed{\langle n_\nu \rangle \simeq e^{-\beta(\varepsilon_\nu - \mu)} \quad \text{for (14.43)}} \tag{14.44}$$

という同じ分布で近似できる．これを **Boltzmann 分布**と呼ぶ．

---

20)　ちょっと紛らわしいが，添え字がない n は全粒子数の密度で，添え字がある n_ν は個々の一粒子状態の占有数である．

Boltzmann 分布は，フェルミ粒子とボーズ粒子の違いという大きな量子効果が効かないような領域における近似式，つまり，**古典近似** (classical approximation) である．自由粒子の場合，その近似が良いための条件式 (14.43) は，μ の温度依存性などを考慮すると，14.5.6 項や 15.1.2 項で示すように (8.7) の形に変形できる．この不等式が満たされるぐらいに，粒子密度 $\langle N \rangle / V$ が低く温度 T が高ければ，古典近似がよくなる．

詳しい計算に入る前に，条件式 (8.7) をあらかじめ直感的に導出しておこう．もしも全ての粒子が古典粒子のように振る舞うならば，エネルギー等分配則が成り立つはずなので，1 自由度当たり $k_{\rm B}T/2$ のエネルギーを持っているはずだ．一方，そのときの一粒子状態の波長を λ_T とすると，(14.12) によれば 1 自由度当たりのエネルギーは $(\hbar^2/2m)(2\pi/\lambda_T)^2$ のはずでもある．したがって，

$$\frac{\hbar^2}{2m}\left(\frac{2\pi}{\lambda_T}\right)^2 \simeq \frac{k_{\rm B}T}{2} \tag{14.45}$$

となっているはずだ．これを λ_T について解いて，重要でない数因子を習慣に合わせると [21]，

$$\lambda_T = \sqrt{\frac{2\pi\hbar^2}{mk_{\rm B}T}} \tag{14.46}$$

である．これを**熱的ド・ブロイ波長** (thermal de Broglie wavelength) と呼ぶ．この波長程度以下の状態を重ね合わせて波束を作ると，波束の広がりは λ_T 程度になる．そういうサイズの一粒子波動関数を持つ粒子が飛び回っているわけだ．一方，隣り合う粒子の間隔は $(V/\langle N \rangle)^{1/3}$ 程度である．もしも後者の方がずっと大きければ，量子干渉効果や Pauli の排他律などの量子論の効果は効かなくなり，粒子はお互いに，相手が波束として広がりを持つ量子力学的粒子なのか，それとも古典的な質点であるのかによる，物理的な違いを感じることはないであろう．この条件 $(V/\langle N \rangle)^{1/3} \gg \lambda_T$ が，まさに (8.7) である．

14.5　フェルミ分布の特徴と理想フェルミ気体

前節の結果のうち，フェルミ分布の特徴を調べ，それを「理想フェルミ気体」に適用する．（ボーズ分布の特徴とその応用は，次章で述べる．）そのために，典

21)　λ_T を使うときは，$\gg$ とか $\simeq$ で使うので，数因子は重要でなく，T や m などの物理量への依存性が重要である．もちろん (8.7) でも数因子は重要でない．

型的な実験状況を想定する．それは，

$$n = \langle N \rangle / V = \text{一定} > 0 \tag{14.47}$$

のように，粒子密度を一定値に保って温度 T を変化させる，という実験である．

14.5.1　計算の仕方

上述のような状況を調べるのであれば，(T, V, N) で平衡状態を指定するカノニカル集団を使うのが自然である．しかし 14.4 節では，分配関数の計算が楽であることを優先してグランドカノニカル集団を採用し，フェルミ分布とボーズ分布という単純な分布を導出できたのであった．それを生かして，次のような戦略をとるのが標準的である：

1. 平衡状態が T, V, μ でも指定できると仮定して，グランドカノニカル集団を採用する．

2. 粒子密度 n の平衡値を，n の期待値の表式 (14.41) を用いて T, μ の関数として求める．

3. 得られた $n = n(T, \mu)$ を逆に解いて，μ を T, n の関数として求める．そうして得られた $\mu = \mu(T, n)$ は，アンサンブルの等価性から，カノニカル集団を用いて求めた $\mu(T, n)$ と熱力学極限で一致するので，どちらで計算しても構わないはずだ．

4. それを用いれば，エネルギー密度などの他の熱力学量も，T, n の関数として表せる．

この戦略は，相転移があると（15.1 節で見るように）仮定 1 が成り立たなくなる場合もあるので万能ではないが，最大のメリットは，フェルミ分布とボーズ分布を使うことで物理が理解しやすくなるケースが少なくない点にある．

以下で見るように，実際にこの戦略を実行してみると，理想フェルミ気体ではとてもうまくいく．理想ボーズ気体では低温で問題が発生するが，それは 15.1 節で説明する．

14.5.2 フェルミ・エネルギーと縮退温度

これから説明するように，どのくらいの温度でフェルミ粒子系の定性的振る舞いが変わるかの目安は，化学ポテンシャル μ の $T \downarrow 0$ における値[22]

$$\boxed{\varepsilon_{\mathrm{F}} \equiv \lim_{T \downarrow 0} \mu} \tag{14.48}$$

が決める．この ε_{F} を**フェルミ・エネルギー** (Fermi energy) と呼ぶ[23]．

ところで，Boltzmann 分布でもフェルミ分布でもボーズ分布でも，ε_ν や μ というエネルギーの次元（単位）を持つ量の差が，エネルギー差 $/k_{\mathrm{B}}T$，という形で温度と対になって入っている．そこで，

$$\boxed{\Big|\,\text{エネルギーの次元を持つ量の差}\,\Big| / k_{\mathrm{B}} \equiv [\text{それに対応する温度}]} \tag{14.49}$$

によってエネルギーと温度を相互に換算することにすれば便利である[24]．ここで，左辺がエネルギーの差になっているのは，温度は原点が $T = 0$ に定まっているが，エネルギーの原点は任意だからである．

たとえば，原子の中にある電子がかかわる現象のエネルギースケールは，電池の電圧（起電力）が 1 V のオーダーであることから推測できるように[25]，**eV** (electronvolt)（≡ 電子が 1 V の電位差をまたいだときのエネルギー $\simeq 1.6 \times 10^{-19}$J）のオーダーになることが多い．そのため物理学では eV をエネルギーの単位としてよく使う．それを (14.49) によって温度に換算するには，

$$\boxed{\text{室温} \simeq 300\mathrm{K} \simeq 25\mathrm{meV}/k_{\mathrm{B}}} \tag{14.50}$$

を使うとよい．これから，たとえば，

$$1\mathrm{eV}/k_{\mathrm{B}} \simeq 12000\mathrm{K} \simeq 10^4\mathrm{K} \tag{14.51}$$

だとわかる．したがって，大雑把に「1 eV は 10^4 K」とだけ覚えておいてもいい．たいていの用途にはそれで十分だ

22) 1.5.2 項で述べたように，$T \downarrow 0$ は，$T > 0$ を保ちながら $T \to 0$ とすることを表す．

23) 「フェルミ準位」などの紛らわしい用語については p.306 の補足 14.3 で説明しておいた．

24) $k_{\mathrm{B}} = 1$ の単位系ならば，はじめからエネルギーと温度が同じ単位なので，換算する必要はない．

25) マンガン乾電池で $\simeq 1.5$ V，リチウム電池で $\simeq 3$ V，鉛蓄電池で $\simeq 2$ V である．自動車やラジコン用には，これらを内部で直列に繋ぐことで電圧を上げた電池が使われている．

特に，ε_{F} と一粒子基底エネルギー ε_0 の差を温度に換算した

$$\boxed{T_{\mathrm{F}} \equiv (\varepsilon_{\mathrm{F}} - \varepsilon_0)/k_{\mathrm{B}}} \tag{14.52}$$

を**縮退温度** (degenerate temperature) といい，フェルミ分布に従う粒子系の振る舞いが変化する分岐点の温度になる．それをこれから具体的に見ていこう．

14.5.3　絶対零度極限

(14.47) のように粒子密度を一定に保って温度 T を変化させたとき，一粒子状態 $|\varphi_\nu\rangle$ の占有数 $\langle n_\nu \rangle$ がどのように変化するかを調べる．

まず，絶対零度極限 $T \downarrow 0$ を考えると [26]，フェルミ分布関数は

$$\lim_{T\downarrow 0} f_+(\varepsilon) = \lim_{\beta\to+\infty} \frac{1}{e^{\beta(\varepsilon-\varepsilon_{\mathrm{F}})}+1} = \begin{cases} 1 & (\varepsilon < \varepsilon_{\mathrm{F}}) \\ 1/2 & (\varepsilon = \varepsilon_{\mathrm{F}}) \\ 0 & (\varepsilon > \varepsilon_{\mathrm{F}}) \end{cases} \tag{14.53}$$

という，いわゆる**階段関数** (step function) になる（図 14.1）．これを $\langle n_\nu \rangle = f_+(\varepsilon_\nu)$ を使って解釈すると，$0 \le \langle n_\nu \rangle \le 1$ であるから，$\langle n_\nu \rangle = 1$ は確率 1 で $n_\nu = 1$ であることを意味し，$\langle n_\nu \rangle = 0$ は確率 1 で $n_\nu = 0$ を意味する．

したがって，このときの多粒子状態は，もしも $\varepsilon_\nu = \varepsilon_{\mathrm{F}}$ を満たす一粒子状態がなければ，$n_\nu = 1$ for $\varepsilon_\nu < \varepsilon_{\mathrm{F}}$, $n_\nu = 0$ for $\varepsilon_\nu > \varepsilon_{\mathrm{F}}$ となっている状態，すなわち [27]

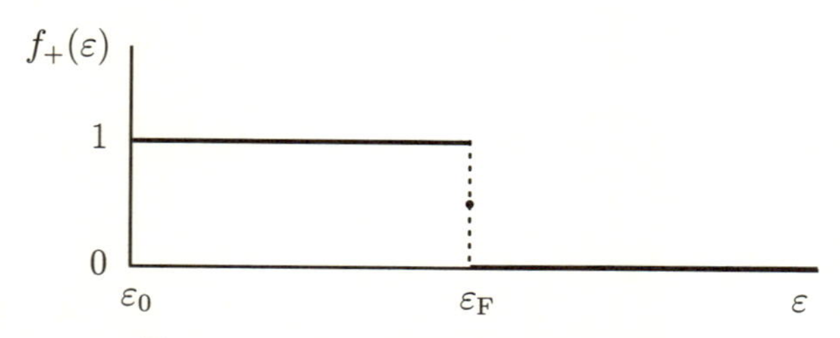

図 14.1　$T \downarrow 0$ におけるフェルミ分布関数.

26)　2.7 節で述べたように，温度は常に正だから，$T = 0$ ではなく $T \downarrow 0$（正の側から 0 に近づける）が正確な言い方だ.

27)　ε_ν は，(14.1) のように小さい順に番号をふってある.

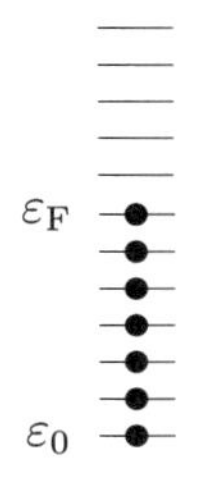

図 14.2 相互作用のないフェルミ粒子系の $T \downarrow 0$ における多粒子状態. ● は, 一粒子状態を占有しているフェルミ粒子を表す.

$$|\Psi_g\rangle \equiv |1, 1, \cdots, 1, 0, 0, \cdots\rangle \tag{14.54}$$

$$\uparrow$$

ここで ε_νが ε_F を超える

である. それを図示すると図 14.2 のようになる. これは, 下の問題 14.4 で確認できるように, この相互作用がない粒子系の多体量子状態の中で (V, N を固定して比較した場合に) 一番エネルギーの低い状態, すなわち, この**多粒子系の基底状態**である. (これを一粒子系の基底状態 $|\varphi_0\rangle$ と混同しないように!)

一方, たまたま $\varepsilon_\nu = \varepsilon_F$ を満たす一粒子状態がある場合には, 多粒子状態は,

$$|\Psi_g'\rangle \equiv |1, 1, \cdots, 1,0, 0, 0, \cdots\rangle \tag{14.55}$$

$$|\Psi_g''\rangle \equiv |1, 1, \cdots, 1,1, 0, 0, \cdots\rangle \tag{14.56}$$

$$\uparrow$$

$$\varepsilon_\nu = \varepsilon_F$$

のような, 粒子数が 1 個だけ異なる基底状態たちの混合状態 (16.2 節) になる.

いずれにせよ, $\varepsilon_\nu < \varepsilon_F$ であるような一粒子状態は全てガチガチに占有されて, その状態にある粒子はほとんど身動きができなくなっている. 以下で見るように, このことが低温のフェルミ粒子系の振る舞いを決定づける.

問題 14.4 (14.54) の状態が, たしかに (V, N が与えられたときの) 基底状態であることを示せ.

14.5.4 $T \ll T_F$ のとき

上述のように, 絶対零度極限では $f(\varepsilon)$ は階段関数であった. 次に, T を少しだけ上昇させたが, まだ $T \ll T_F$ ではある, という場合を考えよう.

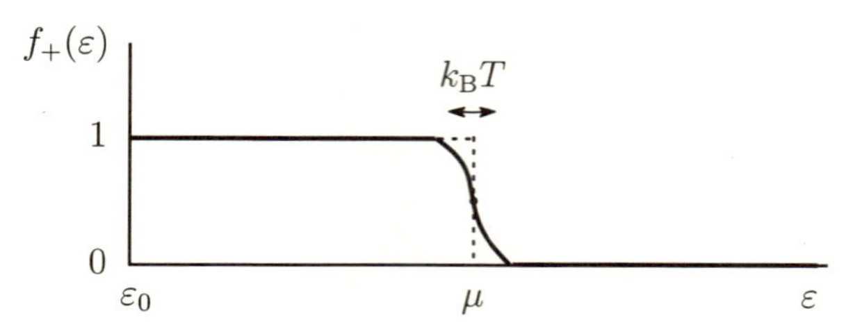

図 14.3　$T > 0$ におけるフェルミ分布関数の模式図.

その場合にも，$|\beta(\varepsilon - \mu)| \gg 1$ であるような ε においては，$e^{\beta(\varepsilon-\mu)} \ll 0$ または $e^{\beta(\varepsilon-\mu)} \gg 1$ となるので，$f_+(\varepsilon) \simeq 1$ または $f_+(\varepsilon) \simeq 0$ になる．したがって，階段関数との違いが顕著になる ε の範囲は，

$$|\beta(\varepsilon - \mu)| \lesssim 1 \quad \text{つまり} \quad |\varepsilon - \mu| \lesssim k_{\rm B}T \tag{14.57}$$

に限定される．この μ を中心とする幅 $k_{\rm B}T$ 程度の領域内だけで，階段がなまってスムーズな斜面になる（図 14.3）[28]．

この斜面の幅 $k_{\rm B}T$ は，今考えている $T \ll T_{\rm F}$ なる温度では，絶対零度極限のときの $f_+(\varepsilon) = 1$ の領域の幅 $\varepsilon_{\rm F} - \varepsilon_0 = k_{\rm B}T_{\rm F}$ よりもずっと狭い．その狭い範囲内の一粒子状態の占有数だけが，絶対零度極限のときと異なる．言い換えると，ほとんどの粒子の状態は変わらない．古典粒子系では，エネルギー等分配則により全ての自由度に温度に比例するエネルギーが平等に分配されたので，温度を上げると全ての粒子の平均エネルギーが上昇したが，それとは大きく異なっている．そのため，古典統計力学に慣らされた目で見ると，フェルミ分布に従う量子系は，低温では，あたかも自由度が減ってしまっているかのように見える．このことを**フェルミ縮退** (Fermi degeneracy) と言う．フェルミ縮退により，エネルギー等分配則は破綻する．そして，温度が $T_{\rm F}$ より下がるとフェルミ縮退が目立ち始めるので，$T_{\rm F}$ を**縮退温度** (degenerate temperature) と呼ぶようになった．

また，T を上げたときに $\langle N \rangle / V$ を一定値に保つためには，一般には，μ を T の関数として変化させる必要があるのだが，$T \ll T_{\rm F}$ ではまだほとんどその必要はなく，

$$\mu \simeq \varepsilon_{\rm F} \quad \text{for } T \ll T_{\rm F} \tag{14.58}$$

---

28) 「幅 $2k_{\rm B}T$ 程度」と言ってもよいが，「程度」の話なので，数倍の違いがあっても同じことである．

である．なぜなら，$k_{\mathrm{B}}T$ 程度の狭い範囲内の一粒子状態の占有数だけが絶対零度極限のときと異なるだけなので，$\mu \simeq \varepsilon_{\mathrm{F}}$ のままでも $\langle N \rangle / V$ はほとんど変わらないからだ．具体的に μ を温度の関数として計算した結果は，後述の (14.67) で与える．

14.5.5　理想フェルミ気体の低温領域

ここからさらに分析を進めるためには，具体的にモデルを決める必要がある．そこで，フェルミ粒子が 14.2 節で扱った自由粒子である場合，すなわち，**理想フェルミ気体** (ideal Fermi gas) について調べよう．

我々は，(14.47) のように $\langle N \rangle / V$ を固定して温度を上下したときに，理想フェルミ気体の熱力学的性質がどのように変化していくかを調べたい．ところが，グランドカノニカル集団は T と μ（と V）をパラメータとする分布であるから，$\langle N \rangle / V$ を固定するためには，T の変化に応じて μ をうまく調整する必要がある．つまり，$\langle N \rangle / V$ を固定したときの μ を，T の関数として求める必要がある．そのためには，14.4.3 項で述べたように，$\langle N \rangle / V$ を T, μ の関数として求め，それを逆に解いてやればよい．それを実行しよう．

粒子数の密度 N/V の期待値は，(14.41) より

$$\frac{\langle N \rangle}{V} = \frac{1}{V} \sum_{\sigma} \sum_{\boldsymbol{k}} f_{+}(\varepsilon_{k}) \tag{14.59}$$

と書ける．この和の中にあるフェルミ分布関数 $f_{+}(\varepsilon)$ は，$T > 0$ では全ての $\varepsilon \geq \varepsilon_0$ において連続であり，$T \downarrow 0$ で生じる不連続点も $\varepsilon = \varepsilon_{\mathrm{F}}$ の 1 カ所だけで，その不連続点でも値が 1 から 0 に飛ぶだけで発散したりしない．したがって公式 (14.22) が適用できて，この和の熱力学極限を，一粒子状態密度 (14.18) を用いて，

$$n \equiv \lim_{V \to \infty} \frac{\langle N \rangle}{V} = \int_0^{\infty} f_{+}(\varepsilon) D(\varepsilon) d\varepsilon \tag{14.60}$$

のように積分で表すことができる．これを用いて n の温度依存性を計算し，それを μ の温度依存性に変換しよう．

まず $T \downarrow 0$ では，f は階段関数になり，$\mu \to \varepsilon_{\mathrm{F}}$ だから，

$$n = \int_0^{\varepsilon_{\mathrm{F}}} D(\varepsilon) d\varepsilon \quad (T \downarrow 0). \tag{14.61}$$

(14.18) を代入してこの積分を実行すると，

$$n = \frac{2}{3}\varepsilon_{\rm F} D(\varepsilon_{\rm F}) = (2s+1)\frac{\sqrt{2}m^{3/2}}{3\pi^2\hbar^3}\varepsilon_{\rm F}^{3/2} \quad (T\downarrow 0). \tag{14.62}$$

これを逆に解けば，$\varepsilon_{\rm F}$ $(=\lim_{T\downarrow 0}\mu)$ が

$$\boxed{\varepsilon_{\rm F} = \frac{\hbar^2}{2m}\left(\frac{6\pi^2}{2s+1}n\right)^{2/3} \quad (T\downarrow 0)} \tag{14.63}$$

のように，n の関数として求まる．

次に，少し温度を上げた $0 < T \ll T_{\rm F}$ の温度領域を計算する．今度は $f(\varepsilon)$ が階段でないために少し面倒だ．しかし，$O((T/T_{\rm F})^2)$ までの精度であれば，付録 C の公式 (C.8) を（公式の関数 $g(\varepsilon)$ に $D(\varepsilon)$ を代入して）用いれば簡単に計算できる：

$$n \simeq \int_0^\mu D(\varepsilon)d\varepsilon + \frac{\pi^2}{6}D'(\mu)(k_{\rm B}T)^2. \tag{14.64}$$

今は n を固定して温度を上下する状況を考えているのだから，これは $T\downarrow 0$ の結果である (14.61) と等しい．それを左辺に代入して積分を一つにまとめると，

$$\int_\mu^{\varepsilon_{\rm F}} D(\varepsilon)d\varepsilon \simeq \frac{\pi^2}{6}D'(\mu)(k_{\rm B}T)^2. \tag{14.65}$$

$T \ll T_{\rm F}$ では $\mu \simeq \varepsilon_{\rm F}$ だろうと予測できる（実際そうであることはすぐにわかる）ので，$\mu = \varepsilon_{\rm F} - \delta$ とおいて δ が小さい量 $(|\delta| \ll \varepsilon_{\rm F})$ だと仮定し，両辺を δ の最低次で近似すると，左辺の積分は $D(\varepsilon_{\rm F})\delta$ で近似できて，右辺の $D'(\mu)$ は $D'(\varepsilon_{\rm F})$ で近似できるから，

$$\delta \simeq \frac{\pi^2 D'(\varepsilon_{\rm F})}{6D(\varepsilon_{\rm F})}(k_{\rm B}T)^2 = \frac{\pi^2}{12}\varepsilon_{\rm F}\left(\frac{k_{\rm B}T}{\varepsilon_{\rm F}}\right)^2. \tag{14.66}$$

こうして，μ の温度依存性が求まった：

$$\boxed{\mu \simeq \varepsilon_{\rm F}\left[1 - \frac{\pi^2}{12}\left(\frac{T}{T_{\rm F}}\right)^2\right] \quad \text{when } n = \text{constant and } T \ll T_{\rm F}.} \tag{14.67}$$

この結果をみると，計算の中で仮定した $|\delta| \ll \varepsilon_{\rm F}$ も，今考えている $T \ll T_{\rm F}$ の温度領域では確かに成り立っている（矛盾がない）ことも確認できる．

14.5.6 理想フェルミ気体の高温領域

さらに温度を上げてゆくと，μ はどんどん下がってゆき，古典論の結果に近づいてゆく．全温度領域にわたってその振る舞いをみたければ数値計算をするのが早道だが，ここでは，μ が十分に下がって $e^{\beta(\varepsilon_\nu-\mu)} \gg 1$ となり Boltzmann 分布が有効になった領域における μ の振る舞いを計算してみよう．

その領域では，(14.60) は

$$n = \int_0^\infty e^{-\beta(\varepsilon-\mu)} D(\varepsilon) d\varepsilon \quad （古典領域） \tag{14.68}$$

となる．この積分は，$x \equiv \sqrt{\beta\varepsilon}$ とでもおけば (12.8) の積分に帰着できるので計算できて[29]，

$$n = (2s+1) \frac{m^{3/2}}{\sqrt{2}\,\pi^2\hbar^3} e^{\beta\mu} \sqrt{\frac{\pi(k_\mathrm{B}T)^3}{4}} \quad （古典領域）. \tag{14.69}$$

これを $T \downarrow 0$ の結果である (14.62) と等値すれば，

$$e^{-\beta\mu} = \frac{3\sqrt{\pi}}{4} \left(\frac{k_\mathrm{B}T}{\varepsilon_\mathrm{F}} \right)^{3/2} = \frac{3\sqrt{\pi}}{4} \left(\frac{T}{T_\mathrm{F}} \right)^{3/2} \quad （古典領域） \tag{14.70}$$

を得る．これから，Boltzmann 分布（古典論）が有効になる条件 $e^{\beta(\varepsilon_\nu-\mu)} \gg 1$ が，$T \gg T_\mathrm{F}$ であれば μ が十分に下がって（負の値になって）満たされることがわかる：

$$e^{\beta(\varepsilon_\nu-\mu)} \geq e^{\beta(\varepsilon_0-\mu)} = e^{-\beta\mu} = \frac{3\sqrt{\pi}}{4} \left(\frac{T}{T_\mathrm{F}} \right)^{3/2} \gg 1 \quad （古典領域）. \tag{14.71}$$

この古典論が成り立つ条件を，T_F を表に出さずに表したければ，(14.63) を使って $T_\mathrm{F}\ (= \varepsilon_\mathrm{F}/k_\mathrm{B})$ を消去すればよい．そうして得られたのが (8.7) である．

また，(14.70) の両辺の対数をとり，(14.63) を使って $T_\mathrm{F}\ (= \varepsilon_\mathrm{F}/k_\mathrm{B})$ を消去すれば，

$$\mu = -k_\mathrm{B}T \left[\ln\left(\frac{T^{3/2}}{n} \right) + 定数 \right] \quad （古典領域） \tag{14.72}$$

となる．これは，予想通り，古典理想気体の基本関係式 (8.41) から求めた結果と一致する．対数の変化は緩やかなので，T を増すにつれて μ は T について概ね線形に減少していくことがわかる．

29) このような高温領域では，付録 C の低温領域の公式を使うのはふさわしくない．

14.5.7　低温におけるエネルギーの期待値と比熱

次に，エネルギーと比熱を求めてみよう．多粒子エネルギーの密度 E/V の期待値は，(14.40) より

$$\frac{\langle E \rangle}{V} = \frac{1}{V} \sum_{\sigma} \sum_{\boldsymbol{k}} \varepsilon_{\boldsymbol{k}} f_{+}(\varepsilon_{\boldsymbol{k}}) \tag{14.73}$$

と書ける．この和の熱力学極限についても (14.59) と同様に公式 (14.22) が適用できるので，

$$u \equiv \lim_{V \to \infty} \frac{\langle E \rangle}{V} = \int_0^{\infty} \varepsilon f_{+}(\varepsilon) D(\varepsilon) d\varepsilon \tag{14.74}$$

という積分で書ける．これを用いてエネルギー密度 u の温度依存性を計算してみよう．

まず $T \downarrow 0$ の極限を計算する．そのときの u を u_0 と書くと，$T \downarrow 0$ では f は階段関数になり，$\mu \to \varepsilon_{\mathrm{F}}$ だから，

$$u_0 = \int_0^{\varepsilon_{\mathrm{F}}} \varepsilon D(\varepsilon) d\varepsilon \quad (T \downarrow 0). \tag{14.75}$$

$D(\varepsilon)$ の表式 (14.18) を代入してこの積分を実行すると，

$$u_0 = (2s+1) \frac{\sqrt{2} m^{3/2}}{5 \pi^2 \hbar^3} \varepsilon_{\mathrm{F}}^{5/2} \quad (T \downarrow 0). \tag{14.76}$$

これが，絶対零度極限におけるこの系の多粒子エネルギーの密度である．14.5 節で述べたことから，これはまた，自由フェルミ粒子系の基底状態のエネルギー密度でもある．

少し温度を上げた $0 < T \ll T_{\mathrm{F}}$ の場合には，14.5.5 項の粒子密度 n の計算と同様に，公式 (C.8) を (14.74) に適用すれば計算できる．それは読者の演習にまかせて（下の問題 14.5），ここでは，図 14.4 に示したような易しい直感的な計算で済ませることにする．すなわち，n を一定にして温度を上げてゆくケースを考えているのだから，図 14.4 のように，

$$\begin{aligned} u &\simeq u_0 + \left[k_{\mathrm{B}} T \text{ 程度の範囲の一粒子状態の占有率が変わる } \right] \\ &\qquad \times \left[\text{ 一粒子当たり } \varepsilon \text{ が } k_{\mathrm{B}} T \text{ 程度増加する } \right] \\ &\simeq u_0 + \text{正定数} \times T^2 \quad \text{when } n = \text{constant and } T \ll T_{\mathrm{F}} \end{aligned} \tag{14.77}$$

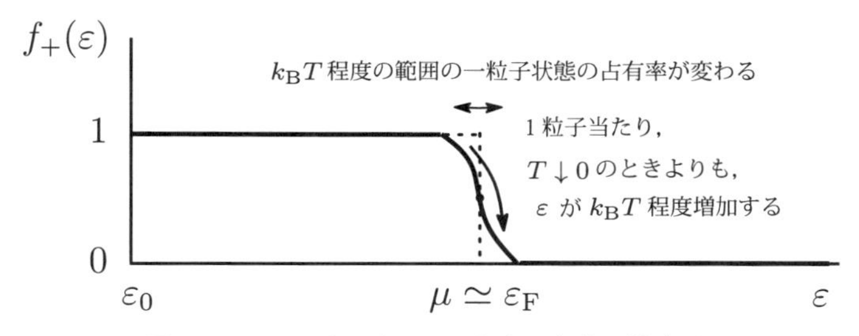

図 14.4　T が少し上がったときの変化の模式図.

だとわかる．これは，$u \propto T$ という古典論の結果とはまるで違っている．そのために，定積熱容量は，

$$C_V = \left(\frac{\partial \langle E \rangle}{\partial T} \right)_{N,V} = V \left(\frac{\partial u}{\partial T} \right)_n \propto T \tag{14.78}$$

のように，低温では T に比例することとなる．その結果，$T \to 0$ では $C_V \to 0$ となり，熱力学第三法則と整合する．古典論では C_V が T に依らなくなって第三法則を満たさなかったのとは対照的である．

こういう結果が得られた物理的な理由は，$0 < T \ll T_{\rm F}$ の場合には，温度を上げても，図 14.4 からわかるように，

$$\mu - k_{\rm B}T \lesssim \varepsilon \lesssim \mu + k_{\rm B}T \tag{14.79}$$

の範囲内にあるフェルミ粒子しか，占有の仕方を変えないからである．$\varepsilon \lesssim \mu - k_{\rm B}T$ なる準位にある他の大多数のフェルミ粒子は占有の仕方を変えないために，それらは T を上下してもエネルギーの変化を引き起こさず，まるでそれらの自由度が「死んで」いるかのように見える．これこそまさしく，14.5 節で説明した**フェルミ縮退** (Fermi degeneracy) である．

問題 14.5　$0 < T \ll T_{\rm F}$ の場合の u を，公式 (C.8) を (14.74) に適用して求め，それを用いて C_V を求めよ．

14.5.8　高温におけるエネルギーの期待値と比熱

さらに温度を上げてゆくと，次第にフェルミ縮退が解け，古典論の結果に近づいてゆく．そして，$T \gg T_{\rm F}$ まで温度が上がると，古典領域に入って Boltzmann 分布が有効になるので，(14.74) は

$$u = \int_0^\infty \varepsilon e^{-\beta(\varepsilon-\mu)} D(\varepsilon) d\varepsilon \quad \text{（古典領域）} \tag{14.80}$$

としてよい．この積分が (14.68) に似ていることを思い出し，ためしに (14.68) の両辺を（グランドカノニカル集団の独立変数 T, V, μ のうち V, μ を固定して）β で微分して上式と比べると，

$$\left(\frac{\partial n}{\partial \beta}\right)_{V,\mu} = \mu n - u \quad \text{（古典領域）}. \tag{14.81}$$

一方，この式の左辺を (14.69) で計算すると，(14.69) で β に依存するのは $e^{\beta\mu}/\beta^{3/2}$ だけだから簡単に微分できて，

$$\left(\frac{\partial n}{\partial \beta}\right)_{V,\mu} = \mu n - \frac{3n}{2\beta} \quad \text{（古典領域）}. \tag{14.82}$$

これと上式を等値すれば，

$$u = \frac{3n}{2\beta} = \frac{3}{2} n k_{\mathrm{B}} T \quad \text{（古典領域）} \tag{14.83}$$

という，古典単原子理想気体の結果 (12.11) と同じ結果が得られる[30]．したがって，比熱 c_V も古典単原子理想気体の結果 (12.13) と同じになる．

以上の結果を見ると，（途中の温度領域での計算は略したが）比熱が発散したりする相転移の兆候はいっさい見えず，フェルミ縮退している低温領域から，古典気体のように振る舞う高温領域までが，連続的に繋がっていた．実は，別の熱力学量を計算してもそうであることが知られている．したがって，次のようにまとめることができる：

理想フェルミ気体：理想フェルミ気体は，$T \ll T_{\mathrm{F}}$ ではフェルミ縮退して量子効果が顕著になって $c_V \propto T$ となり，$T \gg T_{\mathrm{F}}$ では古典的になって $c_V =$ 定数となる．また，温度を変化させても相転移は起こらず，高温の古典理想気体から連続的に繋がっているので，全温度領域にわたって気相にあると言ってよい．

なお，物性物理学などで頻出する用語については，下の補足 14.2 を参照せよ．

30)　n の平衡値と期待値の違いは，熱力学極限で相対的に無視できる．また，分子気体ではなく単原子気体の結果になったのは，ここでは内部構造のない（あるいは無視できる）フェルミ粒子を仮定したから，古典領域では 1 個の古典粒子として振る舞うためである．

補足 14.2 フェルミ粒子系でよく使われる用語

上記の計算では不要だったが，フェルミ粒子系についてよく使われる用語を紹介しておこう．ε_F における一粒子状態の波数の大きさ，すなわち

$$\varepsilon_\mathrm{F} = \varepsilon_{k_\mathrm{F}} \tag{14.84}$$

にて定義される k_F を**フェルミ波数** (Fermi wavelength) と言う．一粒子エネルギー固有値 ε_k の k 依存性は，物理系（たとえば固体ならばそのバンド構造）により異なるので，それに応じて k_F の具体的な表式も変わる．たとえば自由粒子であれば，(14.12) より

$$\varepsilon_\mathrm{F} = \varepsilon_{k_\mathrm{F}} = \frac{\hbar^2 k_\mathrm{F}^2}{2m} \tag{14.85}$$

となり，(14.63) より

$$k_\mathrm{F} = \left(\frac{6\pi^2}{2s+1} n\right)^{1/3} \tag{14.86}$$

と計算される．そして，波数空間の中の $|\boldsymbol{k}| = k_\mathrm{F}$ という球面を**フェルミ面** (Fermi surface) と言う．フェルミ粒子たちは，絶対零度極限では，フェルミ面の内側の一粒子状態だけを占有するわけだ．また，フェルミ波数に対応する運動量

$$p_\mathrm{F} \equiv \hbar k_\mathrm{F} \tag{14.87}$$

を**フェルミ運動量** (Fermi momentum) と言う．これらの用語は，特に物性物理学で頻繁に使われるが，その際には具体的な表式はバンド構造に依存して変わり，たとえばフェルミ面は球状とは限らなくなる．

14.5.9 固体の伝導電子と半導体デバイス

固体はマクロな数の原子が集まってできている．原子の中には複数の電子が含まれているが，金属では，そのうちの一部の電子は固体の中を自由に動き回れるようになり，電流を運んだりするようになるので，**伝導電子** (conduction electron) と呼ばれる．半導体の場合には，不純物をドープすることで，伝導電

子を人工的に供給することができ，応用上便利である．

これらの固体の重要な性質は伝導電子たちが決定するので，伝導電子の系を着目系として（したがって，伝導電子の一粒子基底エネルギーを ε_0 として）統計力学を適用することが多い．その際，電子は典型的なフェルミ粒子なので，縮退温度が重要なパラメータになる．

普通の金属の伝導電子の場合は $T_{\mathrm{F}} \simeq 10^4\,\mathrm{K}$ である．これは室温（$\simeq 300\,\mathrm{K}$）よりずっと高いから，金属中の電子にとっては室温は極低温であり，その性質を理解するにはフェルミ縮退を考慮することが必須である．

それに対して，n 型にドープした半導体の伝導電子の場合は $T_{\mathrm{F}} \simeq 10^1\text{-}10^2\,\mathrm{K}$ 程度であるから，室温は伝導電子にとっては結構暖かい．そのため，室温では n 型半導体の伝導電子を古典粒子と見なすことがよい近似になる．実際，通常の半導体デバイスの教科書では，最初の方こそ量子論が出てくるものの，途中からは，古典粒子と見なす近似で，ほとんど済んでしまう．必要なのは，バンドギャップがあることと，電子の質量を半導体内での「有効質量」に置き換えることぐらいである．それらの値を理論的に求めるには量子論が必要だが，通常のデバイスの解析をするときには，理論計算の値よりも信頼できる実験値を用いるので，量子論はほとんど使わない．このことが，デバイスの解析を著しく効率化している．それで済まないのは，著しい量子効果を用いるデバイスの場合だけである．このように必要に応じて古典論と量子論を使い分けるのが，デバイス工学に限らず，上手なやり方である．

また，この節では粒子密度を一定に保った場合を考えたが，半導体では，外部からバイアス電場を印加するなどの方法で，粒子密度を変化させることが容易にできて，それが様々な応用に繋がる．そういう場合の解析は，ここで述べたことを出発点として，μ が自由にコントロールできるという拡張を行えばよい．

なお，とくに半導体工学では，下の補足 14.3 に述べたように．本書とは若干異なる言葉遣いをするので，注意して欲しい．

補足 14.3　μ や ε_{F} の呼び方

本書は普遍性を重視するので，フェルミ粒子であろうがボーズ粒子であろうが，(2.33) で定義される μ を**化学ポテンシャル** (chemical potential) と呼び，フェルミ粒子系の μ の絶対零度極限 (14.48) である ε_{F} を**フェルミ・エネルギー** (Fermi energy) と呼んだ．一方，電子工学や半導体物理学では，ほぼ電子系だけを対象とするために，どの温度でも μ のことを**フェルミ準位** (Fermi level) あるいは「フェルミ・エネルギー」と呼ぶことが少なくない．（筆者も，当該分野の論文を書いたときには，これらの用語を用いた．）このように，分野ごとに用語は異なるので，読者も適宜翻訳して使っていただきたい．なお，**電気化学ポテンシャル** (electro-chemical potential) については拙著 [1] を参照されたい．

第15章 相互作用のないボーズ粒子系の量子統計力学

前章の結果を相互作用がないボーズ粒子系に適用する．具体的には，質量のあるボーズ粒子系，質量のない光子系，そして，格子振動である．それぞれについて，初学者にはやや難しいかもしれないと思われる点があるので，丁寧に説明はするが，初学者は次章に飛んでもよい．

15.1 ボーズ分布の特徴と理想ボーズ気体

粒子数 N が保存量であるような通常のボーズ粒子を想定し [1)]，前章のフェルミ粒子のときと同様に，(14.47) のように粒子密度を一定に保って温度を変化させたときに，どのようなことが起こるかを考えよう．したがって，同じボーズ粒子でも，N が保存量でない光子などにはこの節の議論は当てはまらないので，それらについては 15.2 節と 15.3 節で論ずる．

15.1.1 ボーズ分布の特徴

まず，ボーズ分布の振る舞いを考察することで，大雑把な見通しをつけておこう．

フェルミ粒子のときと同様に，T を上下しても $n = \langle N \rangle / V$ が一定値に保たれる場合には，μ は T とともに変化する．その際，14.4.2 項で述べたように，相互作用がないボーズ粒子系では不等式 (14.39) が守られる．

温度 T のときの化学ポテンシャルを μ，それより低温 T' $(< T)$ のときの化学ポテンシャルを μ' とする．μ, μ' がどちらも ε_0 より低いような温度領域では，

1) 大雑把に言うと，質量がある粒子のこと．正確に言うと，N が「保存電荷」と呼ばれる（電気電荷やそれに類似した）保存量であるような粒子のこと．詳しくは 15.2 節を参照のこと．

もしも $\mu' \le \mu$ であったとしたら，$\beta' > \beta$ と $\varepsilon_\nu - \mu' \ge \varepsilon_\nu - \mu > 0$ より

$$\frac{1}{e^{\beta'(\varepsilon_\nu - \mu')} - 1} \le \frac{1}{e^{\beta'(\varepsilon_\nu - \mu)} - 1} < \frac{1}{e^{\beta(\varepsilon_\nu - \mu)} - 1} \quad \text{for all } \nu \tag{15.1}$$

となってしまうので，$n = \sum_\nu \langle n_\nu \rangle / V$ を一定に保つためには，$\mu' > \mu$ となるしかない．したがって，$\mu < \varepsilon_0$ であるような温度領域では，温度を下げると μ は単調増加することがわかる．

では，どんどん温度を下げていって，μ が ε_0 に近づいていったらどうなるか？ このとき真っ先に気になるのは，もしも $\mu \uparrow \varepsilon_0$ となるような温度領域があったならば，一粒子基底状態の占有数が，

$$\lim_{\mu \uparrow \varepsilon_0} \langle n_0 \rangle = \lim_{\mu \uparrow \varepsilon_0} \frac{1}{e^{\beta(\varepsilon_0 - \mu)} - 1} = +\infty \quad ? \tag{15.2}$$

のように，いくらでも大きくなるように見えることである．これは何か異常なことが起こるシグナルかもしれないので，この点に注意を払って解析する必要がある．

後述のように，その「異常なこと」が実際に（有限温度で）起こるかどうかは，系の空間次元などに依存するので，最初から具体例で解析した方がわかりやすい．そこで，フェルミ粒子系のときの具体例に合わせて，ボーズ粒子が 14.2 節で扱った自由粒子である場合，すなわち**理想ボーズ気体** (ideal Bose gas) について調べることにする．（他の系については，個別に以下と同様の計算を行えばよい．）また，ボーズ粒子は整数スピン（$s = 0, 1, 2, \cdots$ のいずれか）を持つが，説明をわかりやすくするために，スピンがない（$s = 0$ の）ボーズ粒子を想定する．スピンを持つ場合には，一粒子基底状態が $(2s+1)$ 重に縮退して，説明が少しわかりにくくなるからだ．いったん理解すれば，スピンを持つ場合に拡張するのは容易である．

つまり，以下では，スピンがない理想ボーズ気体を調べる．その場合，粒子数密度 n の期待値は，(14.41) より

$$n = \frac{1}{V} \sum_{\boldsymbol{k}} \frac{1}{e^{\beta(\varepsilon_{\boldsymbol{k}} - \mu)} - 1} \tag{15.3}$$

と書ける．一粒子状態密度 $D(\varepsilon)$ を使うときは，(14.18) で $s = 0$ とおいた式を使えばよい．

15.1.2 理想ボーズ気体の高温領域

理想ボーズ気体について，まずは，温度が十分に高くて，μ が ε_0 より $\Theta(V^0)$ 以上低い場合，すなわち，

$$\varepsilon_0 - \mu \geq \Theta(V^0) \tag{15.4}$$

であるようなケースを考えよう．それが具体的にどのくらいの温度領域であるかは，後述の計算結果からわかる．

この温度領域では，上式より

$$\begin{aligned}\langle n_\nu \rangle &= \frac{1}{e^{\beta(\varepsilon_\nu - \mu)} - 1} \\ &\leq \frac{1}{e^{\beta(\varepsilon_\nu - \varepsilon_0 + \Theta(V^0))} - 1} \leq \frac{1}{e^{\beta\Theta(V^0)} - 1} \leq \frac{1}{\Theta(V^0)} = \Theta(V^0)\end{aligned} \tag{15.5}$$

となるから[2)]，「個々のミクロ状態を占有する粒子の数は，V とは無関係なミクロな個数に過ぎない」という常識的な状態である．そして，(15.3) の和の中にあるボーズ分布関数 $f_-(\varepsilon)$ は，全ての $\varepsilon \geq \varepsilon_0$ において連続だから，和を積分で近似する公式 (14.22) が問題なく適用できて，

$$n = \lim_{V \to \infty} \frac{\langle N \rangle}{V} = \int_0^\infty f_-(\varepsilon) D(\varepsilon) d\varepsilon. \tag{15.6}$$

我々は，この式を逆に解いて μ を T, n の関数として表したいわけだが，まず，μ が十分に低くて $e^{\beta(\varepsilon_\nu - \mu)} \gg 1$ for all ν となり，Boltzmann 分布が有効になるような古典領域を考えよう．この領域では，(15.6) はフェルミ粒子のときの高温での表式 (14.68) とまったく同じになるから，μ の計算結果も (14.72) と同じである[3)]．したがって，この古典領域にあるための条件も，フェルミ粒子のときと同じく (8.7) だとわかる．この条件が満たされる**高温低密度領域**では，理想フェルミ気体も理想ボーズ気体も，熱力学的性質は古典理想気体と同じになるわけだ．

次に，高温低密度領域の条件 (8.7) が満たされないぐらいに温度が下がってきた場合を考える．それでもまだ (15.4) が満たされているようであれば，(15.6)

2) Θ の定義から直ちに，$1/\Theta(V^0) = \Theta(V^0)$ だとわかる．

3) (14.72) の導出の途中では，ε_F などのフェルミ粒子系でのみ物理的な意味を有する量が出てきたが，(14.62) を使ってそれらを $\langle N \rangle / V$ で表してやれば，同じ結果 (14.72) を得る．

は（もはや f_- を Boltzmann 分布で近似することはできないが）有効であり，$D(\varepsilon)$ の具体的な表式である (14.18) を，$s = 0$ のケースを考えていることを思い出しつつ代入すれば，

$$n = \frac{m^{3/2}}{\sqrt{2}\,\pi^2\hbar^3}\int_0^\infty \frac{\sqrt{\varepsilon}}{e^{\beta(\varepsilon-\mu)}-1}d\varepsilon \tag{15.7}$$

となる．この式を解いて，μ を (14.72) のような簡単な関数で表すのは難しいのだが，所詮（しょせん）は 1 次元積分（一重の積分）に過ぎないので [4]，数値計算をすれば済む．以下の議論には不要なので計算結果は省略するが，結論としては，次項に出てくる転移温度 T_c よりも温度が高ければ (15.4) が満たされる．そして，高温の古典理想気体からこの温度領域に至るまでの間に，とくに相転移は起こらずに連続的に繋がっていることも（詳しく調べれば）わかるので，この温度領域でも「気相」にあると言って問題ない．ただ，その熱力学的性質は，古典理想気体とはずれてくる．

15.1.3　Bose-Einstein 凝縮

さらに温度を下げると (15.4) が満たされなくなる．つまり，$\mu \uparrow \varepsilon_0$ となる．（いま考えている自由粒子では，$\varepsilon_0 = 0$ だから，これは要するに $\mu \uparrow 0$ ということだ．）すると，15.1.1 項で「異常なこと」と書いた面白いことが起きる．それは，(15.2) で示唆されるように，一粒子基底状態をマクロな数の粒子が占有するという現象だ．つまり，

$$\lim_{V\to\infty}\frac{\langle n_0\rangle}{V} > 0 \tag{15.8}$$

となる．この現象を **Bose-Einstein**（ボーズ・アインシュタイン）**凝縮**と呼ぶ．

すぐ後で示すように，この現象が起こるのは，温度が

$$T_c = \frac{2\pi\hbar^2}{k_{\mathrm{B}}m\zeta(3/2)^{2/3}}n^{2/3} \tag{15.9}$$

という**転移温度** (transition temperature) 以下に下がったときである [5]．ここで $\zeta(3/2)$ は，$\mathrm{Re}\,z > 1$ なる複素数 z についてガンマ関数 $\Gamma(z)$ と積分により

4)　多重積分だと，多重度が高くなるにつれて精度を担保するのが難しくなっていく．

5)　添え字 c は，連続転移の転移温度である**臨界温度** (critical temperature) の頭文字から来ている．拙著 [1] で強調したように，相転移が連続転移か不連続転移かは状態変化の経路によって変わってしまうのだが，いま考えている n を固定して T を下げていく経路では連続転移になることが示せる．

$$\zeta(z) \equiv \frac{1}{\Gamma(z)} \int_0^\infty \frac{x^{z-1}}{e^x - 1} dx \quad (\mathrm{Re}\, z > 1) \tag{15.10}$$

で定義される[6]**ゼータ関数**の $z = 3/2$ における値 $\zeta(3/2) \simeq 2.6$ である．

つまり，温度を下げていくと μ がどんどん（負の値から ε_0 へと向かって）上がっていって，ついに $T = T_c$ まで温度が下がると，$\mu = \varepsilon_0 = 0$ となって Bose-Einstein 凝縮が起こる．そのときの平衡状態を**凝縮相** (condensed phase) と呼ぶ．相互作用もないのに，$T > T_c$ における気相から，$T < T_c$ における凝縮相への相転移が，$T = T_c$ で起こるのだ．(15.9) の T_c が $\hbar \to 0$ でゼロになることからわかるように，これは，量子系に特有の相転移である．

このときに統計力学の計算がどうなるかを知るには，熱力学の知識を使うのが早道だ．(15.9) を用いて，温度 T と粒子密度 $n = N/V$ を軸とする，理想ボーズ気体の相図を描くと図 15.1 のようになる．「normal gas」と書いたのが前項で扱った高温領域の気相で，「BEC」と書いたのが凝縮相である．水平な破線のように N/V を一定に保って T を下げていくと，その粒子密度における[7] T_c（図の垂直な点線）まで温度が下がったところで，気相から凝縮相へと相転移する．

ところで，この相図を，温度 T と化学ポテンシャル μ を軸として書き直すと，

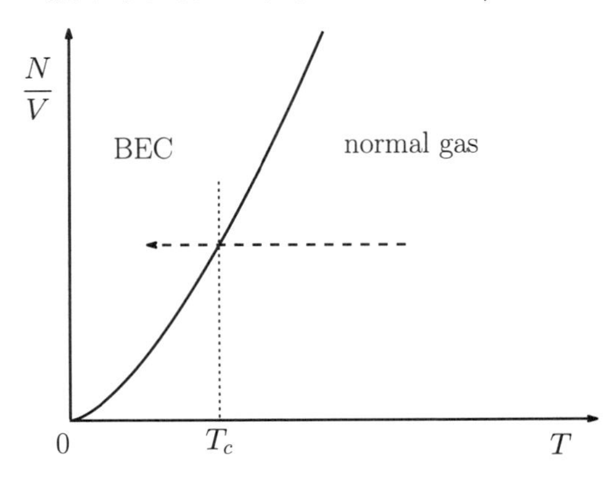

図 15.1 温度 T と粒子密度 N/V を軸とする，理想ボーズ気体の相図．破線のように N/V を一定に保って T を下げていくと，$T = T_c$ で気相から凝縮相へと相転移する．

6) 数学では，この表式を解析接続して定義域を広げるが，ここではその必要はない．

7) (15.9) からわかるように，粒子密度が異なれば T_c の値も異なる．

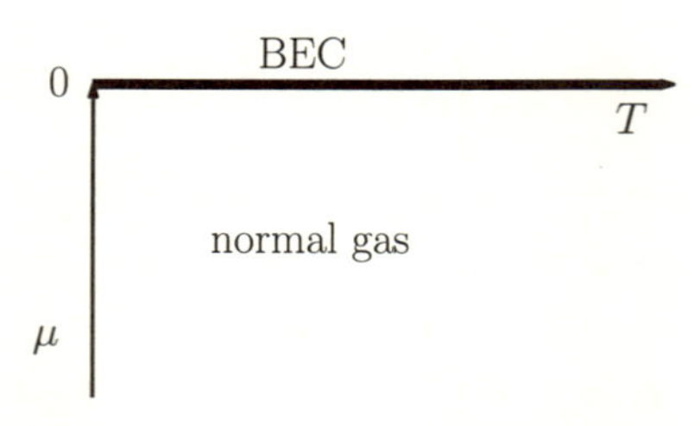

図 15.2　温度 T と化学ポテンシャル μ を軸とする，理想ボーズ気体の相図．凝縮相は $\mu = 0$ の直線（つまり T 軸）になる．

凝縮相ではいたるところ $\mu = 0$ であることから，図 15.2 のように，凝縮相が潰れて直線になり，T 軸と重なってしまう [8]．これは，T, V, μ という変数の組では，理想ボーズ気体の凝縮相の状態はうまく指定できない（N の値が異なる状態を区別できない）ことを表している．つまり，2.13 節で述べた，「状態を指定する変数の中に狭義示強変数を入れると，狭義示強変数の数を増やすほど平衡状態の指定が不完全になりやすい」という一例になっている [9]．熱力学でそうなのだから，統計力学でも，T, V, μ で平衡状態を指定しようとするグランドカノニカル集団では，凝縮相の平衡状態を正しく指定できない[10]．そのために，$\mu = 0$ とおいて凝縮相における $\langle n_0 \rangle / V$ をボーズ分布を使って直接的に計算しようとしても，(15.2) のようになってしまって，うまくいかないのだ [11]．要するに，14.5.1 項で説明した戦略が，1 番目の「平衡状態が T, V, μ で指定できると仮定」というところから破綻しているわけだ．

そこで，$T \leq T_c$ では，平衡状態を T, V, N で指定するカノニカル集団に切り替えて計算することにしよう．ただ，しばらく計算が続くことになるので，初学者や先を急ぐ読者は，主要な結果である (15.37)，(15.44) と，15.1.7 項の直感的な議論だけチェックして，15.2 節に飛んでよい [12]．

---

8)　このこと自体は相互作用がない理想ボーズ気体の特殊性ではあるが，相転移があると適切なアンサンブルを選択する必要がある，という一般論を説明するための例としてとりあげた．

9)　「では T, V, N ならば平衡状態の指定が完全なのか？」というと，実は，p.325 の補足 15.1 で説明するように「秩序変数」も必要だとわかるのだが，ここでの議論には「T, V, μ ではひどく不完全だ」ということだけで十分だ．

10)　♠ これは，10.4 項の最後に述べた，相共存が生じうるために状態についての等価性が破れている例にもなっている．ただ，どんな相共存が生じうるのかを説明するためには，この系の秩序変数を説明しなければならないので，それは続巻で説明することにする．

11)　小さな正数 δ を導入して $\mu = -\delta$ とおいて発散を防いで辻褄を合わせることもできるが，それを正当化し δ の値を決定するには，次項以降のような計算をするのが正確なやり方である．

12)　Bose-Einstein 凝縮の統計力学は，初学者向けの内容とは思えないのだが，なぜか初等的な

15.1.4 カノニカル集団の適用

カノニカル集団の分配関数 Z を解説した 10.1 節では，体積が V で粒子数が N のときの着目系のミクロ状態を，適当なラベル（あるいはラベルの組）λ で指定して，そのエネルギーを $E_{VN\lambda}$ と書いた．今考えている系では，14.4.1 項で述べたように，$\boldsymbol{n}$ により粒子数 N もミクロ状態 $|\boldsymbol{n}\rangle$ も決まるから，(V, N, λ) は $(V, \boldsymbol{n})$ である．

したがって，(10.16) の分配関数や物理量を計算するときの和 $\sum_\lambda$ は，指定した N の値をもつような量子状態に限定した和，

$$\sum_\lambda = \sum_{\substack{\boldsymbol{n} \\ (\sum_\nu n_\nu = N)}} \tag{15.11}$$

となる．そのおかげで，凝縮相における n_0/V の平衡値

$$\frac{\langle n_0 \rangle}{V} = \frac{1}{Z} \sum_{\substack{\boldsymbol{n} \\ (\sum_\nu n_\nu = N)}} e^{-\beta E_{\boldsymbol{n}}} \frac{n_0}{V} \tag{15.12}$$

も，グランドカノニカル集団を使った場合のように発散したりせず，正しく求まるわけだ．

その反面，この $\sum_\nu n_\nu = N$ という制限がついた和は，(14.29) のような独立した和 $\sum_{n_0} \sum_{n_1} \sum_{n_2} \cdots$ に分割できない．そのため，これを計算するには工夫が要る．それを次項で説明しよう．

15.1.5 計算の工夫

その工夫を説明する．これは一粒子ポテンシャルがあるようなときにも有効なので，そういうケースにもそのまま使えるように，この項では <u>ε_0 はゼロとは限らないとして説明する</u>．

まず，諸式を変形しておく．$\boldsymbol{n} = (n_0, n_1, n_2, \cdots)$ を，n_0 とそれ以外に

$$\boldsymbol{n} = (n_0, \boldsymbol{n}'), \quad \boldsymbol{n}' \equiv (n_1, n_2, \cdots) \tag{15.13}$$

のように分ける [13]．$\boldsymbol{n}$ の和である N についても，

教科書でも説明されているので，それに相当する部分だけは本書でもこの第 I 巻で説明する．

13) 我々が採った (14.1) のような番号 ν の振り方では，今考えているスピンがない系では，$\boldsymbol{k} = 0$ が $\nu = 0$ で，$k = |\boldsymbol{k}| > 0$ が $\nu \geq 1$ である．

$$N = n_0 + N', \quad N' \equiv \sum_{\nu \geq 1} n_\nu = \sum_{\substack{\boldsymbol{k} \\ (k>0)}} n_{\boldsymbol{k}} \tag{15.14}$$

のように，n_0 と N' の 2 つに分ける．すると，$\boldsymbol{n}$ の任意の関数 $q(\boldsymbol{n})$ は，

$$q(\boldsymbol{n}) = q(n_0, \boldsymbol{n}') = q(N - N', \boldsymbol{n}') \tag{15.15}$$

というように，N と $\boldsymbol{n}'$ の関数として表せる（N' は $\boldsymbol{n}'$ の和であった）．N はカノニカル集団により値が指定されるパラメータであるから，$\boldsymbol{n}'$ がその N の下で許されるミクロ状態のラベルとなる．

たとえば自由粒子のエネルギーは，(14.3) より，

$$\begin{aligned} E_{\boldsymbol{n}} &= (N - N')\varepsilon_0 + \sum_{\nu \geq 1} \varepsilon_\nu n_\nu \\ &= N\varepsilon_0 + E_{\boldsymbol{n}'}, \quad E_{\boldsymbol{n}'} \equiv \sum_{\nu \geq 1} (\varepsilon_\nu - \varepsilon_0) n_\nu \end{aligned} \tag{15.16}$$

と表せるし，これを指数関数に乗せれば，

$$e^{-\beta E_{\boldsymbol{n}}} = e^{-\beta N \varepsilon_0} e^{-\beta E_{\boldsymbol{n}'}} \tag{15.17}$$

と，N を変えない限り定数である $e^{-\beta N \varepsilon_0}$ と，ミクロ状態ごとに異なる値をとる $e^{-\beta E_{\boldsymbol{n}'}}$ に分離する．

さらに，指定された N の値を保ちながら $q(\boldsymbol{n})$ を $\boldsymbol{n}$ について和をとるときも，

$$\sum_{\substack{\boldsymbol{n} \\ (\sum_\nu n_\nu = N)}} = \sum_{n_0=0}^{N} \sum_{\substack{\boldsymbol{n}' \\ (N' = N - n_0)}} = \sum_{\substack{\boldsymbol{n}' \\ (N' \leq N)}} \tag{15.18}$$

であるから，

$$\sum_{\substack{\boldsymbol{n} \\ (\sum_\nu n_\nu = N)}} q(\boldsymbol{n}) = \sum_{\substack{\boldsymbol{n}' \\ (N' \leq N)}} q(N - N', \boldsymbol{n}') \tag{15.19}$$

のように，$\boldsymbol{n}'$ に関する和だけが出てくるように書き直せる．たとえば $q(\boldsymbol{n}) = e^{-\beta E_{\boldsymbol{n}}}$ と選べば，

$$Z = \sum_{\substack{\boldsymbol{n} \\ (\sum_\nu n_\nu = N)}} e^{-\beta E_{\boldsymbol{n}}} = e^{-\beta N \varepsilon_0} \sum_{\substack{\boldsymbol{n}' \\ (N' \leq N)}} e^{-\beta E_{\boldsymbol{n}'}} \tag{15.20}$$

のように分配関数の計算が変形できる．

計算したかった (15.12) に公式 (15.19) を適用してみよう．(15.14) より $n_0 = N - N'$ だから，

$$q(\boldsymbol{n}) = \frac{1}{Z} e^{-\beta E_{\boldsymbol{n}}} \frac{n_0}{V} = \frac{1}{Z} e^{-\beta E_{\boldsymbol{n}}} \left(n - \frac{N'}{V} \right) \tag{15.21}$$

であり（$n = N/V$），直ちに公式が適用できる．すると，自明な関係式

$$\frac{\langle n_0 \rangle}{V} = n - \frac{\langle N' \rangle}{V} \tag{15.22}$$

の $\langle N' \rangle / V$ の部分に公式 (15.19) を適用したのと，当然ながら同じ結果を得る．だから，(15.21) を使わずにこの式から出発してもよい．いずれにせよ $\langle N' \rangle / V$ を公式で計算すればいいのだから，それを実行すると，(15.17) と (15.20) も使って，

$$\begin{aligned} \frac{\langle N' \rangle}{V} &= \frac{1}{Z} \sum_{\substack{\boldsymbol{n} \\ (\sum_\nu n_\nu = N)}} e^{-\beta E_{\boldsymbol{n}}} \frac{N'}{V} \\ &= \frac{1}{\displaystyle\sum_{\substack{\boldsymbol{n}' \\ (N' \leq N)}} e^{-\beta E_{\boldsymbol{n}'}}} \sum_{\substack{\boldsymbol{n}' \\ (N' \leq N)}} e^{-\beta E_{\boldsymbol{n}'}} \frac{N'}{V} \end{aligned} \tag{15.23}$$

となる．ここまでは，凝縮の有無と関係なく，総粒子数が N の自由粒子系であれば常に正しい恒等変形である．

準備が整ったので，凝縮があるときに有効な工夫をしよう．$T < T_c$ の低温領域では，(15.8) のように n_0 が $\langle n_0 \rangle = \Theta(V)$ となって N の何割かを占めるから，N' は N $(= Vn)$ の残りの何割かを占めるだけだ．つまり，

$$\lim_{V \to \infty} \frac{\langle N' \rangle}{V} < n \quad \text{for } T < T_c \tag{15.24}$$

である．N' は相加物理量だから，カノニカル集団が正しい平衡状態を表すならば，マクロに定まった値を持つはずだ [14]．つまり，カノニカル集団では，N'/V は N/V より小さい値のところに鋭いピークを持つような分布をしており，N'/V

14)　♠ 続巻で説明するように，厳密には，「symmetry breaking field」を変数に加えたアンサンブルを使って，その field の絶対値をゼロにする極限をとるべきだ．ただ，N' の分布については，カノニカル集団もそのような極限と同じ結果を与えるので，N' はマクロに定まっている．

がピーク位置とは異なる値をとる確率は熱力学極限でゼロになるはずだ．それゆえ，期待値の計算 (15.23) をするときに，

$$\sum_{\substack{\boldsymbol{n}' \\ (N' \le N)}} \longrightarrow \sum_{\boldsymbol{n}'} = \sum_{n_1}\sum_{n_2}\cdots \quad \text{for } T < T_c \tag{15.25}$$

のように，$N' \le N$ という制限を取り払って和をとってしまっても，$T < T_c$ における熱力学極限での結果は変わらない．n_0 がいわば「バッファー」になって裏で $\sum_\nu n_\nu = N$ を保証してくれるから，相加物理量の平衡値ならば，$T < T_c$ ではこのように計算してよいのだ．

つまり，$\langle N' \rangle / V$ の計算 (15.23) に限らず一般に，(15.19) の計算が相加物理量の期待値の計算であれば，右辺の和の制限 $N' \le N$ をなくした等式

$$\sum_{\substack{\boldsymbol{n} \\ (\sum_\nu n_\nu = N)}} q(\boldsymbol{n}) = \sum_{\boldsymbol{n}'} q(N - N', \boldsymbol{n}') \quad \text{for } T < T_c \tag{15.26}$$

が，熱力学極限で（必要なら両辺を V で割り算して極限を持つ量にしておけば）成り立つ．

こうして，(15.23) は和の制限をなくした

$$\frac{\langle N' \rangle}{V} = \frac{1}{\displaystyle\sum_{\boldsymbol{n}'} e^{-\beta E_{\boldsymbol{n}'}}} \sum_{\boldsymbol{n}'} e^{-\beta E_{\boldsymbol{n}'}} \frac{N'}{V} \quad \text{for } T < T_c \tag{15.27}$$

に帰着する．そして，このようにして求めた $\langle N' \rangle / V$ の計算結果を (15.22) に代入してやれば，n_0/V の平衡値もわかる．その結果が (15.8) を満たしていれば，(15.25) のような置き換えをしてよいための条件が確かに満たされていることになる [15]．

逆に言うと，もしも (15.22) の計算結果が (15.8) を満たしていなかった場合には，それは（そもそも凝縮が起こらない系だったなどの理由で）$T < T_c$ ではなかったことを意味しており，(15.25) のような置き換えができないことがわかる．そうなった場合には，この置き換えをせずに真面目に和を計算し直してもいいが，凝縮が起こらなくてグランドカノニカル集団が有効なケースになるので，それで計算する方が楽だ．

15) ♠ より正確には，N' がマクロに定まった値を持つことも確認すべきだ．そのためには同様にして分散を計算すればよく，結果は $\langle (N' - \langle N' \rangle)^2 \rangle = \langle N' \rangle$ となるので確認できる．

15.1.6 計算の実行

では，具体的な計算を行おう．ここからは，自由粒子系だから $\varepsilon_0 = 0$ であることを使って式を見やすくする．これにより，たとえば (15.16) の $E_{\boldsymbol{n}'}$ は，単に $E_{\boldsymbol{n}}$ から $\varepsilon_0 n_\nu$ という項を落とした

$$E_{\boldsymbol{n}'} = \sum_{\nu \geq 1} \varepsilon_\nu n_\nu = \sum_{\substack{\boldsymbol{k} \\ (k>0)}} \varepsilon_k n_{\boldsymbol{k}} \tag{15.28}$$

と簡単になる．

前項で述べたように，$\langle N' \rangle / V$ は $T < T_c$ では (15.27) に帰着できる．これならば直ちに計算できる：

$$\begin{aligned}
\frac{\langle N' \rangle}{V} &= \frac{1}{V} \frac{\displaystyle\sum_{n_1} \sum_{n_2} \cdots e^{-\beta\varepsilon_1 n_1} e^{-\beta\varepsilon_2 n_2} \cdots (n_1 + n_2 + \cdots)}{\displaystyle\sum_{n_1} \sum_{n_2} \cdots e^{-\beta\varepsilon_1 n_1} e^{-\beta\varepsilon_2 n_2} \cdots} \\
&= \frac{1}{V} \left[\frac{\displaystyle\sum_{n_1} e^{-\beta\varepsilon_1 n_1} n_1}{\displaystyle\sum_{n_1} e^{-\beta\varepsilon_1 n_1}} + \frac{\displaystyle\sum_{n_2} e^{-\beta\varepsilon_2 n_2} n_2}{\displaystyle\sum_{n_2} e^{-\beta\varepsilon_2 n_2}} + \cdots \right] \\
&= \frac{1}{V} \left[\frac{1}{e^{\beta\varepsilon_1} - 1} + \frac{1}{e^{\beta\varepsilon_2} - 1} + \cdots \right] \quad \text{for } T < T_c.
\end{aligned} \tag{15.29}$$

最後の行の和を計算するために，各項の熱力学極限での振る舞いを調べよう．もしも $q(\varepsilon_\nu)/V$ たちの中に，単独で $q(\varepsilon_\nu)/V = \Theta(V^0)$ の突出した大きさを持つ項があったりしたら，14.3.3 項で述べたように，公式 (14.22) は使えない．その点をチェックすると，$\nu \geq 1$ の ε_ν は，(14.9) と (14.12) より，必ず $\varepsilon_\nu \geq \Theta(1/L^2)$ である．このため，

$$\frac{1}{V} \frac{1}{e^{\beta\varepsilon_\nu} - 1} \leq \frac{1}{V} \frac{1}{e^{\beta\Theta(1/L^2)} - 1} \simeq \frac{1}{V} \frac{1}{\beta\Theta(1/L^2)} \to 0 \tag{15.30}$$

と，どの項も熱力学極限でゼロになる良好な振る舞いをしており，$\Theta(V^0)$ になる項はないので大丈夫だ．

このことなどを勘案すると，公式 (14.22) が使えて，

$$\lim_{V \to \infty} \frac{\langle N' \rangle}{V} = \lim_{V \to \infty} \frac{1}{V} \sum_{\substack{\boldsymbol{k} \\ (k>0)}} \frac{1}{e^{\beta\varepsilon_k} - 1} = \int_0^\infty \frac{D(\varepsilon)}{e^{\beta\varepsilon} - 1} d\varepsilon \tag{15.31}$$

を得る．ここで，熱力学極限では $\varepsilon_1 \to 0$ になるから，この積分の下限もゼロである．すると，被積分関数が $\varepsilon = 0$ で発散するので積分の収束が心配になるが，$D(\varepsilon) \propto \sqrt{\varepsilon}$ なので，$\varepsilon = 0$ の近くで

$$\int \frac{D(\varepsilon)}{e^{\beta\varepsilon} - 1} d\varepsilon \propto \int \frac{\sqrt{\varepsilon}}{\varepsilon} d\varepsilon = \int \frac{1}{\sqrt{\varepsilon}} d\varepsilon \propto \sqrt{\varepsilon} \tag{15.32}$$

のように振る舞い，ちゃんと収束する．$\varepsilon \to \infty$ においても，分母の指数関数が大きくなるので，やはりちゃんと収束する．

(15.31) の積分を計算するには，この形のままでは積分変数が次元（単位）がある量になっていて物理が見づらいので，無次元量 $x \equiv \beta\varepsilon$ に変数変換する．すると，ゼータ関数の定義 (15.10) と同じ積分が出てきて，

$$\begin{aligned}\lim_{V\to\infty} \frac{\langle N' \rangle}{V} &= \frac{m^{3/2}}{\sqrt{2}\,\pi^2 \hbar^3 \beta^{3/2}} \int_0^\infty \frac{\sqrt{x}}{e^x - 1} dx \\ &= \zeta(3/2) \left(\frac{m k_{\mathrm{B}} T}{2\pi\hbar^2} \right)^{3/2} \end{aligned} \tag{15.33}$$

となる．こうして，$\langle N' \rangle / V$ を温度の関数として求めることができた．

この結果を (15.22) に代入すれば，

$$\lim_{V\to\infty} \frac{\langle n_0 \rangle}{V} = n - \zeta(3/2) \left(\frac{m k_{\mathrm{B}} T}{2\pi\hbar^2} \right)^{3/2} \tag{15.34}$$

を得る．これから，Bose-Einstein 凝縮が起こる条件，すなわち (15.8) のようになる条件は，

$$\zeta(3/2) \left(\frac{m k_{\mathrm{B}} T}{2\pi\hbar^2} \right)^{3/2} < n \quad \text{in the BEC phase} \tag{15.35}$$

だとわかる．したがって，温度を上げていったときに Bose-Einstein 凝縮が起こらなくなる温度 T_c は，この不等式がちょうど破れて等式になる，

$$\zeta(3/2) \left(\frac{m k_{\mathrm{B}} T_c}{2\pi\hbar^2} \right)^{3/2} = n \tag{15.36}$$

で決まる温度である．これから直ちに (15.9) を得る．さらに，(15.36) を (15.34) に代入することで，

$$\lim_{V\to\infty} \frac{\langle n_0 \rangle}{V} = \begin{cases} 0 & (T > T_c) \\ \left[1 - \left(\dfrac{T}{T_c} \right)^{3/2} \right] n & (T \le T_c) \end{cases} \tag{15.37}$$

のように，$\langle n_0 \rangle /V$ も温度の関数として求まる．

以上のように，$T \leq T_c$ では，カノニカル集団を使うことで全てが正しく計算できた．これと，$T > T_c$ での（計算が楽なことからグランドカノニカル集団で求めた）結果を合わせれば，全温度領域できちんと計算できたことになる．

なお，(15.29) は，ちょうどグランドカノニカル集団のボーズ分布で $\mu = 0$ とおいて $\langle N' \rangle /V$ を計算したのと同じ式になっている．したがって，$\langle N' \rangle /V$ については，何も考えずにグランドカノニカル集団で計算しても結果は正しいことがわかる．もちろんこれは「この系の，この物理量ではそうだった」というだけで，一般にはそう甘くはない．つまり，ある統計集団が正しい平衡状態を表せない状況で，どの物理量の期待値なら信用できるかを，他の統計集団を使わずに見極めるのは一般には容易ではない．だから，ここでやってみせたように，適切な統計集団を使って確認することをお勧めする [16)]．

15.1.7 直感的解釈と空間次元

やや計算が長くなってしまったので，Bose-Einstein 凝縮が起こった理由を直感的に解釈しておこう．

まず，絶対零度極限 $T \downarrow 0$ を考えると，(15.29) や (15.37) からわかるように，100%の粒子が一粒子基底状態 $|\varphi_0\rangle$ を占有する [17)]．しかし，絶対零度は到達できない極限だから，物理的に意味がある問いは，正の有限温度でも $\Theta(V)$ 個の粒子が $|\varphi_0\rangle$ を占有し続けるかどうかである [18)]．

そこで，温度を僅かに正にしてみる．すると，(15.29) からわかるように，粒子たちは $|\varphi_0\rangle$ だけでなく $\varepsilon_\nu - \varepsilon_0 \lesssim k_{\mathrm{B}}T$ であるような一粒子状態 $|\varphi_\nu\rangle$ たちも占有するようになる [19)]．もしもそのような ε_ν の範囲内の一粒子状態の数が N より少なければ，$|\varphi_0\rangle$ は相変わらず N の何割かの（つまり $\Theta(V)$ 個の）粒子を引き受けなくてはならない．それが 3 次元の自由粒子で起きていることだ．

実際，このエネルギー範囲の一粒子状態の個数（$\simeq N'$）を，(14.19) で $\varepsilon \simeq \Delta\varepsilon \simeq k_{\mathrm{B}}T$ とおくことで見積もると，およそ，

$$N' \simeq VD(k_{\mathrm{B}}T)k_{\mathrm{B}}T \simeq V\left(\frac{mk_{\mathrm{B}}T}{\hbar^2}\right)^{3/2} \qquad (15.38)$$

---

16) 関連する注意を p.325 の補足 15.1 で述べる．

17) 統計力学の常で，「全部」ではなく「熱力学極限で 100%」である．

18) ♠ 関連する注意を p.173 補足 9.4 で述べた．

19) 今の例では $\varepsilon_0 = 0$ だが，一般には $\varepsilon_0 \neq 0$ であるから，$\varepsilon_\nu - \varepsilon_0 \lesssim k_{\mathrm{B}}T$ と書いた．

程度しかない（粗い見積もりなので，細かい数因子は全て落とした）．これは，温度が低ければいくらでも小さくなってしまう．したがって，これが N を追い越すほど温度が上がるまで，すなわち，

$$V\left(\frac{mk_{\rm B}T_c}{\hbar^2}\right)^{3/2} \simeq N \tag{15.39}$$

で決まる温度 T_c を超えるまで，$\Theta(V)$ 個の粒子が $|\varphi_0\rangle$ を占有し続ける．これがまさに (15.36) が言っていることである．

このように，3 次元自由ボーズ粒子は，$\varepsilon \downarrow 0$ で $D(\varepsilon) \downarrow 0$ になることから想像できるように，低エネルギーの一粒子状態の数が十分でない．そのために低温で凝縮が起こるわけだ．

裏を返せば，$\varepsilon \lesssim k_{\rm B}T$ の範囲に十分な数の一粒子状態がある場合には，Bose-Einstein 凝縮は起こらないはずだ．たとえば，1 次元や 2 次元の自由ボーズ粒子の場合には，問題 14.2 の解より $\varepsilon \downarrow 0$ で $D(\varepsilon)$ がゼロにならないから，$\varepsilon \lesssim k_{\rm B}T$ の範囲に十分な数の一粒子状態がある．そのため，Bose-Einstein 凝縮は有限の温度では起こらない．絶対零度は到達できない極限だから，要するに Bose-Einstein 凝縮は起こらないということだ．

そのことをきちんと確かめるには，上記のような大雑把な議論では曖昧なので，(15.31) を使う．3 次元で T_c が正の有限温度だと確かめられたのは，凝縮が起こっていると仮定して導いた (15.31) の右辺の積分が，仮定したとおりに有限値に収束したからである．しかし，問題 14.2 の解より，2 次元では $D(\varepsilon) =$ 正定数で 1 次元では $D(\varepsilon) \propto 1/\sqrt{\varepsilon}$ なので，いずれの場合も (15.31) の積分は収束しない．これは，カノニカル集団が破綻しているわけではなく，(15.31) を導く際に仮定した「凝縮が起きているから (15.25) のような置き換えをしても同じ」という仮定が成り立たない（つまり凝縮が起きていない）ことを示している．それを具体的に確認したければ，計算が楽なグランドカノニカル集団が凝縮が起こらなければ有効だから，それを使って，どの有限温度でも，$\mu < 0$ の範囲で μ を調整すれば必要なだけの $\langle N \rangle / V$ が得られることを確認すればよい．

このように，Bose-Einstein 凝縮が有限温度で起こるかどうかは，一粒子エネルギー固有値の分布がポイントになる．

15.1.8　他の物理量

ここまで，$\langle n_0 \rangle / V$ と $\langle N' \rangle / V$ の計算を説明してきたが，もちろん他の物理量もマクロな精度で計算できる．

たとえば，$T \le T_c$ でのエネルギー密度をカノニカル集団を使って計算してみよう．E/V の期待値（平衡値）は

$$\frac{\langle E \rangle}{V} = \frac{1}{Z} \sum_{\substack{\boldsymbol{n} \\ (\sum_\nu n_\nu = N)}} e^{-\beta E_{\boldsymbol{n}}} \frac{E_{\boldsymbol{n}}}{V} \tag{15.40}$$

であるが，公式 (15.26) を利用し，(15.17) と (15.20) を使えば簡単に，

$$\begin{aligned}
\frac{\langle E \rangle}{V} &= \frac{1}{V} \frac{\displaystyle\sum_{n_1} \sum_{n_2} \cdots e^{-\beta \varepsilon_1 n_1} e^{-\beta \varepsilon_2 n_2} \cdots (\varepsilon_1 n_1 + \varepsilon_2 n_2 + \cdots)}{\displaystyle\sum_{n_1} \sum_{n_2} \cdots e^{-\beta \varepsilon_1 n_1} e^{-\beta \varepsilon_2 n_2} \cdots} \\
&= \frac{1}{V} \left[\frac{\varepsilon_1 \displaystyle\sum_{n_1} e^{-\beta \varepsilon_1 n_1} n_1}{\displaystyle\sum_{n_1} e^{-\beta \varepsilon_1 n_1}} + \frac{\varepsilon_2 \displaystyle\sum_{n_2} e^{-\beta \varepsilon_2 n_2} n_2}{\displaystyle\sum_{n_2} e^{-\beta \varepsilon_2 n_2}} + \cdots \right] \\
&= \frac{1}{V} \left[\frac{\varepsilon_1}{e^{\beta \varepsilon_1} - 1} + \frac{\varepsilon_2}{e^{\beta \varepsilon_2} - 1} + \cdots \right] \quad \text{for } T < T_c
\end{aligned} \tag{15.41}$$

と計算できる．$\langle N' \rangle / V$ の計算のときと同様に，最後の行の和には公式 (14.22) が使えるので，

$$\begin{aligned}
u &\equiv \lim_{V \to \infty} \frac{\langle E \rangle}{V} \\
&= \lim_{V \to \infty} \frac{1}{V} \sum_{\substack{\boldsymbol{k} \\ (\varepsilon_{\boldsymbol{k}} > 0)}} \frac{\varepsilon_{\boldsymbol{k}}}{e^{\beta \varepsilon_{\boldsymbol{k}}} - 1} = \int_0^\infty \frac{\varepsilon D(\varepsilon)}{e^{\beta \varepsilon} - 1} d\varepsilon \quad \text{for } T < T_c
\end{aligned} \tag{15.42}$$

を得る．$\varepsilon D(\varepsilon) \propto \varepsilon \sqrt{\varepsilon}$ なので，明らかにこの積分は収束する．実際，$\langle N' \rangle / V$ のときと同様に無次元量 $x \equiv \beta \varepsilon$ に変数変換すれば，ゼータ関数の定義 (15.10) と同じ積分が出てきて，

$$u = \frac{3}{2} \zeta(5/2) \left(\frac{m}{2\pi \hbar^2} \right)^{3/2} (k_{\mathrm{B}} T)^{5/2} \quad \text{for } T < T_c \tag{15.43}$$

と計算できる．ゼータ関数の数値を与えておくと，$\zeta(5/2) \simeq 1.34$ である．

この結果は，$\langle E \rangle \propto T$ という古典論の結果とはまるで違っている．そのために，定積熱容量は，

$$C_V = \left(\frac{\partial \langle E \rangle}{\partial T} \right)_{N,V} = V \left(\frac{\partial u}{\partial T} \right)_n \propto T^{3/2} \quad \text{for } T < T_c \tag{15.44}$$

のように，低温では $T^{3/2}$ に比例することとなる．その結果，$T \downarrow 0$ では $C_V \downarrow 0$ となり，熱力学第三法則と整合する．古典論では C_V が T に依らなくなって第三法則を満たさなかったのとは対照的であり，前節のフェルミ粒子の結果と合わせると，次のことが結論できる；

量子系におけるエネルギー等分配則の破綻：エネルギー等分配則は，古典粒子系ではどんなに強い粒子間相互作用があっても成り立つ強力な結果だったが，量子論に従う粒子系では，たとえ相互作用がなくても，フェルミ粒子系であろうがボーズ粒子系であろうが，エネルギー等分配則は（低温では）成り立たない．

(15.43) とエネルギー等分配則の破綻を直感的に解釈しておこう．15.1.7 項で議論したように，低温では，$\varepsilon_\nu \lesssim k_B T$ の範囲の励起状態が N' 個占有される．したがって，エネルギーは，絶対零度極限のときに比べて，細かい数因子を略して (15.38) も使うと，およそ

$$\frac{\langle E \rangle}{V} \simeq k_B T \frac{N'}{V} \simeq \left(\frac{m}{\hbar^2} \right)^{3/2} (k_B T)^{5/2} \tag{15.45}$$

だけ上がる．これは，数因子を除いて，(15.43) を再現し (15.44) も与える．また，エネルギー等分配則が成り立たない理由も，この式の中辺を見ればわかる．すなわち，励起状態が占有されると，占有粒子 1 個当たりのエネルギー上昇はエネルギー等分配則から期待される $k_B T$ 程度なのだが，励起状態を占有する粒子の数が N' 個しかないために，エネルギー上昇 $\simeq k_B T N'$ がエネルギー等分配則から期待される $\simeq k_B T N$ には達せず，エネルギー等分配則が破綻する．要するに，フェルミ粒子系のときもそうだったように，低温の量子系では，古典論で期待されるほどには粒子が自由に動き回ってはいないのである．

低温におけるエントロピーも計算しておこう．(15.37) より，$T \downarrow 0$ では 100%の粒子が一粒子基底状態を占有するから，エントロピー密度は $S/V \sim k_B (\ln W)/V \to 0$ となり，熱力学第三法則は確かに満たされてる．このことと，

(15.43) から求まる C_V の計算結果を用いると（下の問題 15.1），

$$S = V\frac{5}{2}\zeta(5/2)k_{\mathrm{B}}\left(\frac{m}{2\pi\hbar^2}\right)^{3/2}(k_{\mathrm{B}}T)^{3/2} \quad \text{for } T < T_c \tag{15.46}$$

と求まる．さらに，この結果と (15.43) を利用すれば（下の問題 15.1），Helmholtz エネルギーが

$$F(T,V,N) = -V\zeta(5/2)\left(\frac{m}{2\pi\hbar^2}\right)^{3/2}(k_{\mathrm{B}}T)^{5/2} \quad \text{for } T < T_c \tag{15.47}$$

と求まる．この F は N に依存しないから，凝縮相の特徴である

$$\mu = \frac{\partial}{\partial N}F(T,V,N) = 0 \quad \text{for } T < T_c \tag{15.48}$$

も，たしかに言える．

問題 15.1 (15.46) と (15.47) を示せ．

補足 15.1 秩序変数について

読者は「物理量の期待値を求めるような計算をせずに，基本関係式を求めてやれば，それはアンサンブルの等価性により全ての統計集団について等価だから，わざわざカノニカル集団に移らなくてもよかったのでは？」と疑問に思っているかもしれない．それはもっともな疑問である．まず事実を押さえておくと，(15.47) は TVN 表示の基本関係式のはずだが，これだけ与えられても (15.37) の $\langle n_0 \rangle$ は求まらない．詳しくは続巻で説明するが，これは，この系の自然な変数が T, V, N だけでは足りず，秩序変数も必要であることを示している．磁性体の磁気的性質を調べたかったら，磁化またはそれに共役な示強変数である磁場を入れた基本関係式が必要なことと同様だ．それでも，T, V, N だけ指定して期待値を計算すれば $\langle n_0 \rangle$ は求まるので，ここではその方針で計算したのである．また，そのように自然な変数が足りていない (15.47) ではあるが，エントロピーや比熱などは正しく求まる．その理由については，拙著 [1] の 17.2.2 項を参照してほしい．

15.2 光子気体

この節では，8.6.2 項で触れた**光子気体** (photon gas) を扱う．そこでも述べたように（詳しくは拙著 [1] の 6.5 節参照），光子気体は相互作用がないモデル

で非常に良く近似できる．そのため，単独で平衡状態に達するのは難しいのだが，空の容器を用意すれば，容器を形作る物質が電磁波を吸収放出するので容器の中に電磁場の平衡状態が出現する．そして，9.5 節で述べた熱力学の普遍的な原理に従い，その平衡状態は，容器の材料や形状とは無関係に E, V だけで決まる[20)]．その平衡状態の性質を統計力学で調べよう．

15.2.1　質量があるボーズ粒子系との違い

光子はボーズ粒子であるが，古典的には電磁場という「場」であるし，質量（静止質量）も持たない．そのため，前節で扱った，質量があって古典的には粒子であるようなボーズ粒子とは異なる点もある（詳しくは付録 D）．そこで，まず，光子の特徴をまとめておこう：

1. 真空中ではいつも光速で走っているために，スピンが 1 であるにもかかわらず，スピンだけが異なるような物理的な状態の個数は $2s+1=3$ 個ではなく 2 個になる．これは，古典電磁気学で，独立な**偏光** (polarization) が 2 個であることに相当する[21)]．これを $\sigma = \pm 1$ でラベルすることにする．

2. 前節までの「一粒子状態」は，古典電磁場の**固有モード** (eigenmode) になる．これは，3.4.2 項で線形振動子系について述べたことそのままで，電磁場があらゆる地点でいっせいに同じ周波数で振動する基準振動である．

3. その固有モードは，質量がある粒子を扱った 14.2 節と同様に一辺が L の立方体で周期境界条件を課せば，偏光 σ と (14.9) の波数 $\boldsymbol{k}$ の組

$$\nu = (\boldsymbol{k}, \sigma) \tag{15.49}$$

で前節までと同様にラベルできて[22)]，その固有角振動数は，光速を c として，

$$\omega_k = c|\boldsymbol{k}|. \tag{15.50}$$

---

20)　歴史を踏まえた優れた解説が参考文献 [5] や鶴田匡夫『光の鉛筆』（新技術コミュニケーションズ，1984）などにあるので，本書では「熱力学の一般原理からしてこうなる」という他書とは異なる論理を書いておいた．ただ，Kirchhoff の天才的な考察は，何かの機会に是非学んで欲しい．

21)　円偏光の右回りと左回りが，スピンの $+1$ と -1 に相当する．直線偏光はこれらの重ね合わせになる．ラベル σ は，円偏光に振っても直線偏光に振っても，どちらでもいい．

22)　最近は，光導波路や光共振器の中の光子が重要になっているが，その場合は，その導波路や共振器における古典電磁場の固有モードのラベルを ν とすればよい．その場合には，偏光によって固有振動数も異なることに注意せよ．

4. 電磁場のエネルギーを量子論で計算すると，調和振動子系と同じ形の

$$E_{\boldsymbol{n}} = \sum_{\substack{\boldsymbol{k},\sigma \\ (k>k_*)}} n_{\boldsymbol{k}\sigma}\hbar\omega_k \quad (n_{\boldsymbol{k}\sigma} = 0, 1, 2, 3, \cdots) \tag{15.51}$$

となる．調和振動子系の場合には，いわゆる「ゼロ点エネルギー」$\hbar\omega_k/2$ が付加されるのが普通だが，ここでは，電磁場を量子化する際に，拙著 [10] の 4.5 節で説明した正準量子化の曖昧さを利用してゼロ点エネルギーが現れないようにしてあるとした[23]．（k_* は下の項目 8 で説明する.）

5. 上式に現れた非負整数 $n_{\boldsymbol{k}\sigma}$ を，固有モード $\nu = (\boldsymbol{k}, \sigma)$ を占有する**光子数** (photon number) と呼ぶ．このように，対象系を（電磁場のような）「場」として扱う量子論では，「粒子」とは大きさのない質点のことではなく，$n_{\boldsymbol{k}\sigma}$ のような整数でエネルギーや運動量が勘定できる事実を「粒子」という描像で語り，この場合は**光子** (photon) と呼ぶのである．

6. そして，固有モードのエネルギーが $0, \hbar\omega_k, 2\hbar\omega_k, \cdots$ のように飛び飛びの値をとることを「エネルギーが**量子化** (quantize) された」と言う．これは内容的には，デジタル技術の「デジタル」と同じ内容の「デジタル化」を意味するのだが，量子論の曙の頃はデジタル化こそが量子論の本質だと思われていたので「量子化」と呼ばれるようになったのである[24]．

7. 電磁場の固有エネルギー状態は，$n_{\boldsymbol{k}\sigma}$ の組 $\boldsymbol{n}$ でラベルできて，そのエネルギー固有状態 $|\boldsymbol{n}\rangle$ は，(15.51) のエネルギー固有値 $E_{\boldsymbol{n}}$ を持つ．自由電磁場（光子気体）を記述するヒルベルト空間は，$|\boldsymbol{n}\rangle$ たちを基底とする Fock 空間にとることができる．

8. 固有モードの中には熱力学極限で $k \to 0$ になるモードがあるが，光子の場合にはそういうモードは非物理的な固有モードである（詳しくは 15.2.4 項参照）．そこで，物理的な結果だけを抽出するために $\Theta(V^0)$ の小さな cutoff 波数 k_* を導入し，$k \le k_*$ であるような固有モードは排除して，

$$k > k_* \tag{15.52}$$

23) そのようにしても，たとえばゼロ点エネルギーの寄与として解説されることが多い「Casimir 効果」と呼ばれる現象も正しく導けることが知られているので，安心してほしい．
24) 「量子化」と「デジタル化」については，拙著 [10] の 5.8 節を参照のこと．

であるような固有モードだけを物理的なモードとして考慮する．そして．物理量の熱力学極限を計算した後で $k_* \to 0$ の極限をとる（極限の順番に注意）．これにより，手で入れたパラメータ k_* は最終結果には残らない．

9. 前節のボーズ粒子系では，質量[25]の保存則のために，容器に閉じ込めておけば $N = \sum_\nu n_\nu$ が一定値に保たれる．その状況を想定すると低温で Bose-Einstein 凝縮が起こったわけだ．それに対して，光子系では当該の保存則がないので，容器に閉じ込めておいても総光子数

$$N = \sum_{\substack{\boldsymbol{k}\sigma \\ (k > k_*)}} n_{\boldsymbol{k}\sigma} \tag{15.53}$$

は容易に変化する[26]．そのため，Bose-Einstein 凝縮も起こらないし，エントロピーの自然な変数にも N がない．

また，3, 4 から，一粒子状態密度も，

$$D(\varepsilon) = \frac{\varepsilon^2}{\pi^2 c^3 \hbar^3} \tag{15.54}$$

となり（下の問題 15.2），質量のある粒子とはずいぶん違うことがわかる[27]．これらの相違点を念頭においておくと，以下の結果も理解しやすいと思う．

なお，$D(\varepsilon)$ は「単位エネルギー当たりの」（かつ単位体積当たりの）一粒子状態の数であったが，光子気体などの場合には，（単位体積当たり，は同じでも）「単位角周波数当たりの」一粒子状態の数 $D(\omega)$ や，「単位周波数当たりの」一粒子状態の数 $D(f)$ もよく使われる．これらの間の関係は，

$$\varepsilon = \hbar\omega = 2\pi\hbar f \tag{15.55}$$

と，「対応する区間内の状態数は同じ」という当然の関係である

$$D(\varepsilon)d\varepsilon = D(\omega)d\omega = D(f)df \tag{15.56}$$

---

25) より正確には，（電気電荷に類似した）「保存電荷」と呼ばれる保存量であるバリオン数．

26) 実際，外部から光子を出し入れして N を無理矢理変えても，すぐに N の値は T, V だけで決まる平衡値に戻るので，N は独立変数ではない．容器に閉じ込められていない完全に孤立した光子系であったなら光子数が保存されることもあるが，容器の壁に接触しているという自然な状況では容易に光子数が変化するのだ．その点が質量をもつ粒子と大きく異なる．

27) ただし，質量のある粒子でも，エネルギーが高い相対論的領域ではこれに漸近してくる．

から，たとえば

$$D(\omega) = D(\varepsilon)\frac{d\varepsilon}{d\omega} = \frac{(\hbar\omega)^2}{\pi^2 c^3 \hbar^3}\hbar = \frac{\omega^2}{\pi^2 c^3} \tag{15.57}$$

と求めることができる．

問題 15.2　(15.54) を導け．また，$D(f)$ を求めよ．

15.2.2 光子気体の基本関係式

上述のように，光子気体のエントロピーの自然な変数には N がなく，E, V だけで平衡状態が指定できる．したがって，そのカノニカル集団も T, V だけで指定され，その表式は，T, V, N で平衡状態が指定されるときの全ての表式から N を落としたものになる．したがって，N を指定したりもしない．

その分配関数 Z の計算には，ちょうど 10.5.1 項の公式が当てはまる．すなわち，

$$Z = \sum_{\boldsymbol{n}} e^{-\beta E_{\boldsymbol{n}}} = \prod_{\substack{\boldsymbol{k},\sigma \\ (k>k_*)}} \frac{1}{1-e^{-\beta\hbar\omega_k}} \tag{15.58}$$

となるので，対数をとって，熱力学極限をとるために V で割り算すると，

$$\frac{1}{V}\ln Z = -\frac{1}{V}\sum_{\substack{\boldsymbol{k},\sigma \\ (k>k_*)}} \ln\left(1-e^{-\beta\hbar\omega_k}\right) \tag{15.59}$$

を得る．$\varepsilon > \varepsilon_{k_*}$ では $\ln\left(1-e^{-\beta\varepsilon}\right)$ は連続関数なので，公式 (14.22) が使えて，

$$\lim_{V\to\infty}\frac{1}{V}\ln Z = -\int_{\varepsilon_{k_*}}^{\infty} \ln\left(1-e^{-\beta\varepsilon}\right) D(\varepsilon)d\varepsilon \tag{15.60}$$

となる．これは熱力学極限をとった後の表式なので，15.2.1 項で述べたように最後の仕上げとして $k_* \to 0$ の極限をとれば，右辺の積分の下限は 0 になる．あとは (15.54) を代入して積分を実行すればよい（下の問題 15.3）．

結果を Helmholtz エネルギー F の密度で表すと，

$$\frac{1}{V}F(T,V) = -\frac{\pi^2}{45c^3\hbar^3}(k_{\mathrm{B}}T)^4 \tag{15.61}$$

となる．これが光子気体の TV 表示の基本関係式である．熱力学では，基本関係式を係数まで含めて完全に求めるためには実験の助けが必要だったが，ミク

ロな理論と統計力学を用いることによって，係数まで含めて完全に求めることができたわけだ．

基本関係式が求まったから，あらゆる熱力学量を求めることができる．たとえばエントロピー密度は，

$$\frac{S}{V} = -\frac{1}{V}\frac{\partial}{\partial T}F(T,V) = \frac{4\pi^2 k_{\mathrm{B}}}{45c^3\hbar^3}(k_{\mathrm{B}}T)^3 \tag{15.62}$$

と求まるし，エネルギー密度も

$$\frac{E}{V} = \frac{F+TS}{V} = \frac{\pi^2}{15c^3\hbar^3}(k_{\mathrm{B}}T)^4 \tag{15.63}$$

と求まる．これから，低温でも高温でもエネルギー等分配則が破れていることがわかる．とくに，比熱が $T \downarrow 0$ でゼロになることがわかる．

問題 15.3　(15.61) を導け．**ヒント**：積分を無次元化して部分積分をすれば，ゼータ関数 (15.10) に帰着できて，$\zeta(4) = \pi^4/90$ が使える．

15.2.3　Planck の輻射公式

角周波数 ω_k が $\omega - \Delta\omega/2 < \omega_k \le \omega + \Delta\omega/2$ という特定の範囲内にある電磁場のエネルギー密度を $\mathfrak{u}(\omega)\Delta\omega$ と書くことにしよう．つまり，

$$\mathfrak{u}(\omega) \equiv \lim_{\Delta\omega\downarrow 0}\frac{1}{\Delta\omega}\lim_{V\uparrow\infty}\frac{(\omega-\Delta\omega/2, \omega+\Delta\omega/2] \text{ の範囲の電磁場のエネルギー}}{V} \tag{15.64}$$

である．これは，空の容器の中で平衡状態に達した電磁場について，容器に小さな穴をあけて漏れ出る光をフーリエ分解して測れば容易に測定できる．

この量を計算するには，質量のある粒子のときと同様に，各固有モードの占有数の期待値 $\langle n_{\boldsymbol{k}\sigma}\rangle$ を求めておくと便利だ．我々はカノニカル集団を使っているのだが，15.2.2 項で述べたように，光子気体のエントロピーの自然な変数には N がないので，T, V だけで平衡状態を指定して N を指定しない．そのため，$\langle n_{\boldsymbol{k}\sigma}\rangle$ を求める計算は，計算の上では，グランドカノニカル集団を用いたボーズ分布の導出で $\mu = 0$ とおいたものと同じになる [28]．したがって，ボーズ分布の結果 (14.36) から直ちに

28)　このことから「光子気体では N が自由に変われるから $\mu = 0$ であり，グランドカノニカル集団で $\mu = 0$ とおけばよい」と解説されることが多いが，筆者はこの説明にはやや違和感がある．

$$\langle n_{\boldsymbol{k}\sigma} \rangle = \frac{1}{e^{\beta\hbar\omega_k} - 1} \tag{15.65}$$

を得る．これに $\hbar\omega_k$ をかければ，この固有モードのエネルギーの期待値になるので，

$$\mathfrak{u}(\omega) = \lim_{\Delta\omega\downarrow 0} \frac{1}{\Delta\omega} \lim_{V\uparrow\infty} \frac{1}{V} \sum_{\substack{\boldsymbol{k},\sigma \\ (\omega-\Delta\omega/2 \le \omega_k < \omega+\Delta\omega/2)}} \frac{\hbar\omega_k}{e^{\beta\hbar\omega_k} - 1} \tag{15.66}$$

となる．右辺に (15.57) を使えば，

$$\begin{aligned} \mathfrak{u}(\omega) &= \lim_{\Delta\omega\downarrow 0} \frac{1}{\Delta\omega} \lim_{V\uparrow\infty} \frac{1}{V} \frac{\hbar\omega}{e^{\beta\hbar\omega} - 1} V D(\omega)\Delta\omega \\ &= \frac{\hbar\omega}{e^{\beta\hbar\omega} - 1} D(\omega) \\ &= \frac{\hbar}{\pi^2 c^3} \frac{\omega^3}{e^{\beta\hbar\omega} - 1} \end{aligned} \tag{15.67}$$

を得る．M. K. E. L. Planck（プランク）により与えられたこの結果を **Planck の公式** (Planck's law) とか **Planck の輻射公式** (Planck radiation law) と言い，実験結果とよく一致している [29]．

もしも温度 T をエネルギーに換算した $k_{\mathrm{B}}T$ が，着目する周波数 ω をもつ光子 1 個のエネルギー $\hbar\omega$ よりもずっと高ければ，光子のエネルギーが (15.51) のように量子化されているか否かは効かないであろう．その場合の $\mathfrak{u}(\omega)$ の近似式は，$k_{\mathrm{B}}T \gg \omega$ における (15.67) の近似式だから，

$$\mathfrak{u}(\omega) \simeq \frac{\omega^2}{\pi^2 c^3} k_{\mathrm{B}}T \equiv \mathfrak{u}_{\mathrm{cl}}(\omega) \quad \text{for } k_{\mathrm{B}}T \gg \hbar\omega \tag{15.68}$$

となる．この近似式 $\mathfrak{u}_{\mathrm{cl}}(\omega)$ は，まさに古典電磁気学で計算して得られていた **Rayleigh-Jeans（レイリー・ジーンズ）の法則**と呼ばれる結果である．

$\mathfrak{u}_{\mathrm{cl}}(\omega)$ と $\mathfrak{u}(\omega)$ のもっとも著しい違いは，ω を増すとともに $\mathfrak{u}_{\mathrm{cl}}(\omega)$ はひたすら増大していく [30] のに対して，$\mathfrak{u}(\omega)$ は $\hbar\omega \simeq k_{\mathrm{B}}T$ あたりで分母の指数関数のために減少に転じることである．その結果，$\mathfrak{u}(\omega)$ はピークを持つ．そのピークの位置 ω_{pk} は，$\mathfrak{u}(\omega)$ の微係数がゼロになるところであり，具体的には $\hbar\omega_{\mathrm{pk}} \simeq 2.82 k_{\mathrm{B}}T$ と求まる．温度が上がるほど ω_{pk} が高くなるわけだ．ピークと言っても幅広い

---

29)　以上の結果が得られるまでの歴史や，応用などは，脚注 20 に挙げた文献を参照されたい．

30)　このため，仮に古典電磁気学の結果が全ての ω について成り立つとしたら，全ての周波数について足し合わせた全エネルギーが発散してしまうという，非物理的な結果になる．

ピークなので，「ちょうど角周波数が $\omega_{\rm pk}$ の光の色に見える」というわけではないが，温度が上がるほど，$\omega_{\rm pk}$ とともに，$u(\omega)$ が全体的に高周波数側へとシフトしていくことがわかる．

15.2.4　♠$k \to 0$ の固有モードについて

15.2.1 項において，「熱力学極限で $k \to 0$ になるモードは光子の場合には非物理的な固有モードだ」と述べた．その理由と関連する物理を説明する．初学者や興味がない読者は次節に飛んでよい．

光子を測ることができる実験装置のおよそのサイズの逆数を k_* としよう．実験装置のサイズは必ず有限であるから，k_* はゼロではなく有限であり，その実験装置では k_* 以下の波数の光子は測れない．フーリエ分解しようとしても正確に分解できないからだ．熱力学極限とともにいくらでも大きくなる実験装置というのはありえないので，熱力学極限でも k_* は有限であり，したがって熱力学極限で $k \to 0$ になるような波数の光子は原理的に測れない．これは，ベクトルポテンシャル $\boldsymbol{A}$ の定数項（$k \to 0$ の光子を表す空間的にも時間的にも一定の項）はゲージ変換でゼロにできることからも明らかだ [31]．

原理的に測れないような量は（とくに 16.1 節で述べるような精密で一般的な理論においては）可観測量ではないので，$k \lesssim k_*$ であるような $n_{k\sigma}$ の値だけでしか区別できないような状態は，物理的状態 [32] としては同一視する必要がある．そのことを簡単に理論に組み込むには，$k \lesssim k_*$ であるような固有モードを非物理的なモードとして排除して計算すればよい [33]．もしもそれをしないと，たとえば (15.58) が発散してしまうことからも，cutoff を入れるのが自然なことだとわかる [34]．

これに対して，質量を持つ粒子であれば，どんな一粒子状態にあるかとは無関係に N が測れる（要するにフーリエ分解する必要がない）ので，あらゆる一粒子状態が N の勘定に自然に入ってくる物理的状態になる．これは，質量を持

31)　最初から「$k \to 0$ のモードの $\boldsymbol{A}$ はゲージ変換で消せるから」と説明すればいいじゃないか，と思うかもしれないが，相互作用があるケースへの拡張などを考えると，自明ではない．くり込み効果をもたらす可能性があるので，本書のように cutoff を入れて最後に極限をとるのが本筋だ．

32)　たとえば散乱理論で言えば，入射状態や出射状態や束縛状態が物理的状態である．

33)　k_* をいくらか大きく選んで $\lesssim$ を $\le$ に変えておくと数式上は便利なので，15.2.1 項ではそうした．計算の最後で $k_* \to 0$ とするので，どちらでも同じ結果になる．

34)　計算の最後で $k_* \to 0$ とするのも物理的な理由で，実験装置のサイズは無限大ではないにしても，具体的な上限はないので，物理的に意味がある結果は $k_* \to 0$ としても変わらないはずだ（もしも変わったら何かがおかしい），ということから来ている．

つ粒子の場のラグランジアンの質量項がゲージ変換で消すことができないこととも整合している．ちなみに素粒子論では，$k \to 0$ の状態による発散を「赤外発散」と呼ぶが，光子では赤外発散が起こり，質量を持つ粒子では起こらない．そして．赤外発散のある系の計算には，やはり cutoff を導入するのが標準的である．

このように，$k \to 0$ の状態は，対象系によって，物理的状態であったりなかったりするので気をつけてほしい．とくに，物質中の素励起は，真空中よりも種類が豊富なので，単純に質量の有無で判断することはできない．たとえば，形式上は光子と似ていて質量（エネルギー・ギャップ）のない「スピン波」の場合，$k = 0$ のモードにマクロな数のスピン波が凝縮すると，強磁性相への相転移が起こる．その凝縮は磁化測定で測ることができるので，質量がなくても $k = 0$ のモードは物理的なモードである．要するに，16.1 節で一般的に述べるように，実験で原理的に測れる違いがあるか否かで物理的状態か否かを峻別することが重要なのだ．

こうして，光子の場合には，cutoff を入れたモデルが物理的に適切なモデルであることがわかった．そういう適切なモデルを採用する限りは，9.5 節で述べたように，統計力学の計算結果は境界条件に依らない．したがって，周期境界条件の代わりに固定端境界条件を採用しても同じ結果が得られる．それはいいのだが，固定端境界条件で計算をしてみると，$\omega_0 \propto 1/L^2 > 0$ となるので，cutoff を入れても入れなくても同じ結果が得られることに気づく．そのため「そもそも cutoff は必要だったのか？」と疑問を感じる読者もいるかもしれない．しかし，たまたま自由電磁場では固定端の結果は cutoff の有無に左右されなかったが，物質場との相互作用を考慮に入れると，固定端でも cutoff の有無で結果が異なりうる．その場合には，物理的裏付けがある cutoff を入れた結果の方が正しいはずであり，固定端ならいつも cutoff が不要だという保証はない．

なお，近似的に N が保存するケースが気になる読者は，下の補足を見よ．

補足 15.2　♠N が近似的な保存量のときの Bose-Einstein 凝縮

統計力学の観点では，Bose-Einstein 凝縮の議論における N は必ずしも質量と結びついた保存量である必要はないし，厳密な保存量である必要もない．E, V とは独立に値を変えることができて，(13.63) を満たし，系が平衡状態に達するのに要する時間よりも長い時間だけ保存するような，近似的に保存される相加物理量であればよい．そういう保存量 N を持つボーズ粒子系であれば，$\langle N \rangle / V$ を一定に保って温度を下げていく実験を行えば，やはり Bose-Einstein 凝縮が起こることになる．たとえば，18.2.1 項で説明する**準粒子** (quasi-particle) に統計力学を適用する際には，そういう状況にしばしば遭遇する．

15.3　格子振動

この章の最後に，固体の格子振動を統計力学で論じよう．固体の結晶は，1 個または複数個の原子から成る**単位胞** (unit cell) が周期的に並んで格子を組んでいる．その構成原子たちの振動が**格子振動** (lattice vibration) である．振動の振幅があまり大きくなければ，原子間の実効的な相互作用のポテンシャルを力の釣り合いの位置のまわりにテイラー展開して 2 次までで打ち切る**調和近似** (harmonic approximation) がよい近似になるので，本節ではその範囲内での取り扱いを説明する [35]．その場合，もしも格子振動が古典力学で扱えるのであれば，「定積モル比熱が温度にも固体の種類にも依らない」という，**Dulong-Petit**（デュロン・プティ）**の法則**と呼ばれる結果が得られる．（それは 12.6.2 項で導出した (12.65) だが，この節でも別の仕方で導出するので，12.6.2 項は未読でも構わない．）これは，室温近辺では実験結果と概ね一致しているのだが，低温になるにつれて，ずれが甚だしくなってくる．その原因は，以下で説明するように，またまた量子効果である．

15.3.1　固体の格子振動の概観

格子振動を調和近似して量子力学で扱うと，後述の (15.78) のように，非負整数 $n_{\boldsymbol{k}\sigma} = 0, 1, 2, \cdots$ の一次式になる．そのため，15.2.1 項で述べた光子の場合と同様に，この事実を「粒子」という描像で語ることができる．その場合には，その「粒子」を**フォノン** (phonon) と呼ぶ．もしもフォノンがフェルミ粒子

35)　そうすれば，3.4.2 項で述べたように，原子たちの振動は独立な（つまり相互作用がない）基準振動に分解できるので，相互作用がないときと同様に計算できる．ちなみに，温度が高くなると，平均振幅が大きくなってきてテイラー展開の高次項が効くようになる．これは，非線形相互作用をするようになることを意味するので，計算が難しくなる．

だとしたら，一つの固有モードの振幅は（適当な単位で）0 か 1 かに限られてしまうが，どの固有モードも小さい振幅から大きなマクロな振幅まで持つことができるので，フォノンはボーズ粒子である．このように，一般に，個々の固有モードがマクロな振幅を持つことができるような「波」や「場」を量子化すると，それはボーズ粒子系になる[36]．

まず，単位胞が 1 個の原子から成る場合を考えよう．3.4.2 項で扱った 1 次元格子の場合には，固有モード（基準振動）は波数 k でラベルできた．これは格子の並進対称性のためなので，3 次元結晶でも同様である．ただし，k は波数ベクトル $\boldsymbol{k}$ になり，さらに，同じ $\boldsymbol{k}$ を持つ固有モードでも，原子の振動の方向が $\boldsymbol{k}$ に平行な「縦モード」と垂直な 2 方向の「横モード」の，合わせて 3 種類に分かれるので，それらを $\sigma = 1, 2, 3$ というラベルで区別しよう．つまり，固有モードは $(\boldsymbol{k}, \sigma)$ でラベルされることになる．これらの固有モードの特徴は，15.3.3 項で述べるように，$\boldsymbol{k} \to 0$ で振動数がゼロに向かうことだ[37]．このような格子振動のモードを**音響フォノン** (acoustic phonon) と言う．

単位胞が複数個の原子から成る場合にも，単位胞を 1 個の原子と見なせば同様だから，やはり音響フォノンが存在する．ただ，それとは別の固有モードも現れる．たとえば単位胞が 2 個の原子から成る場合，どの単位胞も重心が動いていないような振動は $\boldsymbol{k} = 0$ の振動であるが，そのときに，単位胞の中の原子たちも動いていないのが音響フォノンである．だから，振動数もゼロである．それに対して，同じく重心が動いていない $\boldsymbol{k} = 0$ の振動でも，単位胞の中の原子たちが，重心位置は変えないように互い違いに振動しているような基準振動もある．この振動の振動数は，明らかにゼロではないどころか，単位胞の中という狭い距離のところで互い違いに振動するので，原子を結ぶ「バネ」がもろに伸び縮みして，かなり高い振動数の基準振動になる．このような格子振動のモードを**光学フォノン** (optical phonon) と言う．つまり，光学フォノンは，$\boldsymbol{k} \to 0$ では，単位胞の重心は振動しないものの，単位胞の中の原子たちが相対的に振動しているために，振動数がゼロにならない固有モードである．

このように，$\boldsymbol{k} \to 0$ では，音響フォノンと光学フォノンは際立った違いがあ

---

36)　フェルミ粒子系でも，たとえば電子系のプラズマ振動のように，マクロな振幅を持つ励起モードがあるが，それは，フェルミ粒子が集団でボーズ粒子のように振る舞う「集団励起」と呼ばれる励起である．詳しくは物性理論の教科書を参照してほしい．

37)　実際，3.4.2 項の 1 次元格子でも，基準振動の角周波数 (3.25) は，$k \to 0$ でゼロになる．ただし，この例では，質点も 1 次元方向しか運動できないとしているから，横モードはない．3 次元方向に動ける質点が 1 次元格子を組んでいるならば，2 種類の横モードも現れる．

るが，有限の $\boldsymbol{k}$ では，違いがはっきりしなくなってきて，ある程度 $|\boldsymbol{k}|$ が大きいところでは定性的な違いはほとんどなくなる．それでも，$\boldsymbol{k} \to 0$ での振る舞いで呼び分けているわけだ．

光学フォノンも音響フォノンと同様に，$\boldsymbol{k}$ だけでなく，原子の振動の仕方に関連したラベル σ でラベルされる．単位胞が 2 個の原子から成る場合には σ は 3 種類，単位胞が 3 個の原子から成る場合には σ は 6 種類，という具合に，光学フォノンの固有モードの種類は増えてゆく．ただし，音響フォノンも光学フォノンもひっくるめた基準振動の総数は構成原子の運動の自由度と同じなので，構成原子の数を N とすると，常に（3 次元では）

$$\text{独立な固有モードの総数} = 3N \tag{15.69}$$

である．12.6.2 項と同様に，N はフォノンの総数ではなく原子の総数であることに注意されたい．

このように，実際の固体の格子振動の固有モードは複雑である．それを手でまともに計算するのは大変なので，思い切り簡単化したモデルを用いて，エッセンスを捉えることにしよう．

15.3.2　Einstein モデル

格子振動を統計力学で扱うには，調和ポテンシャルで相互作用する質点系として扱ってもいいし，その振動をフォノンというボーズ粒子たちと捉えてもいい．どちらでも同じ結果が得られるので，ここでは，古典論と比較しやすい前者の見方で扱い，「フォノン」という言葉は，音響フォノンと光学フォノンという固有モードの区別にだけ使うことにする．また，Dulong-Petit の法則を導出した 12.6.2 項と同様に，物質は体積 V の容器に入っているものとして，カノニカル集団を採用する．

具体的なモデルとしては，まず **Einstein**（アインシュタイン）**モデル**を考えよう．これは，Dulong-Petit の法則が低温で破綻するのは量子効果によるものだと見抜いた Einstein が，量子効果のエッセンスを取り入れたもっとも簡単なモデルとして提案したもので，「$3N$ 個の固有モードが，全て同じ角周波数 Ω をもつ」という大胆なモデルである．ここでは，物理的なイメージを持ってもらうために，実際の物質のフォノンをすべて光学フォノンとし，さらにその周波数が一定だと近似したモデルだと解釈しておこう [38]．

38)　Einstein がそういう解釈をしていたかどうかは，筆者は知らない．

このモデルを量子論で扱うと，系全体の量子状態は $3N$ 個の非負整数 n_ν $(=0,1,2,3,\cdots)$ でラベルされ，そのエネルギーは，

$$E_{\boldsymbol{n}} = \hbar\Omega \sum_\nu \left(n_\nu + \frac{1}{2}\right) = \hbar\Omega \sum_\nu n_\nu + \frac{3N}{2}\hbar\Omega \tag{15.70}$$

となる[39]．（最後の項は，格子という離散媒質の振動である格子振動のモード数は，連続空間の上の波動であるためにモード数が無限個の光子とは異なり，(15.69) のように $3N$ であることを用いた．）このように固有エネルギーが量子化（デジタル化）されることが核心だと，Einstein は看破したのである．

このモデルであれば，分配関数が簡単に計算できる：

$$Z = \sum_{\boldsymbol{n}} e^{-\beta E_{\boldsymbol{n}}} = \left[\sum_{n_\nu=0}^{\infty} e^{-\beta\hbar\Omega n_\nu}\right]^{3N} e^{-\frac{3}{2}N\beta\hbar\Omega} = \left[\frac{1}{1-e^{-\beta\hbar\Omega}}\right]^{3N} e^{-\frac{3}{2}N\beta\hbar\Omega}. \tag{15.71}$$

これからエネルギーを求めるには，F や Massieu 関数 $\mathcal{F}$ を経由してもいいが，便利な公式 (10.94) を使えば直ちに[40]

$$\langle E \rangle = 3N\frac{\partial}{\partial\beta}\ln\left(1-e^{-\beta\hbar\Omega}\right) + \frac{3}{2}N\hbar\Omega = \frac{3N\hbar\Omega}{e^{\beta\hbar\Omega}-1} + \frac{3}{2}N\hbar\Omega \tag{15.72}$$

を得る．この結果は，$k_{\mathrm{B}}T \gg \hbar\Omega$ であるような高温では，

$$\langle E \rangle \simeq 3Nk_{\mathrm{B}}T + \frac{3}{2}N\hbar\Omega \quad (k_{\mathrm{B}}T \gg \hbar\Omega) \tag{15.73}$$

となるので，定積モル比熱は

$$c_V = \frac{N_A}{N}\left(\frac{\partial E}{\partial T}\right)_{V,N} \simeq 3N_{\mathrm{A}}k_{\mathrm{B}} = 3R \quad (k_{\mathrm{B}}T \gg \hbar\Omega) \tag{15.74}$$

となり，Dulong-Petit の法則 (12.65) を再現する．高温では，Planck 定数も，Einstein モデルの中で物質の個性を反映する唯一のパラメータ Ω も，綺麗にキャンセルして，物質に依らない古典力学の結果に一致するのである．

一方，$k_{\mathrm{B}}T \ll \hbar\Omega$ であるような低温では，(15.72) は

---

39)　他の教科書に合わせて，電磁場のときとは異なり，ゼロ点エネルギー $\hbar\Omega/2$ を入れておいたが，これがあってもなくてもエネルギー密度の原点が変わるだけである．

40)　Einstein モデルの V 依存性は，Ω が V に依存するところから来ると考えるのが妥当なので，N と Ω を固定して微分すればよい．

$$\langle E \rangle \simeq 3N\hbar\Omega e^{-\hbar\Omega/k_{\mathrm{B}}T} + \frac{3}{2}N\hbar\Omega \quad (k_{\mathrm{B}}T \ll \hbar\Omega) \tag{15.75}$$

と近似できるので，定積モル比熱は

$$c_V = \frac{N_A}{N}\left(\frac{\partial E}{\partial T}\right)_{V,N} \simeq \frac{3N_{\mathrm{A}}k_{\mathrm{B}}(\hbar\Omega)^2}{(k_{\mathrm{B}}T)^2}e^{-\hbar\Omega/k_{\mathrm{B}}T} \quad (k_{\mathrm{B}}T \ll \hbar\Omega) \tag{15.76}$$

となる．これは，温度が下がるにつれて急激に（指数関数的に）小さくなり，しかも物質によって Ω の値が異なることから，物質によってグラフは変わる．低温におけるこのような振る舞いは，実際の物質における比熱の測定結果を大雑把には再現している．ただし，温度が下がるにつれて指数関数的に小さくなるというのは，実験結果よりも急激すぎる[41]．その原因は，容易に想像できるように，全ての固有モードが同じ角周波数 Ω をもつとした大胆なモデル化のためである．そのようなモデルでは，温度が $k_{\mathrm{B}}T \ll \hbar\Omega$ まで下がってくると，$k_{\mathrm{B}}T$ 程度のエネルギーではどの固有モードもほとんど励起されないので，比熱が急激にゼロに向かうのである．であれば，この点を改良して，小さな振動数の固有モードもあるとすればよい．それが，次項で説明する Debye モデルである．

問題 15.4　Einstein モデルは，エネルギーの原点をずらしてゼロ点エネルギーをゼロにすれば，7.3 節のモデルで $\epsilon = \hbar\Omega$，$V/\gamma = N$ とおいたものになる．この事実を利用して，(15.71) から求めた Helmholtz エネルギーや Massieu 関数が，ミクロカノニカル集団で求めたエントロピー表示の基本関係式 (7.14) と等価であること（アンサンブルの等価性）を確認せよ．

15.3.3　Debye モデル

15.3.1 項で述べたように，どんな（3 次元の）固体でも，3 種類の音響フォノンを持っている．音響フォノンの特徴は，振動数 $\omega_{\boldsymbol{k}\sigma}$ が，波数 $\boldsymbol{k} \to 0$ で $\omega_{\boldsymbol{k}\sigma} \propto |\boldsymbol{k}|$ のように $|\boldsymbol{k}|$ に比例してゼロになることだ．これは，波長の長いフォノンにとっては，原子の集まりである固体も連続体であるかのように見えるために，連続体を伝わる波と同じ分散関係を示すようになるためだ．3 種類（ここでは $\sigma = 1, 2, 3$ というラベルで区別している）あるのも連続体と同じ理由で，振動の方向が，$\boldsymbol{k}$ に平行な 1 方向と垂直な 2 方向があるためだ[42]．このため，$\boldsymbol{k} \to 0$ における

41)　このような大胆なモデル化をしながら，その程度のずれしか出ないというところが，さすがは Einstein と言うほかない．

42)　異方性が強い固体では，必ずしも $\boldsymbol{k}$ に平行とか垂直にならないが，3 種類あるという点は同じである．

固体の個性は，$\omega_{\boldsymbol{k}\sigma}$ と $|\boldsymbol{k}|$ の間の比例係数である音速（$\sigma = 1, 2, 3$ ごとに異なるので 3 種類ある）だけに集約される．

一方，$|\boldsymbol{k}|$ が大きくなってくると，このような単純な振る舞いからは大きくずれてきて，固体の個性が強く出た千差万別の振る舞いを示すようになる．そういう領域では，もはや音響フォノンを光学フォノンと区別することも，ほとんど無意味になる [43]．

以上のことから，全温度領域での実験結果をきちんと再現するためには，個々の固体の個性を取り入れた数値計算などをするしかないことがわかる．それは物性物理学にお任せして，ここでは，低温における比熱の振る舞いの普遍的な特徴を抽出することを目指そう．

その立場に立って，まず上記の説明の中から固体の個性に依らない普遍的な性質を抽出すると，「音響フォノンは，波数 $\boldsymbol{k} \to 0$ で $\omega_{\boldsymbol{k}\sigma} \propto |\boldsymbol{k}|$ となる」という部分であることに気づく．そこで，「$\boldsymbol{k} \to 0$ だけでなく $\boldsymbol{k}$ の全領域でこれが成り立つ」という大胆なモデルを考える．さらに，音速が $\sigma = 1, 2, 3$ ごとに異なる値をもつのも面倒なので，全て同じ値（それを c_{s} とする [44]）であるとしてモデル化する：

$$\omega_{\boldsymbol{k}\sigma} = c_{\mathrm{s}}|\boldsymbol{k}| \quad (\sigma = 1, 2, 3). \tag{15.77}$$

すると，一つの固有モード $(\boldsymbol{k}, \sigma)$ が励起されたときのエネルギーは，調和振動子だから，量子力学の教科書（拙著 [10] で言えば 5.16 節）で示されているように，

$$\varepsilon_{\boldsymbol{k}\sigma} = \hbar c_{\mathrm{s}}|\boldsymbol{k}| \left(n_{\boldsymbol{k}\sigma} + \frac{1}{2} \right) \quad (n_{\boldsymbol{k}\sigma} = 0, 1, 2, 3, \cdots) \tag{15.78}$$

となる．

また，振動の固有モードを求める際には，周期境界条件を採用したとする．すると，波数 $\boldsymbol{k}$ は自由粒子系や光子の場合と同様に (14.9) のような離散的な値をとる．ただし，3.4.2 項でやったように，同じ状態を何重にも数えないように，$\boldsymbol{k}$ のとりうる範囲に上限を設ける：

43）固体が光を吸収・放出する過程では，光速 $c \gg$ 音速であるために，ほとんど $k \simeq 0$ の部分しか効かないので，光学フォノンと音響フォノンの違いは大きいのだが，たとえば超伝導のように $k \simeq 2k_F$ の部分も効くような過程では，両者の定性的な違いはほとんどなくなる．

44）「s」は sound の頭文字である．

$$|\boldsymbol{k}| \leq k_{\mathrm{D}}. \tag{15.79}$$

ここで導入した上限 k_{D} は，(15.69) を満たすように選ぶことにする[45)]．すなわち，波数空間の微小体積 $(2\pi/L)^3$ ごとに 1 個の $\boldsymbol{k}$ があり，それぞれに 3 つの σ があることから，

$$3 \times \frac{4\pi k_{\mathrm{D}}^3/3}{(2\pi/L)^3} = 3N \quad \text{すなわち} \quad k_{\mathrm{D}} = \left(6\pi^2 \frac{N}{V}\right)^{1/3} \tag{15.80}$$

とする．これに対応する (15.77) の角周波数を周波数に直した

$$f_{\mathrm{D}} \equiv \frac{1}{2\pi} c_{\mathrm{s}} k_{\mathrm{D}} \tag{15.81}$$

を **Debye**（デバイ）**周波数**と言い，この周波数のフォノンが 1 個増えたときのエネルギーの増加分

$$\varepsilon_{\mathrm{D}} \equiv \hbar c_{\mathrm{s}} k_{\mathrm{D}} \tag{15.82}$$

を **Debye エネルギー**，それに対応する温度

$$T_{\mathrm{D}} \equiv \varepsilon_{\mathrm{D}}/k_{\mathrm{B}} = \hbar c_{\mathrm{s}} k_{\mathrm{D}}/k_{\mathrm{B}} \tag{15.83}$$

を **Debye 温度**と言う．以上が，P. Debye が提案した **Debye モデル**である．

大体の傾向としては，固体が硬いほど調和ポテンシャルが強く，音速 c_{s} が速くなるので，Debye 温度 T_{D} が高くなる傾向がある．たとえば，鉛は柔らかいので $T_{\mathrm{D}} \simeq 100$ K で，ダイヤモンドは硬いので $T_{\mathrm{D}} \simeq 2000$ K である．多くの固体は，これらの中間の値を持つので，概ね

$$T_{\mathrm{D}} \simeq \text{室温} \simeq \text{数百 K} \simeq \text{数十 meV} \tag{15.84}$$

と思っておけばよい．多くの固体は室温ではフォノンがたくさん励起されている，ということだ．また，T_{D} よりも温度を上げていくと，フォノンが増えすぎて振動が激しくなり，やがて固体は融けてしまう．このように，Debye 温度は格子振動にかかわる物理の特徴的なスケールを与えてくれる．

さて，モデルを定めたので，後は計算するだけだ．15.3.2 項の冒頭で述べたように，12 章の古典力学による結果と比較しやすいように，カノニカル集団を採用する．その分配関数は，

45)　光学フォノンが気になる読者は下の補足 15.3 を見よ．

$$Z = \sum_{\boldsymbol{n}} e^{-\beta E_{\boldsymbol{n}}} = \prod_{\substack{\boldsymbol{k},\sigma \\ (0<k\le k_{\rm D})}} \frac{e^{-\beta\hbar c_{\rm s}|\boldsymbol{k}|/2}}{1-e^{-\beta\hbar c_{\rm s}|\boldsymbol{k}|}} \tag{15.85}$$

となる．ここで，着目系全体が静止しているような座標系を採用することに対応して，$k=0$ のモードを和から除外した（下の補足 15.4）[46]．このモードを除外しても，モードの総数が $3N$ であることはマクロな精度では変わらない．この Z の表式に公式 (10.94) を適用してエネルギーを求めると，

$$\langle E\rangle = \sum_{\substack{\boldsymbol{k},\sigma \\ (0<k\le k_{\rm D})}} \left[\frac{\hbar c_{\rm s}|\boldsymbol{k}|}{e^{\beta\hbar c_{\rm s}|\boldsymbol{k}|}-1} + \frac{\hbar c_{\rm s}|\boldsymbol{k}|}{2}\right]. \tag{15.86}$$

まず，$T \gg T_{\rm D}$ なる高温領域を考えると，和をとる全ての $\boldsymbol{k}$ について $\beta\hbar c_{\rm s}|\boldsymbol{k}| \ll 1$ となるから，

$$\langle E\rangle \simeq \sum_{\substack{\boldsymbol{k},\sigma \\ (0<k\le k_{\rm D})}} \left[\frac{1}{\beta} + \frac{\hbar c_{\rm s}|\boldsymbol{k}|}{2}\right] \simeq \sum_{\substack{\boldsymbol{k},\sigma \\ (0<k\le k_{\rm D})}} \frac{1}{\beta} = 3Nk_{\rm B}T \tag{15.87}$$

となり，Dulong-Petit の法則 $c_V \simeq 3N_{\rm A}k_{\rm B} = 3R$ を再現する．

次に，$T \ll T_{\rm D}$ なる低温領域だが，我々は比熱に興味があるので，エネルギーに温度に依らない項（(15.86) の第 2 項）を付加するだけで比熱には効かないゼロ点エネルギーの項を落とせば，(15.85) は，

$$Z = \prod_{\substack{\boldsymbol{k},\sigma \\ (0<k\le k_{\rm D})}} \frac{1}{1-e^{-\beta\hbar c_{\rm s}|\boldsymbol{k}|}} \tag{15.88}$$

となる．$T \ll T_{\rm D}$ なる低温領域では，$e^{-\beta\hbar c_{\rm s}|\boldsymbol{k}|}$ の値は $k \gtrsim k_{\rm D}$ ではとても小さくなるので，この積をとるときには $k \le k_{\rm D}$ という k の上限を取り払っても同じである．すると上式の Z は，光子の (15.58) に対して

$$c \to c_{\rm s}, \quad (k_* < k) \to (0 < k), \quad \sigma \text{ のとりうる種類が } 2 \to 3 \tag{15.89}$$

なる置き換えをしたものになっている．したがって，光子の $\langle E\rangle$ の結果 (15.63) より直ちに，

---

46) そういう座標系を採用するための別の方法は，固定端の境界条件を採用することである．この系に対しては，どちらも物理的に適切なモデルなので，9.5 節で述べたように，統計力学の結果は変わらない．

$$c_V = \frac{N_A}{N}\left(\frac{\partial E}{\partial T}\right)_{V,N} = N_A \frac{V}{N} \times \frac{3}{2} \times \frac{4\pi^2 k_B}{15 c_s^3 \hbar^3}(k_B T)^3$$
$$= \frac{2\pi^2 k_B N_A V}{5 c_s^3 \hbar^3 N}(k_B T)^3 \quad (T \ll T_D) \tag{15.90}$$

を得る．この「低温の比熱が T^3 に比例し，その比例係数は固体によって異なる」という（半定量的な）結果は，たしかに実験と一致している．

こうして，格子振動を古典力学系として扱ったときに発生した低温における実験結果との矛盾も，量子力学により解消した．

補足 15.3　光学フォノンがある系における Debye モデルの $\boldsymbol{k}_D$ の意味

単位胞に複数個の原子を持つ結晶では，k_D を定義する (15.80) の意味はそれほど単純ではない．(15.69) の左辺は光学フォノンも含んでいるのに対して，Debye モデルは音響フォノンだけしか考慮していないように見えるからだ．実際，(15.80) でも，σ の種類の個数は，ちょうど音響フォノンの種類の個数に等しい 3 個だとしている．それにもかかわらず，高温で Dulong-Petit の法則を再現できたのは何故か？ この見かけの矛盾については「Debye モデルでは，(15.77) の $|\boldsymbol{k}|$ が大きいところは光学フォノンを表している」と解釈すればよいと思われる．つまり，σ の種類数を減らしてしまった代償として $\boldsymbol{k}$ の範囲を広げることで光学フォノンを取り込んで，固有モードの総数がちょうど $3N$ になるようにしている，と解釈すればいいだろう．

補足 15.4　♠$\boldsymbol{k} = \boldsymbol{0}$ のモードを和から除外する理由

我々は，2.1.1 項で述べたように着目系全体が静止しているような座標系を採用するので，古典系では，p.66 補足 3.4 で述べたように，振動しない解は $q_1 = q_2 = \cdots = q_N = 0$ という自明な解以外は除外できた．そのことを量子系に翻訳すると，「重心運動の量子状態が，重心速度の期待値がゼロの状態に定まった適切な量子状態（重心運動の波束状態）にあるときだけ考えればよい」ということになる．それは，$k = 0$ のモードを含む重心運動の状態をひとつに固定したことになるので，$k = 0$ のモードは和から除外すべきだとわかる．

15.4 ♠$\langle n_\nu \rangle$ の統計力学的意味

前章とこの章において我々は，しばしば $\langle n_\nu \rangle$ を統計力学で計算したが，果たしてこれは，統計力学で正しく（十分な精度で）求まる量だろうか？ この章の締めくくりに，この点を明確化しよう．

まず，Bose-Einstein 凝縮が起きているときの $\langle n_0 \rangle$ だが，この量は (15.14) のように 2 つの相加物理量 N, N' の平衡値の差として $\langle n_0 \rangle = \langle N \rangle - \langle N' \rangle$ と表せる．N についても N' についても統計力学の誤差は $o(V)$ だから，$\langle n_0 \rangle$ についても $o(V)$ の誤差がある．それでも，凝縮が起きているときは，(15.8) のように $\langle n_0 \rangle = \Theta(V)$ であるから，この大きさの誤差は相対的に無視できて，$\langle n_0 \rangle$ が十分な精度で予言できる．

このように，$\Theta(V)$ になるときの $\langle n_0 \rangle$ であれば十分な精度で求まるが，それ以外の $\langle n_\nu \rangle$ については，12.4.1 項で説明したように，一般には統計力学の精度は足りない．これは，上記のような精度評価からも自明だが，次のように考えることもできる．たとえば $\langle n_\nu \rangle = 0$ であるような一つの一粒子状態の n_ν を意図的に（手で）$n_\nu = 1$ に変更しても，マクロ状態はまったく変わらないので，同じ平衡状態のままである．これは，そのような $\langle n_\nu \rangle$ の値は平衡状態を指定しても $O(V^0)$ の精度で定まるようなことはない（したがって統計力学で予言しても一般には当たらない）ことを端的に示している．

しかし，個々の $\langle n_\nu \rangle$ の値は信用できなくても，それらを用いて (14.40) や (14.41) のような熱力学量や (15.66) のような相加物理量密度などを計算した結果は，平衡状態を指定すれば十分な精度で定まる量だから信用できるのである．

さらに，次のような物理的意味もある．14.3.1 項で，$\varepsilon - \Delta\varepsilon/2 \le \varepsilon_\nu < \varepsilon + \Delta\varepsilon/2$ の範囲内にある一粒子エネルギー固有状態の数 $w[\varepsilon - \Delta\varepsilon/2, \varepsilon + \Delta\varepsilon/2)$ を導入した．（$\Delta\varepsilon > 0$ は，系の体積 V とは無関係な微小なエネルギー幅であった．）この範囲内の固有状態を占有する粒子の総数

$$\sum_{\substack{\nu \\ (\varepsilon - \Delta\varepsilon/2 \le \varepsilon_\nu < \varepsilon + \Delta\varepsilon/2)}} n_\nu \tag{15.91}$$

を考えよう．この量は，$w[\varepsilon - \Delta\varepsilon/2, \varepsilon + \Delta\varepsilon/2)$ がマクロな数（つまり $\Theta(V)$）になるような ε においては，相加物理量である．したがって，この量を w で割り算した，一粒子状態 1 個当たりの粒子数

$$\frac{1}{w[\varepsilon - \Delta\varepsilon/2, \varepsilon + \Delta\varepsilon/2)} \sum_{\substack{\nu \\ (\varepsilon - \Delta\varepsilon/2 \le \varepsilon_\nu < \varepsilon + \Delta\varepsilon/2)}} n_\nu \tag{15.92}$$

は相加物理量密度である．そのアンサンブル平均（Gibbs 状態における期待値）$\langle \bullet \rangle$ をとり，次のような極限を考えよう：

$$\langle n(\varepsilon) \rangle \equiv \lim_{\Delta\varepsilon \downarrow 0} \lim_{V \to \infty} \frac{1}{w[\varepsilon - \Delta\varepsilon/2, \varepsilon + \Delta\varepsilon/2)} \sum_{\substack{\nu \\ (\varepsilon - \Delta\varepsilon/2 \le \varepsilon_\nu < \varepsilon + \Delta\varepsilon/2)}} \langle n_\nu \rangle . \tag{15.93}$$

これは相加物理量密度の平衡値であるから，統計力学で十分な精度（$o(V^0)$ の差異を無視する精度）で求まる．ところで，この $\langle n(\varepsilon) \rangle$ は，$\varepsilon = \varepsilon_\nu$ 近傍の $\langle n_\nu \rangle$ の平均値である．そこで，「$\langle n_\nu \rangle$ は実は，個々の一粒子状態の占有数ではなく，$\varepsilon = \varepsilon_\nu$ 近傍の平均占有数 $\langle n(\varepsilon) \rangle$ のことである」と思えばよい．これならば（上述のように $w = \Theta(V)$ になるような ε においては）統計力学で十分な精度で求まり，その結果は物理的な意味を持つ．実際，様々な場面で有用な物理的解釈を可能にしてくれる [47]．

これらの理由から，$\langle n_\nu \rangle$ は広く使われている．

47)　実例については，固体物理学や半導体工学の教科書を参照されたい．

第16章

純粋状態と混合状態

物理学における状態には，5.2.3 項で述べた古典力学系に限らず一般に，純粋状態と混合状態があり，様々な場面に登場する．とくに統計力学では，古典系の純粋状態・混合状態も量子系の純粋状態・混合状態も登場するだけでなく，「熱力学的な意味での」純粋状態・混合状態も，相転移を扱う際には登場する．そこで本章では，まず，量子論や古典力学というような特定の理論に限定しない普遍的な解説を行う（16.1 節）．次いで，その応用例として，量子論における混合状態を説明する（16.2 節）．

16.1　状態の一般論

この節では，量子力学や古典力学などの個別の理論を使わずに（いったん忘れて），普遍的に「状態」を定義し，「純粋状態」と「混合状態」も正確に定義する．その一般的な定義を量子論や古典力学や熱力学などの個別の理論に当てはめたものが，それぞれの理論における「状態」「純粋状態」「混合状態」である[1]．不要な一般化を避けて現在の物理学に必要十分な内容にしたので，中学校レベルの数学しか出てこない[2]．ただ，用語は，これを一般化した数学の用語に合わせないわけにはいかない．そのために難しく感じる読者も少なくないだろうから，初学者や先を急ぐ読者は次節に飛んでよい．

---

1)　したがって，本来は，物理学の最上位の基本原理とすべき内容である．

2)　すぐ後で述べるように，「確率」と呼んでいる量も，実際には，中学の数学で習う相対度数（相対頻度）なので，確率論も不要だ．

16.1.1　状態とは

実験によると，同じ仕方で状態を**用意** (prepare)[3] して，同じ仕方で可観測量[4] を測定しても，測定するたびに異なる測定値が得られることがある．しかし，実験を注意深く行いさえすれば，測定を多数回繰り返したときの測定値の**相対頻度** (relative frequency) は，測定回数を増やすにつれて収束するように見える．個々の測定値がばらつく理由は「量子ゆらぎ」や「熱ゆらぎ」など，いろいろな解釈が可能だろうが，そういう既知の理論による偏見を捨てて[5]，この実験事実を虚心坦懐(きょしんたんかい)に受け入れる所から出発し，相対頻度の収束値を予言する理論を作ろう．そして，物理学の習慣に従い，測定値 a を得る相対頻度の収束値 $\mathcal{P}(a)$ を**確率** (probability) と呼び，それを様々な a について集めた $\{\mathcal{P}(a)\}$ を**確率分布** (probability distribution) と呼ぶことにする[6]．

実験では，物理系を冷やしたり電磁パルスを当てたりするなどの手段で，望みの状態に用意しようとする．異なる用意の仕方をすれば，可観測量の測定値の確率分布は一般には異なる結果になる．そういう可観測量が一つでもあれば，それは，異なる用意の仕方をしたために「異なる状態」が用意されたからだ，と考えるべきだろう．

では，反対に，同じ仕方で状態を用意すれば「同じ状態」なのか？ 物理学を実証科学たらしめるためには，この問いの答えはイエスとするしかない（疑問に思う読者は下の補足 16.1 を参照してほしい）．つまり，出発点としては「状態とは，その用意の仕方である」と定義するしかない[7]．ただし，異なる仕方で用意された 2 つの状態が，たまたま，あらゆる可観測量に対して同じ確率分布を与えるようであれば，それらは同一視しないと，無駄であるだけでなく，実証科学としての質が著しく落ちてしまう[8]．

---

3)　英語の prepare の邦訳で**準備** (prepare) とも訳されるが，ニュアンスは「支度」に近い．

4)　ここでは，「少なくとも原理的には具体的な測定手段がある物理量」ということを強調するために「可観測量」という言葉を使っている．詳しくは下の補足 16.2.

5)　♠ 偏見を持つと危険だという例：量子系の Gibbs 状態における物理量のゆらぎは，いわゆる「熱ゆらぎ」と「量子ゆらぎ」の両方から成っているように見えるが，これはアンサンブル形式という特定の理論形式に由来する偏見だ．実際，同じ平衡状態を別のミクロ状態で表すと，続巻で説明するように，全てを「量子ゆらぎ」にしてしまうこともできる．

6)　♠ この呼び名は通常の古典確率論がいつでも成り立つかのように連想させてしまうので，p.267 の補足 13.5 で述べたように，本当はよい呼び方ではないが，習慣なので仕方がない．

7)　「用意した後で時間発展したら状態が変わってしまうじゃないか」と心配になるかもしれないが，測定する直前まで時間発展させることも「用意」の一環であると考えればよい．

8)　たとえば，あらゆる可観測量に対して同じ確率分布を与える 2 つの状態が同じ状態か否か

こうして，次のように定義すべきだという結論に達する[9]：

状態

定義 16.1 物理系の**状態** (state) とは，その用意の仕方のことであり，したがって同じ仕方で用意された物理系は**同じ状態**にある．ただし，異なる仕方で用意された状態たちでも，それらがどんな測定（実験）をしても区別できないときには，同一視して**同じ状態**とする．また，同じ状態でなければ**異なる状態**である．

このように一般的に定義された状態を，この節では（読者が特定の理論に引きずられないように ψ などは使わずに）$\omega, \omega', \omega'', \cdots$ などと書くことにする．

補足 16.1 「同じ仕方で用意したら同じ状態」の必要性

「同じ仕方で用意したら同じ状態」ということを受け入れがたい読者もいるかもしれない．これが必要になったのは主に量子論のためなので，量子系について説明しよう．

量子系では，「量子トモグラフィー」という手法があって，それを使えば量子状態を表す「密度演算子」（後述）を測定することができる．「それならば，量子トモグラフィーで量子状態を測れば，同じか違うか判別できるから，同じ仕方で用意したら同じ状態などと言う必要はないではないか？」と言いたくなるかもしれない．しかし，量子トモグラフィーを行うためには，何度も何度も同じ状態が供給される必要がある．その供給される状態たちが同じ状態であることをどうやって確かめればいいだろう？「それにも量子トモグラフィーを使え」では，また同じ問いを繰り返されてしまい，この問いは永遠に閉じなくなってしまう．このように，実証科学としては，同じ仕方で用意したら同じ状態であることを認める以外には方法がない．

16.1.2 状態の表現

上記のように状態を定義したものの，それを具体的に表現するときには，用意の仕方で表現するのは不便である．かなりの紙数を費やすし，異なる仕方で

を，それらの状態を用意した人以外は決して判定できないことになってしまう．

9) 拙著 [10] の 2.2 節と 2.6 節．より詳しくは参考文献 [11]．

用意された同じ状態を同定しづらいからだ．そこで，次のようにする．

上記の定義から，一つ状態 ω を与えれば，あらゆる可観測量 A について，その確率分布 $\{\mathcal{P}(a)\}$ が一意的に定まる．言い換えると，ω は「可観測量 A を入力すると，それを測定したときの確率分布 $\{\mathcal{P}(a)\}$ を出力してくれるデバイス」である．このことを数学では

$$\omega : A \mapsto \{\mathcal{P}(a)\} \tag{16.1}$$

と表記し，可観測量を確率分布へ移す**写像** (map) と呼ぶ [10]．この写像を使って状態を表現すれば，用意の仕方で表現するよりもずっと便利である：

状態の表現方法

定義 16.2　状態は上記のように用意の仕方で定義するが，それを表現するときには写像を使うことにする．

また，写像そのものでなくても，次の例の射線のように，写像を定めることができる別のもので表現してもよい．それを定めれば写像が定まるのだから，それは写像と等価である．

例 16.1　Born の確率規則 (13.49) は，可観測量 A を測定したときの確率分布 $\{\mathcal{P}(a)\}$ が，A を表す演算子 $\hat{A}$ の固有空間への射影演算子 $\hat{\mathcal{P}}(a)$ を状態ベクトル $|\psi\rangle$ で挟んだ $\langle\psi|\hat{\mathcal{P}}(a)|\psi\rangle$ で与えられると言っている．これが，可観測量 A を入力したときに，$\hat{\mathcal{P}}(a)$ を出力してくれる写像だ．$|\psi\rangle$ はその写像を定めているが，$|\psi\rangle$ に位相因子 $e^{i\theta}$ をかけても，出力である $\langle\psi|\hat{\mathcal{P}}(a)|\psi\rangle$ は変わらない．したがって，$|\psi\rangle$ と $e^{i\theta}|\psi\rangle$ は同じ状態である．ゆえに，13.4.1 項でも述べたように，$|\psi\rangle$ そのものではなく射線が状態を表現している．

以上のような状態の定義とその表現を念頭に置けば，現在の物理学のあらゆる理論における「状態」の意味が自然に理解できる [11]．さらに，混合状態と純粋状態も，自然にかつ正確に理解できるのである．それを次項で説明しよう．

---

10)　これに限らず，入力に対して出力を返してくれるデバイスのことを数学では写像と呼ぶ．たとえば関数は，実数から実数への写像である．

11)　たとえば熱力学は，可観測量を熱力学量（任意の部分系の熱力学量を含む）に限定した上で，状態を上記のように定義した理論である．

補足 16.2 ♠ 可観測量

本書では可観測量（物理量）については既知であるものとしているが，気になる読者のために，補足しておく．

実は，可観測量も状態と同様に定義される．つまり，**可観測量** (observable) とは測定の仕方のことであり，したがって同じ仕方で測定したら**同じ可観測量**である．ただし，2 種類の異なる測定の仕方について，どんな状態でも同じ確率分布が得られるようであれば，同一視して**同じ可観測量**であるとする．同じ可観測量でなければ**異なる可観測量**である．

また，可観測量を表現する際には，(16.1) の写像の入力 A を表現するのに便利な数学的対象を適宜選んで表現する．たとえば量子論では自己共役演算子で表現する．その際に，実験を行う人の「意図」と，実際の測定操作は必ずしも一致しない（たとえば無視できない大きさの誤差がある）．そのため，文献 [13] で解説したように，可観測量を表す自己共役演算子は必ずしも見慣れた演算子にはならないし，測定後の状態も拙著 [10] で述べた「理想測定」とは異なってくる．そういう測定を**一般化測定** (generalized measurement) と言う．

16.1.3 純粋状態と混合状態

「状態とは用意の仕方のことである」と定義したが，どれくらいの精度で用意するかは様々である．そのことから，状態は次の 2 種類に大別できる．

どんな可観測量を測っても他の 2 つ以上の状態における測定データ（測定結果の集まり）を一定の割合で混ぜ合わせたような確率分布が得られる状態を**混合状態** (mixed state) と言い，そうではない状態を**純粋状態** (pure state) と言う．すなわち：

混合状態と純粋状態

定義 16.3 状態 ω について，どんな可観測量を測っても，その測定値 a の確率分布 $\{\mathcal{P}_\omega(a)\}$ が，別の 2 つの状態 ω', ω'' における測定値の確率分布 $\{\mathcal{P}_{\omega'}(a)\}, \{\mathcal{P}_{\omega''}(a)\}$ の「重みをつけた平均値」に等しいとき，即ち

$$\mathcal{P}_\omega(a) = \tau \mathcal{P}_{\omega'}(a) + (1-\tau)\mathcal{P}_{\omega''}(a) \quad \text{for all } a \quad (0 < \tau < 1) \tag{16.2}$$

を満たす2つの異なる状態 ω', ω'' と定数 τ が存在するとき，ω を（状態 ω' と ω'' の）**混合状態** (mixed state) であると言う．ただし，ω', ω'' と τ は全ての可観測量に共通でなければならない．他方，混合状態でない状態を**純粋状態** (pure state) と呼ぶ．

ここで，(16.2) の ω', ω'' は，16.1.1 項で定義した意味で（僅かでも）異なった状態でありさえすればよい．たとえば，これらが量子状態であって状態ベクトルで表されている場合，互いに直交している（＝完全に異なっている）必要はない．また，「どんな」とか「全ての」に注意して欲しい．たとえ一部の可観測量について (16.2) が満たされるような ω', ω'' と τ が見つかったとしても，その ω', ω'' と τ では他の可観測量については上式が満たされなくなってしまうようであれば，その状態は純粋状態である．

上記の定義は，量子論に限らず全ての物理学の理論に共通する普遍的な定義である．たとえば古典力学系では：

例 16.2　p.96 の例 5.1 に挙げた古典力学系の混合状態を ω と名付けると，これは，$\omega' = (\mathbf{0}, \mathbf{0})$，$\omega'' = (\mathbf{0}, \mathbf{1})$，$\tau = 1/2$ という混合状態である．実際，全ての可観測量の測定値 a の確率分布について次式が成り立つ：

$$\mathcal{P}_\omega(a) = \frac{1}{2}\mathcal{P}_{\omega'}(a) + \frac{1}{2}\mathcal{P}_{\omega''}(a). \tag{16.3}$$

とくに，自由度が大きい古典力学系では，下の補足 16.3 で説明したように，混合状態こそが現実的な状態であるとさえ言える．

操作的に言うと，純粋状態を用意することは，決して「状態の指定がどこか不完全で2つ以上の状態を混合して用意してしまっている」とは見なせないということだ．その意味で，「原理的に許される最大限のところまで状態を指定し尽くした状態が，純粋状態である」とも言える．これは荒っぽい言い方ではあるが，実験との対応はわかりやすい．たとえば量子系では：

例 16.3 水素原子の中の電子の状態を，きっちりと基底状態にあるように用意すれば，それは純粋状態である．他方，一定の確率で基底状態になったり励起状態になったりするというような，緩い制御で状態を用意するとそれは混合状態になる．

そのような純粋状態においてさえ一部の可観測量の測定値がばらついて確率分布しか定まらないのが，量子論の大きな特徴である．

補足 16.3 ♠ 自然科学としての古典力学系の状態

古典力学の教科書では，混合状態は扱わず，純粋状態のことを単に「状態」と呼ぶことが多い．しかし，自由度が大きい古典力学系の場合には，そもそも系を完全な純粋状態に用意することはほとんど不可能である．実験の各回ごとに，たとえば有効数字の 10 桁目で位置や運動量が微妙に異なるのは避けようがないからだ．そのように微妙に異なる状態を初期状態にして時間発展させた場合，調和振動子系のような可積分系であれば結果にほとんど影響しないのだが，現実のマクロ系のような非可積分系では，時間経過とともに違いが指数関数的に増大する**カオス的** (chaotic) な時間発展をするので，結果がまるで異なってしまう．したがって，自然科学としては，混合状態を「状態」に含めるのは必須であり，純粋状態は理論の中にだけ登場する仮想的な理想極限の状態なのである．

16.1.4 混合状態の純粋状態への分解

状態 ω が混合状態であれば，(16.2) を満たす状態 ω' と ω'' が存在するわけだが，そのことを「ω は ω' と ω'' に**凸分解** (convex decomposition) できる」と言う．このとき，(16.2) のような「重みをつけた平均値」のことを，**凸結合** (convex combination) と言う．

状態 ω が与えられたとき，それがどんな状態たちに凸分解できるかを考えよう．(16.2) の ω' や ω'' は異なる状態でありさえすれば何でもよいのだから，これら（あるいはどちらか一方）が混合状態でもよい．その場合，ω' と ω'' にも (16.2) を適用して整理すれば，ω を

$$\mathcal{P}_\omega(a) = \sum_j \tau_j \mathcal{P}_{\omega_j}(a) \quad \text{for all } a \quad (0 < \tau_j < 1,\ \sum_j \tau_j = 1) \tag{16.4}$$

のように，3 つ以上の状態 $\omega_1, \omega_2, \omega_3, \cdots$ の混合状態として表すこともできる．さらに，この $\omega_1, \omega_2, \omega_3, \cdots$ の中に混合状態があったら，それに (16.2) を適用し…ということを繰り返せば，ついには (16.4) の $\omega_1, \omega_2, \omega_3, \cdots$ が全て純粋状態であるような表式に行き着くと期待できる．つまり，混合状態を純粋状態たちに凸分解できるであろう．そのような凸分解を，**純粋状態への分解** (pure-state decomposition) と言う [12]．

16.1.5　♠ 凸集合と端点

この節の最後に，続巻で必要になる事項も説明しておくが，初学者や先を急ぐ読者は次節に飛んでよい．

ある状態 ω' を用意できるような実験装置があり，別の状態 ω'' を用意できるような実験装置もあるとする．すると，この 2 つの実験装置をランダムに確率 $\tau : 1-\tau$ で切り替える実験装置も組み上げることができる（τ の値は $0 < \tau < 1$ の範囲で任意に選べる）．つまり，そういう状態も用意できる．この状態を ω と名付けると，ω における可観測量の測定データ（測定結果の集まり）は，ω' における測定データと ω'' における測定データを $\tau : 1-\tau$ の割合でランダムに混ぜ合わせたものになるから，(16.2) を満たす．つまり，ω は ω' と ω'' の混合状態である．要するに，ω' と ω'' が用意可能（つまり状態）であれば，それらの凸結合である混合状態 ω も用意可能（つまり状態）なのだ．

したがって，全ての状態たちの集合 $\mathbb{S}$ を考えてみると，$\mathbb{S}$ の任意の 2 つの要素（つまり任意の 2 つの状態）の任意の（つまり τ の値が $0 < \tau < 1$ の範囲で任意の）凸結合は，やはり $\mathbb{S}$ に属することになる．これは図形で言うと，任意の 2 点を結ぶ線分がその図形の中にすっぽり収まっているということだから，凹んだ部分がない図形が持つ性質である（下の問題 16.1）．そのことから，このような集合を一般に**凸集合** (convex set) と呼ぶ．この言葉を使うと，上記の結果は次のように表現できる：

定理 16.1　物理的な状態たちの集合 $\mathbb{S}$ は凸集合である．

12)　純粋状態への分解ができないような数学モデルも作れるが，自然科学としては，分解が可能であるという期待を否定するような実験事実はただのひとつも発見されていない．

この凸集合 $\mathbb{S}$ の中の一つの点（状態）ω が，混合状態か純粋状態かを判別するには，次のようにすればよい．ω を含む線分をいろいろ描いてみる．ただし，その線分は $\mathbb{S}$ の中にすっぽり含まれていなければならない．そのとき，ω が内点になるような線分が 1 本でもあれば，ω は，その線分上の他の状態たちに凸分解できるから，混合状態である．それに対して，もしもどんな線分を引いても ω が端に来てしまう（そういう点を凸集合の**端点** (extreme point) と呼ぶ）のであれば，ω は凸分解できないから純粋状態である．ゆえに，

定理 16.2　物理的な状態たちの集合 $\mathbb{S}$ の端点は純粋状態である．それ以外の点は混合状態である．

混合状態の**純粋状態への分解** (pure-state decomposition) とは，$\mathbb{S}$ の中の点を，端点の凸結合で表すことなのである．

例 16.4　スピン 1 個の系のような 2 次元のヒルベルト空間で記述できる量子系の量子状態たちの集合 $\mathbb{S}$ は，**Bloch**（ブロッホ）**球**と呼ばれる単位球になる．球の表面上の点は全て端点で，内部にあるのは端点ではない（下の問題 16.1）から，Bloch 球の表面にあるのが純粋状態で，内側にあるのが混合状態である．このことから直ちに，この量子系の混合状態の純粋状態への分解の仕方が無数にあることがわかる（下の問題 16.2）．

上の 2 つの定理も，本節の他の結果も，量子論や古典力学のような特定の理論に限定されない普遍的な結果であるので，押さえておくと便利である．続巻で相共存状態を扱う場合にも，古典系か量子系かにかかわらず，これらの結果が活用されるであろう．

なお，どんな系をどんな理論で扱うかの違いは，状態の表し方とか，状態たちの集合 $\mathbb{S}$ の形状の違いなどに現れる．このため，たとえば混合状態の純粋状態への分解が一意的かどうかは，それぞれの系や理論の $\mathbb{S}$ 次第で変わる（下の問題 16.2 と p.363 の補足 16.6）．

問題 16.1　球と三角錐とバナナを比較する．いずれも，表面も内部も含む領域を考える．(i) 球と三角錐は凸集合だが，バナナは違うことを確かめよ．(ii) 球の表面上の点は全て端点で，球の内部にあるのは端点ではないことを確かめ

よ．(iii) 三角錐の頂点はどれも端点で，それ以外の点は，表面上であれ，辺上であれ，内部の点であれ，端点ではないことを確かめよ．

問題 16.2　問題 16.1 で考えた球と三角錐について，その適当な内部の点を一つ考える．その点を端点たちに凸分解する仕方が，(i) 球では無数の仕方があるが，(ii) 三角錐では一通りしかない，ことを確かめよ．

補足 16.4　♠$\mathbb{S}$ の大きさ

上の Bloch 球の例 16.4 で，純粋状態は表面（2 次元曲面）だけであり，混合状態まで含むと球の内部（3 次元領域）まで必要になった．このように，純粋状態でも混合状態でも 1 点で表すことができる空間（集合）である $\mathbb{S}$ は，純粋状態だけの空間よりも大きな空間になる．たとえば古典力学系の場合，相空間では，個々の点が純粋状態しか表しておらず，混合状態は広がりがある分布で表すしかない．したがって，混合状態も 1 点で表せる空間（集合）である $\mathbb{S}$ は，相空間よりも大きな空間になる．

16.2　量子論における混合状態の表現

状態を具体的に表現するときには，16.1.2 項で述べたように，(16.1) の写像（またはそれを定めることができるもの）で表す．量子論については，純粋状態の表現は既に 13.4 節で説明した．本節では，まず純粋状態を別の形で表現する方法を説明し（16.2.1 項），それを用いた Born の確率規則の公式を与える（16.2.2 項）．これらを利用して 16.2.3 項で混合状態の表現を与え，その性質などを 16.2.4 項以降で説明する．

16.2.1　密度演算子による純粋状態の表現

状態ベクトルは，純粋状態の表現として量子論でもっともよく使われているが，「位相因子 $e^{i\theta}$ をかけても同じ状態」という点が，やや使いにくい．かといって，射線を使うのも，射線は 1 本のベクトルではなく集合なので，やや不便だ．そこで，これらの不満を解消した次のような表現も使われる．

ヒルベルト空間の次元を d としよう．$|\psi\rangle$ に共役なブラベクトル

$$\langle\psi| \equiv (\,|\psi\rangle)\dagger = (\psi_1^*, \psi_2^*, \cdots, \psi_d^*) \tag{16.5}$$

を使って，次のような $d \times d$ 行列を作る：

$$\hat{\rho} \equiv |\psi\rangle\langle\psi| = \begin{pmatrix} |\psi_1|^2 & \psi_1\psi_2^* & \cdots & \psi_1\psi_d^* \\ \psi_2\psi_1^* & |\psi_2|^2 & \cdots & \psi_2\psi_d^* \\ \cdots & \cdots & \cdots & \cdots \\ \psi_d\psi_1^* & \psi_d\psi_2^* & \cdots & |\psi_d|^2 \end{pmatrix}. \tag{16.6}$$

これなら，$|\psi\rangle$ を $e^{i\theta}\,|\psi\rangle$ に取り替えても

$$\begin{aligned} |\psi\rangle\langle\psi| &= |\psi\rangle\,(\,|\psi\rangle)^\dagger \\ &\to e^{i\theta}\,|\psi\rangle\,(e^{i\theta}\,|\psi\rangle)^\dagger = e^{i\theta}(e^{i\theta})^*\,|\psi\rangle\langle\psi| = |e^{i\theta}|^2\,|\psi\rangle\langle\psi| = |\psi\rangle\langle\psi| \end{aligned} \tag{16.7}$$

と不変なので，量子状態と一対一に対応する．この $\hat{\rho}$ を**密度行列** (density matrix) または**密度演算子** (density operator) と呼ぶ．

後述のように，実は密度行列は，混合状態を表すときの標準的な表現法でもある．

16.2.2 密度演算子を用いた Born の確率規則

純粋状態を密度演算子 $\hat{\rho}$ で表した場合に，Born の確率規則 (13.49) がどう表されるかを説明する．これは，後に説明する混合状態でもそのまま使える表式なので便利である．

一般に，正方行列の対角要素だけを足し合わせた量を**対角和** (trace) と言い，Tr という記号で表す，すなわち，$d \times d$ の正方行列 $\hat{M}$ の j 行 j 列の要素（対角要素）を M_{jj} とするとき，

$$\mathrm{Tr}\,\hat{M} \equiv \sum_{j=1}^{d} M_{jj} \tag{16.8}$$

である．これについて，次の重要な結果が知られている [13]：

13) ここでは有限次元の行列を考えているから初等数学の計算が成り立つので，(16.9) の各行を行列要素で書いてみれば直ちに示せる．

数学の定理 16.1　m 個の行列 $\hat{M}_1$, $\hat{M}_2$, $\hat{M}_3$, $\cdots$, $\hat{M}_m$ が，それぞれ $n_1 \times n_2$, $n_2 \times n_3$, $n_3 \times n_4$, $\cdots$, $n_m \times n_1$ の有限次元行列とすると，この順番に $\hat{M}_1\hat{M}_2\hat{M}_3 \cdots \hat{M}_m$ とかけ算をすることができるが，このような積の対角和は行列をかける順番を巡回的に変更しても変わらない．すなわち，

$$\begin{aligned}\mathrm{Tr}\left[\hat{M}_1\hat{M}_2\hat{M}_3\cdots\hat{M}_m\right] &= \mathrm{Tr}\left[\hat{M}_2\hat{M}_3\cdots\hat{M}_m\hat{M}_1\right] \\ &= \mathrm{Tr}\left[\hat{M}_3\cdots\hat{M}_m\hat{M}_1\hat{M}_2\right] \\ &\vdots \\ &= \mathrm{Tr}\left[\hat{M}_m\hat{M}_1\hat{M}_2\hat{M}_3\cdots\right]. \end{aligned} \tag{16.9}$$

これを，対角和の**巡回不変性**と言う．

ちなみに，上式の大括弧の中はそれぞれ $n_1 \times n_1$, $n_2 \times n_2$, $n_3 \times n_3$, $\cdots$, $n_m \times n_m$ の正方行列になっている．

この定理を，Born の確率規則 (13.49) に適用してみよう．$\langle\psi|\hat{\mathcal{P}}(a)|\psi\rangle$ の $\langle\psi|$ は $1 \times d$ 行列，$\hat{\mathcal{P}}(a)$ は $d \times d$ 行列，$|\psi\rangle$ は $d \times 1$ 行列であるから，定理の条件を満たしている．そして，この 3 つの行列をかけた $\langle\psi|\hat{\mathcal{P}}(a)|\psi\rangle$ は 1×1 行列（1 つの数）だから，自明に $\langle\psi|\hat{\mathcal{P}}(a)|\psi\rangle = \mathrm{Tr}\,\langle\psi|\hat{\mathcal{P}}(a)|\psi\rangle$ である．ゆえに，上記の定理を使って，(13.49) を次のように書き換えることができる：

$$\mathcal{P}(a) = \langle\psi|\hat{\mathcal{P}}(a)|\psi\rangle = \mathrm{Tr}\,\langle\psi|\hat{\mathcal{P}}(a)|\psi\rangle = \mathrm{Tr}\left[|\psi\rangle\langle\psi|\,\hat{\mathcal{P}}(a)\right]. \tag{16.10}$$

ここに現れた $|\psi\rangle\langle\psi|$ は，(16.6) の密度演算子 $\hat{\rho}$ に他ならないので，結局，

$$\boxed{\mathcal{P}(a) = \mathrm{Tr}\left[\hat{\rho}\hat{\mathcal{P}}(a)\right]} \tag{16.11}$$

という公式を得る．実は，Born の確率規則をこの形に表しておけば，後述のように混合状態でもそのまま使える．

なお，次の 2 つの結果は，上記のような計算をするときによく用いるので，知っておくと便利である．

数学の定理 16.2 任意の CONS

$$\{|n\rangle\} \equiv |1\rangle,\ |2\rangle,\ \cdots,\ |d\rangle \tag{16.12}$$

について，その選び方に無関係に，

$$\sum_{n=1}^{d} |n\rangle\langle n| = \hat{1} \tag{16.13}$$

が成り立つ．逆に，d 個のベクトル $\{|n\rangle\}$ が (16.13) を満たせば，（正規直交化されているとは限らないが）完全系を成す．このことから，物理では (16.13) を**完全性関係** (completeness relation) と呼ぶ．

また，この完全性関係を，自明な等式 $\mathrm{Tr}\,\hat{M} = \mathrm{Tr}\left[\hat{1}\hat{M}\right]$ に代入して巡回不変性を使えば，直ちに次の結果を得る：

数学の定理 16.3 任意の CONS $\{|n\rangle\} \equiv |1\rangle,\ |2\rangle,\ \cdots,\ |d\rangle$ について，その選び方に無関係に，

$$\mathrm{Tr}\,\hat{M} = \sum_{n=1}^{d} \langle n|\hat{M}|n\rangle\,. \tag{16.14}$$

なお，上記の結果たちは，ヒルベルト空間の次元が有限のときの結果なので，無限次元のときには，そもそも対角和が収束するのかなどのチェックが要る．

16.2.3 混合状態の密度演算子

量子系の混合状態を説明するために，まず簡単な例を考えよう．1 個のスピンより成る量子系を考える．

もしもこの系の状態ベクトルが，$\hat{Z}$ の固有値 ±1 に属する固有ベクトル $|\phi^Z_{\pm1}\rangle$ であったならば，任意の可観測量 $\hat{A}$（その固有値を a とする）を測定したときの測定値の確率分布 $\mathcal{P}_{\pm z}(a)$ は [14]，(16.11) より，

14) $|\phi^Z_{\pm1}\rangle$ は，スピンがちょうど z 軸の正（負）の方向を向いた状態なので，$\mathcal{P}_{\pm z}(a)$ に添え字 $\pm z$ を付けた．

$$\mathcal{P}_{\pm z}(a) = \mathrm{Tr}\left[|\phi^Z_{\pm 1}\rangle\langle\phi^Z_{\pm 1}| \hat{\mathcal{P}}(a) \right] \tag{16.15}$$

となる．

ところが，この量子系の状態を用意するための実験装置が，実際には，θ を $\theta \neq$ 整数 $\times \pi$ なる適当な定数として，

$$\text{実験装置 1}: \begin{cases} \text{確率 } \cos^2\frac{\theta}{2} \text{ で } |\phi^Z_{+1}\rangle \text{ に用意する} \\ \text{確率 } \sin^2\frac{\theta}{2} \text{ で } |\phi^Z_{-1}\rangle \text{ に用意する} \end{cases} \tag{16.16}$$

というものだったとしよう [15]．すると，$\hat{A}$ の測定データ（測定結果の集まり）は，$|\phi^Z_{+1}\rangle$ のときの測定データと $|\phi^Z_{-1}\rangle$ のときの測定データが $\cos^2\frac{\theta}{2} : \sin^2\frac{\theta}{2}$ の比率で混じり合う．したがって，その確率分布を $\mathcal{P}_1(a)$ とすると，それは

$$\mathcal{P}_1(a) = \cos^2\frac{\theta}{2}\,\mathcal{P}_{+z}(a) + \sin^2\frac{\theta}{2}\,\mathcal{P}_{-z}(a) \tag{16.17}$$

となる．$\hat{A}$ は任意の可観測量だったので，これは混合状態の定義 (16.2) を $\tau = \cos^2\frac{\theta}{2}$ として満たしている．したがって，このような仕方で用意された状態は混合状態である．

また，上式の右辺に (16.15) を代入すると，

$$\begin{aligned} \mathcal{P}_1(a) &= \cos^2\frac{\theta}{2}\,\mathrm{Tr}\left[|\phi^Z_{+1}\rangle\langle\phi^Z_{+1}| \hat{\mathcal{P}}(a) \right] + \sin^2\frac{\theta}{2}\,\mathrm{Tr}\left[|\phi^Z_{-1}\rangle\langle\phi^Z_{-1}| \hat{\mathcal{P}}(a) \right] \\ &= \mathrm{Tr}\left[\left\{ \cos^2\frac{\theta}{2}\,|\phi^Z_{+1}\rangle\langle\phi^Z_{+1}| + \sin^2\frac{\theta}{2}\,|\phi^Z_{-1}\rangle\langle\phi^Z_{-1}| \right\} \hat{\mathcal{P}}(a) \right] \end{aligned} \tag{16.18}$$

と変形できる．そこで，2 行目の { } 内を $\hat{\rho}_1$ と書いて，この混合状態の密度演算子であると定義してみよう．つまり，

$$\hat{\rho}_1 \equiv \cos^2\frac{\theta}{2}\,|\phi^Z_{+1}\rangle\langle\phi^Z_{+1}| + \sin^2\frac{\theta}{2}\,|\phi^Z_{-1}\rangle\langle\phi^Z_{-1}|. \tag{16.19}$$

すると，この状態における測定値の確率分布は，純粋状態のときと同じ公式 (16.11) で与えられることになる．

ところで，状態ベクトルはベクトルなのだから，線形結合（物理では**重ね合わせ** (superposition) とも言う）をとることができる．そこで，状態 $|\phi^Z_{+1}\rangle$ と $|\phi^Z_{-1}\rangle$ を重ね合わせた

---

15)　確率を $\cos^2, \sin^2$ にしたのは確率の総和 $= 1$ が自明に満たされるようにするためで，角度を $\theta/2$ にしたのは後述の (16.20) と比較するためである．

$$|\pm\theta\rangle \equiv \cos\frac{\theta}{2}\,|\phi^Z_{+1}\rangle \pm \sin\frac{\theta}{2}\,|\phi^Z_{-1}\rangle \quad (\theta \neq 整数 \times \pi) \tag{16.20}$$

という状態を考えてみよう[16)]．16.2.7 項で述べるように，通常は，純粋状態を重ね合わせた状態は，やはり純粋状態であり，この $|\pm\theta\rangle$ も（証明は略すが）そうである．

もしも系の状態ベクトルが $|\pm\theta\rangle$ であったなら，任意の可観測量 $\hat{A}$ を測定したときの測定値の確率分布 $\mathcal{P}_{\pm\theta}(a)$ は，(16.11) より，

$$\mathcal{P}_{\pm\theta}(a) = \mathrm{Tr}\left[\,|\pm\theta\rangle\langle\pm\theta|\,\hat{\mathcal{P}}(a)\right] \tag{16.21}$$

となる．

ところが，この量子系の状態を用意するための実験装置が，実際には，

$$実験装置\ 2: \begin{cases} 確率\ 1/2\ で\ |+\theta\rangle\ に用意する \\ 確率\ 1/2\ で\ |-\theta\rangle\ に用意する \end{cases} \tag{16.22}$$

というものだったとしよう．すると，任意の可観測量 $\hat{A}$ の測定値の確率分布 $\mathcal{P}_2(a)$ は，

$$\mathcal{P}_2(a) = \frac{1}{2}\mathcal{P}_{+\theta}(a) + \frac{1}{2}\mathcal{P}_{-\theta}(a) \tag{16.23}$$

となる．これは混合状態の定義 (16.2) を $\tau = 1/2$ として満たすので，このような仕方で用意された状態も混合状態である．ここで，$|+\theta\rangle$ と $|-\theta\rangle$ は一般には直交していないが，16.1.3 項でも注意したように，(16.2) の右辺の状態たちは異なってさえいればよいので，問題ない．そして，上記と同様にして，この混合状態の密度演算子を

$$\hat{\rho}_2 \equiv \frac{1}{2}\,|+\theta\rangle\langle+\theta| + \frac{1}{2}\,|-\theta\rangle\langle-\theta| \tag{16.24}$$

と定義すれば，この状態における測定値の確率分布は，純粋状態のときと同じ公式 (16.11) で与えられることがわかる．

こうして我々は，実験装置 1，2 が用意する 2 つの混合状態と，それぞれの密度演算子である $\hat{\rho}_1$ と $\hat{\rho}_2$ を得た．ところが，$|\pm\theta\rangle\langle\pm\theta|$ は，(16.20) を用いると

---

16) この状態は，z 軸から y 軸のまわりに角度 $\pm\theta$ だけ回転した方向にスピンが向いた状態だということが示せるので，$|\pm\theta\rangle$ と表記した．

$$|\pm\theta\rangle\langle\pm\theta| = \cos^2\frac{\theta}{2}\,|\phi^Z_{+1}\rangle\langle\phi^Z_{+1}| + \sin^2\frac{\theta}{2}\,|\phi^Z_{-1}\rangle\langle\phi^Z_{-1}|$$
$$\pm\cos\frac{\theta}{2}\sin\frac{\theta}{2}\,|\phi^Z_{+1}\rangle\,\langle\phi^Z_{-1}| \pm \sin\frac{\theta}{2}\cos\frac{\theta}{2}\,|\phi^Z_{-1}\rangle\,\langle\phi^Z_{+1}| \qquad (16.25)$$

とも表せる．これを (16.24) に代入して整理すると，余分な項がキャンセルして，ちょうど

$$\hat{\rho}_1 = \hat{\rho}_2 \qquad (16.26)$$

となっていることがわかる（下の問題 16.3 も参照せよ）．すると，測定値の確率分布についても，(16.17) の $\mathcal{P}_1(a)$ も (16.23) の $\mathcal{P}_2(a)$ も同じ密度演算子を (16.11) に代入したものになるから，

$$\mathcal{P}_1(a) = \mathcal{P}_2(a) \quad \text{for all } \hat{A} \text{ and } a \qquad (16.27)$$

である．つまり，この 2 つの混合状態については，どんな可観測量を測っても同じ確率分布が得られる．ゆえに，16.1.1 項で述べたことから，これらは同じ状態である．

この同じ状態を表現するのに，状態ベクトルを用いると，(16.16) と (16.22) のように一見すると異なる表現になってしまい，同じ状態だとは気づきにくい．それに対して，密度演算子を用いれば「密度演算子が同じだから同じ状態だ」と簡単に判断できる．この利便性の違いから [17]，量子系の混合状態は密度演算子で表すことが習慣になった．本書でも以後はそうする．つまり，

混合状態の表現

便利のために，量子系の混合状態は密度演算子で表すことにする．そのときの Born の確率規則は (16.11) で与えられる．

問題 16.3　上記の $\hat{\rho}_1, \hat{\rho}_2$ が，それぞれ，例 16.4 で述べた Bloch 球の中のどの点に位置するかを示し，両者が同じ点に位置する（したがって $\hat{\rho}_1 = \hat{\rho}_2$ である）ことを再確認せよ．

17)　つまり，どちらも正しい．より注意深い議論は補足 16.5．

補足 16.5　♠2 種類の記述の等価性について

16.1.1 項で述べたように，状態というのは，あくまで操作的に定義されるべきものだ．そのため，厳密に言うと，(16.16) と (16.22) が同じ状態かどうかは，何回目の実験でどちらの状態を用意したかの記録を測定する人に渡したかどうか（記録を渡すという操作をしたかどうか）で変わる．たとえば実験装置 1 で，記録を渡した場合には，測定する人は，$|\phi^Z_{+1}\rangle$ のときの測定値の分布と $|\phi^Z_{-1}\rangle$ のときの測定値の分布を別個に分析することができるし，それぞれの状態に合わせて別の可観測量を測定することもできる．実験装置 2 についても，記録を渡したら同様であるので，実験装置 1 の状態と実験装置 2 の状態を区別できるようになる．このような場合には，$\hat{\rho}_1, \hat{\rho}_2$ のような密度演算子では両者の区別が付かないので，状態記述として不完全になる．記録を測定する人に渡さない場合だけ，これらの密度演算子による記述が完全になる．これは，文献 [13] の 4.3.3 項で測定後の状態について論じたのと同様である．このような区別は量子情報理論などでは重要になるが，本書では記録を渡すケースは考えないので，単純に $\hat{\rho}_1, \hat{\rho}_2$ で状態が表せる．

16.2.4　量子系の混合状態の純粋状態への分解

前項で，(16.19) の $\hat{\rho}_1$ と (16.24) の $\hat{\rho}_2$ について，$\hat{\rho}_1 = \hat{\rho}_2$ であり同じ混合状態を表すことを見た．逆に言えば，この密度演算子が与えられたときに，それを純粋状態たちに凸分解する，**純粋状態への分解** (pure-state decomposition) の仕方が，少なくとも (16.19) と (16.24) の 2 通りはあるわけだ．実は，他にも何通りもの（無数の）仕方で分解が可能である：

定理 16.3　量子系の混合状態の純粋状態への分解
量子系では，混合状態の純粋状態への分解の仕方は，一意的ではなく無数にある．

これは古典力学系との大きな違いであり（下の補足 16.6），たとえば量子情報理論で混合状態の性質を調べることを難しくしている．

また，たとえば

$$\hat{\rho} = \frac{2}{3}|\psi_1\rangle\langle\psi_1| + \frac{1}{3}|\psi_2\rangle\langle\psi_2| \tag{16.28}$$

$$= \frac{5}{6}\left(\frac{3}{4}|\psi_1\rangle\langle\psi_1| + \frac{1}{4}|\psi_2\rangle\langle\psi_2|\right) + \frac{1}{6}\left(\frac{1}{4}|\psi_1\rangle\langle\psi_1| + \frac{3}{4}|\psi_2\rangle\langle\psi_2|\right) \tag{16.29}$$

のように，1 行目の混合状態を，2 行目のように ( ) で囲んだ別の混合状態の混合状態として表すこともできる．逆に，混合状態の混合状態（2 行目）を，純粋状態の混合状態（1 行目）として表すこと（純粋状態への分解）もできる．

以上のことは，2 つの純粋状態の混合状態に限らず，もっと多数の純粋状態 $|\psi_1\rangle, |\psi_2\rangle, \cdots$ の混合状態

$$\hat{\rho} = \sum_j \tau_j |\psi_j\rangle\langle\psi_j| \quad \left(0 < \tau_j < 1,\ \sum_j \tau_j = 1\right) \tag{16.30}$$

でも同様である．ここで，定義16.3の下でも述べたように，この式の $|\psi_1\rangle, |\psi_2\rangle, \cdots$ は互いに直交している必要はない．それは，この式を逆向きに「純粋状態を混合して $\hat{\rho}$ を作った」と読むときも同様で，やはり $|\psi_1\rangle, |\psi_2\rangle, \cdots$ は互いに直交している必要はない．

16.2.5　密度演算子の一般的性質

混合状態の密度演算子 $\hat{\rho}$ が与えられたとする．それに対して純粋状態への分解を行って，(16.30) を得たとしよう．すると，

$$\hat{\rho}^\dagger = \sum_j \tau_j (|\psi_j\rangle\langle\psi_j|)^\dagger = \sum_j \tau_j |\psi_j\rangle\langle\psi_j| = \hat{\rho}, \tag{16.31}$$

$$\mathrm{Tr}\,\hat{\rho} = \sum_j \tau_j \mathrm{Tr}[\,|\psi_j\rangle\langle\psi_j|] = \sum_j \tau_j \mathrm{Tr}[\,\langle\psi_j|\psi_j\rangle] = \sum_j \tau_j = 1 \tag{16.32}$$

が言え，さらに，任意のベクトル $|\phi\rangle$ について，

$$\langle\phi|\hat{\rho}|\phi\rangle = \sum_j \tau_j \langle\phi|\psi_j\rangle\langle\psi_j|\phi\rangle = \sum_j \tau_j |\langle\phi|\psi_j\rangle|^2 \geq 0 \tag{16.33}$$

が言える．純粋状態への分解の仕方は (16.30) に限らないが，左辺の $\hat{\rho}$ は分解の仕方に依らないから，(16.30) から導いた結果は，分解の仕方に依らずに成り立つ．こうして，以下の一般的な性質が導けた [18]：

---

18)　実は，(16.35) と (16.36) から (16.34) が従うことも言える．

定理 16.4　密度演算子の一般的性質

密度演算子 $\hat{\rho}$ は，以下を満たす：

$$\hat{\rho}^\dagger = \hat{\rho}, \tag{16.34}$$

$$\mathrm{Tr}\,\hat{\rho} = 1, \tag{16.35}$$

$$\langle\phi|\hat{\rho}|\phi\rangle \geq 0 \quad \text{for 任意のベクトル } |\phi\rangle. \tag{16.36}$$

このうち，特に (16.35) は，統計力学で頻繁に用いられる．

補足 16.6　♠ 状態の集合 $\mathbb{S}$ の違い

混合状態が与えられたとき，その純粋状態への分解の仕方は，量子系では上記のように一意的ではない．これに対して古典力学系では，純粋状態への分解の仕方は一意的である．たとえば，p.96 の例 5.1 の混合状態は，(16.3) のように $(\mathbf{0}, \mathbf{0})$ と $(\mathbf{0}, \mathbf{1})$ という 2 つの純粋状態に分解できるが，これら以外の純粋状態たちに分解することはできない．つまり，状態の集合 $\mathbb{S}$ を p.354 の問題 16.2 の立体図形に喩(たと)えるならば，量子系の $\mathbb{S}$ は球に喩えられるし，古典力学系の $\mathbb{S}$ は三角錐に喩えられる．

16.2.6　量子干渉効果

前項で考えた $\hat{\rho}_1$ は，2 つの純粋状態 $|\phi^Z_{\pm 1}\rangle$ の混合状態 (16.19) であった．この状態と，$|\phi^Z_{\pm 1}\rangle$ を重ね合わせた 2 つの純粋状態 (16.20) の一方である $|+\theta\rangle$ との違いを見てみよう．

比較のためには，$|+\theta\rangle$ の密度演算子を計算して $|\phi^Z_{\pm 1}\rangle$ で表すと便利である．幸い，それはすでに計算済みであり，(16.25) で複合同順の + 側をとったものだ．その 1 行目は $\hat{\rho}_1$ の表式である (16.19) と同じだ．それに対して，2 行目は $\hat{\rho}_1$ には無かった項であり，波を重ね合わせたときに発生する干渉になぞらえて（2 つの純粋状態 $|\phi^Z_{\pm 1}\rangle$ の間の）**干渉項** (interference term) と呼ばれる．

干渉項の有無は，しばしば大きな違いをもたらす．たとえば，$\theta = \pi/2$（つまり $\cos\frac{\theta}{2} = \sin\frac{\theta}{2} = 1/\sqrt{2}$）に選んで，スピンの x 成分である $\hat{X}$ の測定値の平均値を計算すると，$\hat{\rho}_1$ では，

$$\langle X \rangle = \mathrm{Tr}\left[\hat{\rho}_1 \hat{X}\right] = \frac{1}{2}\langle \phi^Z_{+1}|\hat{X}|\phi^Z_{+1}\rangle + \frac{1}{2}\langle \phi^Z_{-1}|\hat{X}|\phi^Z_{-1}\rangle = 0 \tag{16.37}$$

となるが，$|+\theta\rangle$ では，

$$\begin{aligned}\langle X \rangle &= \langle +\theta|\hat{X}|+\theta\rangle \\ &= \frac{1}{2}\langle \phi^Z_{+1}|\hat{X}|\phi^Z_{+1}\rangle + \frac{1}{2}\langle \phi^Z_{-1}|\hat{X}|\phi^Z_{-1}\rangle + \frac{1}{2}\langle \phi^Z_{+1}|\hat{X}|\phi^Z_{-1}\rangle + \frac{1}{2}\langle \phi^Z_{-1}|\hat{X}|\phi^Z_{+1}\rangle \\ &= 0 + 0 + \frac{1}{2} + \frac{1}{2} = 1 \end{aligned} \tag{16.38}$$

と，干渉項（末尾の 2 項）のためにまったく異なる結果になる．このような干渉項の働きを**量子干渉効果** (quantum interference effect) と言い，様々な物理現象に顔を出す重要な効果である．

このように，2 つの純粋状態 $|\phi^Z_{\pm 1}\rangle$ から，混合状態 $\hat{\rho}_1$ も作れるし，重ね合わせて $|+\theta\rangle$ を作ることもできる．後者の「重ね合わせ」の対語として，混合状態を作ることを，**古典混合** (classical mixture) と言うこともある．

16.2.7　量子論の純粋状態と混合状態の簡易的な判別法

密度演算子 $\hat{\rho}$ が与えられたとき，それが純粋状態なのか混合状態なのかを判別したいとする．それには，16.1 節の正確な定義に当てはめて判定すれば確実ではあるが，そのためには全ての可観測量について (16.2) が満たされるか否かを調べる必要があるので，かなり手間がかかる [19]．

そこで，次の仮定の下で有効な，簡易的な判定法が多くの場合に使われている．その仮定というのは，

簡易的な判定法が有効であるための条件： 13.2.2 項で述べた仮定である「ヒルベルト空間が無限次元の場合でも，無限次元に伴う注意を特に払わなくても済むような状況を扱っている」に加えて，

- 採用したヒルベルト空間の単位ベクトルは全て，純粋状態を表す．
- 採用したヒルベルト空間の上の全ての自己共役作用素が，可観測量である．

という条件が満たされている．

---

19)　♠「演算子の完全系」を調べれば十分だが，たとえば N 個のスピンより成るスピン系の演算子の完全系は 4^N 個もの演算子から成るので，N が大きいと大変である．

という仮定である．これは，「対象とする量子系の記述に必要最小限の次元のヒルベルト空間を採用する」という習慣に従っていれば満たされやすい仮定なので，暗黙のうちに仮定されていることも少なくない[20]．

この仮定の下での判定法だが，次のことに着目する．状態ベクトル $|\psi\rangle$ で表される純粋状態の密度演算子 $\hat{\rho} = |\psi\rangle\langle\psi|$ は，$\hat{\rho}^2 = |\psi\rangle\langle\psi|\psi\rangle\langle\psi| = |\psi\rangle\langle\psi| = \hat{\rho}$，つまり，

$$\hat{\rho}^2 = \hat{\rho} \tag{16.39}$$

を満たす．上記の仮定の下では，逆にこれが成り立てば $\hat{\rho}$ が純粋状態であることも言える（下の問題 16.4-(ii)）．また，この等式は

$$\mathrm{Tr}\left[\hat{\rho}^2\right] = 1. \tag{16.40}$$

と同値である（下の問題 16.4-(iii)）．こうして，便利な判別法が得られた：

定理 16.5　量子論の純粋状態と混合状態の簡易的な判別法
上記の仮定が満たされている場合，$\hat{\rho}$ が純粋状態であるための必要十分条件は，(16.39)（またはこれと同値な (16.40)）である．ゆえに，$\hat{\rho}$ が混合状態であるための必要十分条件は，(16.39)（またはこれと同値な (16.40)）が成り立たないことである．

問題 16.4　上記の仮定の下で，以下を示せ：(i) (16.39) が成り立てば，$\hat{\rho}$ の固有値は $\tau = 0, 1$ に限定される．(ii) (16.39) が成り立てば，$\hat{\rho}$ は純粋状態である．(iii) (16.39) は (16.40) と同値である．

補足 16.7　♠ 上記の仮定の妥当性について
量子情報理論では，上記の仮定をおいていることが多い．すると，たとえば，(16.34)–(16.36) を満たす密度演算子は全て物理的に実現可能な混合状態である，と言うこともできてしまう．ただしそれは，考察の対象を，任意の操作が可能な有限準位系が有限個集まった量子系に限定することが多いからであり，一般の物理系では必ずしも正当化できない．たとえば，たとえ (16.34)–(16.36)

20)　♠ 例外などが気になる読者は補足 16.7 を参照のこと

を満たしていても，エネルギーや粒子数の期待値が（適切な基準値から測ったときに）無限大になるような $\hat{\rho}$ や $|\psi\rangle$ は，物理的な状態からは除外するのが物理としては普通である．

第17章
量子系のGibbs集団の密度演算子

この章では，量子系の平衡状態を表すミクロ状態の表現としてよく使われる，Gibbs 集団の密度演算子を説明する．

17.1 ミクロカノニカル集団の密度演算子

エントロピーの自然な変数が E, V, N であるような単純系を考える．我々は，7.2.1 項で述べたように，この系のミクロ状態を V, N とラベル λ の組 (V, N, λ) で指定し，そのエネルギーを $E_{VN\lambda}$ と書いたのであった．

このミクロ状態 (V, N, λ) は，エネルギーが $E_{VN\lambda}$ に確定している状態なのだから，量子論に当てはめると，エネルギー固有状態にほかならない．すなわち，体積が V で粒子数が N であるときのこの系のハミルトニアンを $\hat{H}_{VN}$ とすると，その固有値 $E_{VN\lambda}$ に属する固有ベクトルのことになる．このエネルギー固有状態を表す状態ベクトルを，視覚的にも多粒子状態だとわかるように大文字で，$|\Phi_{VN\lambda}\rangle$ と表記しよう．

7.4 節で述べたように，ミクロカノニカル集団 $\mathrm{me}(E, V, N)$ で表される混合状態は，この系の平衡状態を表す様々なミクロ状態のうちの一つである．その $\mathrm{me}(E, V, N)$ は，(7.4) で指定されるエネルギー殻に属するミクロ状態たちに，等しい確率 (7.20) を割り当てた統計集団だったから，その密度演算子は (16.30) より，

$$\hat{\rho}(E, V, N) = \frac{1}{W(E, V, N)} \sum_{\substack{\lambda \\ (E-\Delta E_- < E_{VN\lambda} \le E+\Delta E_+)}} |\Phi_{VN\lambda}\rangle\langle\Phi_{VN\lambda}| \tag{17.1}$$

である．ここで，λ についての和の範囲を $\sum$ 記号の下の括弧内で指定した．こ

れが量子系の**ミクロカノニカル Gibbs 状態** (microcanonical Gibbs state) の密度演算子であり，E, V, N で指定される平衡状態を表す量子状態のうちのひとつである．この表式は，V, N を略して

$$\hat{\rho}(E) = \frac{1}{W(E)} \sum_{\substack{\lambda \\ (E-\Delta E_- < E_\lambda \le E+\Delta E_+)}} |\Phi_\lambda\rangle\langle\Phi_\lambda| \tag{17.2}$$

と書けば少し見やすくなるので，これを使って特徴を説明しよう．

まず，$1/W$ を除いた部分の対角和をとると W が得られる．すなわち，$\mathrm{Tr}[\,|\Phi_\lambda\rangle\langle\Phi_\lambda|] = \langle\Phi_\lambda|\Phi_\lambda\rangle = 1$ を用いて，

$$\begin{aligned} \mathrm{Tr}\left[\sum_{\substack{\lambda \\ (E-\Delta E_- < E_\lambda \le E+\Delta E_+)}} |\Phi_\lambda\rangle\langle\Phi_\lambda| \right] &= \sum_{\substack{\lambda \\ (E-\Delta E_- < E_\lambda \le E+\Delta E_+)}} \mathrm{Tr}[\,|\Phi_\lambda\rangle\langle\Phi_\lambda|] \\ &= \sum_{\substack{\lambda \\ (E-\Delta E_- < E_\lambda \le E+\Delta E_+)}} 1 = W(E) = W(E, V, N). \end{aligned} \tag{17.3}$$

$\hat{\rho}$ は，ちょうどこの逆数がかかっていることで，密度演算子が守るべき規格化条件 (16.35) を満たしている．つまり，$1/W$ という因子は密度演算子の規格化因子であると解釈することができる．

また，量子論によると，エネルギー固有状態は

$$|\Phi_\lambda\rangle \to e^{-iE_\lambda t/\hbar} |\Phi_\lambda\rangle \tag{17.4}$$

のように時間経過とともに位相が回転するが，(17.2) の和の中の項は，どの項も，同じ $|\Phi_\lambda\rangle$ 同士が背中合わせになっているために，

$$|\Phi_\lambda\rangle\langle\Phi_\lambda| \to e^{-iE_\lambda t/\hbar} |\Phi_\lambda\rangle\langle\Phi_\lambda| (e^{-iE_\lambda t/\hbar})^* = |\Phi_\lambda\rangle\langle\Phi_\lambda| \tag{17.5}$$

のように位相回転が打ち消され，まったく時間発展しない．つまり定常である．したがって，ミクロカノニカル集団の密度演算子は，マクロに定常なだけではなくミクロにさえ定常である．同様に，以下で出てくるカノニカル集団やグランドカノニカル集団の密度演算子も，マクロに定常なだけではなくミクロにさえ定常である．したがって，これらの密度演算子は「平衡状態は定常である」という条件を満たしている．ただし，7.5 節で述べたように，平衡状態に要求され

るのはマクロな定常性だけなので，条件を過剰に満たしていることは注意しておく[1]．

なお，7.7 節で述べたように，E だけでなく，N にも幅を持たせてミクロカノニカル集団を作ってもよい[2]．その場合には，表式 (17.1) の和の記号に，N に関する（与えた幅の範囲内の）和を重ねればよい．

17.2 カノニカル集団の密度演算子

平衡状態が E, V, N だけでなく T, V, N でも指定できる場合には，カノニカル集団 $\mathrm{ce}(T, V, N)$ で表される混合状態も，平衡状態を表す様々なミクロ状態のうちの一つであった（p.183 の定理 10.1）．その $\mathrm{ce}(T, V, N)$ は，与えられた V, N を持つ全てのミクロ状態が，それぞれ (10.17) の確率 $\mathcal{P}_\lambda(\beta, V, N)$ で含まれる統計集合であったから，その密度演算子は

$$\hat{\rho}(\beta, V, N) = \frac{1}{Z(\beta, V, N)} \sum_\lambda e^{-\beta E_{VN\lambda}} |\Phi_{VN\lambda}\rangle\langle\Phi_{VN\lambda}| \tag{17.6}$$

である．ここで，λ についての和は，指定された V, N の下でとりうるあらゆる λ の値についての和である．これが量子系の**カノニカル Gibbs 状態** (canonical Gibbs state) の密度演算子であり，T, V, N で指定される平衡状態を表す量子状態のうちのひとつである．

この密度演算子は，下の補足 17.1 で示したように，

$$\boxed{\hat{\rho}(\beta, V, N) = \frac{1}{Z(\beta, V, N)} e^{-\beta \hat{H}_{VN}}} \tag{17.7}$$

と表すこともできる．この表式は，その簡潔さから，広く使われている．また，これらの表式は，V, N を略せば，

$$\hat{\rho}(\beta) = \frac{1}{Z(\beta)} \sum_\lambda e^{-\beta E_\lambda} |\Phi_\lambda\rangle\langle\Phi_\lambda| \tag{17.8}$$

$$= \frac{1}{Z(\beta)} e^{-\beta \hat{H}} \tag{17.9}$$

---

1) ♠ しばしば，この過剰な条件を課して Gibbs 集団を「導出」する議論をみかけるが，p.137 の脚注 16 で述べたように，量子系の場合にはこの過剰な条件を課してしまっては困るケースがある．詳しくは続巻で説明する．

2) V に（も）幅を持たせた場合も同様である．

と，少し見やすくなる．

ミクロカノニカル集団のときと同様に，$1/Z$ を除いた部分の対角和をとると，

$$\mathrm{Tr}\Big[e^{-\beta\hat{H}}\Big] = \sum_{\lambda} e^{-\beta E_\lambda}\,\mathrm{Tr}[\,|\Phi_\lambda\rangle\langle\Phi_\lambda|] = \sum_{\lambda} e^{-\beta E_\lambda} \tag{17.10}$$

となるので，

$$\boxed{Z(\beta, V, N) = \mathrm{Tr}\Big[e^{-\beta\hat{H}_{VN}}\Big]} \tag{17.11}$$

だとわかる．$\hat{\rho}$ は，ちょうどこの逆数がかかっていることで，密度演算子が守るべき規格化条件 (16.35) を満たしている．つまり，ミクロカノニカル集団の $\hat{\rho}$ のときと同様に，$1/Z$ という因子は密度演算子の規格化因子であると解釈することができる．

さらに，やはりミクロカノニカル集団のときと同様に，(17.9) の個々のエネルギー固有状態の時間発展による位相回転は，ブラとケットでちょうど打ち消され，$\hat{\rho}$ はまったく時間発展しない．つまり定常である．すなわち，カノニカル集団の密度演算子も，マクロに定常なだけではなくミクロにさえ定常である．

なお，17.1 項の終わりで述べたように，N に幅を持たせる場合には，たとえば (17.6) の右辺に N に関する（与えた幅の範囲内の）和を重ねればよい．

補足 17.1　縮退を明示した表式と (17.7) の導出

(17.7) の導出を説明する．マクロ系のハミルトニアン $\hat{H}_{VN}$ の固有値には縮退があることが多い．（これは，空間反転対称性などの何らかの対称性があるためだ．）つまり，一つのエネルギー固有値に属するエネルギー固有状態で互いに直交するものが複数個あることが多い．そこで，ミクロ状態のラベル λ を，異なるエネルギー固有値に割り振る番号 n と，一つのエネルギー固有値に属する縮退した固有ベクトルを区別するための番号 ℓ に分解すると便利である：

$$\lambda = (n, \ell) \quad \text{ただし } \ell = 1, 2, \cdots, m_n \ (m_n \text{ は縮退度}) \tag{17.12}$$

この二重のラベルを用いれば，E_λ は n だけで決まるので E_n と書くことにし，$|\Phi_\lambda\rangle$ は ℓ にも依るので $|\Phi_\lambda^\ell\rangle$ と書こう．また，λ についての和は，n の和と，各 n における ℓ の和の二重和になる：

$$\sum_{\lambda} = \sum_{n} \sum_{\ell=1}^{m_n}. \tag{17.13}$$

したがって，(17.8) は次のように書ける：

$$\hat{\rho}(\beta) = \frac{1}{Z(\beta)} \sum_{n} \sum_{\ell=1}^{m_n} e^{-\beta E_n} |\Phi_n^\ell\rangle\langle\Phi_n^\ell| = \frac{1}{Z(\beta)} \sum_{n} e^{-\beta E_n} \hat{\mathcal{P}}(E_n). \tag{17.14}$$

ここで，$\hat{\mathcal{P}}(E_n)$ はエネルギー固有値 E_n に属する固有空間への射影演算子である．この表式に自己共役演算子の関数の定義 (13.44) を用いれば，(17.7) を得る．

なお，同様にして，ミクロカノニカル集団の密度演算子 (17.2) を射影演算子で表すこともできる：

$$\hat{\rho}(E) = \frac{1}{W(E)} \sum_{\substack{n \\ (E-\Delta E_- < E_n \le E+\Delta E_+)}} \hat{\mathcal{P}}(E_n). \tag{17.15}$$

17.3　グランドカノニカル集団の密度演算子

平衡状態が E, V, N だけでなく T, V, μ でも指定できる場合には，グランドカノニカル集団 $\mathrm{ce}(T, V, \mu)$ で表される混合状態も，平衡状態を表す様々なミクロ状態のうちの一つであった (p.209 の定理 11.1)．その密度演算子を書き下そう．

17.3.1　粒子数を古典変数として扱う場合

グランドカノニカル集団は，与えられた V を持つ全てのミクロ状態が，それぞれ (11.5) の確率 $\mathcal{P}_{N\lambda}(\beta, V, \mu)$ で含まれる集合であった．したがって，量子系におけるその密度演算子は，

$$\hat{\rho}(\beta, V, \mu) = \frac{1}{\Xi(\beta, V, \mu)} \sum_{N} \sum_{\lambda} e^{-\beta(E_{VN\lambda} - \mu N)} |\Phi_{VN\lambda}\rangle\langle\Phi_{VN\lambda}| \tag{17.16}$$

となる．これは，カノニカル集団のときの補足 17.1 と同様の計算により，

$$\hat{\rho}(\beta, V, \mu) = \frac{1}{\Xi(\beta, V, \mu)} \sum_{N} e^{-\beta(\hat{H}_{VN} - \mu N)} \tag{17.17}$$

とも表せる．また，やはりカノニカル集団のときと同様の計算により，

$$\Xi(\beta, V, \mu) = \sum_N \mathrm{Tr}\left[e^{-\beta(\hat{H}_{VN} - \mu N)}\right] \tag{17.18}$$

が示せるので，$1/\Xi$ という因子は密度演算子の規格化因子であると解釈することができる．この表式と (17.11) を比べると，(11.16) が成り立っていることもわかる．

なお，これらのグランドカノニカル集団の表式の N に関する和は，何らかの範囲に制限されているわけではなく，全ての $N = 0, 1, 2, \cdots$ についての和であることを注意しておく．それでも結局は，11.1.3 項で述べたように，平衡値とマクロに等しいような N の値を持つ状態だけが主要な寄与をする．

17.3.2　数演算子を用いた表式

この節までは，粒子数 N は古典的な変数として扱い，ハミルトニアン $\hat{H}_{VN}$ はその N を古典パラメータとして含む演算子としてきた．（たとえば体積 V の箱に閉じ込められた N 個の自由粒子なら (14.4) の $\hat{H}$ が $\hat{H}_{VN}$ である．）これは，N の異なる値ごとに別々のヒルベルト空間を用いて，$\hat{H}_{VN}$ はそれぞれのヒルベルト空間の上の演算子としている，ということだ．これは，化学などで標準的に用いられる扱い方である．

それに対して，Fock 空間のような，異なる N の状態まで一網打尽に記述できるように拡大されたヒルベルト空間を用いた方が便利な場合もある．その場合の密度演算子を，Fock 空間を採用した場合について説明しよう．

まず，ハミルトニアンは，N が古典パラメータではなくなり，異なる N の状態まで記述できる演算子 $\hat{H}_V$ に拡張される：

$$\begin{aligned}&\text{粒子数が } N \text{ のヒルベルト空間の演算子} \hat{H}_{VN} \\ &\longrightarrow \text{Fock 空間の上の演算子} \hat{H}_V.\end{aligned} \tag{17.19}$$

さらに，(13.65) の Fock 基底 $|\boldsymbol{n}\rangle$ の総粒子数 N は (13.63) で与えられるので，様々な値をとりうる．そこで，次のような演算子を導入する．まず，演算子 $\hat{n}_\nu$（$\nu = 0, 1, 2, \cdots$）を，任意の基底ベクトル $|\boldsymbol{n}\rangle$ に演算したときに

$$\hat{n}_\nu |\boldsymbol{n}\rangle = n_\nu |\boldsymbol{n}\rangle \tag{17.20}$$

となる自己共役演算子であると定義する[3]．（基底に対する演算結果を与えれば，全てのベクトルに対する演算結果が与えられたことになるので，演算子が定義できている．）これは，一粒子状態 $|\varphi_\nu\rangle$ の占有数 n_ν を表す演算子である．Fock 基底 $|\boldsymbol{n}\rangle$ の作り方から，フェルミ粒子ならどの n_ν も 0 または 1 であり，ボーズ粒子ではどの n_ν も $0, 1, 2, \cdots$ のように上限がない．この演算子の総和

$$\hat{N} \equiv \sum_\nu \hat{n}_\nu \tag{17.21}$$

は，系の総粒子数を表す自己共役演算子になる．実際，この演算子を任意の基底ベクトル $|\boldsymbol{n}\rangle$ に演算してみると，

$$\hat{N}\,|\boldsymbol{n}\rangle = \left(\sum_\nu \hat{n}_\nu\right)|\boldsymbol{n}\rangle = \left(\sum_\nu n_\nu\right)|\boldsymbol{n}\rangle = N\,|\boldsymbol{n}\rangle \tag{17.22}$$

のように総粒子数 $N = \sum_\nu n_\nu$ が固有値になっている．つまり，

$$\text{古典パラメータとしての } N \longrightarrow \text{Fock 空間の上の演算子 } \hat{N} \tag{17.23}$$

のように拡張されたわけだ．このような，Fock 空間の上の演算子 $\hat{n}_\nu$ や $\hat{N}$ のことを**数演算子** (number operator) と言う．これらは量子論的な可観測量である．Fock 空間では，$\hat{N}$ の異なる固有値に属する固有状態を重ね合わせたり古典混合したりすれば，総粒子数 N が定まっていない状態も記述できる．

ところで，多くの場合に $\hat{N}$ は $\hat{H}_V$ と可換である．その場合には，次の強力な定理が役に立つ：

数学の定理 17.1　自己共役演算子 $\hat{A}$ と自己共役演算子 $\hat{B}$ が可換であれば，これらの演算子の全ての固有ベクトルを，両者に共通な固有ベクトルになるように選ぶことができる．そのような，複数の自己共役演算子に共通な固有ベクトルのことを**同時固有ベクトル** (simultaneous eigenvector) と言う．3 つ以上の自己共役演算子についても同様で，どの 2 つをとっても可換であれば，これらの演算子の全ての固有ベクトルを，同時固有ベクトルになるように選ぶことができる．

3) p.274 脚注 34 で述べたように，本書の第 I 巻の内容を理解するためには，この定義が必要十分かつ最短である．

この定理により，$\hat{N}$ と $\hat{H}_V$ が可換な場合には，両者の全ての固有ベクトルを同時固有ベクトルに選ぶことができる．その同時固有ベクトルは，量子論によると，$\hat{N}$ も $\hat{H}_V$ も定まった値を持つ状態なのだから，N が古典パラメータのときと物理的意味は同じである．そこで，そのときと同じ表記で $|\Phi_{VN\lambda}\rangle$ と書こう：

$$\begin{aligned} &\text{粒子数が } N \text{ のヒルベルト空間のベクトル } |\Phi_{VN\lambda}\rangle \\ &\qquad \longrightarrow \text{Fock 空間のベクトル } |\Phi_{VN\lambda}\rangle . \end{aligned} \tag{17.24}$$

以上のように諸々の量を Fock 空間へと拡張したときに，本章のここまでの結果がどう書き換わるか見てみよう．

まず，$\hat{N}$ の値を一つに決めてしまえば，ミクロカノニカル集団の密度演算子を，見かけ上は (17.1) とまったく同じ形に，

$$\hat{\rho}(E, V, N) = \frac{1}{W(E, V, N)} \sum_{\substack{\lambda \\ (E-\Delta E_- < E_{VN\lambda} \le E+\Delta E_+)}} |\Phi_{VN\lambda}\rangle\langle\Phi_{VN\lambda}| \tag{17.25}$$

と構成することができる．(17.1) との違いは，(17.1) の $|\Phi_{VN\lambda}\rangle\langle\Phi_{VN\lambda}|$ は特定の N の状態だけを記述できるヒルベルト空間の演算子だったのが，上式の $|\Phi_{VN\lambda}\rangle\langle\Phi_{VN\lambda}|$ は異なる N の状態も記述できる Fock 空間の上の演算子であることだ．つまり，上式の密度演算子は，Fock 空間の上の演算子である．

同様に，カノニカル集団の密度演算子も，見かけ上は (17.6) と同じ形に，

$$\hat{\rho}(\beta, V, N) = \frac{1}{Z(\beta, V, N)} \sum_{\lambda} e^{-\beta E_{VN\lambda}} |\Phi_{VN\lambda}\rangle\langle\Phi_{VN\lambda}| \tag{17.26}$$

と構成することができる．これも，Fock 空間の上の演算子である．

グランドカノニカル集団の密度演算子も，(17.26) を様々な N について混合すればいいだけなので，やはり見かけ上は (17.16) と同じ形になる．違いは，(17.16) のときよりも拡大されたヒルベルト空間である Fock 空間の上の演算子であることだ．その密度演算子は，カノニカル集団のときの補足 17.1 と同様の計算を行えば，次のように簡明に表すことができる：

$$\boxed{\hat{\rho}(\beta, V, \mu) = \frac{1}{\Xi(\beta, V, \mu)} e^{-\beta(\hat{H}_V - \mu\hat{N})}} \tag{17.27}$$

ここで，(17.19) に従って $\hat{H}_{VN}$ を $\hat{H}_V$ に置き換えたし，数演算子 $\hat{N}$ も含んでいるので，これも Fock 空間の上の演算子になっている．大分配関数についても同様に，

$$\boxed{\Xi(\beta, V, \mu) = \mathrm{Tr}\left[e^{-\beta(\hat{H}_V - \mu\hat{N})}\right]} \tag{17.28}$$

この対角和は，Fock 空間での対角和である．(17.27) と (17.28) が，量子系のグランドカノニカル集団について，もっともよく使われる表式である．

17.4　相互作用のない同種粒子系の Gibbs 状態

具体例として，この章の結果を 14 章で解説した相互作用のない同種粒子系のうちのいくつかに適用し，その平衡状態を表す Gibbs 状態を書き下そう．その際に用いるのは，体積が V の相互作用のない同種粒子系の，エネルギー固有状態が Fock 基底に採用した (14.2) であることと，そのエネルギー固有値が (14.3) であることから，ハミルトニアンが (17.20) を用いて

$$\hat{H}_V = \sum_{\boldsymbol{n}} E_{\boldsymbol{n}} \, |\boldsymbol{n}\rangle\langle\boldsymbol{n}| = \sum_{\nu} \varepsilon_\nu \hat{n}_\nu \tag{17.29}$$

と書けることである．(最後の等式は，基底 $|\boldsymbol{n}\rangle$ に作用した結果が同じことから確認できる．)

17.4.1　光子気体の Gibbs 状態

まず，17.2 節のカノニカル集団の結果を，15.2 節で扱った光子気体に適用してみよう．15.2.1 項で述べた光子系の特徴から，(17.29) で

$$\nu = (\boldsymbol{k}, \sigma), \quad \varepsilon_\nu = \hbar\omega_k = \hbar c|\boldsymbol{k}| \tag{17.30}$$

としたものが光子気体の $\hat{H}_V$ だとわかる．光子気体の平衡状態は T, V で指定できるのであったから，カノニカル集団の密度演算子の表式 (17.7) から N を落とした式にこの $\hat{H}_V$ を代入し，(15.58) も用いれば，直ちに

$$\begin{aligned}\hat{\rho}(\beta, V) &= \frac{1}{Z(\beta, V)} \exp\left[-\beta \sum_{\substack{\boldsymbol{k},\sigma \\ (k>k_*)}} \hbar\omega_k \hat{n}_{\boldsymbol{k}\sigma}\right] \\ &= \prod_{\substack{\boldsymbol{k},\sigma \\ (k>k_*)}} (1 - e^{-\beta\hbar\omega_k}) e^{-\beta\hbar\omega_k \hat{n}_{\boldsymbol{k}\sigma}}\end{aligned} \tag{17.31}$$

という密度演算子を得る．この結果は，とくに量子光学では重要で基本的な結果であり，広く利用されている [4]．また，この密度演算子から 15.2.3 項の Planck の公式を直ちに得ることもできるので，読者は試してみるとよい．

17.4.2 理想フェルミ気体の Gibbs 状態

次に，17.3 節のグランドカノニカル集団を，14.5 節で扱った理想フェルミ気体に適用してみよう．14.2 節の結果より，(17.29) で

$$\nu = (\boldsymbol{k}, \sigma), \quad \varepsilon_\nu = \varepsilon_{\boldsymbol{k}} = \frac{\hbar^2 k^2}{2m} \tag{17.32}$$

としたものが理想フェルミ気体の $\hat{H}_V$ となる．理想フェルミ気体の平衡状態は T, V, μ で指定できるのであったから，グランドカノニカル集団の密度演算子の表式 (17.27) にこの $\hat{H}_V$ を代入し，(14.32) も用いれば，直ちに

$$\begin{aligned}\hat{\rho}(\beta, V, \mu) &= \frac{1}{\Xi(\beta, V, \mu)} \exp\left[-\beta \sum_{\boldsymbol{k},\sigma} (\varepsilon_{\boldsymbol{k}} - \mu) \hat{n}_{\boldsymbol{k}\sigma}\right] \\ &= \prod_{\boldsymbol{k},\sigma} \frac{1}{1 + e^{-\beta(\varepsilon_{\boldsymbol{k}} - \mu)}} e^{-\beta(\varepsilon_{\boldsymbol{k}} - \mu)\hat{n}_{\boldsymbol{k}\sigma}}\end{aligned} \tag{17.33}$$

という密度演算子を得る．この密度演算子からフェルミ分布 (14.36) を直ちに得ることもできる．

17.5 磁性体の簡単なモデルの Gibbs 状態

前節までは，エントロピーの自然な変数が E, V, N であるような系を想定して説明した．これらの変数の量子論における記述は，17.1 節から 17.3.1 項までは，E だけが演算子 $\hat{H}_{VN}$ になり，V, N は古典的な変数であるとした．17.3.2 項では N も演算子 $\hat{N}$ だとしたが，$\hat{N}$ が $\hat{H}_V$ と可換な場合を想定することで，古典変数から量子論的な可観測量のケースへの拡張が直ちにできた．同様な定式化を，磁性体の簡単なモデルについて行ってみよう [5]．すなわち，全磁化 $\boldsymbol{M}$

---

4)　量子光学の実験では，ほとんど常に特定の周波数帯の（k が k_* よりもずっと大きい）光子たちを抜き出すフィルターを用いるので，$k > k_*$ という制限は結果にまったく影響しない．そのため，$k > k_*$ という付記はしないことが多い．

5)　♠ 拙著 [1] の 18.2 節と同様に，磁性体特有の複雑さ（局所場補正など）は無視する．

を表す演算子 $\hat{\boldsymbol{M}}$ がハミルトニアン $\hat{H}_N$ と可換であるような単純な磁性体のモデルを考える[6].

17.5.1　量子スピン系

まず，磁性体を格子点に固定された N 個の量子力学的なスピンとして扱う**量子スピン系** (quantum spin system) のモデルを考えよう．そのようなモデルでは，常に $V=$ 定数 $\times N$ とするので V を独立変数から落としてよく，エントロピーの自然な変数は $E, N, \boldsymbol{M}$ となる．ここで，$\boldsymbol{M}$ は磁化を全体積にわたって足し合わせた**全磁化** (total magnetization) であり，$\boldsymbol{M} \propto$ スピンの和である．

今は $\hat{\boldsymbol{M}}$ がハミルトニアン $\hat{H}_N$ と可換な場合を考えているので，$\hat{\boldsymbol{M}}$ は 17.3.2 項の $\hat{N}$ と同様に扱える，したがって，その節で得られた結果を以下のように読み替えるだけで済む．すなわち，多くの統計力学や熱力学の文献に合わせて真空の透磁率 $\mu_0 = 1$ であるような単位系を用いて式を見やすくすると[7]，$\boldsymbol{M}$ に共役なエネルギー表示の狭義示強変数が外部磁場 $\boldsymbol{h}$ であることに注意すれば，

$$\text{体積 } V \to \text{スピン数 } N \tag{17.34}$$

$$\text{数演算子 } \hat{N} \text{ とその固有値 } N \to \text{全磁化 } \hat{\boldsymbol{M}} \text{ とその固有値 } \boldsymbol{M} \tag{17.35}$$

$$\text{化学ポテンシャル } \mu \to \text{外部磁場 } \boldsymbol{h} \tag{17.36}$$

$$\hat{H}_V \text{ とその固有値 } E_{VN\lambda} \to \hat{H}_N \text{ とその固有値 } E_{N\boldsymbol{M}\lambda} \tag{17.37}$$

$$\text{同時固有ベクトル } |\Phi_{VN\lambda}\rangle \to \text{同時固有ベクトル } |\Phi_{N\boldsymbol{M}\lambda}\rangle \tag{17.38}$$

のように読み替えれば，17.3.2 項の結果がそのまま使える．これにより，ミクロカノニカル集団でも，カノニカル集団でも，グランドカノニカル集団でも，その密度演算子を得ることができる．

たとえば，$\hat{\boldsymbol{M}}$ の値を一つ決めて，ミクロカノニカル集団の密度演算子を，(17.25) とそっくりな形に，

$$\hat{\rho}(E, N, \boldsymbol{M}) = \frac{1}{W(E, N, \boldsymbol{M})} \sum_{\substack{\lambda \\ (E-\Delta E_- < E_{N\boldsymbol{M}\lambda} \le E+\Delta E_+)}} |\Phi_{N\boldsymbol{M}\lambda}\rangle\langle\Phi_{N\boldsymbol{M}\lambda}| \tag{17.39}$$

---

6) ♠ 下線を引いたことから想像できるように，非可換な場合には，以下のようなわかりやすい結果は一部が破綻し，Gibbs 集団の一部は無効になる．その議論と解決法は続巻で述べる．

7) SI 単位系に変換するには，以下の結果の $\boldsymbol{M}$ を $\mu_0 \boldsymbol{M}$ に置き換えればよい．

と構成することができる．

このようにして得られる密度演算子のうち，量子スピン系で最もよく使われるのは，グランドカノニカル集団の結果 (17.27)，(17.28) を読み替えた，

$$\hat{\rho}(\beta, N, \boldsymbol{h}) = \frac{1}{\Xi(\beta, N, \boldsymbol{h})} e^{-\beta(\hat{H}_N - \boldsymbol{h}\cdot\hat{\boldsymbol{M}})}, \tag{17.40}$$

$$\Xi(\beta, N, \boldsymbol{h}) = \mathrm{Tr}\left[e^{-\beta(\hat{H}_N - \boldsymbol{h}\cdot\hat{\boldsymbol{M}})}\right] \tag{17.41}$$

である．これらの公式の指数関数の肩に乗っている

$$\hat{H}^{\mathrm{st}} \equiv \hat{H}_N - \boldsymbol{h}\cdot\hat{\boldsymbol{M}} \tag{17.42}$$

という演算子は，11.2 項で「統計力学における実効的なハミルトニアンのようなもの」として導入した H^{st} を表す演算子 $\hat{H}^{\mathrm{st}}$ に他ならない．この結果は，導き方から言っても，独立変数に $\beta, \boldsymbol{h}$ という 2 つの狭義示強変数を含むことから言っても，グランドカノニカル集団と呼ぶべきだが，実際には「カノニカル集団」と呼ばれることが多い．その理由は，$\hat{H}^{\mathrm{st}}$ がちょうど，外部磁場の中にある量子スピン系の標準的なハミルトニアンと一致しているからだと思われる．つまり，この演算子を系のハミルトニアンだと見なせば，ちょうど，ハミルトニアンだけを指数関数の肩に乗せた (17.7) と (17.11) のカノニカル集団の密度演算子と分配関数

$$\hat{\rho}(\beta, N, \boldsymbol{h}) = \frac{1}{Z(\beta, N, \boldsymbol{h})} e^{-\beta\hat{H}^{\mathrm{st}}}, \tag{17.43}$$

$$Z(\beta, N, \boldsymbol{h}) = \mathrm{Tr}\left[e^{-\beta\hat{H}^{\mathrm{st}}}\right] \tag{17.44}$$

になっているからカノニカル集団と見なせるではないか，というわけだ．

このように，外場の中にある系について，外場との相互作用を含めたハミルトニアンを用いてアンサンブルを構成するのは，なかなか便利な考え方なので，量子スピン系を分析する際に広く用いられている．

17.5.2　Pauli 常磁性

この章の最後に，上述の，外場との相互作用を含めたハミルトニアンを用いてアンサンブルを構成するという方法で，理想フェルミ気体のスピンが示す磁性を扱ってみよう．

マクロな数の自由電子より成る系が，z 軸方向の外部磁場 h の中に置かれている．磁場による電子の軌道運動の変化は無視して，スピンだけが磁場と相互作用すると近似しよう [8]．すると，

$$[1 \text{ 個の電子の磁気モーメントの } z \text{ 成分}] = -\sigma\mu_{\mathrm{B}} \tag{17.45}$$

となる．ここで，右辺のマイナスは電子の電荷が負であるためであり，$\sigma = \pm 1$ は $\hbar/2$ を単位とするスピンの z 成分で，μ_{B} は **Bohr**（ボーア）**磁子**と呼ばれる定数である．したがって，外場との相互作用を含めた電子の一粒子固有エネルギーは，$\mu_0 = 1$ の単位系では（SI 単位系の表式は括弧内に記す），

$$\varepsilon_{k\sigma} = \frac{\hbar^2 k^2}{2m} + \sigma\mu_{\mathrm{B}} h \quad \left(\varepsilon_{k\sigma} = \frac{\hbar^2 k^2}{2m} + \sigma\mu_0\mu_{\mathrm{B}} h\right) \tag{17.46}$$

となる．したがって，理想フェルミ気体の分析に便利なグランドカノニカル集団を用いれば，この系の密度演算子は，(17.33) の ε_k を (17.46) の $\varepsilon_{k\sigma}$ に置き換えたものになる．

具体的な物理量としては，磁化 $\boldsymbol{M}/V$ の z 成分 m の平衡値 $\langle m \rangle$ を求めてみよう．ただし，簡単のため，h は

$$\mu_{\mathrm{B}}|h| \ll \varepsilon_F \quad (\mu_0\mu_{\mathrm{B}}|h| \ll \varepsilon_F) \tag{17.47}$$

であるぐらい小さいとする．

$\sigma = \pm 1$ の状態を占有する電子たちの数密度を $n_\pm$ とすると，明らかに

$$m = -\mu_{\mathrm{B}}(n_+ - n_-) \tag{17.48}$$

であるから，$\langle n_+ \rangle - \langle n_- \rangle$ を求めれば磁化の平衡値 $\langle m \rangle$ がわかる．これを求めるには，(14.41) より

$$\langle n_\pm \rangle = \frac{1}{V}\sum_{\boldsymbol{k}} f_+(\varepsilon_{k\pm}) \tag{17.49}$$

であることを使えばよい．電子系は平衡状態にあるのだから，2.7.3 項で述べた平衡条件より，$\sigma = +1$ の電子たち（より成る部分系）と $\sigma = -1$ の電子たち

8) 実際の物質が示す帯磁率は，もちろん，軌道運動の変化に由来する寄与もある．

（より成る部分系）の，化学ポテンシャルが等しく，それが電子全体の化学ポテンシャルとしてフェルミ分布関数 f_+ に入っていることに注意しよう[9]．

これらの表式からわかるように，もしも $h=0$ であれば，$\varepsilon_{k+}=\varepsilon_{k-}$ となるから，$\langle n_+\rangle=\langle n_-\rangle$ であり，$\langle m\rangle=0$ である．それが $h\neq 0$ になると，$\varepsilon_{k+}\neq\varepsilon_{k-}$ となるために $\langle n_+\rangle\neq\langle n_-\rangle$ となり，$\langle m\rangle\neq 0$ になる．

具体的に $\langle n_\pm\rangle$ を計算するには，自由粒子系なのだから，例によって一粒子状態密度 $D(\varepsilon)$ を使えばよい．その際に注意すべき点は，14 章で用いた $D(\varepsilon)$ の ε は $\hbar^2k^2/2m$ を意味することと，そこでは一粒子エネルギーが σ に依らないケースを考えていたから，$D(\varepsilon)$ には $\sigma=\pm 1$ の寄与を合算してあり，個々の σ の状態密度は $D(\varepsilon)$ を $2s+1=2$ で割り算したものになることだ．これらを考慮すれば，

$$\langle n_\pm\rangle=\int_0^\infty f_+(\varepsilon\pm\mu_{\mathrm{B}}h)\frac{D(\varepsilon)}{2}d\varepsilon \tag{17.50}$$

となる．したがって磁化の平衡値は，

$$\langle m\rangle=\mu_{\mathrm{B}}\int_0^\infty[f_+(\varepsilon-\mu_{\mathrm{B}}h)-f_+(\varepsilon+\mu_{\mathrm{B}}h)]\frac{D(\varepsilon)}{2}d\varepsilon \tag{17.51}$$

となるので，後はこの 1 変数積分を実行するだけだ．

ここでは簡単のため絶対零度極限 $T\downarrow 0$ を考えることにすると，フェルミ分布関数は階段関数になるから，上記の被積分関数にあるフェルミ分布関数の差は，$h>0$ では，$\varepsilon_F-\mu_{\mathrm{B}}h\leq\varepsilon\leq\varepsilon_F+\mu_{\mathrm{B}}h$ の範囲で 1，それ以外は 0 である．この 1 になる範囲は，(17.47) の条件では非常に狭いから，その範囲内での $D(\varepsilon)$ の変化は無視できるほど小さい．したがって

$$\langle m\rangle=\mu_{\mathrm{B}}hD(\varepsilon_F)\quad\text{for } T\downarrow 0 \text{ and } \mu_{\mathrm{B}}|h|\ll\varepsilon_F \tag{17.52}$$

を得る．$h<0$ でも同様だ．これから，等温磁気帯磁率

$$\chi_T\equiv\lim_{h\to 0}\left(\frac{\partial\langle m\rangle}{\partial h}\right)_{T,V,N} \tag{17.53}$$

が，絶対零度極限で

9)　この例のように，系を部分系に分けて考えるとき，部分系は必ずしも空間的に分かれている必要はない．たとえば物性理論では，電子とフォノンがそれぞれ部分系を成すとして議論することが多いが，これも，空間的には同じ領域を占めている．

$$\lim_{T\downarrow 0}\chi_T = \mu_{\rm B}^2 D(\varepsilon_F) \quad (\mu_0\mu_{\rm B}^2 D(\varepsilon_F)) \tag{17.54}$$

と求まる．

このようにして求められた，自由電子のスピンによる磁気的性質を **Pauli 常磁性**と呼ぶ．

17.6 ♠ 量子統計力学に御利益はあるか？

本書の前半（1.3 節，3.6 節，7.2 節など）で，「統計力学の御利益（ごりやく）の一つは，運動方程式を解くという困難な（不可能な）作業をすることなく，ミクロ系の物理学から系の熱力学的性質が計算できることにある」と述べた．このことは，古典粒子系については，相互作用があるにもかかわらず強い結果が得られた 12 章で実感していただけたのではないかと思う．

しかし量子系については，たとえばミクロカノニカル集団の密度演算子を (17.2) を使って求めようとすると，多粒子系のエネルギー固有状態 $|\Phi_{VN\lambda}\rangle$ を（少なくともエネルギー殻内にあるものは全て）求める必要があるように見える．しかし，ハミルトニアン $\hat{H}_{VN}$ の全ての固有状態を求めるのはシュレディンガー方程式を解くのと等価であるから，それでは統計力学の御利益は乏しいようにも見えてしまう．

しかしこれは，統計力学が悪いわけではなく，ミクロカノニカル集団が量子系の平衡状態の表現としてはあまり便利な表現ではない，というだけのことである．実際，（グランド）カノニカル集団を使えばもっと計算は楽になることが多い．さらに，ミクロカノニカル集団と同様に E, V, N で指定される（つまり相共存があっても有効な）平衡状態を表すミクロ状態でありながら，単に $\hat{H}_{VN}$ をかけ算するだけで構成できる密度演算子も続巻では紹介する．$\hat{H}_{VN}$ は巨大な次元の行列なのでかけ算も大変ではあるが，それでも，固有状態を求めるよりもかけ算するほうがはるかに易しいので，統計力学の御利益はたしかにあるのだ．

第18章
♠やや進んだ事項

この第I巻の締めくくりとして，やや進んだ事項や詳しい説明を書いておく．これらは統計力学の初等的な応用には不要だと思われるので，統計力学にとくに興味がある読者向けの内容である．

18.1 ♠平衡状態の詳しい説明

本書では，平衡状態を5.2.1項のように熱力学に従って定義したが，5.2.4項でも述べたように，統計力学では様々な定義が混在して使われているのが実情である．そこで，無用な混乱を避けるためにも，より詳細な説明をこの節でしておこう．

18.1.1 ♠ミクロ物理学の知見を加えた平衡状態の定義

より詳しく平衡状態を定義するために，ミクロ物理学の知見を加味する．これは，マクロ系の物理学との整合性を重視した，近年の新しい定式化にも対応できる定義である．

5.4節で述べたように，相加物理量は，熱力学の相加物理量とミクロ物理学の相加物理量に大別できて，p.108の図5.7のような関係になっている．一方，拙著[1]で強調したように，熱力学の**状態量**[1]のうち，ミクロ物理学にはないような物理量は，実質的にエントロピーSだけである[2]．したがって，エントロ

1) 熱力学では，各平衡状態に対して一意的にその値が定まる量を状態量と呼ぶ．S, E, T, Pなどは状態量だが，拙著[1]の7.3.2項で述べたように，熱や仕事は状態量ではない．状態量ではないような量は，平衡状態の定義には，明らかに不要である．

2) 言うまでもなく，アボガドロ定数のような単なる定数は熱力学量には含めていない．

ピーの自然な変数は全て，ミクロ物理学の相加物理量である．そして，他の状態量はどれも，エントロピーの基本関係式から得られる量である．ゆえに，全ての状態量は，（エントロピーの自然な変数となっている）ミクロ物理学の相加物理量の関数である．

たとえば，Helmholtz エネルギー $F(T, V, N)$ は，図 5.7 の左側の三日月型の領域に属する，ミクロ物理学の相加物理量には含まれない熱力学の相加物理量であるが，T は (2.24) よりエントロピーの自然な変数 E, V, N の関数だから，F も E, V, N の関数として表すことができる．

以上のことから，平衡状態を定義するには，マクロな精度でミクロ物理学の相加物理量を全て見ておけば十分だろうと考えられる．すなわち，まず「マクロに同じ」などを次のように定義する：

マクロに同じ／異なる

定義 18.1　マクロ系の 2 つの状態において，ミクロ物理学の相加物理量の値がどれもマクロな精度で同じ値をとっているとき，この 2 つの状態は**マクロに同じ**状態であるという．そうでない場合には**マクロに異なる**状態であるという．そのようにしてマクロな精度で状態たちを区別して論ずるとき，個々の状態を**マクロ状態** (macrostate) と言うことにする．

これを用いれば，平衡状態がミクロ物理学の観点からも明確に定義できる [3]：

平衡状態（詳細な定義）

定義 18.2　上記の定義によるマクロ状態のうちで，熱力学の要請 I で定義され，要請 II を満たすようなマクロ状態を**平衡状態** (equilibrium state) と言う．

ここで，着目系は，孤立したマクロ系でもいいし，そのマクロな部分系でもいい．それにより，たとえば「局所平衡状態」（2.4.6 項）も定義できるわけだ．

この定義から，明らかに次のことが言える [4]：

3)　これは，18.1.2 節で述べる「同一視」を行う前の平衡状態である．
4)　これが言えるのは，熱力学的にまっとうな平衡状態の定義を本書では採用したからである．

定理 18.1　平衡状態における相加物理量の関数
平衡状態では，全ての相加物理量も，その関数も（したがって，全ての熱力学量も），マクロに（すなわち，それぞれについてのマクロに無視できる大きさの差異を無視すれば）定まった値を持つ．とくに，相加物理量は $o(V)$ 以内の差異を無視すれば，相加物理量密度や狭義示強変数は $o(V^0)$ 以内の差異を無視すれば，定まった値を持つ．

なお，量子系における物理量の非可換性が気になる読者もいるかもしれないが，下の補足 18.1 で説明したようにまったく問題ない．

補足 18.1　♠ 量子系でも問題がないこと
量子系で非可換な相加物理量 $\hat{X}, \hat{X}'$ があっても，その交換関係は

$$[\hat{X}, \hat{X}'] = O(V) \tag{18.1}$$

なので，どれも $o(V)$ の精度で（たとえば $O(\sqrt{V})$ の精度で）同時に定まった状態は可能だし，その精度でなら同時測定もできる．実際，続巻では，エントロピーの自然な変数が非可換なときに，それらで指定される平衡状態を（もともと von Neumann らによって形式的には議論されていたが，それに留まらずに）明示的に構築する．待ちきれない読者は Y. Yoneta and A. Shimizu, J. Stat. Mech. (2023) 053106 を参照してほしい．

18.1.2　♠ マクロに異なる平衡状態の同一視

前項で定義した「平衡状態」は，これから述べる**同一視**を行う前の平衡状態である[5]．その同一視について説明するが，初学者や，相共存に興味がない読者は，飛ばしてよい．相共存に興味をもったときに戻ってきて読めば十分である．

まず，立方体容器に入った気体と，同じ体積の球形容器に入った気体のように，全体の形状だけが異なるような平衡状態は，熱力学では同一視するのが普通だ．特に統計力学では，熱力学極限をとるために全体の形状は最終結果には

5)　**専門家への注**：cluster property を持つ状態だけを「平衡状態」と呼んでいる．その後で，必要に応じて，マクロに異なる平衡状態の同一視を入れるわけだ．

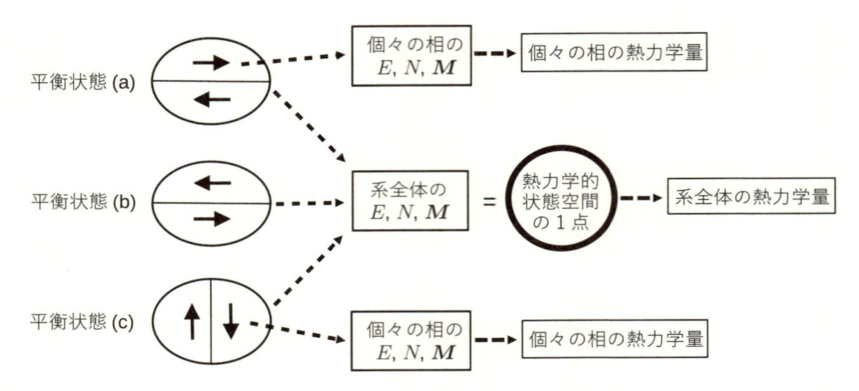

図 18.1　エントロピーの自然な変数が $E, N, \boldsymbol{M}$ であるような磁性体（$\boldsymbol{M}$ は全磁化）の，相共存があるような平衡状態たちと熱力学的状態空間の対応．太い矢印は，それぞれの相における $\boldsymbol{M}$ を表す．

影響しないので，これは自然なことである [6]．

次に，相共存がある場合の同一視を説明しよう．この場合には，同一視をしているかどうかを念頭に入れて議論しないと混乱を招く恐れもあるので，本書では，2章でも述べたように，「同一視をしたらこうなる」ということを明記したい場合には「**実質的に**こうなる」と言うことにする．

たとえば，図 18.1 の左側には，エントロピーの自然な変数が $E, N, \boldsymbol{M}$ であるような磁性体（$\boldsymbol{M}$ は全磁化）について，$\boldsymbol{M} = 0$ であるような平衡状態の例を，(a), (b), (c) と3つ描いた．太い矢印は，それぞれの相における $\boldsymbol{M}$ を表す．いずれの状態も，$\boldsymbol{M}$ が逆向きの相が半々なので，系全体の $\boldsymbol{M}$ はゼロである．

これらの平衡状態は，各相（マクロな部分系）の $\boldsymbol{M}$ を見れば区別できるので，マクロに異なる状態たちである．しかし，いずれの平衡状態も，系全体の $E, N, \boldsymbol{M}$ を座標軸とする熱力学的状態空間の中では，同じ点に在る [7]．そして，系全体の熱力学量は，系全体の $E, N, \boldsymbol{M}$ と基本関係式だけで決まるので，いずれの平衡状態でも同じ値をとる．このように，一般に，次のことが言える：

---

6)　誘電体や磁性体では，全体の形状が結果に効いてくるが，これは，誘電分極や磁化により長距離相互作用が発生して，統計力学の本来の適用対象から外れるためである．そういう場合には，統計力学と電磁気学を併用して分析すればよい．

7)　逆に，熱力学的状態空間の1点を個々の平衡状態に分解したい場合には，続巻で述べる「熱力学的純粋状態への分解」を行えばよい．

定理 18.2 系全体の熱力学量の値
エントロピーの自然な変数で張られる熱力学的状態空間の各点において，系全体のあらゆる熱力学量の値は（発散するなどして定義できていない点を除くと）相共存の有無とは無関係に定まっており，基本関係式から求めることができる．

このことから，図 18.1 の (a), (b), (c) の状態を，次のように同一視すると便利なことが多い．

まず，平衡状態 (a) と (b) は，$\boldsymbol{M}$ が右向きの相と左向きの相の空間配置が逆になっているので，相の内訳は同じで空間配置だけが異なる平衡状態である．このような平衡状態は，ほとんど常に同一視され，実質的に同じ平衡状態として扱われる．

それに対して平衡状態 (c) は，$\boldsymbol{M}$ が上向きの相と下向きの相が共存しているので，(a) や (b) との違いは空間配置だけには留まらず，各相の $\boldsymbol{M}$ の向きも異なる．つまり，相の内訳も異なる．このような状態を (a) や (b) と同一視するかどうか（実質的に同じ平衡状態として扱うか否か）はケースバイケースである．

なお，たとえ相共存があっても，熱力学の要請 II-(iv) により，それぞれの相はマクロに見て均一であり，全ての相加物理量がマクロに定まった値を持つから，個々の相を見てやれば相共存がない場合と同様である：

定理 18.3 個々の相の熱力学量の値
たとえ相共存があっても，個々の相については，（適切に選ばれた）エントロピーの自然な変数の，その相における値を与えれば，その相のあらゆる熱力学量の値は（発散するなどして定義できていない点を除くと）定まっており，基本関係式から求めることができる．

以上のことを踏まえて，もう一度図 18.1 を眺めてみれば，相共存状態の扱いが腑に落ちると思う．

18.2 ♠ 統計力学の対象系など

研究の現場では，実に様々な物理系に統計力学を適用する．そこで，対象系について述べきれなかったことを本節で説明しておく．また，熱力学に倣って，統計力学でも「熱」や「熱浴」が登場することがあるので，それらについても簡単に説明する．

18.2.1 ♠ 準粒子の平衡状態

統計力学の具体的な計算は，何らかのミクロモデルを採用して行うのであった．そして，たとえばカノニカル集団を採用するのであれば，そのミクロモデルのハミルトニアンのエネルギー固有状態を用いて，(17.8) のように密度演算子が与えられるのであった．

しかし，ハミルトニアンの正確なエネルギー固有状態ではなく，それに近いミクロ状態の方が物理的に重要なミクロ状態であることも少なくない[8)]．その代表は**準粒子** (quasi-particle) と呼ばれるミクロな励起状態である．準粒子は，一般にはハミルトニアンの正確なエネルギー固有状態ではないので，有限の時間で別の状態へと遷移するのだが，それまでの間は，あたかもエネルギー固有状態であるかのように振る舞うので，準粒子の性質を調べることによって，系の主要な性質を知ることができる

たとえば，もしも準粒子たちが，その寿命よりも短い時間内に平衡状態に達すれば，平衡統計力学が適用できると期待される．そのような平衡状態の密度行列を求めたければ，(17.8) の E_λ と $|\Phi_\lambda\rangle$ を，準粒子たちのエネルギー[9)] と状態ベクトルにすればよい．あるいは，うまくハミルトニアンを（準粒子が永久に安定になるように）補正できるならば，その補正したハミルトニアンの固有値と固有ベクトルにすればよい．同様のことは，「準粒子」と呼ばれているかどうかにかかわらず，有限の時間だけ安定なミクロ状態たちについて言える．

ただし，これは 7.5 節で述べた「平衡状態はマクロな時間の間だけ定常なら十分」よりも短い時間スケールの話であるので，いつも有効であるとは限らな

---

8)　マクロ系の量子状態を，正確なエネルギー固有状態の一つに用意することは，ほとんど不可能である．それに対して，準粒子を励起することは容易にできるので重要だ．

9)　正確に言うと，「伝播関数」の「自己エネルギー」の実部のこと．

い．つまり「そういう時間スケールにまで統計力学を応用してみよう」という応用の話であり，7.5 節の基本原理の話とは異なるので，いつも有効であるとは限らない．そうではあるが，極めて有用なので，広く使われている．

このように，実際の応用では，臨機応変に統計力学を利用して計算する．そのことと基本原理の議論を混同しないように注意して欲しい．

18.2.2 ♠ ランダム系や準結晶など

4.1 節においてミクロ物理学で単純系を定義する際に，完全な空間並進対称性は持っていなくても，それに準ずる，同等なミクロ構造が一定の密度で並んでいるような系でもよいと述べた．その点を説明する．

統計力学では，しばしば，不純物などがランダムに入っている，**ランダム系** (random system) を扱う．その場合には，「同等なミクロ構造」である条件は，ランダムな要素（不純物の位置やランダム磁場など）の実際の配置ではなく，「分布関数が空間並進対称であるべし」とするのが普通である．つまり，実際の配置は同じ（空間並進対称）ではないものの，同じ（空間並進対称な）分布関数からサンプリングされた配置であるという点で同じであれば，「同等なミクロ構造」が続いていると見なせるだろう，ということだ．マクロに見ればどこも同じ物質で出来ているように見えるので，これは合理的だと考えられる．

ただし，不純物を有限濃度だけ含む系は，モデル化の近似の良し悪しの問題として，純物質が不純物でランダムに乱されたと見なすよりも，純物質ではなく混合物である（したがって基本関係式の変数の数も関数系も異なる）として扱った方がいい場合もある．また，ランダムな要素が強くなってくると平衡状態に緩和するかどうかをチェックする必要が出てくることもある．

また，**準結晶** (quasicrystal) を統計力学で扱うこともある．これは，高次元の完全な結晶を中途半端な方向から眺めたような原子配置をしている系である．原子は一定の規則に従って並んでいるものの，元の高次元結晶のような厳密な空間並進対称性は（中途半端な方向から眺めたために）失っている．そうではあるが，高次元の結晶が続いているのを特定の方向から眺めているだけなので，「同等なミクロ構造」が続いていると見なせる．この場合も，マクロに見ればどこも同じ物質で出来ているように見えるので，合理的だろう．

このように，マクロ物理学の「同じ物質」を，ミクロ物理学の「同等なミクロ構造」に翻訳するときには，ある程度，臨機応変に翻訳する余地がある．

18.2.3　♠ 相互作用ポテンシャルとは？

現在もっとも精度のよい量子論は，場の理論の形式になっている．場の理論の出発点のラグランジアンなりハミルトニアンには，「相互作用ポテンシャル」などというものはない．たとえば，$\psi(\boldsymbol{r},t)$ という場と $\phi(\boldsymbol{r},t)$ という場の相互作用ハミルトニアン $H_{\rm int}$ は，

$$H_{\rm int} = \int \mathcal{H}_{\rm int}(\boldsymbol{r},t) d^3\boldsymbol{r} \tag{18.2}$$

という形でしかありえない．ここで $\mathcal{H}_{\rm int}(\boldsymbol{r},t)$ は，時空点 $(\boldsymbol{r},t)$ における ψ,ϕ とその正準共役量の有限階微分の多項式である．つまり，時空の同じ点の場の間にしか相互作用は働かない．これを「局所相互作用の仮定」といい，場の理論の基本的仮定の一つである．

ところが，このような相互作用しか持たないハミルトニアンから出発して，たとえば ψ が記述する粒子の低エネルギーにおける実効的な相互作用を求めると，粒子間の相互作用ポテンシャルで記述することができる．系の低エネルギーにおける統計力学的振る舞いを決めるのは，この実効的な相互作用である．その相互作用ポテンシャルは，たとえば ϕ が質量を持たない場（電磁場など）であると，長距離相互作用になることがある．

このように，実効的な相互作用ポテンシャルがどのようなものか（特に，長距離相互作用か否か）は，出発点のハミルトニアンを見ただけでは直ちにはわからないこともあるので，注意を要する．

18.2.4　♠ 統計力学における「熱」と「熱浴」

10.1.1 項で述べたように，カノニカル集団を導出する際に「大きな環境系」を用いたのは単に導出の便利のためであり，カノニカル集団は環境系のサイズとは無関係に有効である．それどころか，環境系と熱接触していない孤立系でも有効だ．

それはいいのだが，統計力学では，この「大きな環境系」を熱力学で耳慣れた「熱浴」と呼ぶ文献も少なくない．しかし，その意味は熱力学とは必ずしも一致していない．実は，これに限らず，統計力学では「熱」や「熱浴」を熱力学とは異なる意味で使うことがある．そのような用語の違いを注意しておこう．

熱力学では，有用な不等式を導出する際のツールとして，「熱浴」や「可逆仕事源」を用いることが多い．そのために，（少なくとも拙著 [1] では）次のよう

な理想的な性質を備えた系を**熱浴** (heat bath) とか**熱溜** (heat reservoir；ねつだめ) と呼ぶ：

1. 着目系と熱だけをやりとりする.
2. 平衡への緩和が十分速く，着目系と熱をやりとりしても常に平衡状態にあるとみなせる.
3. 着目系よりもサイズが圧倒的に大きいなどの理由で，着目系と熱をやりとりしても温度が変化しないと見なせる.

それに対して統計力学では，条件 1, 2 を気にせずに，条件 3 だけ満たせば「熱浴」と呼ぶことが少なくない.

さらに，熱力学では**熱** (heat) はいつでも定義できるとは限らず，きちんと整合的に定義できるのは拙著 [1] の 14.8 節での定義ぐらいまでだと思うが[10)]，もっと大胆に定義を拡張する研究分野もある．たとえば，「系にエネルギーが ΔE だけ流れ込んできたときに，エントロピーが $\Delta E/T$ だけ変化したら，その系を「熱浴」と呼び，ΔE を「熱」とか「熱流」と呼ぼう」などの，大胆な定義だ.熱力学の定義における熱と熱浴であればこれを満たすが，逆は成り立たないので，熱力学の観点からは，そういう系は「熱浴」とは限らないし ΔE は「エネルギー流」ではあるが「熱流」とは限らない，ということになる.

熱力学は「熱」が定義できない状況でも成り立つし，環境系が「熱浴」でなくても成り立つが，「熱」や「熱浴」の定義をこれらの拡張した定義に変更して統計力学の議論を行う場合には，当然ながら，熱力学の定理の中で「熱」や「熱浴」という言葉が出てくる定理は適用外（というより無関係）になるので，注意して欲しい.

実を言うと，平衡統計力学の範囲内では，これらの差異や注意を無視しても結果にはほとんど影響しない（だから気にしないことが多い）のだが，非平衡統計力学に進むと無視できなくなる．熱力学は，平衡熱力学であっても，拙著 [1] の 11 章などで示したように，途中に非平衡状態が出現する過程についても様々な定理を与えることができるので，非平衡統計力学でも引き合いに出されることが多いので，要注意だ.

---

10) 「断熱過程」であればもっと広く定義できるが，広く定義するためには正当性がよくわからない仮定を追加するか，あるいは「熱力学の断熱過程に関する定理たちが成り立つ過程」と定義せざるをえず，それらの定理が「定理」ではなく「定義」に格下げになってしまう.

このように，分野によってあまりにも用語が異なるため，本書では，混乱を避けるために，できるだけ「熱」や「熱浴」という言葉を使わないことにするが，使うときには常に熱力学の意味で使うことにする．「熱接触」も同様だ．

18.3　♠ 等重率と平衡状態の典型性

等重率の位置づけは教科書によって異なっており，伝統的な教科書では，本書とは異なり，等重率を満たす混合状態だけが平衡状態であるかのように書いてあることも少なくない[11]．もしも平衡統計力学を他の物理理論と併用することを一切しないのであれば，そのように考えてしまっても困らないかもしれない．しかし，他の物理理論と併用することもあるようならば，そのような考え方は直ちに矛盾に突き当たってしまう．つまり，物理学全体の整合性を重んじる立場をとる場合には[12]，そのような考え方はまずいのだ．実際には，本書で何度か述べたように，マクロに見たら同じ平衡状態をミクロに見たら，等重率を満たすミクロ状態であることもあるし，まったく違うミクロ状態であることもある．本節では，まず前者の例を 18.3.1 項で示し，次に後者の厳密な例を（5.2 節の説明では納得できなかった読者のために）18.3.2 項と 18.3.3 項で示す．最後の 18.3.4 項では，統計力学の適用対象が拡大していく状況に鑑み，特殊な物理量を見たいときには，アンサンブル平均はナンセンスな結果を与えうることを，念のために注意しておく．

18.3.1　♠ 等重率の状態が実現されると期待される状況

まず，等重率を満たすミクロ状態が実験でも実現しそうだと期待できる例を挙げる．16.1 節で述べたように，「状態とは，その用意の仕方のことである」というのが，あらゆる物理の理論に適用される正確な状態の定義であるから，それを踏まえて考えよう．

エントロピーの自然な変数が E, V, N であるようなマクロ系を，平衡状態に用意する実験を考える．簡単のため，相転移はないとしておく．状態を用意する具体的な手順として，E, V, N の値をマクロな精度で調整し，完全な容器に入

11)　本書を書くことを決心してから出版するまでに遅筆のために 20 年以上の歳月が流れたが，その間に冷却原子系の実験をきっかけに統計力学の原理を問う研究が盛んになり，かつてよりは状況はずいぶんと改善されたとは思う．

12)　筆者もその立場をとる一人である．

れて平衡になるまで待つ，という手順をとったとしよう．もしも，E, V, N の値を調整する以外に，特定のミクロ状態が実現されやすいようなバイアスが一切かからないように実験を行ったとしたら，おそらく，その E, V, N の値に（調整の精度の範囲以内で）一致するようなミクロ状態が，どれも同じ確率で混合された混合状態が用意されるだろうと期待される．それは，ミクロカノニカル集団 $\mathrm{me}(E, V, N)$ で表される混合状態に他ならない．

実は，**等重率** (principle of equal a priori probabilities) の英語は，正確に邦訳すると「事前確率は等しいという原理」となるので，上記の期待を表明したような内容になっている．ここで，「事前」とあるのは，5.2.4 項で述べたように，確率分布は測定をすれば変わるから，あくまで事前確率（事前分布）だからだ．測定を行うと，たとえば古典粒子系なら，図 5.5 の (b) や (c) のような状態に変わり，これらはもはや $\mathrm{me}(E, V, N)$ とはほど遠い状態ではあるが，マクロに見たら同じ平衡状態なのであった．

さて，このように書くと，まるで等重率が破れるのは測定したときだけであるかのように勘違いされる恐れもあるので，次項では，測定とは無関係に等重率が破れる厳密な例を挙げよう．

18.3.2 ♠ 等重率と矛盾する厳密な例

平衡状態が等重率を満たすミクロ状態ではあり得なくなるケースの，測定とは無関係で厳密な例を一つ挙げる．

図 18.2 のような，断熱自由膨張過程を考える．断熱容器（完全な容器）の中が，最初は図の (a) のように 2 つに仕切られていて，左側だけに気体が入っていて平衡状態にあったとする．(b) のように仕切り壁を取り外すと，気体は広がっていく．しばらく放置すると，気体が均一に広がった新たな平衡状態 (c) が実現する．

簡単のため $V_1 = V_2 = V/2$ としよう．この過程を熱力学で分析すると，拙著

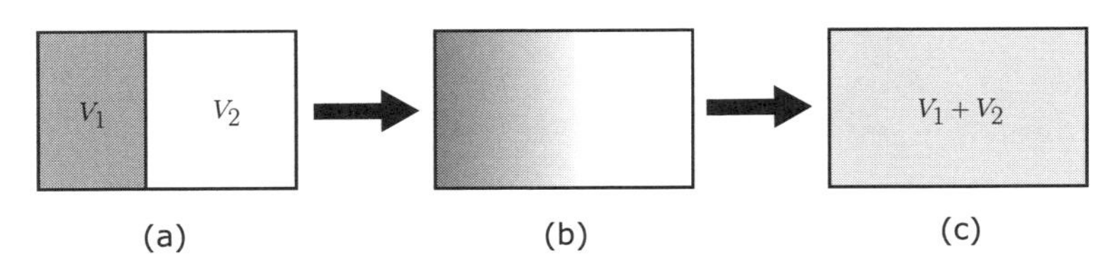

図 18.2 断熱容器の中の気体の断熱自由膨張過程．

[1] の 7 章で理想気体や van der Waals 気体について具体的に計算してみせたように[13]，エントロピー S が

$$\Delta S = S(E, V, N) - S(E, V/2, N) = \Theta(N) > 0 \tag{18.3}$$

だけマクロに増加するのであった．

同じ過程を，平衡統計力学と，古典力学または量子力学を併用して分析したらどうなるか，調べてみよう．初期状態 (a) と終状態 (c) は平衡状態だから平衡統計力学で記述できるが，途中の非平衡過程 (b) を記述するために，古典力学または量子力学を使うわけだ．物理学が全体として整合性がとれていれば，それで何の矛盾も出ないはずである．しかし，等重率を満たす混合状態だけが平衡状態であると考えてしまうと，以下のように矛盾が生じてしまう．

量子系の方が状態数の勘定が明快だから，量子系を考えよう．等重率を満たす混合状態だけが平衡状態であると仮定すると，(a) は，エネルギー殻 $\mathcal{E}(E, V/2, N)$ の全ての状態に確率 $\mathcal{P}_\lambda = 1/W(E, V/2, N)$ を割り当てた混合状態 $\mathrm{me}(E, V/2, N)$ のはずである．この混合状態について，下の補足 18.2 で説明した von Neumann entropy を計算すると，

$$S_{\mathrm{vN}} = -\sum_\lambda \frac{1}{W(E, V/2, N)} \ln \frac{1}{W(E, V/2, N)} = \ln W(E, V/2, N) \tag{18.4}$$

となるから，

$$k_{\mathrm{B}} S_{\mathrm{vN}} \sim S(E, V/2, N) \quad \text{for equilibrium state (a)} \tag{18.5}$$

が成り立つことになる．終状態 (c) については，$\mathcal{E}(E, V, N)$ の全ての状態に確率 $\mathcal{P}_\lambda = 1/W(E, V, N)$ を割り当てた混合状態 $\mathrm{me}(E, V, N)$ のはずであるから，同様の計算により，

$$k_{\mathrm{B}} S_{\mathrm{vN}} \sim S(E, V, N) \quad \text{for equilibrium state (c)} \tag{18.6}$$

となるはずだ．したがって，(a) から (c) への遷移の結果，S_{vN} は，

$$\Delta S_{\mathrm{vN}} \sim \frac{1}{k_{\mathrm{B}}} \Delta S = \Theta(N) > 0 \tag{18.7}$$

---

13)　具体例で計算しなくても，$\Delta S = \Theta(N) > 0$ であることは $S(U, V, N)$ の凸性と $P/T \neq 0$ より自明である．

だけマクロに増えるはずだ．ところが，(a) から (c) への遷移過程を量子力学で分析してみると，孤立系における密度演算子の時間発展は，(16.30) の $|\psi_j\rangle$ がシュレディンガー方程式に従って時間発展して $|\psi_j(t)\rangle$ になるだけだから [14)]，

$$\hat{\rho}(t) = \sum_j \tau_j \, |\psi_j(t)\rangle\langle\psi_j(t)| \tag{18.8}$$

となり，τ_j は変わらない．したがって，(18.9) の中辺の式より S_{vN} は変わらない．すなわち，$\Delta S_{\mathrm{vN}} = 0$ となる．これは (18.7) とは，マクロな大きさで矛盾している．こうして，「等重率を満たす混合状態だけが平衡状態である」という仮定は誤りであることが厳密に示せた．

これに対して，一つの平衡状態に対応するミクロ状態はたくさんあるということに気づけば，上記の矛盾はあっけなく解消する．こうして，5.2 節で説明したように，平衡状態の典型性こそが本質であり，等重率はその応用の一形態に過ぎないことが確認できた．

なお，たとえ実際の平衡状態とは異なるミクロ状態であろうとも，理論の都合上は Gibbs 状態を採用するのが便利なケースは少なからずある．そういう場合には，同じ平衡状態を表す他のミクロ状態もマクロに見る限りはGibbs 状態と同じであることを利用して，Gibbs 状態による計算結果を適宜翻訳してやればよい．S_{vN} のような翻訳できない量にまで Gibbs 状態を使うのは駄目だが，4.4.2 項で述べた平衡統計力学の予言の対象になる量であれば翻訳できる．たとえば上記の例では，終状態が Gibbs 状態ではないことがわかっていても，あえて Gibbs 状態 $\mathrm{me}(E, V, N)$ で熱力学的性質を計算してやれば，それは実際の平衡状態が示す熱力学的性質と一致する．

補足 18.2 ♠von Neumann entropy

混合状態 (16.30) に対して，

$$S_{\mathrm{vN}} \equiv -\sum_j \tau_j \ln \tau_j = -\operatorname{Tr}[\hat{\rho} \ln \hat{\rho}] \tag{18.9}$$

を **von Neumann**（フォン・ノイマン）**エントロピー**と言う．中辺の式だけ見ると，$\hat{\rho}$ を純粋状態に分解する仕方に S_{vN} が依存してしまうように見える

14) 拙著 [10] の 6 章で説明したように，このような時間発展を「ユニタリー時間発展」と言うので，$\Delta S_{\mathrm{vN}} = 0$ という事実を「ユニタリー時間発展では von Neumann エントロピーは不変である」と言い表す習慣である．

かもしれないが，右辺の式を見ると，そうではなくて $\hat{\rho}$ が与えられれば $S_{\rm vN}$ が一意的に定まることがわかる．また，ヒルベルト空間の次元を d とすると，

$$0 \le S_{\rm vN} \le \ln d \tag{18.10}$$

が示せる．$S_{\rm vN}$ は，量子系の密度演算子について，情報理論における Shannon（シャノン）エントロピーを（$\log_2$ を ln に変えた上で）勘定したものである．

18.3.3 ♠ 等重率とは異なる確率を割り当てた平衡状態の例

前項の例について，(a) のミクロ状態が等重率を満たす混合状態であるとしたきに，系がミクロ物理学の法則に従って時間発展したら (c) のミクロ状態がどうなるか計算してみよう．

平衡状態 (a) は $\mathcal{E}(E,V/2,N)$ の全ての状態に確率 $1/W(E,V/2,N)$ を割り当てた混合状態 $\mathrm{me}(E,V/2,N)$ であるとする．すると状態 (c) は，(18.8) からわかるように，$W(E,V,N)$ 個ある $\mathcal{E}(E,V,N)$ の状態のうちの $W(E,V/2,N)$ 個の状態に確率 $1/W(E,V/2,N)$ を割り当て，残りの $W(E,V,N)-W(E,V/2,N)$ 個の状態には確率 0 を割り当てた混合状態になる．

ところで，(18.3) と Boltzmann の公式から，

$$\frac{W(E,V/2,N)}{W(E,V,N)} \sim e^{-\Delta S + o(V)} = e^{-\Theta(V)} \tag{18.11}$$

のように，$W(E,V/2,N)/W(E,V,N)$ は指数関数的に小さい．したがって，(c) の混合状態では，$\mathcal{E}(E,V,N)$ のほとんどの状態に確率 0 が割り当てられている．すなわち，この状態は，$\mathcal{E}(E,V,N)$ の全ての状態に確率 $1/W(E,V,N)$ を割り当てた等重率による混合状態 $\mathrm{me}(E,V,N)$ とはほど遠い状態である．

そうではあるが，平衡状態の典型性によれば，この状態も平衡状態であると考えて矛盾はない．こうして，前項で説明した等重率を過信した場合の見かけの矛盾は解消し，熱力学と（したがって実験とも）整合する．

18.3.4 ♠ アンサンブル平均の限界

上記のように，一つの平衡状態 (c) を表すミクロ状態の表現はたくさんあるのだが，それにもかかわらず，相加物理量の関数であればマクロな精度ではどのミクロ状態も同じ結果を与える，というのが，統計力学の要諦であった．

裏を返せば，そうでない物理量については，どのミクロ状態を採用するかで結果が変わりうる．たとえば最近は平衡状態にあるマクロ系全体の**エンタングルメント** (entanglement) を計算する文献が目立つが，エンタングルメントはどのミクロ状態を採用するかによって，まったく値が変わってしまう量である[15)]．したがって，計算結果に物理的な意味があるか否かを十分に吟味することが必要であろう．

このエンタングルメントの教訓は，次のように一般化することができる[16)]．我々は，ほとんど全ての状態がマクロには同じという平衡状態の典型性を認めた上で，便利な計算手法の一つとしてアンサンブルを導入した．その正当性は，対象とする物理量に対して，

$$\begin{aligned} &\left|\,\text{大多数の状態における値} - \text{アンサンブルでの平均値}\,\right| \\ &\quad = \text{マクロには無視できるほど小さい} \end{aligned} \tag{18.12}$$

という素朴な期待に基づいている．しかしこれは，「対象とする物理量」を相加物理量の関数の素直な関数に限定して成り立つことである．たとえば，少数個の状態が突出した大きな寄与をするような物理量の場合には，このような素朴な期待は完全に裏切られる（下のコラム参照）．

したがって，統計力学を用いて，相加物理量以外の物理量を議論したい場合には，(18.12) が破綻している可能性があることを十分に考慮し，代表的な状態を選んで採用すべきか，Gibbs 状態を採用すべきか，あるいは両者の中間の状態を採用すべきかを，適切に判断する必要がある．

コラム： アンサンブル平均がナンセンスな結果を与える例

アンサンブル平均がナンセンスな結果を与える例として，御手洗菜美子氏によるバクテリアの例が面白いので紹介しよう[*)]．

バクテリアたちが，新たな戦略で大量に増殖しようと企てた．その戦略とは，

- 仲間のうちの一部（割合 x）は増えも減りもしないように控えめに生きる．

---

15) 実際，平衡状態をどんなミクロ状態で表すか次第でエンタングルメントの大きさが，許される最小値と最大値ぐらい異なることを，杉浦祥，清水明，日本物理学会誌 **70**, 368 (2015) にてデモした．なお，系全体より相対的にずっと小さい部分系の縮約密度演算子の von Neumann エントロピーならば，続巻で説明するように，ミクロ状態の表現に依らずに物理的な結果を与える．

16) これは，p.377 の脚注 6 で述べた非可換性に基づく困難とはまったく別の限界である．非可換性に基づく困難は，相加物理量を対象にしていても生じる，統計力学としてはより深刻な問題なので，続巻で解説する．

- 残りの仲間（割合 $1-x$）は，「僅かな確率 p ($p \ll 1$) で死にはするが，1 に近い確率 $1-p$ で 2 倍に増えることができる」という賭けに打って出る．

というものだ．万が一失敗して絶滅してしまったら大変だと考えたバクテリアたちは，この戦略における最適な x の値を物理学者に計算してもらうことにした．

その物理学者は，こう考えた：バクテリアたちが増殖期を迎えるたびに，確率 p と $1-p$ で未来が枝分かれしていく．それぞれの「枝」を「軌道」に対応づければ，統計力学の問題そのものじゃないか．したがって，あらゆる「枝」をあつめた統計集団を考えて，そこでの平均値（期待値）を調べればいい．

そこで物理学者は樹形図を書くなどしてしばらく計算し，次の結果を得た：初期状態におけるバクテリアの総数を $N(0)$ とすると，t 回目の増殖時のバクテリア数の期待値 $\langle N(t)\rangle$ は

$$\langle N(t)\rangle = N(0)[(1-p)(2-x)+px]^t = N(0)[2-2p-x(1-2p)]^t \qquad (18.13)$$

となる．この結果から，物理学者は，「明らかに $x=0$ が最適ですよ」とアドバイスした．

バクテリアたちは，そのアドバイスに従って，意気揚々と全員が賭けに打って出ることにした．その結果，バクテリアたちは急速に仲間を増やすことができて物理学者にとても感謝していたのだが，ある日，$t \simeq 1/p$ 回目ぐらいの増殖期だったか，運悪く僅かな確率 p の「外れくじ」を引いてしまい，絶滅した．

このようなおかしな結果になってしまったのは，アンサンブル平均では「一度も外れくじを引いてしまうことなく，毎回 2 倍に増える」という，トータルで見れば滅多に起こりそうもない（確率 $\simeq (1-p)^t$ だから t が増すにつれて急速にゼロに近づく）事象の寄与が突出して大きくなってしまうために，平均値に意味がなくなるからである．

もしも物理学者が代表的な「枝」を調べるようにしていたならば、$x=2p$ という合理的なアドバイスができて，バクテリアは絶滅せずに済んだであろうに….

*) 御手洗氏によると，この種の問題について引用必須の文献は，J. L. Kelly, The Bell System Technical Journal, 35 (1956) 917 とのことだ．

参考文献

熱力学

統計力学を理解するためには，熱力学の理解が必須である．しかし，2 章で述べたように，熱力学の基本原理（公理）を，一次相転移が起こっても破綻しないように EVN 表示で，十分に一般的かつ正確に述べた教科書はほとんどない．筆者が知る限りは，拙著

[1] 清水明『熱力学の基礎 第 2 版 I, II』（東京大学出版会, 2021）

だけである．ただし，EVN 表示の熱力学の利点はまったく活用されていないが，単に概要だけを知りたいということであれば，

[2] H.B. Callen, *Thermodynamics and an introduction to thermostatistics*, 2nd edition (Wiley, 1985).

も使える．教科書でなく論文集でよければ選択肢は広がり，たとえば，

[3] The Scientific Papers of J. W. Gibbs Vol. I (Longmans, Green, and Co., 1906)．現時点では Ox Bow Press から出版されている．

は，EVN 表示の熱力学を提示した記念碑的な論文集である．

一方，EVN 表示ではない（したがって，一次相転移が起こる場合などには考え直す必要がある）が，定評がある教科書は，

[4] 田崎晴明『熱力学 — 現代的な視点から』（培風館, 2000）

である．力学的仕事のように「仕事」が常に定義できるケースに絞っているので，そうはいかない化学的仕事に登場する N は他の変数とは別扱いにするなど，適用範囲の広さや普遍性を重視する拙著 [1] とは異なるアプローチを採っているが，現代的な良書である．

統計力学

統計力学の教科書でまずお勧めできるのは，現代的な

[5] 田崎晴明『統計力学 I, II』（培風館, 2008）

である．ただし，同著者の熱力学 [4] と同様に，適用範囲の広さや普遍性を重視する本書とは異なるアプローチを採っている．また，実際の平衡状態を議論するのは最小限にして，Gibbs 状態を「戦略」と割り切った上で全面的に使っている．

一方，今となっては古い面があるのと，行間がとても広いのが難点であるが，捨てがたい魅力があるのが，

[6] ランダウ・リフシッツ『統計物理学』（岩波書店, 1980）

である．演習書については，多くの問題が収録されていて定評がある

[7] 久保亮五他『大学演習 熱学・統計力学』（裳華房, 1998）

は，物理学を志す人は必携だろう．

ミクロ物理学と熱力学・統計力学との整合性を数学的に厳密に示そうという数理物理学の研究も行われていて，たとえば次の教科書がある：

[8] D. Ruelle, *Statistilca Mechanics – Rigorous Results* (Benjamin, 1977)

[9] 荒木不二洋『統計物理の数理』（岩波書店, 2004）

量子論

統計力学は，古典力学で理解するよりも，量子論で理解する方がわかりやすい面がある．相空間を必要以上に重要視するような旧来の統計力学を，半ば公式として習得するのが目的であれば，量子論の教科書は，正準量子化が書いてある本ならどれでもいいだろう．しかし，統計力学の基礎をきちんと理解しようとするならば，量子論の教科書も，基礎（正準量子化の注意点とか，正準量子化に頼らない量子論の本質など）をきちんと解説した，高い視点から書かれた本を読むべきである．易しい本でそのような書き方をしているものはなかったので書き下ろしたのが，拙著

[10] 清水明『新版 量子論の基礎』（サイエンス社, 2004）

である．本書は，この本のレベルの理解で十分読めるように書いた．ただ，スペードマーク付きの項目に書いたように，物理学の標準的な（数学的にはずさんな）数学の使い方をしているので，その点が気になる読者は，

[11] 荒木不二洋『量子場の数理』(岩波書店, 1993)

[12] 新井朝雄・江沢洋『量子力学の数学的構造 I, II』(朝倉書店, 1999)

などを参照して欲しい.

また, 量子測定にまつわることは, 拙著『量子論の発展 (仮題)』が出版されるまでは,

[13] K. Koshino and A. Shimizu, Physics Reports **412** (2005) 191 の section 4 に書いた現代的な測定理論の review

などを参照して欲しい.

数学

統計力学で用いる数学については, たとえば,

[14] 高木貞治『解析概論』(岩波書店, 1993/2010) の前半

[15] 山本昌宏『基礎と応用 微分積分』(サイエンス社, 2004)

[16] 金子 晃『基礎と応用 応用微分積分 I, II』(サイエンス社, 2000, 2001)

をお勧めする. [14] はいわずと知れた名著だが, [15], [16] は微分・積分の「ココロ」が書いてあって, 理工系の学生なら是非持っていたい教科書である.

なお, 筆者が具体的な文献名を挙げたからといって, それは, 決してこれらの文献に不満や誤りがないということではない. もともと, 自分が書いた文献以外に, 責任を持てるはずがないし, どの本にも (この本にも) 少なからぬ不満点がある. しかし, たとえ完璧な本があったとしても, 結局は自分で計算をやり直すなどして自分の頭で整理し直して消化しないと身に付かないことを注意しておく. それは, どんなに素晴らしいサッカーの本を読んでも, 実際にボールを蹴って練習しなければサッカーができないのと同じことである.

付録

A 凸関数

多変数 $\vec{x} \equiv (x_1, x_2, x_3, \cdots)$ の関数 $f(\vec{x})$ が，凸集合 D を定義域とし，D の中の任意の 2 点 $\vec{a}, \vec{b}$ と，$0 < \tau < 1$ の範囲の任意の実数 τ について，

$$f(\tau\vec{a} + (1-\tau)\vec{b}) \geq \tau f(\vec{a}) + (1-\tau)f(\vec{b}) \tag{A.1}$$

を満たすとき，f は**上に凸** (concave) であると言う．

とくに，この式の $\geq$ を $>$ にしても成り立つときは**狭義上凸** (strictly concave) であると言う．また，逆向きの不等号が成り立つときは，それぞれ，**下に凸** (convex)，**狭義下凸** (strictly convex) であると言う．

本書では，上に凸な関数と下に凸な関数を併せて**凸関数**と呼び，狭義上凸関数と狭義下凸関数を併せて**狭義凸関数**と呼ぶ．

凸関数の基本的な性質を数学の定理としてまとめておく．簡単のため 1 変数関数について述べるが，多変数関数でも同様である．また，「上に（下に）」などの表現は，括弧なしの部分の主張と，括弧内の主張の，両方をまとめて書いたものである．たとえば，「負の数の n 乗は，n が偶数（奇数）なら正（負）である」のように使う．これは，英語でも日本語でも標準的な科学文献の書き方なので覚えてほしい．

数学の定理 A.1　区間 I において上に（下に）凸な関数 $f(x)$ は，

1. I の内点において連続．
2. I からたかだか可算個の点を除いた集合の上で連続的微分可能．
3. I の内点において左右の微係数 $D_x^{\pm} f(x)$ が存在し，それは微係数の左右の極限値に等しい．

$$D_x^{\pm} f(x) = \lim_{\epsilon \to +0} f'(x \pm \epsilon) \equiv f'(x \pm 0) \equiv \frac{df(x \pm 0)}{dx}. \tag{A.2}$$

4. I の内点 x では，

$$f'(x-0) \geq f'(x+0) \quad \big(f'(x-0) \leq f'(x+0)\big). \tag{A.3}$$

5. I の任意の 2 つの内点 a, b について，$a < b$ であれば

$$f'(a+0) \geq f'(b-0) \quad \left(f'(a+0) \leq f'(b-0)\right). \tag{A.4}$$

6. I の内点 x_* において

$$f'(x_*+0) \leq 0 \leq f'(x_*-0) \quad \left(f'(x_*+0) \geq 0 \geq f'(x_*-0)\right) \tag{A.5}$$

であれば，

$$f(x_*) \geq f(x) \quad (f(x_*) \leq f(x)) \quad \text{for all } x \in I. \tag{A.6}$$

つまり，x_* において $f(x)$ は最大値（最小値）をとる．

7. 特に x_* において微分可能な場合には（$f'(x_*+0) = f'(x_*-0) = f'(x_*)$ なので），これは次のように簡単になる：I の内点 x_* において $f'(x_*) = 0$ ならば，x_* において $f(x)$ は最大値（最小値）をとる．

項目 4 から 7 はグラフを書けば自明であり，特に項目 7 は高校数学で習ったことである．

B　ルジャンドル変換

通常の熱力学や解析力学などの教科書に載っているのは，いたるところ微分可能な狭義凸関数に対するルジャンドル変換だが，ここでは，相転移を扱う必要から，ところどころ微分不能な凸関数にも有効な，(B.4) またはそれと等価な (B.10) で定義されるルジャンドル変換を説明する．

B.1　定義

一般に，凸関数は連続関数だとは言えるが，図 B.1 のように，ところどころ偏微分不能ではありうる [1]．

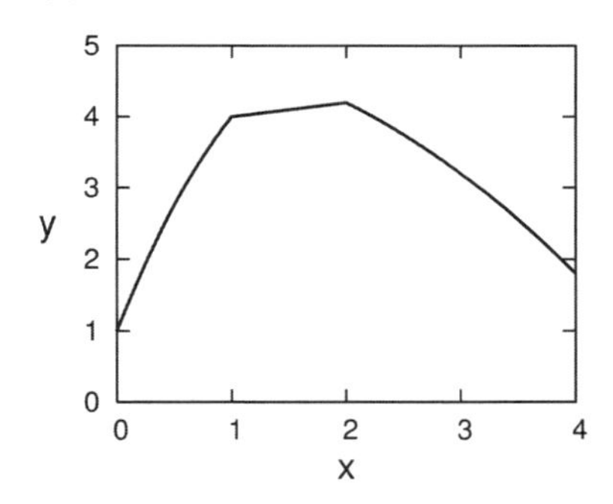

図 B.1　上に凸な関数のグラフの例．$x = 1, 2$ では偏微分不能だが，左偏微分係数と右偏微分係数は存在し，それぞれ（近くの，偏微分可能な領域内で求めた）偏微分係数の，左右の極限値に等しい．

それでも，この図の関数のように，左偏微分係数と右偏微分係数は存在し，それぞれ，（近くの，偏微分可能な領域内で求めた）偏微分係数の，左右の極限値

$$\frac{\partial f(x_1 - 0, \vec{y})}{\partial x_1} \equiv \lim_{\epsilon \to +0} \frac{\partial f(x_1 - \epsilon, \vec{y})}{\partial x_1}, \tag{B.1}$$

$$\frac{\partial f(x_1 + 0, \vec{y})}{\partial x_1} \equiv \lim_{\epsilon \to +0} \frac{\partial f(x_1 + \epsilon, \vec{y})}{\partial x_1} \tag{B.2}$$

に等しい [1]．凸関数ならではのこの性質を利用すると，ルジャンドル変換を次のように定義することができる．

凸集合になっている開集合を定義域とする，下に凸な n 変数関数 $f(x_1, x_2, \cdots, x_n)$ について，$(x_2, \cdots, x_n) \equiv \vec{y}$ と書く．$\vec{y}$ のそれぞれの値ごとに，

$$\inf_{x_1} \frac{\partial f(x_1+0,\vec{y})}{\partial x_1} < p_1 < \sup_{x_1} \frac{\partial f(x_1-0,\vec{y})}{\partial x_1} \tag{B.3}$$

を変域とする変数 p_1 を導入する．そして，$x_1, \vec{y}$ の代わりに $p_1, \vec{y}$ を変数とする関数 $h_1(p_1, \vec{y})$（h_1 の添え字 1 は f を x_1 についてルジャンドル変換したことを表す）を，次のように構成する：

数学の定義： ルジャンドル変換

下に凸な関数 $f(x_1, \vec{y})$ について，関数 $h_1(p_1, \vec{y})$ を

$$h_1(p_1,\vec{y}) \equiv f(x_1,\vec{y}) - x_1 p_1 \text{ with any } x_1 \text{ such that} \quad \frac{\partial f(x_1-0,\vec{y})}{\partial x_1} \le p_1 \le \frac{\partial f(x_1+0,\vec{y})}{\partial x_1} \tag{B.4}$$

で定義し，f の x_1 についての**ルジャンドル変換** (Legendre transform) と呼ぶ．x_1 以外の変数についてのルジャンドル変換も同様である．また，$f(x_1, x_2, \cdots, x_n)$ が上に凸な場合には，(B.3) と (B.4) の不等式の左右の偏微分係数を入れ替える．

ここで，with 以下は，such that（＝のような）の意味通りに，

$$\frac{\partial f(x_1-0,\vec{y})}{\partial x_1} \le p_1 \le \frac{\partial f(x_1+0,\vec{y})}{\partial x_1} \tag{B.5}$$

を満たすような x_1 の値を（一意的でなければどれでもいいから）入れなさい，という意味である．つまり，雑に言えば $f(x_1, \vec{y}) - x_1 p_1$ の値を p_1 で表したものが $h_1(p_1, \vec{y})$ なのだが，「p_1 で表す」には x_1 にどんな値を代入するか決めないといけない．それを with 以下で指定しているわけだ．

たとえば，そうして決めた x_1 が，f が偏微分可能な領域内にあれば，

$$\frac{\partial f(x_1-0,\vec{y})}{\partial x_1} = \frac{\partial f(x_1+0,\vec{y})}{\partial x_1} = \frac{\partial f(x_1,\vec{y})}{\partial x_1} \tag{B.6}$$

であるから，(B.5) は

$$\frac{\partial f(x_1,\vec{y})}{\partial x_1} = p_1 \tag{B.7}$$

と簡単になる．相転移があると，これを満たす x_1 の値は一つに決まるとは限らないが，そのどれでもいいから $f(x_1, \vec{y}) - x_1 p_1$ に代入すれば，$f(x_1, \vec{y}) - x_1 p_1$ の値が一意的に定まり，それが $h_1(p_1, \vec{y})$ になる．つまり，この場合の (B.4) は

$\boldsymbol{f}$ が偏微分可能なときのルジャンドル変換

$$h_1(p_1,\vec{y}) = f(x_1,\vec{y}) - x_1 p_1 \text{ with any } x_1 \text{ such that } \frac{\partial f(x_1,\vec{y})}{\partial x_1} = p_1 \quad \text{(B.8)}$$

と少し簡単になる．

とくに，(B.7) を満たす x_1 の値が（$p_1, \vec{y}$ のそれぞれの値ごとに）一つに定まるときには，その値を $x_1(p_1,\vec{y})$ と書くと，(B.8) はさらに簡単に，

$\boldsymbol{x_1(p_1,\vec{y})}$ がひとつに定まるときのルジャンドル変換

$$h_1(p_1,\vec{y}) = f(x_1(p_1,\vec{y}),\vec{y}) - x_1(p_1,\vec{y})p_1 \quad \text{(B.9)}$$

となる．この最も簡単なケースの表式が解析力学などに出てくる表式だが，熱力学は相転移も扱う理論なので f は微分可能とは限らず，もっと一般的な定義 (B.4) や (B.8) が必要になる．

以上のようなルジャンドル変換の定義は，意味がわかりやすいのと，実際の計算に便利なのがメリットである [1]．一方，何かを証明するときなどには，凸関数に対しては (B.4) と等価な，次の定義が便利である：

数学の定義： ルジャンドル変換（別の表現）
変数 p_1 の変域 (B.3) などの前提は，(B.4) と同じとする．下に凸な関数 $f(x_1,\vec{y})$ について，関数 $h_1(p_1,\vec{y})$ を

$$h_1(p_1,\vec{y}) \equiv \inf_{x_1}\left[f(x_1,\vec{y}) - x_1 p_1\right]. \quad \text{(B.10)}$$

で定義し，f の x_1 についての**ルジャンドル変換** (Legendre transform) と呼ぶ．x_1 以外の変数についてのルジャンドル変換も同様である．また，$f(x_1, x_2, \cdots, x_n)$ が上に凸な場合には，inf を sup に替え，(B.3) の不等式の左右の偏微分係数を入れ替える．

凸関数に対しては，どちらの定義でも同じ $h_1(p_1,\vec{y})$ が得られるので，目的に応じて便利な方を使えばよい．

いずれにせよ，ルジャンドル変換は，$f(x_1,\vec{y}) - x_1 p_1$ を，指定された仕方で（つ

まり，(B.4) や (B.10) に従って）$p_1, \vec{y}$ の関数として表したものである．そこで本書では，拙著 [1] と同様に，次のように略記することにする：

$$\boxed{h_1(p_1, \vec{y}) = [f(x_1, \vec{y}) - x_1 p_1](p_1, \vec{y})} \tag{B.11}$$

B.2 いくつかの性質

熱力学を理解する上で，次の諸定理は基本的である．

数学の定理 B.1　ルジャンドル変換で得られた関数の凸性
$f(x_1, \vec{y})$ が下に（上に）凸であれば，$h_1(p_1, \vec{y})$ は p_1 については上に（下に）凸で，$\vec{y} = x_2, \cdots, x_n$ については下に（上に）凸な，連続関数である．

つまり，一つの変数についてルジャンドル変換すると，その変数についての凸性がひっくり返り，残りの変数については，元の関数の凸性が引き継がれる．

微係数については，微分可能な領域では単純に，次の結果になる：

数学の定理 B.2　$f(x_1, \vec{y})$ も $h_1(p_1, \vec{y})$ も微分可能ならば，h_1 の p_1 に関する微係数は，x_1 を $(p_1, \vec{y})$ で表した関数 $x_1(p_1, \vec{y})$ を与える：

$$\frac{\partial}{\partial p_1} h_1(p_1, \vec{y}) = -x_1(p_1, \vec{y}). \tag{B.12}$$

解析力学ではこれで済むし，熱力学でも相転移を扱わない限りはこれで済む．ただ，相転移があると，熱力学では微分不可能な（左右の微係数が一致しない）ケースを扱う必要が出てくる．その場合には，左右の微係数 $\dfrac{\partial}{\partial p_1} h_1(p_1 \pm 0, \vec{y})$ は，$\dfrac{\partial}{\partial x_1} f(x_1 - 0, \vec{y}) \le p_1 \le \dfrac{\partial}{\partial x_1} f(x_1 + 0, \vec{y})$ を満たすような x_1 の上下限を与える：

数学の定理 B.3　下に凸な関数 $f(x_1, \vec{y})$ や，そのルジャンドル変換 $h_1(p_1, \vec{y})$ の左右の微係数が一致しない（つまり微分不可能な）場合には，

$$
\begin{aligned}
&-\frac{\partial}{\partial p_1} h_1(p_1 - 0, \vec{y}) \\
&\quad \le \left[\frac{\partial}{\partial x_1} f(x_1 - 0, \vec{y}) \le p_1 \le \frac{\partial}{\partial x_1} f(x_1 + 0, \vec{y}) \text{ を満たす } x_1 \right] \\
&\qquad \le -\frac{\partial}{\partial p_1} h_1(p_1 + 0, \vec{y}). \qquad \text{(B.13)}
\end{aligned}
$$

B.3　逆ルジャンドル変換

ルジャンドル変換の著しい特徴は，ルジャンドル変換して得られた関数を「逆ルジャンドル変換」すれば，元の凸関数が得られることだ：

数学の定理 B.4　逆ルジャンドル変換
下に凸な関数 f をルジャンドル変換して得られた，p_1 について上に凸な関数 $h_1(p_1, \vec{y})$ に対して，関数 $f(x_1, \vec{y})$ を

$$
f(x_1, \vec{y}) = [h_1(p_1, \vec{y}) + p_1 x_1](x_1, \vec{y}) \qquad \text{(B.14)}
$$

$$
\begin{aligned}
&\equiv h_1(p_1, \vec{y}) + p_1 x_1 \text{ with any } p_1 \text{ such that} \\
&\quad -\frac{\partial h_1(p_1 - 0, \vec{y})}{\partial p_1} \le x_1 \le -\frac{\partial h_1(p_1 + 0, \vec{y})}{\partial p_1} \qquad \text{(B.15)}
\end{aligned}
$$

で定義し，h_1 の p_1 についての**逆ルジャンドル変換**と呼ぶ．こうして得られた関数 f は，元の関数 f に一致する．

h_1 が偏微分可能な領域内であれば，(B.15) の不等式は

$$
\frac{\partial h_1(p_1, \vec{y})}{\partial p_1} = -x_1 \qquad \text{(B.16)}
$$

と簡単になるから，これを満たす p_1 の値を（相転移のために複数個あったらどれでもいいから）$p_1(x_1, \vec{y})$ と書くと，(B.15) は単に，

h_1 が偏微分可能なときの逆ルジャンドル変換

$$
f(x_1, \vec{y}) = h_1(p_1(x_1, \vec{y}), \vec{y}) + p_1(x_1, \vec{y}) x_1 \qquad \text{(B.17)}
$$

と簡単になる．

B.4　複数の変数に対するルジャンドル変換

最後に，$f(x_1, x_2, x_3, \cdots, x_n)$ を 2 つの変数についてルジャンドル変換したものを考えよう．たとえば，x_1 についてルジャンドル変換して得た $h_1(p_1, x_2, x_3, \cdots, x_n)$ を，さらに x_2 についてルジャンドル変換した

$$\begin{aligned} & h_{12}(p_1, p_2, x_3, \cdots, x_n) \\ & \quad \equiv [h_1(p_1, x_2, x_3, \cdots, x_n) - x_2 p_2](p_1, p_2, x_3, \cdots, x_n) \\ & \quad = [f(x_1, x_2, x_3, \cdots, x_n) - x_1 p_1 - x_2 p_2](p_1, p_2, x_3, \cdots, x_n) \end{aligned} \tag{B.18}$$

がその一例である．3 行目の書き方だと，逆の順序にルジャンドル変換した

$$\begin{aligned} & h_{21}(p_1, p_2, x_3, \cdots, x_n) \\ & \quad \equiv [h_2(x_1, p_2, x_3, \cdots, x_n) - x_1 p_1](p_1, p_2, x_3, \cdots, x_n) \end{aligned} \tag{B.19}$$

と見分けが付かなくなるが，$h_{12} = h_{21}$ が示せるので構わない．この関数は，前項で議論した h_1 と同様に，連続関数で，変換した変数については凸性がひっくり返り，残りの変数については凸性が保持される．

以上について，詳しいことや具体的な計算の仕方は，拙著 [1] の 12 章を参照されたい．

C　低温におけるフェルミ分布関数を含む積分の計算公式

(14.60) や (14.74) に限定せずに，もっと一般の，

$$\int_0^\infty g(\varepsilon)f_+(\varepsilon)d\varepsilon. \tag{C.1}$$

の形の積分の公式を導こう．ただし $g(\varepsilon)$ は，$f_+(\varepsilon)$ に比べれば変化が緩やかで，（少なくとも $\varepsilon=\mu$ の近くでは）滑らかな関数とする．

$f_+(\varepsilon)$ は，$\varepsilon=\mu$ において 1 から 0 に鋭く変化する階段が，$\varepsilon\simeq\mu$ 付近だけ滑らかに崩れたような形をしているのであった．従って，一番粗い近似としては，この崩れを無視して

$$\int_0^\infty g(\varepsilon)f_+(\varepsilon)d\varepsilon \simeq \int_0^\mu g(\varepsilon)d\varepsilon \tag{C.2}$$

と近似できる．より精度の良い近似式を見いだすために，両辺の差を計算しよう．その際，階段と $f_+(\varepsilon)$ の差が，$\varepsilon=\mu$ を中心にほとんど対称であることに着目して，積分区間 $[0,\infty)$ を，$[0,\mu]$ と $[\mu,\infty)$ に分けて考える：

$$\begin{aligned}
&\int_0^\infty g(\varepsilon)f_+(\varepsilon)d\varepsilon - \int_0^\mu g(\varepsilon)d\varepsilon \\
&\quad= \int_\mu^\infty g(\varepsilon)f_+(\varepsilon)d\varepsilon - \int_0^\mu g(\varepsilon)(1-f_+(\varepsilon))d\varepsilon \\
&\quad= \int_\mu^\infty \frac{g(\varepsilon)}{e^{\beta(\varepsilon-\mu)}+1}d\varepsilon - \int_0^\mu \frac{g(\varepsilon)}{e^{-\beta(\varepsilon-\mu)}+1}d\varepsilon
\end{aligned} \tag{C.3}$$

ここで，$1-f_+(\varepsilon)=1/[e^{-\beta(\varepsilon-\mu)}+1]$ となることを用いた．

右辺の 2 つの積分を，それぞれ，$x\equiv\beta(\varepsilon-\mu), x\equiv-\beta(\varepsilon-\mu)$ とおいて書きかえ，面倒なので $k_{\rm B}=1$ なる単位系で計算すると，

$$T\int_0^\infty \frac{g(\mu+Tx)}{e^x+1}dx - T\int_0^{\beta\mu} \frac{g(\mu-Tx)}{e^x+1}dx. \tag{C.4}$$

今は $T\ll T_F$ の場合を考えているから，第 2 項の積分の上限は，$\beta\mu\simeq T_F/T\gg 1$ であり，しかも，$1/(e^x+1)\ll 1$ for $x\gg 1$ だから，上限を ∞ に伸ばしても積分値はほとんど変わらない（誤差は指数関数的に小さい）．すると，2 つの積分は綺麗にまとまり，

$$T\int_0^\infty \frac{g(\mu+Tx)-g(\mu-Tx)}{e^x+1}dx. \tag{C.5}$$

$g(\mu \pm Tx)$ は（少なくとも $x = 0$ の近くでは）滑らかな関数であるのだから，$x = 0$ のまわりでテイラー展開できる：

$$g(\mu \pm Tx) = g(\mu) \pm g'(\mu)Tx + \frac{g''(\mu)}{2}(Tx)^2 \pm \cdots . \tag{C.6}$$

ゆえに，式 (C.5) は，

$$2g'(\mu)T^2 \int_0^\infty \frac{x}{e^x + 1} dx + O(T^3). \tag{C.7}$$

となる．ここに現れた定積分は，もはや何のパラメータも含まないので，ただの正定数であり，その値は $\pi^2/12$ である．

最後に，単位系を元に戻すために T^2 を $(k_\mathrm{B}T)^2$ に置き換えてやれば，粗い近似式 (C.2) を改良した，

$$\boxed{\int_0^\infty g(\varepsilon) f_+(\varepsilon) d\varepsilon = \int_0^\mu g(\varepsilon) d\varepsilon + \frac{\pi^2}{6} g'(\mu)(k_\mathrm{B}T)^2 + O(T^3)} \tag{C.8}$$

という公式を得る．この公式（および，もっと高次の項）を **Sommerfeld**（ゾンマーフェルト）**の公式**と呼ぶ．

D 電磁場の量子論について

拙著 [10] の 2.3 節や 7.4 節や 9 章で述べたように，具体的な物理系に量子論を適用する際には，その系の基本的な変数に何を選ぶかについて，ある程度の任意性がある．たとえば，粒子を 14.2 節のようにして扱う量子論では，その位置座標と運動量を基本的な変数に選んだことに相当する．

しかし，光子の場合には，それはうまくいかない．というのも，光子は光速で走っているので，相対論の効果を考えざるをえないからだ．一般に，相対論的な粒子は，エネルギーが大きくなると粒子と反粒子を生成することが可能になるために，コンプトン波長

$$\frac{h}{mc} \tag{D.1}$$

よりも短いスケールでは，粒子の位置座標は物理的意味を失うのだ．そのため，14.2 節のような，シュレディンガー表現による非相対論的な扱いは（せいぜい Dirac の相対論的量子力学までしか）使えなくなる．光子のコンプトン波長に相当するのは，光子の波長である．これは，（真空中の）光子をその波長程度よりも局在させることはできない，というよく知られた事実に相当する．そのため，位置座標 $\hat{x}$ の"固有関数" $|x\rangle$ を基底ベクトルに用いて状態ベクトル $|\psi\rangle$ を成分表示した，シュレディンガーの「波動関数」$\psi(x)$ を光子に用いることはできないわけだ．

そこで，相対論的な「場」を基本的な変数に選んで量子論を組み立てる必要がある．光子の「場」は，ベクトルポテンシャル $\boldsymbol{A}(\boldsymbol{r}, t)$ とスカラーポテンシャル $\phi(\boldsymbol{r}, t)$ から成る「4 元ポテンシャル」である．その際に，光子の質量がゼロである（ゲージ場である）ことのために，4 つの成分を持つ 4 元ポテンシャルでは自由度が多すぎる，という問題が発生する．これは，ゲージ変換できる分だけ自由度が余分にある，ということである．

この問題は，高エネルギーの現象を扱う場合には，「くり込み理論」などがうまく適用できるようにするために，相対論的な不変性が顕わに保たれるような仕方で処理するのだが，「不定計量のヒルベルト空間」や非物理的な場を導入したりする必要性が出てきてしまう．

そこで，量子光学や物性物理学や電子工学などにおいては，高エネルギーの問題は適切に処理されているものと考えて，相対論的な不変性が見えにくくなるクーロ

ンゲージ

$$\nabla \cdot \boldsymbol{A}(\boldsymbol{r}, t) = 0 \tag{D.2}$$

を採用するのが普通である．すると，3 成分のベクトルポテンシャルの自由度は 2 成分に落ち，スカラーポテンシャルは電荷分布で完全に決まる従属量になる．こうして，光子の自由度が 2 に落ちて，それが，光子の偏光の自由度 = 2 に合致する．その代わり，場の交換関係がやや特殊な形になるが，生成・消滅演算子の交換関係は普通の形になるので，それでよしとする．さらに，光子のヒルベルト空間は，物質との相互作用がない自由電磁場のヒルベルト空間で済ませることが多い [1)]．以上のようにすると，15.2.1 項に述べた扱い方になるわけだ．これが，量子光学や物性物理学や電子工学などにおける，光子の典型的な扱い方である [2)]．

1)　物質中の電磁場になると，様々な流儀の扱い方があるのだが，A. Shimizu, T. Okushima and K. Koshino, Materials Science and Engineering B48 (1997) 66 (arXiv:quant-ph/9804028) に書いたような様々な注意が必要になる．

2)　ただし，非物理的な赤外発散をなくすために，$k \to 0$ のモードの cutoff は高エネルギー物理と同様に導入しておいた．

E　問題解答

問題 7.1 E/ϵ 個の白玉を $(V/\gamma - 1)$ 個の黒玉で V/γ 組に仕切る仕方の数を考えれば (7.10) を得る．それに (7.12) を適用し，$(N-1)\ln(N-1)-(N-1) = N(\ln N - 1) + o(N)$ などを用いれば (7.13) を得る．

問題 8.1 長さ L の 1 次元系を考える．まず量子力学の状態を考える．境界条件を変更しても $L \to \infty$ での結果には影響しないことが示せる．そこでここでは，周期境界条件，$\psi(x+L) = \psi(x)$ for all x，で考える．すると，自由粒子のエネルギー固有状態は，n を整数として，$\exp(ik_n x)/\sqrt{L}$，$k_n = 2\pi n/L$ である．したがって，波数間隔 $\Delta k = k_{n+1} - k_n = 2\pi/L$ ごとに，1 個の状態がある．ゆえに，ド・ブロイの関係式 $p = \hbar k$ より，運動量間隔 $\Delta p = 2\pi\hbar/L$ ごとに 1 個の状態がある．したがって，適当な区間 $(p_-, p_+]$ の中に含まれる状態数は，$(p_+ - p_-)/(2\pi\hbar/L)$ 個である．一方，古典力学では，当該の状態たちが占める相空間の面積は $L(p_+ - p_-)$ である．したがって，一つの量子状態当たりの相空間の面積は，$L(p_+ - p_-)/[(p_+ - p_-)/(2\pi\hbar/L)] = 2\pi\hbar$ だとわかる．

問題 8.3 z 軸に沿っておかれたロールケーキを考えると，x-y 方向には 2 次元球（= 円）を成して閉じているが，z 方向は開いている．そこをスポンジで覆って閉じれば，3 次元球に昇格できる．このとき，ケーキの中心にあるフルーツは増やしていないので，スポンジの割合が増す．ところが，こうして 3 次元ロールケーキ = 饅頭に昇格したものを 4 次元の住人が見ると，まだ 1 方向が開いているではないか！　そこを閉じて 4 次元球に昇格させるためには，またスポンジが要る．これを繰り返して高次元球に行き着くためには，とてつもない量のスポンジを加えることになり，出来上がった高次元饅頭は，スポンジが占める割合が圧倒的になるわけだ．統計力学の状態空間は，次元が巨大なので，皮だけで物事が決まるようになっていて，状態数 W を総状態数 Ω で置き換えてよい．ところで，スポンジの割合が増えた 3 次元ロールケーキはフルーツ好きの筆者には耐えがたいので，不満を抑えるには，皮を薄くする必要がある．だから，饅頭のような 3 次元球の食べ物は，ロールケーキのような 2 次元球の食べ物よりも皮が薄いのだろう．

問題 8.4 E/ϵ 個の白玉を V/γ 個の黒玉で $(V/\gamma + 1)$ 組に仕切る仕方の数を考えればよい．その際，系の外にある $(V/\gamma + 1)$ 組目に白玉が入ると，系（1 から V/γ 番目までの組）のエネルギーは E より小さくなる，と考えればよい．この Ω を Boltzmann の公式の W に用いてスターリングの公式を適用すれば，(7.14) と同じ結果が得られる．

問題 13.3 固有値は，どれも ± 1 である．それぞれの固有値に属する $\hat{X}, \hat{Y}, \hat{Z}$ それぞれの固有ベクトルを $|\phi^X_{\pm 1}\rangle$, $|\phi^Y_{\pm 1}\rangle$, $|\phi^Z_{\pm 1}\rangle$ とすると，

$$|\phi^X_{\pm 1}\rangle = \frac{1}{\sqrt{2}}\begin{pmatrix}1\\ \pm 1\end{pmatrix},\ |\phi^Y_{\pm 1}\rangle = \frac{1}{\sqrt{2}}\begin{pmatrix}1\\ \pm i\end{pmatrix},\ |\phi^Z_{+1}\rangle = \begin{pmatrix}1\\ 0\end{pmatrix},\ |\phi^Z_{-1}\rangle = \begin{pmatrix}0\\ 1\end{pmatrix}.$$

問題 13.5 (13.42) の両辺に，射影演算子 $\hat{\mathcal{P}}(a')$ をかけると，

$$\hat{\mathcal{P}}(a')\hat{\mathcal{P}}(a)\,|\phi\rangle = \hat{\mathcal{P}}(a')\sum_{\ell=1}^{m_a} c_a^\ell\,|\phi_a^\ell\rangle = \begin{cases}\displaystyle\sum_{\ell=1}^{m_a} c_a^\ell\,|\phi_a^\ell\rangle = \hat{\mathcal{P}}(a)\,|\phi\rangle & (a' = a)\\ 0 = 0\,|\phi\rangle & (a' \neq a)\end{cases}$$

これが任意のベクトル $|\phi\rangle$ について成り立つので (13.46) が言える．a に属する固有空間を平面にたとえると，$\hat{\mathcal{P}}(a)$ はその平面に平行な成分を取り出す演算子である．$\hat{\mathcal{P}}(a)\,|\phi\rangle$ はその平面内にあるので，もう一度 $\hat{\mathcal{P}}(a)$ を演算しても変わらない．しかし，$a' \neq a$ であるような $\hat{\mathcal{P}}(a')$ は，a に属する固有空間の平面とは垂直な，固有値 a' に属する固有空間の平面に平行な成分を取り出す演算子であるから，$\hat{\mathcal{P}}(a')\hat{\mathcal{P}}(a)\,|\phi\rangle$ はゼロになる．

問題 14.1 まず，$\boldsymbol{k}$ 空間で勘定する．(14.9) と (14.13) より，$\boldsymbol{k}$ 空間の体積 $(2\pi/L)^3$ ごとに $(2s+1)$ 個の状態がある．一方，$\boldsymbol{k}$ 空間の $(k, k+dk]$ の範囲の体積は $4\pi k^2 dk$ である．したがって，単位体積単位波数当たりの状態密度を $\tilde{D}(k)$ とすると，

$$\tilde{D}(k)dk = \lim_{dk\to 0}\frac{1}{dk}\lim_{V\to\infty}\frac{1}{V}(2s+1)\frac{4\pi k^2 dk}{(2\pi/L)^3} = (2s+1)\frac{k^2}{2\pi^2}$$

これは，単位体積単位エネルギー当たりの状態密度 $D(\varepsilon)$ と

$$\tilde{D}(k)dk = D(\varepsilon)d\varepsilon. \tag{E.1}$$

の関係にあるから，$\varepsilon = \hbar^2 k^2/2m$ より，

$$D(\varepsilon) = \tilde{D}(k)\Big/\frac{d\varepsilon}{dk} = (2s+1)\frac{k^2}{2\pi^2}\Big/\frac{\hbar^2 k}{m} = (2s+1)\frac{mk}{2\pi^2\hbar^2} = (2s+1)\frac{m^{3/2}\sqrt{\varepsilon}}{\sqrt{2}\pi^2\hbar^3}.$$

問題 14.2 問題 14.1 と同様にして計算すれば，次式を得る：

$$1\text{ 次元：}D(\varepsilon) = (2s+1)\frac{\sqrt{m}}{2\sqrt{2}\pi\hbar}\frac{1}{\sqrt{\varepsilon}} \qquad (\varepsilon \geq 0) \tag{E.2}$$

$$2\text{ 次元：}D(\varepsilon) = (2s+1)\frac{m}{2\pi\hbar^2} \qquad (\varepsilon \geq 0) \tag{E.3}$$

問題 14.3 波数空間の微小体積 $(2\pi/L)^3$ ごとに 1 個の $\boldsymbol{k}$ があることから直ちに (14.23) の最初の等号を得る．波数空間の極座標に移れば $d^3\boldsymbol{k} = 4\pi k^2 dk$ となるので，2 番目の等号を得る．(14.24) は，(E.1) を使って直ちに導ける．

問題 14.4 N 個の粒子を 1 個ずつ，できるだけエネルギーが低いような状態に入れてゆくことを考えてみよ．あるいは，(14.54) の状態から，$N = \sum_\nu n_\nu$ を一定に保ったまま，占有数の分布（どの n_ν が 1 であるか）を変えたら，必ず多粒子系のエネルギー $E = \sum_\nu n_\nu \varepsilon_\nu$ が上がることを見よ．

問題 14.5 公式 (C.8) を（$g(\varepsilon) = \varepsilon D(\varepsilon)$ として）式 (14.74) に適用すれば，

$$u = \int_0^\mu \varepsilon D(\varepsilon) d\varepsilon + \frac{\pi^2}{6}[D(\mu) + \mu D'(\mu)](k_{\mathrm{B}}T)^2 + O(T^3).$$

$\mu = \varepsilon_F - \delta$ とおくと，$T \ll T_F$ では，δ は (14.66) で与えられる，$\delta \ll \varepsilon_F$ なる微小量であった．これを上式に代入し，その結果を δ についてテイラー展開すると，

$$u = \int_0^{\varepsilon_F} \varepsilon D(\varepsilon) d\varepsilon - \varepsilon_F D(\varepsilon_F)\delta + \frac{\pi^2}{6}[D(\varepsilon_F) + \mu D'(\varepsilon_F)](k_{\mathrm{B}}T)^2 + O(T^3).$$

右辺第 2 項は (14.66) を用いれば右辺第 4 項と打ち消し合う．右辺第 1 項には (14.75) を用いれば，

$$u = u_0 + \frac{\pi^2}{6} D(\varepsilon_F)(k_{\mathrm{B}}T)^2 + O(T^3).$$

相対的に小さい項である $O(T^3)$ を落とし，(14.62) を用いれば，

$$u = u_0 + \frac{\pi^2}{4}\frac{(k_{\mathrm{B}}T)^2}{\varepsilon_F} n \quad (0 < T \ll T_F). \tag{E.4}$$

したがって，定積熱容量は

$$C_V = \frac{\pi^2}{2} k_{\mathrm{B}} N \frac{k_{\mathrm{B}}T}{\varepsilon_F} \quad (0 < T \ll T_F). \tag{E.5}$$

問題 15.1 熱容量からエントロピーを求める公式である拙著 [1] の (14.9) 式（これは温度と熱を既知として出発する熱力学ではエントロピーの定義式でもある）

$$S(T, V, N) - S(T_0, V, N) = \int_{T_0}^{T} \frac{C_V(T, V, N)}{T} dT \tag{E.6}$$

で $T_0 \downarrow 0$ として，(15.43) と (15.44) から求まる C_V の計算結果を代入して積分すれば (15.46) を得る．また，F を求めるには，(15.43) と (15.46) から E も S も T の関数として得られているからルジャンドル変換など不要で，

$$F(T,V,N) = E(T,V,N) - S(T,V,N)T \tag{E.7}$$

に代入すれば直ちに (15.47) を得る．

問題 15.2 $D(\varepsilon)$ は，$\varepsilon = c\hbar k$ に注意して問題 14.1 と同様にして計算すればよい．また，

$$D(f) = D(\varepsilon)\frac{d\varepsilon}{df} = \frac{(2\pi\hbar f)^2}{\pi^2 c^3 \hbar^3} 2\pi\hbar = \frac{2\pi f^2}{\pi^2 c^3}.$$

問題 16.4 (i) $\hat{\rho}$ の固有値を λ，その固有ベクトルを $|\varphi_\lambda\rangle$ とする．(16.39) の両辺を，$|\varphi_\lambda\rangle$ に作用させて，$|\varphi_\lambda\rangle$ との内積をとると，

$$\begin{aligned}\langle\varphi_\lambda|\hat{\rho}^2|\varphi_\lambda\rangle &= \lambda^2 \langle\varphi_\lambda|\varphi_\lambda\rangle = \lambda^2 \\ &= \langle\varphi_\lambda|\hat{\rho}|\varphi_\lambda\rangle = \lambda \langle\varphi_\lambda|\varphi_\lambda\rangle = \lambda\end{aligned} \tag{E.8}$$

となるから，$\lambda = 0, 1$ である．(ii) $\hat{\rho}$ をスペクトル分解すると，(i) の結果から，$\hat{\rho} = 1\hat{\mathcal{P}}(1) + 0\hat{\mathcal{P}}(0) = \hat{\mathcal{P}}(1)$ であるが，両辺の対角和をとると，$1 = \mathrm{Tr}\,\hat{\rho} = \mathrm{Tr}\left[\hat{\mathcal{P}}(1)\right]$．ゆえに (13.47) より，固有値 1 に属する固有空間の次元 $= 1$ であり，したがって (13.41) より $\hat{\rho} = \hat{\mathcal{P}}(1) = |\varphi_1\rangle\langle\varphi_1|$ となり，$\hat{\rho}$ は $|\varphi_1\rangle$ を状態ベクトルとする純粋状態である．(iii) まず，(16.39) が成り立てば，(16.35) より $\mathrm{Tr}\left[\hat{\rho}^2\right] = \mathrm{Tr}[\hat{\rho}] = 1$ となり (16.40) も成り立つ．次に，逆を示す．固有値 λ に属する固有空間の次元を d_λ とする．$\hat{\rho}$ のスペクトル分解 $\hat{\rho} = \sum_\lambda \lambda\hat{\mathcal{P}}(\lambda)$ の対角和をとると，(16.35) と (13.47) より $1 = \mathrm{Tr}[\hat{\rho}] = \sum_\lambda \lambda\,\mathrm{Tr}\left[\hat{\mathcal{P}}(\lambda)\right] = \sum_\lambda \lambda d_\lambda$．これと，$d_\lambda \geq 1$ であることと，(16.36) で $|\phi\rangle$ を固有ベクトルに選べばわかるように $\lambda \geq 0$ であることから，$0 \leq \lambda \leq 1$ だとわかる．また，$\hat{\rho} = \sum_\lambda \lambda\hat{\mathcal{P}}(\lambda)$ と (13.46) より $\hat{\rho}^2 = \sum_\lambda \lambda^2\hat{\mathcal{P}}(\lambda)$ であるが，もし (16.40) が成り立てば $1 = \mathrm{Tr}\left[\hat{\rho}^2\right] = \sum_\lambda \lambda^2\,\mathrm{Tr}\left[\hat{\mathcal{P}}(\lambda)\right] = \sum_\lambda \lambda^2 d_\lambda$ となる．これと $\mathrm{Tr}[\hat{\rho}]$ の上記の結果を合わせると，$\sum_\lambda \lambda(1-\lambda)d_\lambda = 0$ であるが，$\lambda(1-\lambda) \geq 0$ かつ $d_\lambda \geq 1$ だから，$\lambda(1-\lambda) = 0$，すなわち $\lambda = 0, 1$ だとわかる．すると，上記の (ii) の解答と同じになるので，$\hat{\rho} = \hat{\mathcal{P}}(1)$ となり，$\hat{\rho}^2 = \hat{\rho}$ が言える．

索引

[欧文]

[あ行]

[い行]

[う行]

[え行]

[お行]

[か行]

[き行]

[く行]

[け行]

[こ行]

[さ行]

[し行]

[す行]

[せ行]

[そ行]

[た行]

[ち行]

[て行]

[ふ行]

[へ行]

[ほ行]

[ま行]

著者略歴

1956 年　生まれる
1979 年　東京大学理学部物理学科卒業
1984 年　東京大学大学院理学系研究科物理学専攻修了（理学博士）
キヤノン（株）中央研究所主任研究員，新技術事業団榊量子波プロジェクトグループリーダー，東京大学教養学部物理学教室助教授，同大学大学院総合文化研究科広域科学専攻教授，同研究科附属先進科学研究機構機構長を経て，
現　在　東京大学名誉教授／放送大学客員教授

主要著書など

『量子論の基礎』（サイエンス社，2004），『アインシュタインと 21 世紀の物理学』（日本物理学会編，日本評論社，2005），『熱力学の基礎　第 2 版　I，II』（東京大学出版会，2021），『新訂　物理の世界』（共著，放送大学教育振興会，2024）
応用物理学会賞受賞（1994 年）

統計力学の基礎　I

2024 年 9 月 30 日　初　版

［検印廃止］

著　者　清水　明（しみず あきら）

発行所　一般財団法人　東京大学出版会
代表者　吉見俊哉
153–0041　東京都目黒区駒場 4–5–29
電話 03–6407–1069　Fax 03–6407–1991
振替 00160–6–59964

印刷所　三美印刷株式会社
製本所　誠製本株式会社

ISBN978–4–13–062631–6　Printed in Japan